集合知プログラミング

Toby Segaran 著
當山 仁健
鴨澤 眞夫 訳

オライリー・ジャパン

本書で使用するシステム名は，製品名は，それぞれ各社の商標，または登録商標です。
なお、本文中ではTM、®、©マークは省略しています。

Programming Collective Intelligence

Building Smart Web 2.0 Applications

Toby Segaran

O'REILLY®

Beijing · Cambridge · Farnham · Köln · Sebastopol · Tokyo

© 2008 O'Reilly Japan, Inc. Authorized translation of the English edition of Programming Collective Intelligence © 2007 Toby Segaran. This translation is published and sold by permission of O'Reilly Media, Inc., the owner of all rights to publish and sell the same.

本書は、株式会社オライリー・ジャパンがO'Reilly Media, Inc.との許諾に基づき翻訳したものです。日本語版についての権利は、株式会社オライリー・ジャパンが保有します。

日本語版の内容について、株式会社オライリー・ジャパンは、最大限の努力をもって正確を期していますが、本書の内容に基づく運用結果についての責任は負いかねますので、ご了承ください。

訳者まえがき

　Amazon、Googleの成功を例に挙げるまでもなく、集合知というキーワードには宝の山のような響きがある。そこからすごい知見や利益が生み出される可能性を感じさせ、わくわくさせてくれる。しかし、集合知について漠然とイメージはできても、それに実際に取り組もうと考える場合、集合知のモトとなるデータをどう収集するか？　集めたデータをどう分析するか？　どのように活用できるのか？　など、考えるべきことは多い。本書は集合知を利用して「群衆の叡智」を見つけだすための道具たちを詰め込んだ本である。

　本書ではインターネットを通じて集合知のモトとなるデータを集め、取り扱う方法について説明している。そして、集合知を分析するための道具として、さまざまな機械学習のアルゴリズムを紹介している。機械学習とは、機械が人間のような学習をおこない、データの中に潜んでいる規則性を見つけだすための技術である。発見した規則性や正答例などを機械が評価し、自分自身を微調整することで、その能力は向上していく。インターネット上にある集合知のモトとなるようなデータは、その規模が巨大であったり、その要素自体が常に変化し続けるような流動的なものが多い。このようなデータの中から規則性を見つけだすには、機械学習のアルゴリズムが有効だ。

　まずは目次をぱらぱらと見てみよう。きっと目にしたり耳にしたことがあるアルゴリズムもあるはずだ。これらのアルゴリズムの有効性は広く知られており、さまざまな分野で広く活用されている。しかし、実際にこれらの中から適切なものを選んで、自分のアプリケーションで自在に使いこなすのは大変だ。それぞれのアルゴリズムについて、まじめに内容を理解しようとすると、数学や統計学の知識が必要で、多大な学習コストを要する。数式が読めないとそれらを解説する論文や専門書の多くは読み進めることさえ難しいだろう。また、読み解いた理論を、実装としてコードに落とし込む際に悩むこともあるだろう。

　しかし、本書は、読者に数学的な知識や統計学に関する知識がまったくなくても理解できることを目標に書かれており、それに成功している。目次に挙がっているようなアルゴリズムに興味を持ち、挑戦はしたが、挫折したという方でも本書であればすんなり読み進められるはずだ。たくさんの機械学習のアルゴリズムたちが実際に動く形で載っているので、機械学習の入門書としてみても良書である。

　各章では、特定の問題を解決するのに必要なアプリケーションを順を追って作り上げていく、いわゆ

るチュートリアル形式で書かれている。アルゴリズムの対象となるデータの多くは、Web上からオープンなAPIなどを利用して集めた本物の"生きた"データである。データの取得からパースの方法、効率的なデータ構造（これがまた素晴らしい！）まで丁寧に説明されている。書き上げたプログラムが実際に物事を学び、テーマの似ているニュース記事たちを見つけたり、文書中からテーマを抽出したり、スパムをより分ける様子を見ればかなり興奮できるはずだ。また、検索エンジンを一から作ったり、プログラムがプログラムを作っていくようなプログラムを作り上げるというのは素晴らしい体験となるだろう。

本書のコードはPythonで書かれている。Pythonは非常に可読性が高く、未経験者でもすぐに身に付けられるため、Pythonの経験がないことが本書を読む大きな障害にはならないはずだ。もしあなたがPythonを未経験のプログラマであるなら、オライリー・ジャパンから出版されている『Pythonチュートリアル』（前書きに他言語経験者への読み方の手引きがある書籍版がお勧めだ）を手元に置いて本書を読み進めることをお勧めする。

各章のコードは汎用的に使えるように書かれている。最終章にはそれぞれの章で作り上げたコードの概要と、適用できる問題、使い方がまとめられている。そのため、この本を1冊を読み通し、各章の内容を実行してみれば、目次にあるようなアルゴリズムのライブラリをあなた自身の手で作り上げることになるのだ。そしてもちろんこのライブラリはあなたの問題を解決するのに役立ってくれる事だろう。

インターネット上にはWebサービスを利用してデータを取得できるAPIが続々登場している。つまり、集合知のモトとなるデータの種類は増え続け、誰でも手に入れることが可能になりつつある。それらのモトに、本書のアルゴリズムを適用することで新たな付加価値を持つアプリケーションを作ることもできるだろう。また、自前のアプリケーションで情報を収集し、収集した情報に本書の手法を適用することで、さらにアプリケーションの価値を高めることもできるだろう。本書があなたにとっても宝の山であることを願う！

當山 仁健

† 注：本書のコードはオライリーのウェブサイトからダウンロードすることができる（http://oreilly.com/catalog/9780596529321/）。

はじめに

インターネットの利用者は増加し続けており、人々は自らが意図するかどうかによらず、莫大なデータを生み出している。これらのデータはユーザの経験、マーケティング、個人的な嗜好や、一般的な人間の行動についての多くの知見を与えてくれる。本書は近年注目されている「集合知」についての入門である。あなたも耳にしたことのあるようなサイトから興味深いデータセットを入手する方法、あなたが作成するアプリケーションで利用者からデータを収集する方法、そして手に入れたデータを分析し、解釈する方法について数多く紹介していく。

本書の目的は、単純なデータベースをバックエンドに持つだけのアプリケーションを超えた世界へあなたを招待し、あなたを含め人々が日常的に生み出しつづけている情報を巧みに利用しながら、洗練されたプログラムを書く方法を身に付けることである。

前提条件

本書のコードはPythonで書いてある。そのため、Pythonになじみのある方は有利である。しかし、すべてのアルゴリズムの説明はPython以外の言語のプログラマでも理解できるようにしてある。特にRubyやPerlのような高水準言語のプログラマであれば、Pythonで書かれたコードも簡単に理解できるだろう。本書はプログラミングを学ぶための本ではないため、あらかじめ基礎的な概念についてのコーディングの経験があるということは重要である。特に、再帰や基礎的な関数プログラミングについての十分な理解があれば、本書で取り上げている素材はより理解しやすくなるだろう。

本書はあなたがデータ分析、機械学習や統計学についての前提知識を持っているとは想定せずに構成してある。数学的な概念については、可能な限りシンプルな説明を心がけた。しかし、三角法と基礎的な統計学についての知識があれば、アルゴリズムについての理解がより容易になるだろう。

例題のスタイル

それぞれのセクションのコード例はチュートリアルの体裁で書いてある。つまり、あなたが実際に順を追ってアプリケーションを作り、アルゴリズムの動きを理解できるように構成されている。多くの場合、新たな関数やメソッドを作成した後、それらを対話的セッションを通じて実際に動かしてみることで、動きを理解することができるだろう。アルゴリズムは拡張しやすいように、大部分をシンプルにしてある。例題に取り組んだり、それらを対話的にテストしてみることで、あなたのアプリケーションにしっくりくるように改良するためのアイデアを得ることができるはずである。

Pythonを使う理由

アルゴリズムは関連する数式の解説とともに紹介しているが、実際のアルゴリズムのコードや例題を見る方がはるかに実用的であり、理解もしやすい。すべての例題のコードはエクセレントな高水準言語であるPythonで書かれている。私はPythonを選んだのは以下のような理由からである。

簡潔
: Pythonのような動的な型付けをする言語で書かれたコードは、他の主要な言語で書かれている場合と比べ、短くなる傾向にある。そのため、例として挙げたコードをあなたが実行する際には少ないタイプ数で済む。また、アルゴリズムを頭に定着させ、何をしているのか把握することも簡単になる。

高い可読性
: Pythonは時折「動く擬似コード」と称されることもある。これは多少言い過ぎかもしれないが、経験を積んだプログラマであれば、コードを読むだけで、それが何をしようとしているのかを理解することができる、ということを意味している。Pythonの少し分かりづらい概念のいくつかについては、次のPython Tipsのセクションで説明している。

拡張が容易
: Pythonはたくさんのライブラリと共に配布されている。たとえば、数学的関数、XMLパーサ、Webページをダウンロードするためのモジュールなどが標準の配布物に含まれている。本書では標準では配布されないモジュールとして、RSS (Really Simple Syndication) パーサなどを利用するが、これらについても無償で配布されており、簡単にダウンロード、インストールして使用することができる。

インタラクティブ
: 例題に取り組む際には、わざわざ関数のテストのためだけにプログラムを作らなくても、関数を書くだけで試すことができれば便利である。Pythonはコマンドラインからプログラムを直接走らせることができるが、対話的なプロンプトも持っている。これを利用して関数を呼び出したり、オブ

ジェクトを作成したり、パッケージを対話的にテストすることができる。

マルチパラダイム

　Pythonはオブジェクト指向、手続き型、関数型のスタイルでのプログラミングをサポートしている。機械学習のアルゴリズムはさまざまなパラダイムのスタイルで実装されているため、時には関数をパラメータとして渡したり、また別の時にはオブジェクトの状態を得る、というようにパラダイムを自由に行き来できると便利である。Pythonはどちらのやり方もサポートしている。

マルチプラットホームかつ無償

　Pythonはメジャーなプラットホーム上で単一の実装を持っていて、かつ無償である。そのため、本書のコードはWindows、LinuxそしてMacintoshでも動くだろう。

Python Tips

　Pythonでのプログラミングについて学ぶことに興味を持っている初心者に対しては、Mark LutzとDavid Ascherによる『初めてのPython』(夏目大訳、オライリー・ジャパン)をお勧めする。これにより分かりやすい全体像を掴むことができるだろう。他の言語のプログラマでも、Pythonのコードは読みやすいということに気づくはずだ。しかし、この本の中で、私はアルゴリズムの基本的な概念を直接的に表現するため、いくつかのPython独特の構文を使っている点には注意して欲しい。Pythonプログラマではない方のために、それらのいくつかについて説明する。

リストとディクショナリ

　Pythonは便利なプリミティブ型を数多く持っている。そのなかでも本書を通じてよく利用されるのはリストとディクショナリである。リストは値を順序よく並べたものであり、角括弧で作ることができる。

```
number_list=[1,2,3,4]
string_list=['a', 'b', 'c', 'd']
mixed_list=['a', 3, 'c', 8]
```

ディクショナリは順序を持たないキーと値のペアで、他の言語のハッシュのようなものだ。波括弧で作ることができる。

```
ages={'John':24,'Sarah':28,'Mike':31}
```

リストやディクショナリの要素には名前の後に角括弧を付けることでアクセスすることができる。

```
string_list[1] # 'b'を返す
ages['Sarah'] # 28を返す
```

空白文字は重要である

他の多くの言語とは異なり、Pythonはコードブロックを定義するのにインデントを使用する。以下の短い例を見てみよう。

```
if x==1:
  print 'xは1です'
  print 'まだifブロックの中'
print 'ifブロックの外'
```

このコードはインデントされているため、インタープリタはxが1の時に最初の2つのprintステートメントを実行すべきということを知っている。インデントに使う空白文字の数は、一貫していてさえすれば、いくつでもよい。本書では二つの空白文字をインデントとして用いる。あなたがコードを入力する際にはインデントの数に気を使う必要がある。

リスト内包

リスト内包はあるリストの要素に関数を適用し、フィルタして別のリストに変換する場合などに便利である。リスト内包は次のように書く。

```
[expression for 変数 in リスト]
```

もしくは、

```
[expression for 変数 in リスト if 条件]
```

例として以下のようなコードを見てみよう。

```
l1=[1,2,3,4,5,6,7,8,9]
print [v*10 for v in l1 if v>4]
```

このコードは次のリストを表示する。

```
[50,60,70,80,90]
```

リスト内包を使えば、リスト全体に関数を適用したり、不要な要素を取り除くような操作を非常に簡潔に行う事が出来る。そのため、本書中でも多用している。これはdictコンストラクタと一緒に使われることもある。

```
l1=[1,2,3,4,5,6,7,8,9]
timesten=dict([(v,v*10) for v in l1])
```

このコードは元のリストの要素をキーとし、元のリストの要素に10を掛けたものを値として持つディクショナリを生成する。

{1:10,2:20,3:30,4:40,5:50,6:60,7:70,8:80,9:90}

オープンAPI

集合知を扱うためのアルゴリズムは多くのユーザたちからのデータを必要とする。本書では、機械学習のアルゴリズムに加え、たくさんのオープンなWeb API (Application Programming Interface) についても取り扱っていく。オープンなWeb APIとは企業などが自らのWebサイト上のデータに対して、あなたが特定のプロトコルを用いて自由に収集することを許可しているものである。これを利用してあなたはそのデータを収集し、加工するようなプログラムを書くことができる。このデータとは、そのサイトのユーザによって作り出されたものが多く、そこから知識を発掘することができる。PythonのライブラリにはこれらのAPIにアクセスするためのものがある。もしなかったとしても、Pythonのビルトインのライブラリを使って、データへアクセスするためのインターフェースを自分で作り、データをダウンロードしてXMLをパースするというのは、簡単なことである。

本書で紹介するオープンAPIを持ったサイトをいくつか挙げる。

del.icio.us
ソーシャルブックマークアプリケーション。指定したタグで抽出したリンクや特定のユーザのお気に入りリンクをダウンロードできるオープンなAPIを備えている。

Kayak
航空便やホテルの検索をあなたのプログラムからでも実行できるようなAPIを提供している旅行サイト

eBay
オンラインオークションサイト。現在販売されているアイテムを検索することが可能なAPIを備えている。

Hot or Not
評価やデートのためのサイト。人々を検索したり、評価や人口統計的な情報を取得できるようなAPIを備えている。

Akismet
協調的なSPAMフィルタリングのためのAPI。

一つのソースからのデータを加工することだけでも、限りない数のアプリケーションを作れる可能性を秘めている。複数のソースのデータを組み合わせたり、さらにそれをあなた自身のアプリケーションのユーザから入力されるデータと組み合わせると、その可能性は計り知れない。いろいろなサイトでさまざまな方法で作り上げられたデータを組み合わせる能力というのは、集合知を創出する上での重要な要素である。オープンなAPIを持ったサイトを探したい方は、まずはProgrammableWeb (http://www.programmableweb.com) を見てみるとよい。

各章の概要

本書のすべてのアルゴリズムでは、やる気が湧くように、そしてすべての読者が容易に理解できることを期待して、実際に発生しそうな問題を取り上げている。特定分野の知識を要する問題を扱うことは避けた。充分に複雑であり、多くの人が関心を持ちそうな問題に焦点を合わせている。

1章　集合知への招待
機械学習の概念について説明をする。機械学習がさまざまなフィールドにどのように適用されているのか、さまざまな人々から集めたデータから新たな知見を引き出すために機械学習がどのように利用されているのかについて述べる。

2章　推薦を行う
メディアや多くのオンラインショップで商品を推薦するために用いられている協調フィルタリングという技術を紹介する。本章にはソーシャルブックマークサイトから人々へリンクを推薦することや、MovieLensのデータセットを用いて映画を推薦するシステムを構築することが含まれている。

3章　グループを発見する
2章のいくつかのアイデアをさらに押し進めて、膨大なデータセットから似ているアイテムを発見して、クラスタリング（分類）するための手法を2種類紹介する。本章ではクラスタリングを用いて人気のWeblogのグループを探し出す方法や、ソーシャルネットワークサイトから、人々の「望み」のグループを探し出す方法について紹介する。

4章　検索とランキング
クローラ、インデクサ、クエリエンジンなど、検索エンジンを構成するさまざまなパーツについて説明する。あるサイトへ外部のサイトから張られたリンクを基にそのページのスコアを算出するPageRankアルゴリズムについて説明し、どのキーワードがさまざまな結果と関連があるかを学習するニューラルネットワークの作り方について説明する。

5章　最適化
数えきれないほどの解決策が候補としてある中から、最適なものを探し出すためのアルゴリズムを紹介する。ここで紹介するアルゴリズムが幅広く利用されている例として、ある人々の集団が特定の目的地へ旅行をする際にベストな便を探し出す例や、学生に寮を割り当てるための最良の方法を探し出す方法、交差が最小限になるようなネットワークのレイアウトを見つける方法につい

て紹介する。

6章　ドキュメントフィルタリング

商用、非商用を問わず、多くのスパムフィルタで利用されているベイジアンフィルタについて説明する。これは文書中で使われている単語のタイプや、その他文書中に出現するさまざまな特徴を基に分類を行う。実際の自動分類の様子を示すため、RSS検索結果に適用する。

7章　決定木によるモデリング

決定木を予測するための手法としてだけではなく、決定がなされる過程をモデリングするために用いる方法も紹介する。まずは、仮想のサーバーログデータから、あるユーザが有償の購読者になるかどうか予測をする決定木を作る。その他の例としては、データを実際のWebサイトから取得して不動産の価格や"hotness"をモデリングする例を紹介する。

8章　価格モデルを構築する

5章で紹介した最適化のアルゴリズムも適用しながら、K近傍法を利用して、単に分類するだけでなく、数値を予測する問題にアプローチする。ここではeBayのAPIを利用してオークションの最終価格を予想する。

9章　高度な分類：カーネルメソッドとSVM

ここではサポートベクトルマシンを使って、オンラインデートサイトで、カップルになりそうなペアを探す方法について説明する。サポートベクトルマシンはかなり高度な概念である。本章では他の手法との比較も交えて紹介する。

10章　非負値行列因子分解

比較的新しい手法である、非負値行列因子分解（non-negative matrix factorization）について紹介する。これはデータの中から独立した特徴たちを発見するために使われる。多くのデータセットで、アイテムは私たちが事前には知らない、いくつかの特徴を組み合わせたものから構成されている。この手法はこれらの特徴を発見しようというものである。ここでは、いくつかのニュース記事を用い、ある記事の中のテーマを記事同士を利用して発見する例を紹介する。

11章　進化する知能

遺伝的プログラミングについて紹介する。これは、進化のアイデアを利用して特定の問題を解くためのアルゴリズムを自動的に作成する一連の技術であり、最適化などを超えた非常に洗練されたやり方である。例として、単純なゲームをプレイするプログラムを紹介する。コンピュータプレーヤーは最初は弱いが、ゲームをプレイするたびに、自分のコードを改良していく。

12章　アルゴリズムのまとめ

本書で紹介した機械学習や統計学のすべてのアルゴリズムを振り返る。そして、いくつかの適当な問題に対して比較する。これにより、アルゴリズムの動作の理解を助け、それぞれのアルゴリズムがデータをどう分割するかが見えるようになる。

付録A　サードパーティによるライブラリ

本書で使用されたサードパーティのライブラリについて、入手先とインストール方法について解説する。

付録B　数式

本書を通じて紹介してきた数学的な概念について、数式、詳細、コードについて説明する。

付録C　日本語テキスト処理

日本語テキストの分かち書きについてのヒント。

各章末にあるエクササイズを通じ、アルゴリズムを拡張して、もっと強力にするためのアイデアを得ることができる。

本書の表記

本書では次のような表記が利用されている。

等幅フォント（`sample`）
　ファイル名、ファイルの拡張子、パス、ディレクトリ、Unixのユーティリティ、コマンド、オプション、スイッチ、変数、属性、キー、関数、型、クラス、名前空間、メソッド、モジュール、プロパティ、パラメータ、値、オブジェクト、イベント、イベントハンドラ、XMLタグ、HTMLタグ、マクロ、ファイルの中身、コマンドからの出力を意味する。

太字の等幅フォント（**`sample`**）
　ユーザが文字通りに入力すべきコマンドやテキストを意味する。

　このアイコンはtip、提案や一般的な注記を意味する。

コード例の利用について

本書はあなたが仕事を解決する手助けになるために存在している。本書内のコードはあなたのプログラムやドキュメントの中で利用してもよい。コードの大部分を複製するのでなければ、許可を取るためにわれわれにコンタクトを取る必要はない。たとえば、本書からのコードのいくつかを利用するようなプログラムを書く場合であれば、許可を求める必要はない。オライリーの本からの例題のCD-ROMを販売したり、配布するような場合には許可が必要である。本書の例題のコードを引用して質問に回答するような場合には許可を求める必要はない。本書からのコード例を大量にあなたの製品のドキュメントに含める場合には許可を得る必要がある。

出典の表示をしていただければ、我々は感謝するが、これは必須ではない。通常出典の表示はタイトル、著者、出版社、ISBNを含む。たとえば「『集合知プログラミング』Toby Segaran著、978-0-596-52932-1」のような形である。

もしあなたのコード例の使用が、上記の許可や公正な使用の範疇を超えると感じるのであれば、permissions@oreilly.com から（英文にて）気軽に我々に問い合わせて欲しい。

問い合わせ先

著者に対して本書に関するコメントや質問を行う場合は以下に送付して欲しい。

> 株式会社オライリー・ジャパン
> 〒160-0002 新宿区坂町26番地27　インテリジェントプラザビル1F
> 電話　03-3356-5227
> FAX　03-3356-5261
> 電子メール　japan@oreilly.co.jp

正誤表、例題、その他の追加の情報を載せたWebページを以下に設けてある。

> http://www.oreilly.com/catalog/9780596529321
> http://www.oreilly.co.jp/books/9784873113647

本書に関するコメントや技術的な質問は以下のアドレスまで送って欲しい（英文）。

> bookquestions@oreilly.com

我々の書籍、カンファレンス、リソースセンター、オライリーネットワークについては以下のサイトを見るとよい。

> http://www.oreilly.com
> http://www.oreilly.co.jp

謝辞

この本の作成に関わったオライリーのすべての方々へ感謝の念を表したい。まず、このアイデアにはメリットがあり、世に出す価値があると言ってくれた Nat Torkington に感謝する。私の計画を聞いてくれて、本書を執筆するよう励ましてくれた Mike Hendricson と Brian Jepson にも感謝している。そして特に Brian から引き継いで本書の編集者をしてくれた Mary O'Brien には、このプロジェクトは私には過ぎたものであるという私の畏れを常に和らげてくれたことに対して感謝している。

プロダクションチームの Marlowe Shaeffeer、Rob Romano、Jessamyn Redd、Amy Thomson、

そしてSara Schneiderは私が書いたものやイラストを、人々の閲覧に耐えるものに変えてくれた。感謝している。

　本書のレビューをしてくれたすべての人々に感謝している。特にPaul Tyma、Matthew Russell、Jeff Hammerbacher、Terry Camerlengo、Andreas Weigend、Daniel Russel、Tim Russellに感謝の意を表したい。

　私の両親にも感謝している。

　最後に、本書のためのアイデアをブレインストームする助けをしてくれ、私が時間がない時にも常に理解を示してくれた友人たちAndrea Matthews、Jeff Beene、Laura Miyakawa、Neil Stroup、Brooke Blumensteinら私の友人には非常に感謝している。本書を書く際に彼らのサポートがなければ、私は確実に興味深い例題のいくつかを書き漏らしていたことだろう。

目次

訳者まえがき ……………………………………………………………………………… v
はじめに …………………………………………………………………………………… vii

1章　集合知への招待 …………………………………………………………………… 1
  1.1　集合知とは何か? ……………………………………………………………………… 2
  1.2　機械学習とは何か? …………………………………………………………………… 3
  1.3　機械学習の限界 ……………………………………………………………………… 4
  1.4　実生活における例 …………………………………………………………………… 4
  1.5　学習アルゴリズムのその他の使用 ………………………………………………… 5

2章　推薦を行う ………………………………………………………………………… 7
  2.1　協調フィルタリング ………………………………………………………………… 7
  2.2　嗜好の収集 …………………………………………………………………………… 8
  2.3　似ているユーザを探し出す ………………………………………………………… 9
    2.3.1　ユークリッド距離によるスコア ……………………………………………… 10
    2.3.2　ピアソン相関によるスコア …………………………………………………… 11
    2.3.3　どちらの類似性尺度を利用すべきなのか? ………………………………… 14
    2.3.4　評者をランキングする ………………………………………………………… 14
  2.4　アイテムを推薦する ………………………………………………………………… 15
  2.5　似ている製品 ………………………………………………………………………… 18
  2.6　del.icio.us のリンクを推薦するシステムを作る ……………………………… 20
    2.6.1　del.icio.us の API …………………………………………………………… 20
    2.6.2　データセットを作る …………………………………………………………… 21
    2.6.3　ご近所さんとリンクの推薦 …………………………………………………… 23

2.7	アイテムベースのフィルタリング	24
2.7.1	アイテム間の類似度のデータセットを作る	24
2.7.2	推薦を行う	25
2.8	MovieLensのデータセットを使う	27
2.9	ユーザベース VS アイテムベース	29
2.10	エクササイズ	30

3章 グループを見つけ出す　31

3.1	教師あり学習 VS 教師なし学習	32
3.2	単語ベクトル	32
3.2.1	ブロガーを分類する	32
3.3.2	フィード中の単語を数える	33
3.3	階層的クラスタリング	36
3.4	デンドログラムを描く	41
3.5	列のクラスタリング	44
3.6	K平均法によるクラスタリング	46
3.7	嗜好のクラスタ	49
3.7.1	データの取得と準備	49
3.7.2	Beautiful Soup	49
3.7.3	Zeboの結果をすくい取る	50
3.7.4	距離の基準を定義する	51
3.7.5	結果をクラスタリングする	53
3.8	データを2次元で見る	53
3.9	クラスタについてその他のこと	57
3.10	エクササイズ	58

4章 検索とランキング　59

4.1	検索エンジンとは？	59
4.2	シンプルなクローラ	61
4.2.1	urllib2を使う	62
4.2.2	クローラのコード	62
4.3	インデックスの作成	64
4.3.1	スキーマの設定	65
4.3.2	ページ内の単語を探し出す	66
4.3.3	インデックスへの追加	67
4.4	問い合わせ	69

- 4.5 内容ベースの順位付け ·· 71
  - 4.5.1 正規化関数 ·· 73
  - 4.5.2 単語の頻度 ·· 73
  - 4.5.3 ドキュメント中での位置 ·· 74
  - 4.5.4 単語間の距離 ·· 76
- 4.6 インバウンドリンクの利用 ·· 76
  - 4.6.1 単純に数えあげる ·· 77
  - 4.6.2 PageRankアルゴリズム ·· 77
  - 4.6.3 リンクのテキストを利用する ·· 81
- 4.7 クリックからの学習 ·· 82
  - 4.7.1 クリックを追跡するネットワークの設計 ·································· 82
  - 4.7.2 データベースのセットアップ ·· 84
  - 4.7.3 フィードフォワード ·· 86
  - 4.7.4 バックプロパゲーションによるトレーニング ······························ 89
  - 4.7.5 トレーニングのテスト ·· 92
  - 4.7.6 検索エンジンとつなげる ·· 92
- 4.8 エクササイズ ·· 93

5章　最適化　　　　　　　　　　　　　　　　　　　　　　　　　　　　　　　　95

- 5.1 グループ旅行 ·· 96
- 5.2 解の表現 ·· 97
- 5.3 コスト関数 ·· 98
- 5.4 ランダムサーチ (無作為探索) ··· 100
- 5.5 ヒルクライム ··· 102
- 5.6 模擬アニーリング ··· 104
- 5.7 遺伝アルゴリズム ··· 106
- 5.8 実際のフライトを検索する ··· 110
  - 5.8.1 Kayak API ·· 110
  - 5.8.2 minidomパッケージ ·· 111
  - 5.8.3 フライト検索 ··· 112
- 5.9 嗜好への最適化 ··· 116
  - 5.9.1 学寮の最適化 ··· 116
  - 5.9.2 コスト関数 ··· 118
  - 5.9.3 最適化の実行 ··· 119
- 5.10 ネットワークの可視化 ·· 120
  - 5.10.1 レイアウト問題 ·· 120

	5.10.2	交差線のカウント	122
	5.10.3	ネットワークの描画	123
5.11		さらなる可能性	125
5.12		エクササイズ	126

6章　ドキュメントフィルタリング　127

6.1		スパムフィルタリング	127
6.2		ドキュメントと単語	128
6.3		分類器のトレーニング	129
6.4		確率を計算する	132
	6.4.1	推測を始める	132
6.5		単純ベイズ分類器	134
	6.5.1	ドキュメント全体の確率	135
	6.5.2	ベイズの定理の簡単な紹介	135
	6.5.3	カテゴリの選択	136
6.6		フィッシャー法	138
	6.6.1	特徴たちのカテゴリの確率	139
	6.6.2	確率を統合する	140
	6.6.3	アイテムを分類する	141
6.7		トレーニング済みの分類器を保存する	143
	6.7.1	SQLiteを利用する	143
6.8		Blogフィードをフィルタする	145
6.9		特徴の検出の改良	148
6.10		Akismetを利用する	150
6.11		その他の手法	152
6.12		エクササイズ	153

7章　決定木によるモデリング　155

7.1		サインアップを予測する	155
7.2		決定木入門	157
7.3		ツリーのトレーニング	158
7.4		最高の分割を選ぶ	160
	7.4.1	ジニ不純度	160
	7.4.2	エントロピー	161
7.5		再帰的なツリー構築	162
7.6		決定木の表示	164

	7.6.1 グラフィック表示 · 165
7.7	新しい観測を分類する · 168
7.8	ツリーの刈り込み · 169
7.9	欠落データへの対処 · 171
7.10	数値による帰結への対処 · 172
7.11	住宅価格のモデリング · 173
	7.11.1 Zillow API · 173
7.12	"Hotness"のモデル化 · 176
7.13	決定木を使うべき場面 · 179
7.14	エクササイズ · 180

8章　価格モデルの構築 · 181

8.1	サンプルデータセットの構築 · 181
8.2	K近傍法 · 183
	8.2.1 近傍群の数 · 183
	8.2.2 類似度を定義する · 185
	8.2.3 K近傍法のコード · 185
8.3	重み付け近傍法 · 186
	8.3.1 反比例関数 · 187
	8.3.2 減法（引算）関数 · 188
	8.3.3 ガウス関数 · 188
	8.3.4 重み付けK近傍法 · 190
8.4	クロス評価 · 191
8.5	異質な変数 · 193
	8.5.1 データセットの追加 · 193
	8.5.2 次元のリスケール（縮尺変更） · 195
8.6	縮尺の最適化 · 196
8.7	不均一な分布 · 198
	8.7.1 確率密度の推測 · 199
	8.7.2 確率のグラフ化 · 200
8.8	実データの利用——eBay API · 204
	8.8.1 ディベロッパキーの取得 · 204
	8.8.2 コネクションのセットアップ · 205
	8.8.3 検索する · 206
	8.8.4 アイテムの詳細を得る · 209
	8.8.5 価格予測器の構築 · 210

8.9　K近傍法はどこで使うべきか 211
　8.10　エクササイズ 212

9章　高度な分類手法：カーネルメソッドとSVM　　213
　9.1　matchmakerデータセット 213
　9.2　このデータセットの難点 215
　　　9.2.1　決定木による分類器 217
　9.3　基礎的な線形分類 218
　9.4　カテゴリーデータな特徴たち 222
　　　9.4.1　Yes/Noクエスチョン 222
　　　9.4.2　「興味があるもの」リスト 223
　　　9.4.3　Yahoo! Mapsを使って距離を決定する 223
　　　9.4.4　新たなデータセットの作成 226
　9.5　データのスケーリング 227
　9.6　カーネルメソッドを理解する 228
　　　9.6.1　カーネルトリック 228
　9.7　サポートベクトルマシン 232
　9.8　LIBSVMを使う 234
　　　9.8.1　LIBSVMの入手 234
　　　9.8.2　セッション中での使用例 234
　　　9.8.3　SVMをmatchmakerデータセットに適用する 235
　9.9　Facebookでのマッチ 238
　　　9.9.1　Developer Keyを取得する 237
　　　9.9.2　セッションを作成する 238
　　　9.9.3　友人データをダウンロードする 240
　　　9.9.4　マッチのデータセットを作る 241
　　　9.9.5　SVMモデルを構築する 243
　9.10　エクササイズ 243

10章　特徴を発見する　　245
　10.1　ニュースのコーパス 246
　　　10.1.1　情報源の選択 246
　　　10.1.2　情報源をダウンロードする 247
　　　10.1.3　行列に変換する 249
　10.2　これまでのアプローチ 250
　　　10.2.1　ベイジアン分類器 250

- 10.2.2 クラスタリング ... 251
- 10.3 非負値行列因子分解 ... 253
  - 10.3.1 行列に関する数学の簡単な紹介 ... 253
  - 10.3.2 これは記事の行列とどのような関わりがあるの？ ... 254
  - 10.3.3 NumPyを使う ... 256
  - 10.3.4 アルゴリズム ... 257
- 10.4 結果を表示する ... 260
  - 10.4.1 記事を表示する ... 262
- 10.5 株式市場のデータを使用する ... 264
  - 10.5.1 取引量とは何か？ ... 264
  - 10.5.2 Yahoo! Financeからデータをダウンロードする ... 265
  - 10.5.3 行列の準備 ... 266
  - 10.5.5 NMFを走らせる ... 267
  - 10.5.6 結果を表示する ... 267
- 10.6 エクササイズ ... 269

11章 進化する知性　　271

- 11.1 遺伝的プログラミングとは？ ... 271
  - 11.1.2 遺伝的プログラミング VS 遺伝アルゴリズム ... 272
- 11.2 ツリー構造のプログラム ... 274
  - 11.2.1 Pythonでツリーを表現する ... 275
  - 11.2.2 ツリーの構築と評価 ... 277
  - 11.2.3 プログラムを表示する ... 277
- 11.3 最初の集団を作る ... 278
- 11.4 解決法をテストする ... 280
  - 11.4.1 単純な数学的テスト ... 280
  - 11.4.2 成功の度合いを計測する ... 281
- 11.5 プログラムの突然変異 ... 282
- 11.6 交叉 (Crossover) ... 285
- 11.7 環境を作り上げる ... 287
  - 11.7.1 多様性の大事さ ... 290
- 11.8 シンプルなゲーム ... 290
  - 11.8.1 ラウンドロビントーナメント ... 293
  - 11.9.1 実際の人間とプレイしてみる ... 294
- 11.9 さらなる可能性 ... 295
  - 11.9.1 数学的な関数を増やす ... 296

	11.9.2　メモリ	296
	11.9.3　さまざまなデータタイプ	297
11.10	エクササイズ	298

12章　アルゴリズムのまとめ　　301

- 12.1　ベイジアン分類器 … 301
  - 12.1.1　トレーニング … 302
  - 12.1.2　分類 … 303
  - 12.1.3　ベイジアン分類器のコードの使用 … 303
  - 12.1.4　強みと弱み … 304
- 12.2　決定木による分類器 … 305
  - 12.2.1　トレーニング … 306
  - 12.2.2　決定木分類器の利用 … 307
  - 12.2.3　強みと弱み … 308
- 12.3　ニューラルネットワーク … 309
  - 12.3.1　ニューラルネットワークのトレーニング … 311
  - 12.3.2　ニューラルネットワークのコードの利用 … 312
  - 12.3.3　強みと弱み … 312
- 12.4　サポートベクトルマシン … 313
  - 12.4.1　カーネルトリック … 314
  - 12.4.2　LIBSVMの利用 … 316
  - 12.4.3　強みと弱み … 317
- 12.5　K近傍法 … 317
  - 12.5.1　スケーリングと過剰変数 … 318
  - 12.5.2　K近傍法コードの利用 … 319
  - 12.5.3　強みと弱み … 320
- 12.6　クラスタリング … 321
  - 12.6.1　階層的クラスタリング … 321
  - 12.6.2　K平均法クラスタリング … 322
  - 12.6.3　クラスタリングコードの利用 … 323
- 12.7　多次元尺度構成法 … 324
  - 12.7.1　多次元尺度構成法のコードの利用 … 326
- 12.8　非負値行列因子分解 … 327
  - 12.8.1　NMFコードの利用 … 328
- 12.9　最適化 … 329
  - 12.9.1　コスト関数 … 329

| | | | 目次 | xxv |

| 12.9.2 模擬アニーリング 330
| 12.9.3 遺伝アルゴリズム 331
| 12.9.4 最適化コードの利用 331

付録A　サードパーティによるライブラリたち 333
   A.1 Universal Feed Parser 333
   A.2 Python Imaging Library 334
   A.3 Beautiful Soup 335
   A.4 pysqlite 336
   A.5 NumPy 337
   A.6 matplotlib 338
   A.7 pydelicious 338

付録B　数式 341
   B.1 ユークリッド距離 341
   B.2 ピアソン相関係数 342
   B.3 加重平均 343
   B.4 Tanimoto係数 343
   B.5 条件付き確率 344
   B.6 ジニ不純度 344
   B.7 エントロピー 345
   B.8 分散 346
   B.9 ガウス関数 347
   B.10 ドット積 347

付録C　日本語のテキスト処理 349
   C.1 形態素解析ツール 349
   C.2 Yahoo!日本語形態素解析Webサービス 349

   索引 353

1章
集合知への招待

　顧客がオンラインで選んだDVDを家庭に送り届けるサービスを行っているNetflixという会社がある。この会社は顧客の貸出履歴を基に推薦を行っている。2006年後半、Netflixは推薦システムの正確性を10パーセント改良した初めての人間に、100万ドルの賞金を出すというアナウンスを行った。また、コンテスト中は毎年、トップに対して5万ドルの賞金も出すと宣言した。世界中からものすごい数のチームが参加し、2007年4月には、トップのチームは7パーセントの改良を達成した。Netflixはそれぞれの顧客が楽しんだ映画のデータを使用し、お客さんが見たことも聞いたこともないような映画を勧め、リピート率を挙げることに成功している。推薦システムを改良する方法は、どんなものであれNetflixにとっては万金の価値があることなのである。

　Googleは1998年に後発の検索エンジンとしてスタートした。人々はこの新参者が古参の巨人たちに勝てるとは思わなかった。しかし、Googleの創設者たちは、検索結果のランク付けを行うために、無数のWebサイトのリンク関係を利用するという、まったく新しいアプローチを採った。Googleの検索結果は他の検索エンジンより遥かに優れており、2004年にはWeb上での検索の85パーセントを占めるようになった。そして、創始者たちは現在、世界の長者番付の10位以内に位置している。

　この二つの会社に共通するものは何だろう？　彼らは両者とも、多くの人々から集めたデータに洗練されたアルゴリズムを適用することで、新たな知見を得て新しいビジネスチャンスを創出した。情報を集める能力とそれを解釈するためのコンピュータのパワーはコラボレーションの機会を拡大し、ユーザと顧客についての深い理解を可能にしている。この類いの出来事は至る所で起こっている――人々にとってベストなお相手を、素早く見つけるための手助けをしてくれるデートサイトや、航空運賃の価格の変更を予測するサイトも出現しつつある。みんな、もっと狙いすました広告を作るため、顧客について理解しようと考えている。

　これらは集合知という興奮させてくれるフィールドのいくつかの例に過ぎない。そして、新たなサービスの急増は毎日新たなチャンスが出現しているということを意味している。機械学習と統計学の手法についての理解は、今後、広くさまざまなフィールドで、その重要性を増していくと私は信じている。その中でも特に、世界中の人々が生み出し続けている膨大な情報を整理し、解釈することが特に重要である。

1.1 集合知とは何か？

人々は集合知という言葉を長い間使い続けてきた。それは新たなコミュニケーション技術の到来とともに、ますます人気と重要性を増して来ている。集合知という表現は、集団の意識や超常現象を想起させるが、技術者がこの表現を使う場合は、今までにない知見を生み出すために、集団の振る舞い、嗜好、アイデアを結びつけることを指す。

集合知はインターネット以前にも実行することがもちろん可能だった。人々から情報を収集し、加工、分析することはWebを利用しなくても可能だ。集合知のもっとも基礎的な形の一つとして世論調査が挙げられる。たくさんの人々から集めた膨大な回答を利用すれば、個々人が知らなかった統計的な結論を引き出すことができる。つまり、集合知とは、独立した貢献者たちから新たな結論を作り上げることである。

よく知られている例の一つとして、経済市場が挙げられる。そこでは価格は個人や協調によって決められるのではなく、多くの独立した人々のそれぞれが、もっとも利益を得られると信じて行動する振る舞いによって決まる。最初は直感に反するかもしれないが、個人の専門家の価格の予測より、それぞれが信じる未来の価格を基に契約がやり取りされる先物市場の価格の予測の方が当たると考えられている。なぜなら先物市場は一人の人間の直感に依らず、多くの人々の知識、経験、洞察力の組み合わせを反映したものからだ。

集合知の手法はインターネット以前から存在したが、Webを通じて数千、数百万の人々の情報を収集できるようになったことで、多くの新しい可能性が開けた。人々は常にインターネットを通じて買い物をしたり、調べものをしたり、娯楽を探したり、自分のサイトを構築したりしている。利用者に質問をして利用者の邪魔をすることなしに、これらの行動をモニタリングして情報を引き出すために利用することが可能である。このような情報を処理し、解釈するための方法はたくさん存在する。以下に鍵となるアプローチの中でも対称的な例を挙げる。

- Wikipediaは利用者によってすべてが作り上げられているオンラインの辞書である。すべてのページは誰でも作成したり、編集することができる。悪意を持った行動を監視する管理者の数は少ない。Wikipediaは他のどの辞書よりも項目が多く、そのいくつかは悪意を持った利用者によって操作されることもあるが、一般的にはほとんどの項目は正確であると信じられている。これは、それぞれの記事はたくさんの人々によって管理され、その結果、これまでどのような団体でも作り上げることのできなかったような巨大な百科事典を作り上げている、という点で集合知の一例であるといえる。Wikipediaのソフトウェアに、利用者の貢献に対して、知的に関わっている部分は特にない。Wikipediaのソフトウェアは、単純に変更を把握し最新版を表示するだけである。
- 先に述べたGoogleは世界でもっとも人気のある検索エンジンで、Webページを、そのページを好む人々の数で評価する手法を取り入れた最初の検索エンジンである。この評価手法は特定のページに対して、多くの人々がどのように言っているかの情報を取得し、その情報を検索結果のランク付けに利用している。これは、Wikipediaの場合とはまったく別の形態の集合知の一例である。

Wikipediaは貢献してもらうためにサイトの利用者を明示的に呼び込んでいるのに対し、Googleは、Webページの作成者が自身のサイトで行ったことから重要な情報を引き出し、利用者のためのスコアリングに使用している。

　Wikipediaはすばらしいサイトであり、集合知の一例として強烈な印象を与えるものではあるが、それが存在できるのはソフトウェアのアルゴリズムがどうこうというより、情報を提供してくれる利用者の存在に依るところが大きい。本書はこれとは別の範囲について焦点を当てていく。つまりGoogleのPageRankのように、利用者のデータを利用して計算を行い、利用者の経験を拡大することのできるような新たな情報を作り上げるようなアルゴリズムについて扱う。データのいくつかは、人々に評価してもらうような質問をすることで明示的に集められ人々が何を買うかを観察するようなことで、何気なく集められる。どちらの場合でも重要なのは、単に情報を集め表示することではなく、情報を知的な方法で処理し新たな情報を生み出すことである。

　本書はオープンなAPIを通じてデータを集める方法について紹介する。そして、さまざまな機械学習のアルゴリズムと統計学の手法について説明する。これらを組み合わせることにより、あなたは自分のアプリケーションから収集したデータに対して集合知の手法を適用することができるようになる。また、いろいろな場所からデータを集めたり、実験をすることが可能になるだろう。

1.2　機械学習とは何か？

　機械学習は人工知能（AI）の一分野であり、コンピュータに学習をさせるためのアルゴリズムに関連がある。多くの場合、これは、アルゴリズムで与えられたデータの特質を推測できるような情報を生み出し、その情報を利用して将来現れるであろうデータの予測をするということを意味している。このようなことが可能な理由は、でたらめなデータでない限り、ほとんどすべてのデータは何らかのパターンを含んでおり、このパターンは機械によって一般化することが可能であるためである。一般化をするためには、データのどの面が重要なのかを決定づけるモデルをトレーニングする。

　モデルがどのように出来上がるのかを理解するため、複雑なEmailフィルタリングの分野について考えてみよう。たとえば、あなたは「オンライン薬局」という単語を含んだたくさんのスパムを受け取ったとする。あなたは人としてパターンを認識する能力が備わっているので、すぐに「オンライン薬局」という単語を含んだメッセージはスパムなのでゴミ箱に捨ててしまおうと決心するだろう。これが一般化である。実際、あなたは何がスパムなのかということについてのメンタルモデルを構築している。このように「オンライン薬局」という単語を含んだいくつかのメッセージを、スパムであると機械学習アルゴリズムに報告することで、同様の一般化を行うことのできるようなスパムフィルタを作り上げることができる。

　機械学習のアルゴリズムにはさまざまな種類があり、すべてがそれぞれの強みを持ち、適用可能な問題のタイプが異なる。決定木のようないくつかのアルゴリズムでは、見ている人が機械による処理を全体的に理解することができるような透明性を持っている。一方、ニューラルネットワークのような い

くつかのアルゴリズムはブラックボックスである。つまり、回答は生み出すがその背景にある理由を理解するのは難しい。

　機械学習のアルゴリズムの多くは、数学と統計学に非常に依存している。先ほどの私の定義に従えば、単純な相関の分析や回帰も機械学習の基礎的な形態であるといえるだろう。本書では、読者が統計学についての知識は持っていないものと想定しており、使用されている統計学についてはできるだけ分かりやすい説明を心がけた。

1.3　機械学習の限界

　機械学習には弱点がないわけではない。大量のパターンの集合を一般化する能力はアルゴリズムによって異なる。そして、そのアルゴリズムがそれまで見たことのないパターンは誤って解釈されてしまうことが多い。人間は膨大な量の文化的な知識や経験に頼ることができるし、新たな情報について決断を下す際は、似たような状況を思い出すことができるが、機械学習の手法は既に見たデータを基にしか一般化できず、それでさえ完全ではない。

　本書で紹介するスパムフィルタリングの手法は、単語やフレーズの出現だけを基にしており、それらの意味や、文の構造については考慮していない。理論的には文法を考慮するようなアルゴリズムを構築することは可能だが、それにより得られるであろう改善結果に比較して、必要となる労力は釣り合わないほど膨大なため、実際にはほとんど構築されていない。単語の意味や、それらの単語とある人間の人生との関連を理解するということを実現しようとすると、スパムフィルタがアクセスできる範囲を遥かに超えた情報が必要となる。

　さらに、機械学習の手法はそれぞれ性質が異なるが、すべての手法が過度の一般化という問題を抱えている。実生活でもそうであるように、少ない例を基に強い一般化を行っても正確であるということは滅多にない。あなたは友人から「オンライン薬局」という単語を含んではいるが重要なメールを受け取る可能性もある。このような場合、アルゴリズムにそのメッセージはスパムではないと伝える必要がある。そうすればアルゴリズムは特定の友人からのメールは受け取るべきだと推論するかもしれない。多くの機械学習のアルゴリズムは新しい情報が届き続ける限り学習し続ける性質がある。

1.4　実生活における例

　インターネット上には、さまざまな人々からデータを集め、機械学習と統計学の手法を利用してそこから利益を得ているサイトが数多く存在する。その中でも、もっとも努力を行っているのはGoogleだろう。Googleはページのランキングを出すためにWebリンクを使用するだけではなく、もっと効率的に広告を打つために、どのような人が広告をクリックした、という情報を集め続けている。4章ではサーチエンジンについてと、Googleのランキングシステムの重要な部分であるPageRankアルゴリズムについて学ぶ。

　他の例も推薦システムを備えたWebサイトを含んでいる。AmazonやNetflixは人々が購入したりレ

ンタルした情報を利用して似ている人々や類似した商品を決定し、購入履歴を基に推薦を行っている。PandoraやLast.fmのようなサイトでは、さまざまなバンドや曲に対するあなたの評価を基に、あなたが楽しめるようにあつらえたラジオ局を作りだす。2章では推薦システムの構築の方法について扱う。

また、予測市場も集合知の形態の一つである。もっともよく知られているものの一つとしては、映画や映画俳優に関する株を売買することのできる、Hollywood Stock Exchange (http://hsx.com) が挙げられる。あなたは最高値になると実際の公開時興行収入の100万分の1の価格になるような株を時価で売買することができる。価格は特定の個人によって決められるのではなく、集団のふるまいによって決められる。そしてこの時価を集団全体の予測するその映画の興行収入としてみなすことができる。Hollywood Stock Exchangeによる予想は、個々の専門家による予想よりも決まって正確である。

eHarmonyのようなデートサイトでは、相性のよい組み合わせを作るために参加者から集められた情報が利用される。このような会社は組み合わせを作るためのアルゴリズムを秘密に保つことが多いが、すべての成功しているアルゴリズムたちは選んだ組がうまくいったかどうかを基にした再評価を常に行っていると思われる。

1.5 学習アルゴリズムのその他の使用

本書で取り上げられている手法は最新のものではなく、例題はインターネットを基にした集合知の問題に焦点を絞っているが、機械学習のアルゴリズムに関する知識はその他のフィールドの開発者にとっても大きな助けとなるだろう。特に興味深いパターンを探すための巨大なデータセットを扱うような分野では役立つだろう。

バイオテクノロジー
 シークエンシングとスクリーニング技術の発展はDNA配列、タンパク質の構造、化合物スクリーニング、RNA発現など、さまざまな種類の巨大なデータセットを作り上げた。これらのすべての種類のデータに対し機械学習は積極的に適用され、生物学的な過程に対する理解を増すことができるようなパターンを見つける手助けを行っている。

クレジット詐欺の発見
 クレジットカード会社は詐欺の取引を検知する新しい方法を常に模索し続けている。そのためニューラルネットワークの技術者を雇い、取引や現金の動きが不適切でないか確かめるための帰納的なロジックを採用している。

マシンビジョン
 軍用目的や調査目的でビデオカメラからの映像を解釈する分野の研究が活発である。侵入者を自動的に発見したり、自動車を特定したり、顔を認識するために多くの機械学習の技術が用いられている。巨大なデータセットの中から興味深い特徴を探し出すために独立成分分析のような教師なし学習が使用されていることは特に興味深い。

製品のマーケティング
: 長年にわたり、人口分布と流行を理解することは科学というより芸術の域だった。近年、顧客からデータを収集できる能力が向上して来たことにより機械学習の手法の出番が増えて来た。市場に存在する自然な区分を理解したり、将来の流行についてよりよい予測を行うためにクラスタリングのような手法がよく利用されている。

サプライチェーン
: 大きな組織では、サプライチェーンを効果的にしたり、それぞれの地域での製品の需要を正確に予測することで多くのお金を節約することができる。需要に影響を与えうる要因の数が巨大であるため、サプライチェーンがとりうる網の目は大規模である。このようなデータセットを分析するために最適化と学習の技術がよく用いられる。

株式市場の分析
: 株式市場の出現以来、人々はお金を稼ぐために数学を使い続けている。参加者が洗練されていくにつれ、分析すべきデータセットも増え続け、パターンを発見するために、より高度な技術が使われるようになっている。

国防
: 世界中の政府機関によって膨大な量の情報が集められており、そのデータを分析し、パターンを発見したり、それを潜在的な危険と関連させるためには、コンピュータが必要である。

これらは機械学習が重点的に使われているいくつかの例にすぎない。世の中はどんどん情報を生み出していく方向に動いているため、古典的な手法で扱える情報の量を超えるにしたがって、機械学習や統計学の手法に依存するフィールドは増えてくるだろう。

利用できる情報は毎日増え続けており、多くの可能性があることは明らかである。機械学習アルゴリズムのいくつかを学べば、どこにでも適用できるということがわかるはずだ。

2章
推薦を行う

集合知のツアーの手始めとして、ある人々の集団の選択を利用して、他の人への推薦を行う方法について見ていこう。オンラインショップで製品を推薦したり、面白いWebサイトを提案したり、人々が音楽や映画を探す際の手助けを行うなど、この種の情報の利用例はたくさん存在する。この章では嗜好の似ている人を探し出し、他人の好みを基に自動的に推薦を行うシステムの構築方法について紹介する。

多分、あなたはAmazonのようなオンラインショッピングサイトを利用する際に、推薦システムというものをすでに目にしたことがあるだろう。Amazonはすべての買い物客の購入の習慣を記録し、あなたがサイトにログインした際にこの情報を使ってあなたが好きそうな製品を推薦する。Amazonはあなたが以前に本を買ったことしかなくても、あなたが好みそうな映画を推薦することすらできる。オンラインのコンサートチケット会社のいくつかは、あなたの購買履歴を基に、あなたが好みそうなコンサートが開催されそうになるとアラートを出す。reddit.comは他のサイトへのリンクについてあなたに投票を行わせ、その票を利用して、あなたが好みそうなサイトへのリンクを提案する。

これらの例のように、嗜好というのはさまざまな方法で集めることができることがわかるだろう。嗜好のデータは時には人々が購入したアイテムであったり、それらのアイテムに対するyes/noや5段階での評価だったりする。本章ではこれらの嗜好のデータを、同じアルゴリズムたちで扱えるような形で表現する方法についていくつか見ていく。そして、映画の評価のスコアとソーシャルブックマークを利用した実際に動作するサンプルを作っていく。

2.1 協調フィルタリング

おすすめの製品や面白いWebサイトについての推薦を知るための一番ローテクな方法は友人に聞いてみることだ。あなたはこれまで友人があなたと同じものを好きかどうかを観察して来たことで、誰があなたと近い「好み」を持っているかを知っているだろう。選択肢が増えれば増えるほど、少人数のグループに訪ねるだけでは、あなたの好きなものを決定することは難しくなる。なぜなら、グループのメンバーの誰も知らないような選択肢も存在するようになってくるからだ。このような問題を扱うために、

協調フィルタリングとよばれる一連の技術は発展した。

協調フィルタリングのアルゴリズムは、普通、大規模な人々の集団を検索し、あなたに好みが似た人々の小集団を発見することで動作する。協調フィルタリングでは、彼らが好きな他のものも見て、それらを組み合わせ、順序付けをした推薦のリストを作成する。類似している人々を選び出す方法や、このリストを作る際に人々の過去の選択を反映させる方法にはさまざまなやり方がある。本章ではそのいくつかについて説明する。

協調フィルタリングという用語は 1992 年に Xerox PARC の David Goldberg が書いた "Using collaborative filtering to weave an information tapestry" という論文で使用された。彼は Tapestry というシステムを設計した。Tapestry では、人々に文書を面白い／面白くないで評価をさせ、この評価情報をドキュメントをフィルタする際に利用していた。現在、世の中には協調フィルタリングを利用したサイトがあふれている。映画、書籍、異性、ショッピング、さらにはポッドキャスト、記事やジョークに対するサイトまで存在する。

2.2　嗜好の収集

まずは、さまざまな人々と彼らの嗜好の情報をどうにかして表現する方法が必要である。Python でこれを行うにはディクショナリをネストして使うのがシンプルなやり方である。このセクションの例題を実行するには、以下のコードが書かれた recommendations.py という名前のファイルを用意し、データセットを作成するために次のコードを書き込もう。

```python
# 映画の評者といくつかの映画に対する彼らの評点のディクショナリ
critics={'Lisa Rose': {'Lady in the Water': 2.5, 'Snakes on a Plane': 3.5,
 'Just My Luck': 3.0, 'Superman Returns': 3.5, 'You, Me and Dupree': 2.5,
 'The Night Listener': 3.0},
 'Gene Seymour': {'Lady in the Water': 3.0, 'Snakes on a Plane': 3.5,
 'Just My Luck': 1.5, 'Superman Returns': 5.0, 'The Night Listener': 3.0,
 'You, Me and Dupree': 3.5},
 'Michael Phillips': {'Lady in the Water': 2.5, 'Snakes on a Plane': 3.0,
 'Superman Returns': 3.5, 'The Night Listener': 4.0},
 'Claudia Puig': {'Snakes on a Plane': 3.5, 'Just My Luck': 3.0,
 'The Night Listener': 4.5, 'Superman Returns': 4.0,
 'You, Me and Dupree': 2.5},
 'Mick LaSalle': {'Lady in the Water': 3.0, 'Snakes on a Plane': 4.0,
 'Just My Luck': 2.0, 'Superman Returns': 3.0, 'The Night Listener': 3.0,
 'You, Me and Dupree': 2.0},
 'Jack Matthews': {'Lady in the Water': 3.0, 'Snakes on a Plane': 4.0,
 'The Night Listener': 3.0, 'Superman Returns': 5.0, 'You, Me and Dupree': 3.5},
 'Toby': {'Snakes on a Plane':4.5,'You, Me and Dupree':1.0,'Superman Returns':4.0}}
```

本章ではPythonで対話的に実行しながら進めて行くので、recommendations.pyをPythonの対話型インタプリタが探し出せる場所に保存するとよい。保存場所はpython/Libでもよいのだが、もっとも楽な方法は保存したディレクトリと同じ場所でPythonのインタプリタを動作させるやり方だ。

このディクショナリは与えられた映画それぞれに対するみんな（と私）の評点を、1から5の数字で表している。嗜好がどのように表現されるにせよ、それらに数値を割り当てる必要がある。もしあなたがショッピングサイトを構築する場合であれば、誰かがアイテムを買った場合は1を割り当て、買っていない場合には0を割り当てるとよい。また、ニュースに対する投票のサイトを構築する場合、表2-1のように −1、0、1の数字を使い、それぞれに"好き"、"投票していない"、"嫌い"を割り当てるとよい。

表2-1　利用者の行動に対する数値割り当ての例

コンサートチケット		オンラインショッピング		サイトの推薦	
買った	1	買った	2	好き	1
買わなかった	0	閲覧した	1	投票せず	0
		買わなかった	0	嫌い	−1

ディクショナリを使うと、アルゴリズムを試したり分かりやすく表示する際に便利である。検索や変更も簡単に行える。Pythonのインタプリタを起動させ、いくつかのコマンドを試してみよう。

```
c:\code\collective\chapter2> python
Python 2.4.1 (#65, Mar 30 2005, 09:13:57) [MSC v.1310 32 bit (Intel)] on win32
Type "help", "copyright", "credits" or "license" for more information.
>>>
>> from recommendations import critics
>> critics['Lisa Rose']['Lady in the Water']
2.5
>> critics['Toby']['Snakes on a Plane']=4.5
>> critics['Toby']
{'Snakes on a Plane':4.5,,'Superman Returns':4.0,'You, Me and Dupree':1.0}
```

メモリ上のディクショナリには膨大な数の嗜好を収めることができるが、巨大なデータセットの場合、嗜好情報をデータベースに入れてもよい。

2.3　似ているユーザを探し出す

人々の嗜好についてのデータを集めた後は、人々が好みの上でどの程度似ているかを決める方法が必要になる。これは、それぞれの人を（当人以外の）すべての人と比較して、どの程度似ているかという事を表す**類似性スコア**を算出するとよい。このスコアを計算するにはいくつかの方法があるが、ここでは**ユークリッド距離**と**ピアソン相関**について説明する。

2.3.1　ユークリッド距離によるスコア

類似性を表す数値を算出するための単純な方法の一つにユークリッド距離というものがある。これは人々が評価したアイテムを軸にとってグラフに表示する。グラフ上に人々を配置し、それぞれがどれくらい近いかを見ることができる（図2-1）。

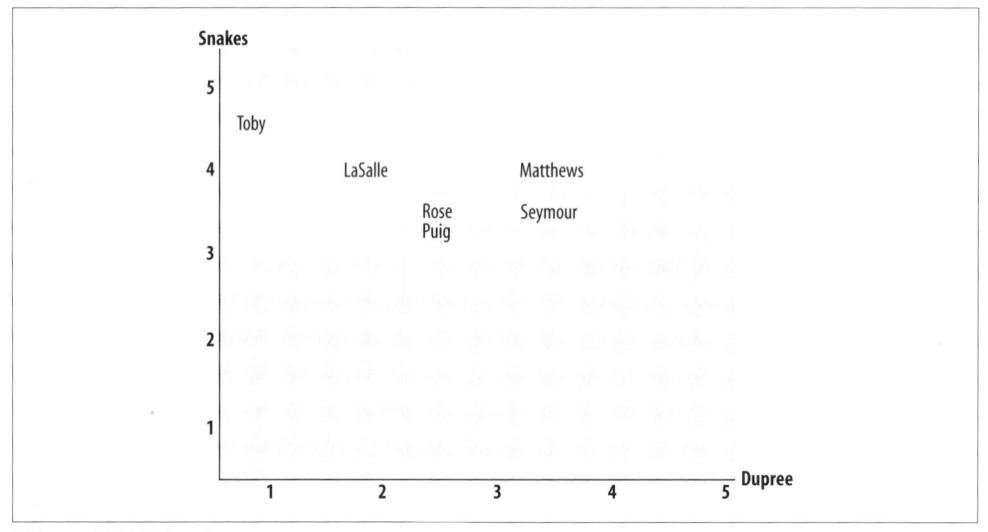

図2-1　嗜好空間上の人々

　この図は人々が**嗜好空間**に図示されている様子を表している。TobyはSnake軸の4.5、そしてDupree軸では1.0に位置している。この嗜好空間での距離が近ければ近いほど、嗜好は近いということになる。このグラフは2次元なため、一度に二つの映画での比較しか見ることができないが、もっと多くの映画に対してでも、原則は同じである。

　グラフ上でのTobyとLaSalleの距離を測るには、それぞれの軸上での差を取り、それぞれを乗じて足し合わせる。そして、その合計の平方根を利用する。Pythonでは関数pow(n,2)で2乗の値を計算することができ、関数sqrtを使って平方根を算出することができる。

```
>> from math import sqrt
>> psqrt(pow(4.5-4,2)+pow(1-1,2))
3.1622776601683795
```

　この計算式で人々がどの程度似通っているかを表す距離を算出することができる。この距離が小さい人々ほど似ているということになる。しかし、必要なのは似ていれば似ているほど高い数値を返すような関数である。これはこの関数に1を加え（0で除算してエラーになってしまうのを防ぐため）逆数を取ることで実現できる。

```
>>> 1/(1+sqrt(pow(5-4,2)+pow(4-1,2)))
0.2402530733520421
```

この新たな数式は常に0から1の間の値を返す。値が1の場合は二人の好みが寸分たがわず同じであるということを表している。類似性を算出するための関数を作るため、これらをまとめてしまうとよい。以下のコードをrecommendations.pyに付け加えよう。

```
from math import sqrt

# person1とperson2の距離を基にした類似性スコアを返す
def sim_distance(prefs,person1,person2):
  # 二人とも評価しているアイテムのリストを得る
  si={}
  for item in prefs[person1]:
    if item in prefs[person2]:
      si[item]=1

  # 両者共に評価しているものが一つもなければ0を返す
  if len(si)==0: return 0

  # すべての差の平方を足し合わせる
  sum_of_squares=sum([pow(prefs[person1][item]-prefs[person2][item],2)
                     for item in prefs[person1] if item in prefs[person2]])

  return 1/(1+sum_of_squares)
```

この関数を二人の名前と一緒に呼び出すことで、類似性スコアを得ることができる。Pythonインタプリタで次のようにして動作させよう。

```
>>> reload(recommendations)
>>> recommendations.sim_distance(recommendations.critics,
... 'Lisa Rose','Gene Seymour')
0.148148148148
```

この場合、Lisa RoseとGene Seymourの類似性スコアが得られる。もっと似ている人や、逆に似ていない人を探せるかどうか、他の人々の名前でも試してみるとよい。

2.3.2 ピアソン相関によるスコア

人々の興味の類似度を決めるもう少し洗練された手法として、ピアソン相関係数を用いる方法がある。この相関係数は二つのデータセットがある直線にどの程度沿っているかを示す。この数式はユークリッド距離を算出するためのものよりも複雑であるが、データが正規化されていないような状況ではユークリッド距離を用いるより、よい結果を得られることが多い。正規化されていない状態の例として

は、たとえば映画の評価が平均より厳しい場合などが挙げられる。

この手法を視覚化するために、図2-2のように二つの評価をグラフに書いてみる。SupermanはMick LaSalleによって3点が付けられており、Gene Seymourによれば5点が付けられている。そのため、グラフ上では(3,5)に位置している。

グラフ上に見える直線は、グラフ上のすべてのアイテムにできるだけ近くなるように引かれた直線で最適直線と呼ばれる。二人がすべての映画に対してまったく同じ評点をつけている場合、この直線は

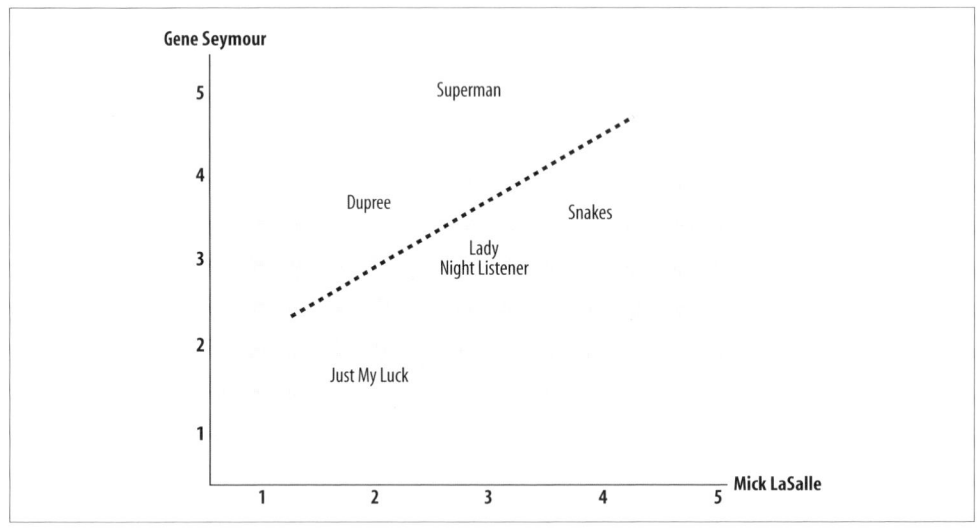

図2-2　二人の評者の散布図上での比較

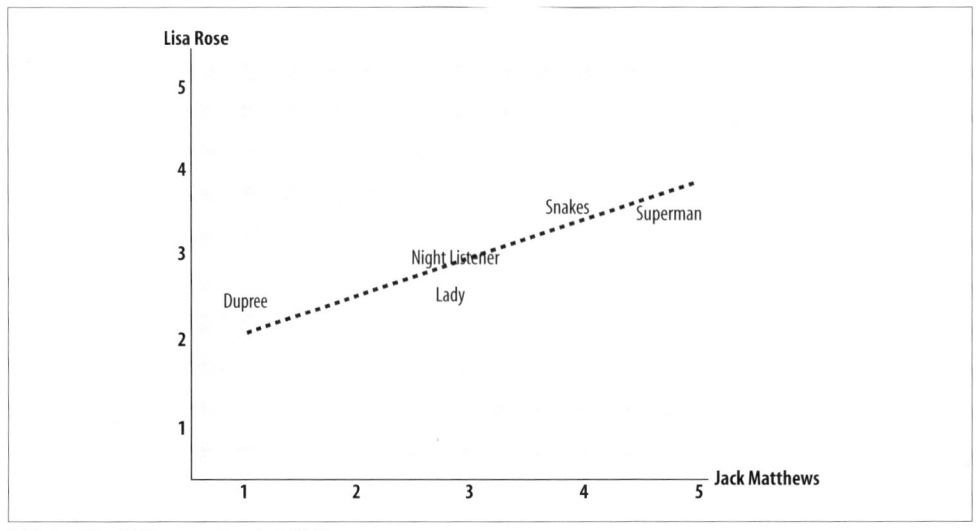

図2-3　高い相関スコアの二人の評者

グラフ上のアイテムがすべて乗るような斜めの直線になる。そして、スコアは完全に相関しているため1になる。ここで描いた図のような場合、いくつかの映画の評価で意見が合っていないため、相関スコアは0.4付近になる。もっと高い相関のものを図2-3に示す。この場合相関スコアは0.75程度になる。

ピアソン相関係数を利用する上で興味深いことの一つとして、よい成績の大判ぶるまいによる誤差を修正してくれるという点が挙げられる。この図ではJack MatthewsはLisa Roseより甘く点を付けている傾向がある。しかし、それでも直線は比較的彼らの嗜好は近いことを示すところに引かれている。もしある評者が他の評者と比較して高いスコアを付ける傾向にあったとしても、その二人の間のスコアの差が一貫していれば完全な相関が現れる。先ほど紹介したユークリッド距離によるスコアでは、一方の評者が一貫して厳しい点の付け方をしていると、例え好みが似ていたとしても、似ていないとみなされてしまう。このような挙動を問題ないとみなすかどうかは、あなたがどのようなアプリケーションを作りたいのかによって異なる。

ピアソン相関のスコアのためのコードは、まず両方の評者が得点を付けているアイテムを探し出す。そして、それぞれの評者の評点の合計と、評点の平方の合計を算出する。次に評価を掛け合わせた値の合計を算出する。最後に以下のコードの太字の部分でピアソン相関係数を算出する。距離を測定基準に利用していたときと違い、この数式は直感的ではないが、変数それぞれの変化の程度の積で割ることで、変数たちがどの程度一緒に変化していくかを教えてくれる。

この数式を利用するために、sim_distance関数と同じシグネチャの新たな関数をrecommendations.pyの中に作ろう。

```
# p1とp2のピアソン相関係数を返す
def sim_pearson(prefs,p1,p2):
  # 両者が互いに評価しているアイテムのリストを取得
  si={}
  for item in prefs[p1]:
    if item in prefs[p2]: si[item]=1

  # 要素の数を調べる
  n=len(si)

  #共に評価しているアイテムがなければ0を返す
  if n==0: return 0

  # すべての嗜好を合計する
  sum1=sum([prefs[p1][it] for it in si])
  sum2=sum([prefs[p2][it] for it in si])

  # 平方を合計する
  sum1Sq=sum([pow(prefs[p1][it],2) for it in si])
  sum2Sq=sum([pow(prefs[p2][it],2) for it in si])
```

```
# 積を合計する
pSum=sum([prefs[p1][it]*prefs[p2][it] for it in si])

# ピアソンによるスコアを計算する
num=pSum-(sum1*sum2/n)
den=sqrt((sum1Sq-pow(sum1,2)/n)*(sum2Sq-pow(sum2,2)/n))
if den==0: return 0

r=num/den

return r
```

この関数は-1から1の間の値を返す。値が1であれば、両者はすべてのアイテムに対してまったく同じ評価をしているということになる。距離を利用する方法と異なり、数値のスケールを変える必要はない。図2-3の相関スコアを得るためには次のようにするとよい。

```
>>> reload(recommendations)
>>> print recommendations.sim_pearson(recommendations.critics,
... 'Lisa Rose','Gene Seymour')
0.396059017191
```

2.3.3　どちらの類似性尺度を利用すべきなのか？

　私はここまで異なる二つの尺度の関数を紹介してきたが、二つのデータセットの類似性を計るための方法は実はもっとたくさん存在する。どの方法がベストであるかは、あなたが作るアプリケーションによって異なる。ピアソンやユークリッド距離、またはその他の方法のどれがあなたにとって望ましい結果を返してくれるのかを試してみるとよい。

　本章の残りの部分で紹介する関数はsimilarityというオプションのパラメータを持っている。このパラメータにsim_pearsonやsim_distanceと指定することで、使用する類似性関数を切り替えることができる。これを利用して試してみるとよい。類似性を計算するための方法としては、他にもJaccard係数やマンハッタン距離など、数多く存在する。これまで紹介した類似性関数と同じシグネチャを受け取り、高い数値が高い類似性を表すようなfloat値を返すという約束を守る限り、自分で類似性関数を作って試すことができる。

　アイテムを比較するためのほかの尺度についてhttp://en.wikipedia.org/wiki/Metric_%28mathematics%29#Exampleで読むことができる。

2.3.4　評者をランキングする

　ここまで二人の人々を比較する関数を作ってきた。あなたは与えられたある人に対するすべての人々のスコアを算出し、もっとも近い組を探す関数を作ることもできる。ここでは映画を見るときに誰のアドバイスを受ければよいか判断するため、私の映画の好みにもっとも似ている映画の評者を探

し出すことをやってみたい。人々を特定の人の好みに近い順に並べたリストを得るための次の関数をrecommendations.pyに付け加えてみよう。

```
# ディクショナリprefsからpersonにもっともマッチするものたちを返す
# 結果の数と類似性関数はオプションのパラメータ
def topMatches(prefs,person,n=5,similarity=sim_pearson):
  scores=[(similarity(prefs,person,other),other)
          for other in prefs if other!=person]
  # 高スコアがリストの最初に来るように並び替える
  scores.sort()
  scores.reverse()
  return scores[0:n]
```

この関数はPythonのリスト内包を使い、私と私以外のすべてのユーザを先ほど定義した尺度を利用して比較している。そして、ソートされた結果の中から最初のn個の結果を返している。

この関数を私の名前と一緒に呼び出せば、評者たちとその類似性スコアを得ることができる。

```
>> reload(recommendations)
>> recommendations.topMatches(recommendations.critics,'Toby',n=3)
[(0.99124070716192991, 'Lisa Rose'), (0.92447345164190486, 'Mick LaSalle'),
 (0.89340514744156474, 'Claudia Puig')]
```

この結果によると私にもっとも似ているのはLisa Roseであるため、彼女のレビューを読むべきだということがわかる。もしあなたがこれらの映画のどれかを見たことがあるなら、このディクショナリにあなたの名前とあなたの評点を付け加えてみて、あなたのお気に入りの評者が誰になるのか見てみるとよい。

2.4 アイテムを推薦する

よい評者を探し出すというのは素晴らしいことではあるが、私が本当にやりたいのは映画を今すぐ推薦してもらうことである。私に似た嗜好を持つ人間を探し出し、その人が好きな映画の中から私がまだ見ていないものを探すことはできるが、それでは回りくどい。このようなやり方では、いくつかの私が好きであるはずの映画を見ていない評者を選んでしまうことで、漏れが生じる可能性がある。また、ある映画に対して、他のすべての評者はよい評価をしていないにも関わらず、topMatchesによって選ばれた評者だけが、奇妙なことにその映画に対してよい評価をしてしまっている場合に出くわす可能性もある。

これらの問題を解決するためには、評者に順位付けをした重み付きスコアを算出することで、アイテムにスコアを付ける必要がある。私以外全員の評者の評点を集め、それぞれの映画への点数を私との類似性に掛け合わせる。表2-2でこの実際の様子を示す。

表2-2 筆者のための推薦の作成

評者	類似性	Night	S.xNight	Lady	S.xLady	Luck	S.xLuck
Rose	0.99	3.0	2.97	2.5	2.48	3.0	2.97
Seymour	0.38	3.0	1.14	3.0	1.14	1.5	0.57
Puig	0.89	4.5	4.02			3.0	2.68
LaSalle	0.92	3.0	2.77	3.0	2.77	2.0	1.85
Matthews	0.66	3.0	1.99	3.0	1.99		
合計			12.89		8.38		8.07
Sim. Sum			3.84		2.95		3.18
合計/Sim.Sum			3.35		2.83		2.53

　この表はそれぞれの評者の相関値と、私がまだ見ていない3つの映画(The Night Listener、Lady in the Water、Just My Luck)への評点が示されている。S.xから始まる列は評点を掛け合わせた類似度の列である。そのため、私により似ている人の評点の方が、似ていない人の評点より、全体の点数に大きく影響を与えるようになっている。合計の行はこれらの数字の合計を表している。

　ランキングを算出するために合計値だけを利用することもできるが、それでは多くの人に見られている映画の点数が上がってしまう。これを正すため、その映画を見た評者の類似度の合計(表のSim. Sumの行)で割る必要がある。The Night Listenerは全員に見られているため、すべての類似度の合計で除算する。Lady in the WaterはPuigは見ていないので、Puig以外の人々の類似度の合計で除算する。最後の行がこの割り算を行った結果を示している。

　次のコードは非常に理解しやすく、また、ユークリッド距離でもピアソン相関スコアでも動作する。recommendations.pyに以下を加えるとよい。

```
# person以外の全ユーザの評点の重み付き平均を使い、personへの推薦を算出する
def getRecommendations(prefs,person,similarity=sim_pearson):
  totals={}
  simSums={}
  for other in prefs:
    # 自分自身とは比較しない
    if other==person: continue
    sim=similarity(prefs,person,other)

    # 0以下のスコアは無視する
    if sim<=0: continue

    for item in prefs[other]:
      # まだ見ていない映画の得点のみを算出
      if item not in prefs[person] or prefs[person][item]==0:
        # 類似度 * スコア
        totals.setdefault(item,0)
```

```
        totals[item]+=prefs[other][item]*sim
        # 類似度を合計
        simSums.setdefault(item,0)
        simSums[item]+=sim

    # 正規化したリストを作る
    rankings=[(total/simSums[item],item) for item,total in totals.items()]

    # ソート済みのリストを返す
    rankings.sort()
    rankings.reverse()
    return rankings
```

このコードはprefsディクショナリの中のすべての人々に対してループされ、それぞれの人と特定のpersonとの類似性を算出する。そして、彼らが点数をつけたアイテムをすべてループする。太字の行ではアイテムの最終的なスコアを算出している——それぞれのアイテムには類似度が掛け合わされ、その積は合計されている。そして最後にそのスコアを類似度の合計で割ることで正規化し、ソート済みの結果が返される。

これであなたは次に私が見るべき映画を知ることができる。

```
>>> reload(recommendations)
>>> recommendations.getRecommendations(recommendations.critics,'Toby')
[(3.3477895267131013, 'The Night Listener'), (2.8325499182641614, 'Lady in the
Water'), (2.5309807037655645, 'Just My Luck')]
>>> recommendations.getRecommendations(recommendations.critics,'Toby',
... similarity=recommendations.sim_distance)
[(3.5002478401415877, 'The Night Listener'), (2.7561242939959363, 'Lady in the
Water'), (2.4619884860743739, 'Just My Luck')]
```

順序づけられた映画のリストを得ることができるだけでなく、それぞれの映画に対する私の評点の予想を得ることができている。これを参考に、映画を見たいか、それともまったく別のことをやりたいのかを決めることができる。あなたが作りたいアプリケーションにもよるが、与えられたユーザの基準に合うものがない場合、何も推薦をしないという風に作ることもできる。また、この結果はどの類似性尺度を選んでもあまり大差はない。

ここまでであなたはどのような商品やリンクにでも適用することができる完璧な推薦システムを作り上げたことになる。人々とアイテム、そしてスコアのディクショナリを用意さえすれば、これを利用して誰に対してでも推薦を行うことができる。本章の後半では、del.icio.usのAPIを通じて、人々にWebサイトを推薦するための実際のデータを取得する方法について説明する。

2.5　似ている製品

現在、あなたは似ている人々を探し出し、特定の人のために製品を推薦する方法について理解している。しかし、製品同士、似ているものを知りたい場合にはどのようにすればよいだろうか？　あなたはこのような例にショッピングサイトで出くわしたことがあるはずだ。特に、サイトがあなたの情報をまだ十分に集めていない場合に見かけたかもしれない。図2-4はAmazonのProgramming Pythonのためのページである。

> **Customers who bought this item also bought**
> 　　Learning Python, Second Edition by Mark Lutz
> 　　Python Cookbook by Alex Martelli
> 　　Python in a Nutshell by Alex Martelli
> 　　Python Essential Reference (2nd Edition) by David Beazley
> 　　Foundations of Python Network Programming (Foundations) by John Goerzen
> ▶ **Explore similar items** : Books (42)

図2-4　AmazonによるProgramming Pythonと似ている商品

この場合、類似度を決めるには、特定のアイテムを誰が好きなのかを調べ、彼らが好きな他のアイテムを探すとよい。これは本質的には先ほど行った人々の間の類似度を決めるやり方と同じである。人々とアイテムを入れ替えるだけで実現できる。つまり、ディクショナリを変更すれば先ほどあなたが書いた方法を利用することができる。

```
{'Lisa Rose': {'Lady in the Water': 2.5, 'Snakes on a Plane': 3.5},
 'Gene Seymour': {'Lady in the Water': 3.0, 'Snakes on a Plane': 3.5}}
```

これを次のように変換する。

```
{'Lady in the Water':{'Lisa Rose':2.5,'Gene Seymour':3.0},
 'Snakes on a Plane':{'Lisa Rose':3.5,'Gene Seymour':3.5}} etc..
```

この変換を行うための関数をrecommendations.pyに付け加える。

```python
def transformPrefs(prefs):
  result={}
  for person in prefs:
    for item in prefs[person]:
      result.setdefault(item,{})
```

```
        # item と person を入れ替える
        result[item][person]=prefs[person][item]
  return result
```

これで、先ほど使用した関数topMatchesを呼び出してSuperman Returnsに似ている映画たちを探し出すことができる。

```
>> reload(recommendations)
>> movies=recommendations.transformPrefs(recommendations.critics)
>> recommendations.topMatches(movies,'Superman Returns')
[(0.657, 'You, Me and Dupree'), (0.487, 'Lady in the Water'), (0.111, 'Snakes on a
Plane'), (-0.179, 'The Night Listener'), (-0.422, 'Just My Luck')]
```

この例の場合、マイナスの相関スコアもあることに注意してほしい。これはSuperman Returnsを好きな人はJust My Luckのことを好まない傾向にあるということを示している（図2-5）。

さらに、映画の評者を推薦してもらうこともできる。これはあなたがプレミアに誘う人を決めたい場合に役立つだろう。

```
>> recommendations.getRecommendations(movies,'Just My Luck')
[(4.0, 'Michael Phillips'), (3.0, 'Jack Matthews')]
```

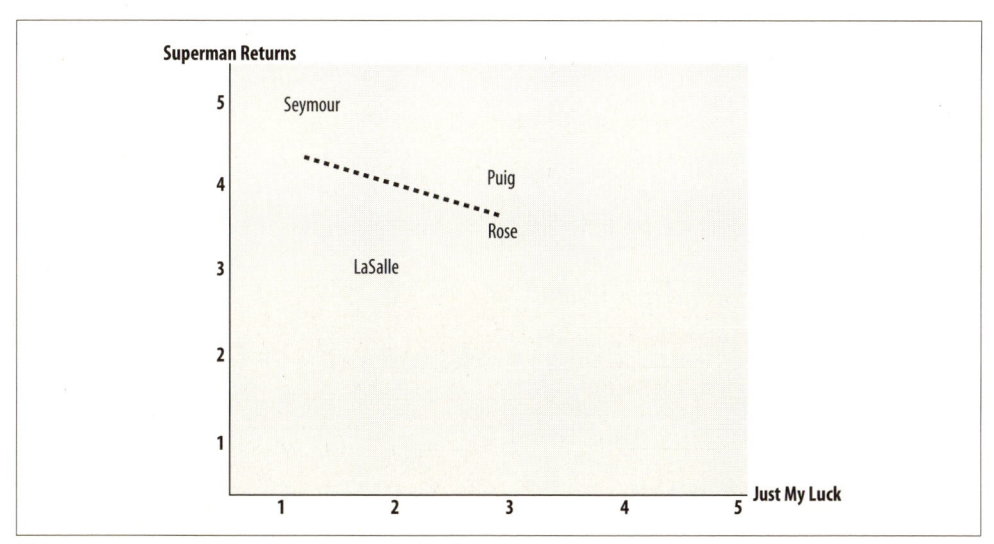

図2-5 Superman ReturnsとJust My Luckの負の相関

人々とアイテムを入れ替えることで役立つ結果を得ることができる、とはっきり言い切ることはできないが、多くの場合、比較してみると面白いと感じるような結果を得ることができるだろう。オンライ

ンショップの業者は個々の利用者へ製品を推薦するために購買履歴情報を集めている。あなたが行ったように、製品と人々を反転させる行為は、彼らにとっては特定の製品を買いそうな人を検索することができるようになることを意味している。これは、特定の商品の在庫セールの売り込み方を計画する際に非常に役に立つ。別の可能性としては、リンク推薦サイトの新たなリンクを、そのリンクをもっとも楽しめそうな人々に対して提示する際に役に立つかもしれない。

2.6　del.icio.usのリンクを推薦するシステムを作る

このセクションではオンラインブックマークのサイトとしてもっとも人気のあるサイトの一つであるdel.icio.usからデータを取得する方法について説明し、次にそのデータを使って似ているユーザを探し出し、彼らがまだ見ていないリンクを推薦する方法について説明していく。http://del.icio.usでアクセスできるこのサイトでアカウントを作れば、ユーザはリンクを投稿して後で参照することができるようになる。このサイトでは他のユーザが投稿したリンクを閲覧することもできる。そして多くの人々によって投稿された"popular"なリンクを見ることができる。実際のdel.icio.usのページの例を示す。

図2-6　del.icio.usのprogrammingに関するpopularページ

他のソーシャルブックマークサイトと異なり、del.icio.usは似たような人々を探したり、ユーザが好みそうなリンクを推薦するような機能は持っていない（執筆時現在）。ありがたいことに本章で説明するテクニックを使えば、この機能を自分で付け加えることができる。

2.6.1　del.icio.usのAPI

del.icio.usのデータはAPIを通じて利用することができる。データはXMLで返される。PythonのAPIも存在するので、楽をするために次のURLからダウンロードしておこう。（http://code.google.com/p/pydelicious/source または http://oreilly.com/catalog/9780596529321）

このセクションでの例に取り組むためには、このライブラリの最新バージョンをダウンロードして Python Library パスに置いておく必要がある（このライブラリのインストールに関しての詳細は付録Aを参照）。

このライブラリは人々が投稿したリンクを取得するためのシンプルな関数をいくつか持っている。たとえば programming に関して最新の "popular" な投稿リストを取得するには get_popular を呼び出せばよい:

```
>> import pydelicious
>> pydelicious.get_popular(tag='programming')
[{'count': '', 'extended': '', 'hash': '', 'description': u'How To Write
Unmaintainable Code', 'tags': '', 'href': u'http://thc.segfault.net/root/phun/
unmaintain.html', 'user': u'dorsia', 'dt': u'2006-08-19T09:48:56Z'}, {'count': '',
'extended': '', 'hash': '', 'description': u'Threading in C#', 'tags': '', 'href':
u'http://www.albahari.com/threading/', 'user': u'mmihale', 'dt': u'2006-05-17T18:09:
24Z'},
...etc...
```

この関数はディクショナリのリストを返していることがわかるだろう。それぞれのディクショナリはURL、詳細、そして誰が投稿したのかという情報を持っている。ここでは実際のデータを使って試しているので、あなたが試す場合の結果はここで示している結果とは異なるだろう。これから使う関数は他に二つある。get_urlposts と get_userposts だ。get_urlposts は与えられた URL のすべての投稿を返す。get_userpost は与えられたユーザのすべての投稿を返す。これらの関数のデータもここで示した例と同様に返される。

2.6.2　データセットを作る

del.icio.us からすべてのユーザの投稿をダウンロードするのは無理がある。したがって、一部を選び出す必要がある。どうやって選んでもいいが、面白い結果を得るためには、投稿頻度が高く、似たような内容の投稿を繰り返しているような人を探し出すというのもよいだろう。

これを行う方法として、特定のタグでの "popular" なリンクを最近投稿した人々のリストを得るやり方がある。deliciousrec.py という名前のファイルを作成して、以下のコードを入力しよう。

```python
from pydelicious import get_popular,get_userposts,get_urlposts
import time

def initializeUserDict(tag,count=5):
  user_dict={}

  # popularな投稿をcount番目まで取得
  for p1 in get_popular(tag=tag)[0:count]:
    # このリンクを投稿したすべてのユーザを取得
    for p2 in get_urlposts(p1['href']):
```

```
            user=p2['user']
            user_dict[user]={}
    return user_dict
```

このコードはユーザの名前がキーになっているディクショナリを作り出す。ディクショナリのそれぞれの要素は、これからリンクを入れるための空のディクショナリを参照している。このAPIはそのリンクを投稿した最新の30名の投稿者しか返さない。この関数では最初の5つのリンクを投稿したユーザを利用して大きなデータセットを作る。

映画評者のデータセットとは異なり、この場合の評価は二つの値が考えられる。つまり、このリンクを投稿していないユーザは0で、もし投稿している場合は1にする。このAPIを使うことで、すべてのユーザの評点で埋めるための関数を作ることができる。次のコードをdeliciousrec.pyに付け加えよう。

```
def fillItems(user_dict):
    all_items={}
    # すべてのユーザによって投稿されたリンクを取得
    for user in user_dict:
        for i in range(3):
            try:
                posts=get_userposts(user)
                break
            except:
                print "Failed user "+user+", retrying"
                time.sleep(4)
        for post in posts:
            url=post['href']
            user_dict[user][url]=1.0
            all_items[url]=1

    # 空のアイテムを0で埋める
    for ratings in user_dict.values():
        for item in all_items:
            if item not in ratings:
                ratings[item]=0.0
```

このコードで、本章の最初の部分で作った評者のディクショナリと似たようなデータセットを作ることができる。

```
>> from deliciousrec import *
>> delusers=initializeUserDict('programming')
>> delusers ['tsegaran']={} # あなたがdeliciousのユーザであれば、あなた自身を付け加えよう
>> fillItems(delusers)
```

3行目ではtsegaran（筆者）をリストに加えている。もしあなたがdel.icio.usのユーザであれば、tsegaranを自分のユーザネームに置き換えるとよい。

fillItemsの実行には数分かかるかもしれない。これはサイトに対して数百回のリクエストを行っているためである。このAPIは短い時間に多くのリクエストが繰り返されるとブロックすることがある。そのような場合、このコードはリクエストを一旦休み、3回を上限としてリトライを行う。

2.6.3　ご近所さんとリンクの推薦

これであなたはデータセットを作り上げたことになる。このデータセットには、映画評者のデータセットに対して使った関数と同じ関数を適用することができる。試しに適当なユーザを選んで、そのユーザに似た嗜好を持ったユーザを探し出してみる。次のコードを動かしてみよう。

```
>> import random
>> user=delusers.keys()[random.randint(0,len(delusers)-1)]
>> user
u'veza'
>> recommendations.topMatches(delusers,user)
[(0.083, u'kuzz99'), (0.083, u'arturoochoa'), (0.083, u'NickSmith'), (0.083,
u'MichaelDahl'), (0.050, u'zinggoat')]
```

getRecommendationsを呼び出して、このユーザが好みそうなリンクを推薦することもできる。getRecommendationsはすべてのアイテムをソートして返すため、最初の10個程度に制限しておいたほうがよい。

```
>> recommendations.getRecommendations(delusers,user)[0:10]
[(0.278, u'http://www.devlisting.com/'),
(0.276, u'http://www.howtoforge.com/linux_ldap_authentication'),
(0.191, u'http://yarivsblog.com/articles/2006/08/09/secret-weapons-for-startups'),
(0.191, u'http://www.dadgum.com/james/performance.html'),
(0.191, u'http://www.codinghorror.com/blog/archives/000666.html')]
```

もちろん、先ほど紹介したように、この嗜好リストも入れ替えることができる。これによって人々ではなく、リンクという観点から検索することができる。あなたが特に気に入った特定のリンクに似ているリンクを探すためには次のようなコードを試してみるとよい。

```
>> url=recommendations.getRecommendations(delusers,user)[0][1]
>> recommendations.topMatches(recommendations.transformPrefs(delusers),url)
[(0.312, u'http://www.fonttester.com/'),
(0.312, u'http://www.cssremix.com/'),
(0.266, u'http://www.logoorange.com/color/color-codes-chart.php'),
(0.254, u'http://yotophoto.com/'),
(0.254, u'http://www.wpdfd.com/editorial/basics/index.html')]
```

これでおしまいだ！　これだけであなたはdel.icio.usに対して推薦エンジンを付け加えることに成功したことになる。他にもやれることはいろいろある。たとえば、del.icio.usはタグで検索することもできるため、お互いに似ているタグを探し出すこともできるし、あるページを"popular"にするために同じリンクを複数のアカウントで繰り返し投稿しているユーザを探し出すこともできる。

2.7　アイテムベースのフィルタリング

今まで実装してきた推薦エンジンは、データセットを作成するためには、すべてのユーザからのランキングが必要だった。これは人々やアイテムの数が数千件程度であればうまく動作するだろう。しかし、Amazonのような巨大なサイトでは客や製品の数は数百万件存在する。このようなサイトでは、あるユーザを他のすべてのユーザと比べたり、ユーザが評価したそれぞれの製品を比較すると、ものすごい時間がかかる。また、数百万点の製品を売るようなサイトでは、人々の重なりあう部分が少ないため、誰と誰が似ているのかを決めることが難しい。

これまで使用してきた技術はユーザベースの協調フィルタリングと呼ばれている。これに代わるものとしてアイテムベースの協調フィルタリングというものがある。巨大なデータセットが対象の場合、アイテムベースの協調フィルタリングのほうがよい結果を生み出してくれる。また、計算の大部分は事前に実行しておくことが可能なので、推薦が必要なユーザは、より時間をかけずに結果を得ることができる。

アイテムベースの協調フィルタリングの手順はすでに解説してきた内容に大部分が含まれている。大まかにいうと、それぞれのアイテムに似ているアイテムたちを前もって計算しておくということである。そして、あるユーザに推薦をしたくなった時にはそのユーザが高く評価しているアイテムたちを参照し、それらに対して似ている順に重み付けされたアイテムたちのリストを作り出す。ここでの重要な違いは、最初のステップではすべてのデータを調べる必要があるが、アイテム間の関係というのは、人間同士の関係ほど頻繁には変わらないという点である。これはそれぞれのアイテムに似ているアイテムを見つけるために計算し続ける必要はないということを意味している。このような計算はトラフィックの軽い時間帯やメインのアプリケーションとは別のコンピュータでやればよい。

2.7.1　アイテム間の類似度のデータセットを作る

アイテムを比較するためにまずやらなければならないのは、似ているアイテムたちの完全なデータセットを作るための関数を書くことだ。先程も述べたように、これは推薦を行うときに毎回行う必要があるわけではない。一度データセットを作りさえすれば、必要な時に再利用することができる。

このデータセットを作り出すために、次の関数を recommendations.py に付け加えよう。

```
def calculateSimilarItems(prefs,n=10):
    # アイテムをキーとして持ち、それぞれのアイテムに似ている
    # アイテムのリストを値として持つディクショナリを作る。
```

```
    result={}

    # 嗜好の行列をアイテム中心な形に反転させる
    itemPrefs=transformPrefs(prefs)
    c=0
    for item in itemPrefs:
      # 巨大なデータセット用にステータスを表示
      c+=1
      if c%100==0: print "%d / %d" % (c,len(itemPrefs))
      # このアイテムにもっとも似ているアイテムたちを探す
      scores=topMatches(itemPrefs,item,n=n,similarity=sim_distance)
      result[item]=scores
    return result
```

この関数はまず、先ほど定義した transformPrefs を使ってスコアのディクショナリを反転させて、それぞれのユーザにアイテムがどのように評価されているかというリストを作っている。そしてすべてのアイテムをループして、この反転させたディクショナリを topMatches に渡し、似ているアイテムたちをその類似性スコアと共に取得している。最後にアイテムをキーとし、それぞれのアイテムにもっとも似ているアイテムたちのリストを持ったディクショナリを返している。

あなたの Python の対話型セッションで、このアイテムの類似度のデータセットを作り、どんなものか見てみよう。

```
>>> reload(recommendations)
>>> itemsim=recommendations.calculateSimilarItems(recommendations.critics)
>>> itemsim
{'Lady in the Water': [(0.40000000000000002, 'You, Me and Dupree'),
                       (0.2857142857142857, 'The Night Listener'),...
 'Snakes on a Plane': [(0.22222222222222221, 'Lady in the Water'),
                       (0.18181818181818182, 'The Night Listener'),...
etc.
```

この関数をアイテムの類似度が最新な状態に保たれる程度の頻度で走らせるとよい。ユーザと、評価されたアイテムの数が少ない最初のころにはこれをより多く走らせる必要があるが、ユーザの数が増えればこのアイテム同士の類似性スコアは安定してくるので、この関数を呼び出す必要は少なくなる。

2.7.2 推薦を行う

ここまでですべてのデータセットを調べることなしにアイテムの類似度のディクショナリを使って推薦を行うための準備ができた。これから特定のユーザが評価したすべてのアイテムを取得し、似ているアイテムを探し、類似度を利用して重みをつける。アイテムのディクショナリを使えばこの類似度は簡単に得ることができる。

表2-3はアイテムベースのアプローチで推薦を行う過程を示している。表2-2とは異なり、他の評者

たちはまったく表には現れていない。その代わりに私が評価した映画と、まだ評価していない映画の表になっている。

表2-3 筆者のためのアイテムベースの推薦

映画	評価	Night	R.xNight	Lady	R.xLady	Luck	R.xLuck
Snakes	4.5	0.182	0.818	0.222	0.999	0.105	0.474
Superman	4.0	0.103	0.412	0.091	0.363	0.065	0.258
Dupree	1.0	0.148	0.148	0.4	0.4	0.182	0.182
合計		0.433	1.378	0.713	1.764	0.352	0.914
正規化			3.183		2.473		2.598

それぞれの行は私がすでに見た映画の名前と、その映画に対する私の個人的な評価を保持している。そしてそれぞれの行の映画に対して、私がまだ見ていない映画がどれくらい似ているかということを示している列がある。例えば、SupermanとNight Listenerの類似度は0.103であると表示されている。R.xで始まる列は類似度と私の評点を掛け合わせたものを表している。私はSupermanには4.0を付けているため、Supermanの行のNightの隣にあるR.xNightは4.0×0.103=0.412となっている。

合計の行ではそれぞれの映画の類似度の合計とR.xの合計が入っている。それぞれの映画に対する私の評点を予測するには、R.xの列の合計を類似度の列の合計で割ればよい。つまり、Night Listenerに対する私の評点の予想は1.378/0.433 = 3.183となる。

これを実際に行うためには次の最後の関数をrecommendations.pyに付け加えるとよい。

```
def getRecommendedItems(prefs,itemMatch,user):
  userRatings=prefs[user]
  scores={}
  totalSim={}

  # このユーザに評価されたアイテムをループする
  for (item,rating) in userRatings.items():

    # このアイテムに似ているアイテムたちをループする
    for (similarity,item2) in itemMatch[item]:

      # このアイテムに対してユーザがすでに評価を行っていれば無視する
      if item2 in userRatings: continue

      # 評点と類似度を掛け合わせたものの合計で重みづけする
      scores.setdefault(item2,0)
      scores[item2]+=similarity*rating

      # すべての類似度の合計
      totalSim.setdefault(item2,0)
      totalSim[item2]+=similarity
```

```
    # 正規化のため、それぞれの重み付けしたスコアを類似度の合計で割る
    rankings=[(score/totalSim[item],item) for item,score in scores.items()]

    # 降順に並べたランキングを返す
    rankings.sort()
    rankings.reverse()
    return rankings
```

この関数を先ほど作った類似性データセットに適用することで、Tobyに対する新たな推薦を行うことができる。

```
>> reload(recommendations)
>> recommendations.getRecommendedItems(recommendations.critics,itemsim,'Toby')
[(3.182, 'The Night Listener'),
 (2.598, 'Just My Luck'),
 (2.473, 'Lady in the Water')]
```

Night Listenerはまだ余裕を持ってトップにいる。Just My LuckとLady in the Waterは互いに近いところに位置はしているが、順位が変わっている。ここで着目すべきは、アイテムの類似性データセットは事前に計算されているため、getRecommendedItemsが呼び出された際には、他の評者たち全員の類似性スコアを計算する必要がないという点である。

2.8　MovieLensのデータセットを使う

　最後のサンプルとして、MovieLensという実際の映画の評価のデータセットについて見てみよう。MovieLensはGroupLens Projectによってミネソタ大学で作られた。このデータセットはhttp://www.grouplens.org/node/73#attachmentsからダウンロードすることができる。2種類のデータセットがあるが、100,000件のデータセットの方をダウンロードしよう。tar.gzとzip形式で用意されているので、プラットフォームに合わせて好きな方を選ぶとよい。

　このアーカイブはいくつかのファイルを含んでいる。この中でも面白いのは映画のIDとタイトルのリストを含んでいるu.itemと、次のようなフォーマットで映画の実際の評価が記録されているu.dataである。

```
196  242  3  881250949
186  302  3  891717742
 22  377  1  878887116
244   51  2  880606923
166  346  1  886397596
298  474  4  884182806
```

それぞれの行はユーザID、映画のID、ユーザによるその映画の評価、そしてタイムスタンプから構成されている。映画のタイトルを得ることはできるが、ユーザのデータは匿名になっている。そこでここではユーザIDを対象に取り組んでいく。このデータセットは1682本の映画に対する943名のユーザの評価から構成されている。各ユーザは最低でも20本の映画について評価している。

このデータセットを読み込むためにloadMovieLensというメソッドをrecommendations.pyに付け加えよう。

```python
def loadMovieLens(path='/data/movielens'):

  # 映画のタイトルを得る
  movies={}
  for line in open(path+'/u.item'):
    (id,title)=line.split('|')[0:2]
    movies[id]=title

  # データの読み込み
  prefs={}
  for line in open(path+'/u.data'):
    (user,movieid,rating,ts)=line.split('\t')
    prefs.setdefault(user,{})
    prefs[user][movies[movieid]]=float(rating)
  return prefs
```

実際にPythonのセッションでデータを読み込んで、任意のユーザの評価を見てみよう。

```
>>> reload(recommendations)
>>> prefs=recommendations.loadMovieLens()
>>> prefs['87']
{'Birdcage, The (1996)': 4.0, 'E.T. the Extra-Terrestrial (1982)': 3.0,
 'Bananas (1971)': 5.0, 'Sting, The (1973)': 5.0, 'Bad Boys (1995)': 4.0,
 'In the Line of Fire (1993)': 5.0, 'Star Trek: The Wrath of Khan (1982)': 5.0,
 'Speechless (1994)': 4.0, etc...
```

これでユーザベースの推薦を行うことができる。

```
>>> recommendations.getRecommendations(prefs,'87')[0:30]
[(5.0, 'They Made Me a Criminal (1939)'), (5.0, 'Star Kid (1997)'),
 (5.0, 'Santa with Muscles (1996)'), (5.0, 'Saint of Fort Washington (1993)'),
 etc...]
```

あなたのコンピュータのスピードにもよるが、この方法で推薦を行う場合、ちょっと時間がかかるということに気づくだろう。これは大きなデータを対象にしていることが原因である。ユーザベースの推

薦は、ユーザ数が増えれば増えるほど時間がかかる。次にアイテムベースの推薦を試してみよう。

```
>>> itemsim=recommendations.calculateSimilarItems(prefs,n=50)
100 / 1664
200 / 1664
etc...
>>> recommendations.getRecommendedItems(prefs,itemsim,'87')[0:30]
[(5.0, "What's Eating Gilbert Grape (1993)"), (5.0, 'Vertigo (1958)'),
 (5.0, 'Usual Suspects, The (1995)'), (5.0, 'Toy Story (1995)'),etc...]
```

　アイテムの類似度のディクショナリを作るのに時間はかかるが、いったん作ってしまえば推薦は一瞬で行うことができる。さらに、ユーザ数が増えても推薦にかかる時間は増えない。
　このデータセットは、スコアリングの方法が変わることによって、出力がどのように変わるかを試してみる際に非常に役立つ。また、アイテムベースとユーザベースのフィルタリングのパフォーマンスの違いを理解するためにも役立つ。GroupLensのウェブサイトには、他にも書籍、ジョーク、さらなる映画のデータセットなど、試してみると面白いデータがある。

2.9　ユーザベース VS アイテムベース

　大きなデータセットから、たくさんの推薦を得ようとする際には、アイテムベースのフィルタリングはユーザベースと比較すると非常に高速である。しかし、アイテム類似度テーブルをメンテナンスする必要があるというオーバーヘッドも持っている。また、データセットがどの程度「疎」であるかによって正確性が異なってくる。映画の例では評者たちはほとんどすべての映画に対して評価をしていた。したがってこのデータセットは「密」（疎ではない）であるといえる。一方、del.icio.usではまったく同じデータセットを持った二人の人がいる、ということはありそうもない――多くのブックマークは少人数のグループによって記録されているため、データセットは「疎」なものになっている。アイテムベースのフィルタリングは、疎なデータセットに対しては、一般的にユーザベースのフィルタリングより性能が優れている。しかし、データセットが密であればこの二つの性能は大体同等になる。

　　　これらのアルゴリズムのパフォーマンスの違いについてさらに学びたければ、Sarwar et alによる"Item-based Collaborative Filtering Recommendation Algorithms"という論文をチェックするとよい（http://citeseer.ist.psu.edu/sarwar01itembased.html）。

　これまで述べたように、ユーザベースのフィルタリングはよりシンプルで、余分なステップを必要としない。そのため、メモリに収まるサイズで、変更が頻繁に行われるようなデータセットに対しては、こちらの方が適している場合がある。最終的には、ユーザの嗜好が独自の値を持っているようなサイト――ショッピングサイトではなく、リンクを共有するサイトや音楽を推薦するサイト――に向いているだろう。

あなたはこれまで類似性スコアを算出する方法と、それを使って人々やアイテムを比較する方法について学んできた。本章ではユーザベースとアイテムベースの二つのアルゴリズムについてカバーし、人々の嗜好を保持する方法やdel.icio.usのAPIを利用してリンク推薦システムを構築する方法についてカバーしている。3章では本章からのいくつかのアイデアも利用しつつ、似ている人々のグループを教師なしのクラスタリングアルゴリズムで探し出す方法について見ていく。9章では既に好みを把握している人々を組み合わせる別のやり方について見ていく。

2.10　エクササイズ

1. Tanimoto係数

    Tanimoto係数が何であるのか調べなさい。どのようなケースでユークリッド距離やピアソン相関係数の代わりに使われるのか？　Tanimoto係数を使って新たな類似性スコアを計算する関数を作りなさい。

2. タグの類似性

    del.ici.ousのAPIを使って、タグとアイテムのデータセットを作りなさい。それを利用してタグ間の類似性を計算し、ほとんど同一のタグを探せるか見てみなさい。プログラミングとタグ付けされていてもおかしくないもので、実際にはプログラミングのタグがついていないものを探し出しなさい。

3. ユーザベースの効率化

    ユーザベースのフィルタリングアルゴリズムは推薦する際に、毎回すべての他のユーザと比較を行うため非効率である。ユーザ間の類似度を事前に計算する関数を書きなさい。そして、推薦を行う際には上位5人のユーザのみを利用するようにコードを書き換えなさい。

4. アイテムベースのブックマークフィルタリング

    データをdel.icio.usからダウンロードし、データベースに付け加えなさい。アイテム-アイテムの表を作り、アイテムベースの推薦をさまざまなユーザに行いなさい。ユーザベースの推薦とこの方法を比較せよ。

5. Audioscrobbler[†]

    http://www.audioscrobbler.net を見て、たくさんのユーザの音楽の嗜好情報を含んだデータセットを見てみなさい。このサイトのWebサービスAPIを使ってデータセットを取得し、音楽の推薦システムを構築しなさい。

[†] 訳注：現在 http://last.fm に統合されている。

3章
グループを見つけ出す

　2章では近い関係のものたちを探し出す方法、たとえば映画についてあなたと同じような好みを持っている人々を探し出す方法について見てきた。本章ではこれらのアイデアを拡張し、**データクラスタリング**について紹介する。データクラスタリングとはお互いに関連しているもの同士、人々の集団、アイデアのグループなどを発見し、可視化するための手法の一つである。本章ではさまざまなソースからデータを準備する方法について学習し、2種類のクラスタリングアルゴリズムについても学ぶ。さらに距離を指標とする尺度についてより深く検討し、生成したグループを可視化するためのシンプルなコードについて見ていく。最後に、非常に複雑なデータセットを二次元上で表現する方法について学ぶ。
　クラスタリングは、さまざまな内部構造を持つ大規模なデータを扱うようなアプリケーションで頻繁に利用される。たとえば顧客の購買履歴を追跡している小売業者などであれば、この購買履歴を使うことで一般的な購買層に関する情報に加え、同様の購買パターンを持った顧客のグループを自動的に発見することもできる。同じような収入で年代も同じような人々でも服のスタイルには大きな違いがあるが、クラスタリングを利用すれば「ファッションの孤島」を見つけることが可能であり、小売やマーケティングの戦略決定に生かすことができる。また、クラスタリングはコンピュータによる生物学で、同じような振る舞いを示す遺伝子のグループを探すのによく利用される。振る舞いが同じであるということは、ある扱いに対して同じように反応したり、同一の生物学的経路の一部である可能性があるということを意味している。
　本書は集合知をテーマとしているため、多くの人々がさまざまな情報を提供しているような情報源を例として扱う。最初の例題では、ブログで議論されているトピックたちと単語の使われ方について見ていく。これにより、ブログたちはそのテキストによって分類することが可能であり、テキスト中の単語たちはその使われ方によって分類することができるということを確認する。2番目の例題では、人々が自分が所有しているものや所有したいものをリストしているコミュニティサイトについて見ていく。そして、このサイトの情報を利用して人々の欲求をクラスタとしてグループ化することができることを確認する。

3.1　教師あり学習 VS 教師なし学習

　予測のやり方を学習する際に見本となる入力や出力を使用するテクニックは**教師あり学習の手法**と呼ばれる。本書ではニューラルネットワーク、決定木、サポートベクトルマシン、ベイジアンフィルタのようなたくさんの教師あり学習について検討していく。これらの手法を用いたアプリケーションは、入力セットと期待されている出力を分析することで「学習」を行う。つまり、これらの手法のいずれかを利用して情報を引き出したい時には、入力セットを入力し、そのアプリケーションがそれまで学習してきたことを基にした出力を期待するということになる。

　クラスタリングは**教師なし学習**の一例である。ニューラルネットワークや決定木とは異なり、教師なし学習のアルゴリズムたちは模範解答によって訓練されるものではない。これらの目的は、どのデータも正答であるとはいえないようなデータセットの中から構造を探し出すことである。先ほど挙げたファッションの例でいうと、このクラスタたちは小売業者に、どの人が購入しそうであるとか、新たな人がどのファッションの孤島に当てはまるかということを教えてくれるわけではない。クラスタリングアルゴリズムの目的はデータを利用して、そのデータ中に存在するグループたちを探し出すということである。他の教師なし学習の例としては10章で取り上げる**非負値行列因子分解**や、**自己組織化マップ**などがある。

3.2　単語ベクトル

　通常、クラスタリングのためのデータを準備するということは、アイテムを比較するために使うことのできる共通の数字の属性たちを決めるということである。これは2章で見たものと非常に似ている。たとえば2章では評者たちのランキングは共通する映画の集合を通じて比較していた。また、del.icio.usのユーザたちにあるサイトがブックマークされているかどうかということは1と0に変換されていた。

3.2.1　ブロガーを分類する

　本章ではいくつかのデータセットについて取り組んでいく。まず最初にクラスタリングするのは120件ほどの人気ブログのデータセットだ。それぞれのブログのフィードに特定の単語たちが現れた回数を基にブログたちをクラスタリングする。これがどのようになるのか、その一部を表3-1に示している。

表3-1　ブログの単語の頻度のサブセット

	"china"	"kids"	"music"	"yahoo"
Gothamist	0	3	3	0
GigaOM	6	0	0	2
Quick Online Tips	0	2	2	22

単語の頻度を基にクラスタリングすることで、同じサブジェクトについて頻繁に書いていたり、同じようなスタイルで書いているブログのグループを決定することができるだろう。これは膨大な数のインターネット上のブログを検索、分類したり、探し出すのに非常に役立つ。

このデータセットを生成するためには、ブログたちの集合からフィードをダウンロードし、エントリからテキストを抽出し、語の頻度についてのテーブルを作成する。このデータセットを作成するステップを省略したいのであればhttp://kiwitobes.com/clusters/blogdata.txtからダウンロードすることもできる。

3.3.2 フィード中の単語を数える

ほとんどのブログはオンラインで読むか、もしくはRSSフィードを通じて読むことができる。RSSとはブログと、そのすべてのエントリたちについての情報を含んだシンプルなXML文書である。それぞれのブログの単語の頻度を数えるための最初のステップは、これらのフィードをパースすることである。幸運にもこの仕事をやってくれるエクセレントなモジュールとしてUniversal Feed Parserというモジュールが存在する。これはhttp://www.feedparser.orgからダウンロードすることができる。

このモジュールを利用すればタイトル、リンク、そしてエントリをどのようなRSSやAtomからでも簡単に取り出すことができる。まずはフィードからすべての単語を取り出す関数を作る。generatefeedvector.pyという新しいファイルを作って次のコードを挿入しよう。

```python
import feedparser
import re

# RSSフィードのタイトルと、単語の頻度のディクショナリを返す
def getwordcounts(url):
  # フィードをパースする
  d=feedparser.parse(url)
  wc={}

  # すべてのエントリをループする
  for e in d.entries:
    if 'summary' in e: summary=e.summary
    else: summary=e.description

    # 単語のリストを取り出す
    words=getwords(e.title+' '+summary)
    for word in words:
      wc.setdefault(word,0)
      wc[word]+=1
  return d.feed.title,wc
```

RSSとAtomフィードはタイトルと、エントリのリストを持っている。それぞれのエントリはエントリの実際のテキストを含んだsummaryかdescriptionというタグを持っている。getwordcounts関数はこのsummary（もしくはdescription）をgetwordsに渡す。getwords関数はすべてのHTMLを引き

はがし、単語を非アルファベットの文字列を基に分割し、文字列をリストとして返す[†]。getwordsをgeneratefeedvector.pyに付け加えよう。

```
def getwords(html):
  # すべてのHTMLタグを取り除く
  txt=re.compile(r'<[^>]+>').sub('',html)

  # すべての非アルファベット文字で分割する
  words=re.compile(r'[^A-Z^a-z]+').split(txt)

  # 小文字に変換する
  return [word.lower() for word in words if word!='']
```

　ここからは実際に取り組んでいくフィードたちのリストが必要になる。ブログフィードのURLのリストを自分で作りたければ作ってもよい。もしくは私が事前に作ってある100件のRSSのURLが載っているリストを使ってもよい。このリストは人気のあるブログたちのフィードから作られており、エントリにテキストが含まれていないか、画像だけのフィードは取り除いてある。http://kiwitobes.com/clusters/feedlist.txtからダウンロードできる。このリストは一行ごとにURLが記されたプレーンテキストである。もしあなたが自分のブログを持っていたり、これらのサイトと比較してみたいお気に入りのブログたちがあるなら、このファイルに付け加えておくとよい。

　generatefeedvector.pyのメインのコードは、フィード全体をループしてデータセットを生成するコードになる（これは単体の関数で行うわけではない）。コードの最初の部分はfeedlist.txtのすべての行をループして、それぞれのブログのそれぞれの単語の数を数える。それと同時に、それぞれの単語が出現するブログの数も数える（apcount）。次のコードをgeneratefeedvector.pyの最後の部分に付け加えよう。

```
apcount={}
wordcounts={}
feedlist=[line for line in file('feedlist.txt')]
for feedurl in feedlist:
  try:
    title,wc=getwordcounts(feedurl)
    wordcounts[title]=wc
    for word,count in wc.items():
      apcount.setdefault(word,0)
      if count>1:
        apcount[word]+=1
  except:
    print 'Failed to parse feed %s' % feedurl
```

[†] 訳注：日本語の場合の文字列を分割する処理については付録Cを参照。

次に、それぞれのブログの中で使われている単語の出現数のリストを生成する。theのような単語はほとんどすべてのブログに存在する。一方、でたらめな単語が存在するブログがあったとしても、そのような単語は他のブログにはほとんど出現することはない。単語の出現率に上限と下限の閾値を設定し、その間の単語のみを利用することで全体的な単語の数を減らすことができる。ここでは10%を下限として、50%を上限とする。もし一般的な単語の数が多すぎたり、珍しい単語が多すぎる場合にはこの数字をいろいろ調整して試してみるとよい。

```
wordlist=[]
for w,bc in apcount.items():
  frac=float(bc)/len(feedlist)
  if frac>0.1 and frac<0.5: wordlist.append(w)
```

最後のステップでは、この単語のリストとブログのリストを利用して、それぞれのブログ中でのすべての単語の出現数の巨大な表が記載されたテキストファイルを作る。

```
out=file('blogdata.txt','w')
out.write('Blog')
for word in wordlist: out.write('\t%s' % word)
out.write('\n')
for blog,wc in wordcounts.items():
  out.write(blog)
  for word in wordlist:
    if word in wc: out.write('\t%d' % wc[word])
    else: out.write('\t0')
  out.write('\n')
```

実際に単語の出現数のファイルを作るため、generatefeedvector.pyをコマンドラインから実行しよう。

c:\code\blogcluster>**python generatefeedvector.py**

すべてのフィードをダウンロードするには数分かかるだろう。最終的には**blogdata.txt**という名前のファイルを出力する。このファイルを開いて、行が単語で列がブログ名の形式のタブ区切りの表になっていることを確認しよう。このファイルフォーマットは本章で紹介する関数たちで利用される。別のデータセットにこのクラスタリングのアルゴリズムたちを適用するためには、後でこのフォーマットに従ってデータセットを作ればよい。そのためにはきちんとフォーマットされたスプレッドシートをタブ区切りのテキストファイルとして保存して利用してもよい。

3.3 階層的クラスタリング

　階層的クラスタリングでは、もっとも似ている二つのグループをまとめることを繰り返すことによって、グループの階層を作り上げる。最初はそれぞれのグループは個々のアイテムであり、この場合は個別のブログである。この手法では、それぞれの繰り返しの際に、すべてのグループの組の間の距離が計算される。そしてもっとも近いグループの組がまとめられて、新たなグループを形成する。これをグループが一つしか存在しなくなるまで繰り返す。図3-1にこの過程を示す。

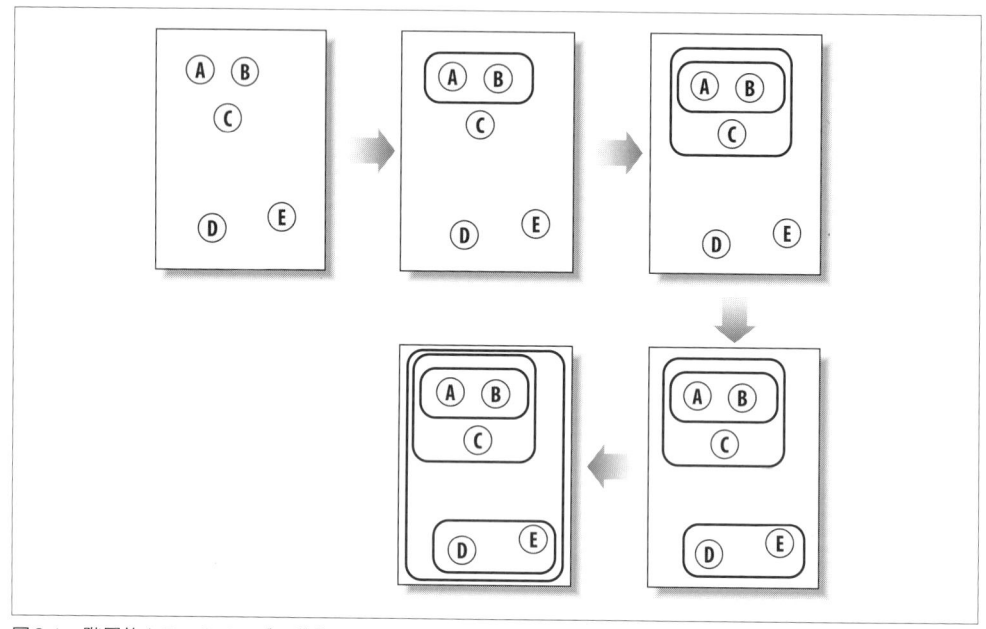

図3-1　階層的クラスタリングの動作

　この図ではアイテムの類似度は、アイテム間の相対的な位置で表している。つまり、アイテム同士が近ければ近いほどそのアイテムは似ているということを意味する。最初はこれらのグループは個々のアイテムたちである。次の段階ではもっとも距離が近いAとBの2つのアイテムがまとめられ、AとBの間の位置に新しいグループとして形成される。その次のステップでは新しいグループはCと一緒にまとめられる。これでDとEがもっとも近いアイテムとなるので、これらはまとめられて新たなグループを形成する。そして最後のステップの際に、残っている二つのグループがまとめられ、全体が一体となる。

　階層的クラスタリングが終了すると、通常は、ノードをピラミッドの形で並べて表示する**デンドログラム**と呼ばれるグラフの形式で結果を確認する。図3-2は先ほどの例のデンドログラムである。

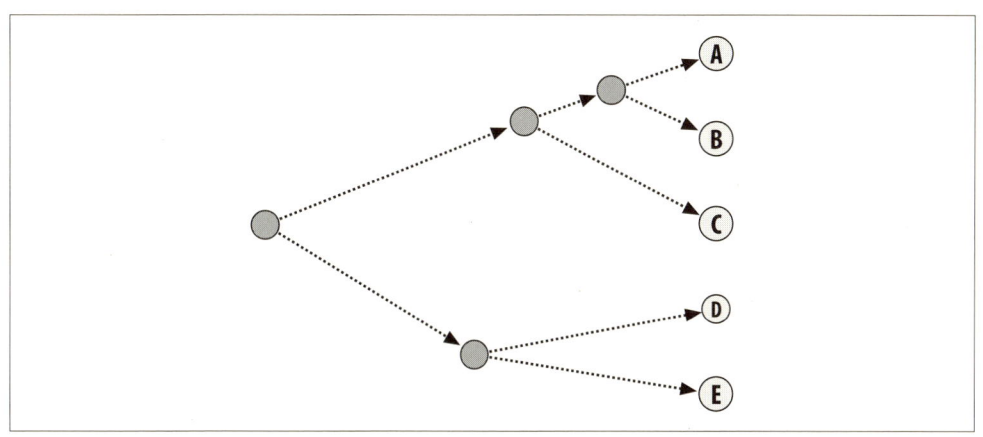

図3-2 階層的クラスタリングを可視化したデンドログラム

　このデンドログラムは最終的にどのアイテムがどのクラスタに属すかということを示すだけでなく、アイテム同士がどの程度離れているかという距離を表示するためにも利用される。このABクラスタでのAとBの距離はDEクラスタでのDとEの距離よりはるかに近い。このようにグラフを描くことにより、クラスタ内のアイテムたちがどの程度似ているのかということを決定する際の手助けとなる。これはクラスタの**タイトネス**として解釈することもできる。

　このセクションではブログのデータセットをクラスタリングして、ブログの階層を作る方法について説明する。これがうまく動作すればテーマ別のグループができる。まずはデータファイルを読み込むための関数が必要だ。clusters.pyという名前のファイルを作成し、次の関数をそこに加えよう。

```
def readfile(filename):
  lines=[line for line in file(filename)]

  # 最初の行は列のタイトル
  colnames=lines[0].strip().split('\t')[1:]
  rownames=[]
  data=[]
  for line in lines[1:]:
    p=line.strip().split('\t')
    # それぞれの行の最初の列は行の名前
    rownames.append(p[0])
    # 行の残りの部分がその行のデータ
    data.append([float(x) for x in p[1:]])
  return rownames,colnames,data
```

　この関数は最初の行を列の名前のリストとして読み込み、左端の列を行の名前のリストとして読み込む。そしてすべてのデータをリストのすべてのアイテムがそれぞれの行のデータである一つの巨大なリストに入れる。dataの行と列を利用してどのセルのカウントでも参照することができる。また、これは

リストrownamesとcolnamesのインデックスにも対応している。

次に距離を定義する。2章では二人の映画の評者がどの程度似ているかを計る指標として、ユークリッド距離とピアソン相関係数について検討した。この例では他と比べて多くのエントリを持っていたり、長いエントリを持っていたりするブログがいくつか存在し、そのようなブログは多くの単語を含んでいる場合があるが、ピアソン相関係数を使えば、長さによる影響を補正できる。ピアソン相関係数は二つのデータセットがどのくらい最適直線に適合するのかを決めようと試みるものである。ピアソン相関係数のコードは数字のリストを二つ受け取り相関スコアを返す。

```
from math import sqrt
def pearson(v1,v2):
  # 単純な合計
  sum1=sum(v1)
  sum2=sum(v2)

  # 平方の合計
  sum1Sq=sum([pow(v,2) for v in v1])
  sum2Sq=sum([pow(v,2) for v in v2])

  # 積の合計
  pSum=sum([v1[i]*v2[i] for i in range(len(v1))])

  # ピアソンによるスコアを算出
  num=pSum-(sum1*sum2/len(v1))
  den=sqrt((sum1Sq-pow(sum1,2)/len(v1))*(sum2Sq-pow(sum2,2)/len(v1)))
  if den==0: return 0

  return 1.0-num/den
```

ピアソン相関係数では二つのアイテムが完全に一致する際には1.0になることを思い出して欲しい。そして相関がまったくなければ0.0に近くなる。しかし今回は、アイテム同士が似ていれば似ているほど小さい数値を返したいので、このコードの最終行では1からピアソン相関係数を引いた数値を返すようにしている。

階層的クラスタリングアルゴリズムのそれぞれのクラスタはツリーの中の二つの枝を持ったポイントか、データセットの実際の行と関連付けられた終点（今回のケースでは一つのブログ）である。それぞれのクラスタはその場所についてのデータを持っている。この場所のデータとは終点の行データか、それ以外のタイプのノードの二つの枝をまとめたデータである。階層的なツリーを表現するのに使うこれらのすべてのプロパティを持つbiclusterという名前のクラスを作るとよい。cluster.pyの中にクラスとしてクラスタ型を作ってみよう。

```
class bicluster:
  def __init__(self,vec,left=None,right=None,distance=0.0,id=None):
```

```
    self.left=left
    self.right=right
    self.vec=vec
    self.id=id
    self.distance=distance
```

　階層的クラスタリングのアルゴリズムはクラスタたちのグループを作るところから始まる。最初のクラスタたちは元々のアイテムたちである。関数のメインのループで、考えられるすべての組み合わせの相関を算出し、もっともマッチする二つを探す。そしてもっともマッチするクラスタたちを一つのクラスタとしてまとめる。この新しいクラスタのデータは、元の二つのクラスタのデータの平均である。この過程がクラスタが一つだけになるまで繰り返される。これらの計算は非常に時間がかかる。また、組のアイテムの一つがいずれかのクラスタにまとめられて、組み合わせに変更が生じるたびに、この計算は何度も繰り返される。それぞれの組の相関を算出した結果を保存しておくとよい。

　次のhclusterアルゴリズムをclusters.pyに付け加えよう。

```
def hcluster(rows,distance=pearson):
  distances={}
  currentclustid=-1

  # クラスタは最初は行たち
  clust=[bicluster(rows[i],id=i) for i in range(len(rows))]

  while len(clust)>1:
    lowestpair=(0,1)
    closest=distance(clust[0].vec,clust[1].vec)

    # すべての組をループし、もっとも距離の近い組を探す
    for i in range(len(clust)):
      for j in range(i+1,len(clust)):
        # 距離をキャッシュしてあればそれを使う
        if (clust[i].id,clust[j].id) not in distances:
          distances[(clust[i].id,clust[j].id)]=distance(clust[i].vec,clust[j].vec)

        d=distances[(clust[i].id,clust[j].id)]

        if d<closest:
          closest=d
          lowestpair=(i,j)

    # 二つのクラスタの平均を計算する
    mergevec=[
        (clust[lowestpair[0]].vec[i]+clust[lowestpair[1]].vec[i])/2.0
        for i in range(len(clust[0].vec))]
```

```python
    # 新たなクラスタを作る
    newcluster=bicluster(mergevec,left=clust[lowestpair[0]],
                         right=clust[lowestpair[1]],
                         distance=closest,id=currentclustid)

    # 元のセットではないクラスタのIDは負にする
    currentclustid-=1
    del clust[lowestpair[1]]
    del clust[lowestpair[0]]
    clust.append(newcluster)

  return clust[0]
```

それぞれのクラスタはそのクラスタが作り上げられるためにまとめられた二つのクラスタを参照しているため、この関数によって返される最後のクラスタを再帰的に調べることで、すべてのクラスタとその終端ノードを再構築できる。この階層的クラスタリングを走らせるためには、Pythonのセッションを起動してファイルを読み込み、データに対してhclusterを呼び出そう。

```
$ python
>> import clusters
>> blognames,words,data=clusters.readfile('blogdata.txt')
>> clust=clusters.hcluster(data)
```

これを実行するためには数分かかるかもしれない。距離の情報の蓄積が増えれば速度は劇的に向上するが、それでもこのアルゴリズムでは、すべてのブログの組に対する相関の計算を行うことが必要である。このプロセスは距離を計測するための外部ライブラリを使うことで高速化することができる。結果を見るためには、クラスタリングのツリーを再帰的に横断して、ファイルシステム階層のように表示するシンプルな関数を作るとよい。次のprintclust関数をclusters.pyに付け加えよう。

```python
def printclust(clust,labels=None,n=0):
  # 階層型のレイアウトにするためにインデントする
  for i in range(n): print ' ',
  if clust.id<0:
    # 負のidはこれが枝であることを示している
    print '-'
  else:
    # 正のidはこれが終端だということを示している
    if labels==None: print clust.id
    else: print labels[clust.id]

  # 右と左の枝を表示する
  if clust.left!=None: printclust(clust.left,labels=labels,n=n+1)
  if clust.right!=None: printclust(clust.right,labels=labels,n=n+1)
```

この関数による出力はそんなにかっこいいものでもないし、このブログのリストのような大きなデータセットでは読むのもつらい。しかし、クラスタリングが動作しているかどうかの全体的な感覚はつかめる。次のセクションではもっと読みやすくて、それぞれのクラスタの全体的な広がりを示すスケールが描かれるようなグラフィカルなバージョンの作成について見ていく。

Pythonのセッションで作成したクラスタに対してこの関数を呼び出してみよう。

```
>> reload(clusters)
>> clusters.printclust(clust,labels=blognames)
```

100件のブログすべてを出力するため、結果はかなり長くなる。たとえば私が実行した際のクラスタは次のようになった。

```
John Battelle's Searchblog
-
 Search Engine Watch Blog
 -
  Read/WriteWeb
  -
   Official Google Blog
   -
    Search Engine Roundtable
    -
     Google Operating System
     Google Blogoscoped
```

元々のセットのアイテムたちが表示されている。ダッシュは二つ以上のアイテムがまとめられたクラスタであるということを表している。あなたが目にしているこの図はグループを見つけだす、ということのすばらしい例である。もっとも人気のあるフィードたちの中に、検索に関するブログが多くあるということは興味深い。見ていくと、政治に関するブログ、技術に関するブログ、またブログに関するブログなどのクラスタがあることに気づくはずだ。

また、あなたはいくつか不規則なものがあることにも気づくかもしれない。これらの筆者は同じテーマについて書いているわけではないかもしれないが、クラスタリングアルゴリズムは彼らの語の頻度は相関していると判断している。これは彼らのライティングスタイルを反映しているか、もしくはデータをダウンロードした日の内容がたまたま似ていたというような単なる偶然だろう。

3.4　デンドログラムを描く

このクラスタをデンドログラムとして見ることで、よりクリアに解釈することができるようになる。デンドログラムはたくさんの情報を比較的小さなスペースに詰め込むことが可能なため、階層的クラス

タリングの結果を参照する際に通常利用される。デンドログラムはグラフィカルであり、JPEGとして保存されるため、Python Imaging Library（PIL）が必要である。http://pythonware.comからダウンロードできる。

このライブラリにはWindows用のインストーラが存在し、そして他のプラットフォームのためにはソースが配布されている。PILのダウンロード、インストールについてのさらなる情報は付録Aに書いてある。PILを使うとテキストと直線の図を容易に生成することができる。実際、デンドログラムはこのような図だけで書くことができる。cluster.pyの冒頭に次のimportを付け加えよう。

```
from PIL import Image,ImageDraw
```

まずは、与えられたクラスタの高さの合計を返す関数を使う。イメージの全体の高さを決める際やノードを置く場所を決めるには高さの合計を知っている必要がある。このクラスタが終端（枝を持っていないノード）であれば、高さは1になる。そうでなければ高さは枝の高さの合計となる。これは再帰的な関数として簡単に定義できる。次のコードをclusters.pyに付け加えよう。

```
def getheight(clust):
  # 終端であれば高さは1にする
  if clust.left==None and clust.right==None: return 1

  #そうでなければ高さはそれぞれの枝の高さの合計
  return getheight(clust.left)+getheight(clust.right)
```

次に知っておかなければならないのはルートノードへの距離の合計だ。直線の長さはそれぞれのノードの深さでスケールされるため、深さの合計を基にした倍率を生成しよう。ノードの深さはそれぞれの枝と深さの最大の数である。

```
def getdepth(clust):
  # 終端への距離は0.0
  if clust.left==None and clust.right==None: return 0

  # 枝の距離は二つの方向の大きい方にそれ自身の距離を足したもの
  return max(getdepth(clust.left),getdepth(clust.right))+clust.distance
```

drawdendrogram関数は、最後のクラスタそれぞれに対し、高さが最高20ピクセルで、最後のクラスタの幅が固定されている画像を生成する。倍率は固定幅を深さの合計で割って決められる。この関数は、画像のためにdrawオブジェクトを作り、ルートノードに対しdrawnodeを呼び出す。ルートノードは画像の左端、真ん中の高さに配置する。

3.4 デンドログラムを描く

```python
def drawdendrogram(clust,labels,jpeg='clusters.jpg'):
    # 高さと幅
    h=getheight(clust)*20
    w=1200
    depth=getdepth(clust)

    # 幅は固定されているため、適宜縮尺する
    scaling=float(w-150)/depth

    # 白を背景とする新しい画像を作る
    img=Image.new('RGB',(w,h),(255,255,255))
    draw=ImageDraw.Draw(img)
    draw.line((0,h/2,10,h/2),fill=(255,0,0))

    # 最初のノードを描く
    drawnode(draw,clust,10,(h/2),scaling,labels)
    img.save(jpeg,'JPEG')
```

ここで大事な関数はクラスタとその位置を引数に取るdrawnodeである。これは子ノードたちの高さを受け取り、それらがあるべき場所を計算し、それに対して1本の長い垂直な直線と2本の水平な直線を描く。水平な直線の長さは、クラスタの深さによって決まる。直線が長ければ長いほど、そのクラスタを作るためにまとめられた二つのクラスタは似ていないということを示している。逆に、直線が短ければ短いほど似ているということになる。このdrawnode関数をclusters.pyに付け加えよう。

```python
def drawnode(draw,clust,x,y,scaling,labels):
    if clust.id<0:
        h1=getheight(clust.left)*20
        h2=getheight(clust.right)*20
        top=y-(h1+h2)/2
        bottom=y+(h1+h2)/2
        # 直線の長さ
        ll=clust.distance*scaling
        # クラスタから子への垂直な直線
        draw.line((x,top+h1/2,x,bottom-h2/2),fill=(255,0,0))

        # 左側のアイテムへの水平な直線
        draw.line((x,top+h1/2,x+ll,top+h1/2),fill=(255,0,0))

        # 右側のアイテムへの水平な直線
        draw.line((x,bottom-h2/2,x+ll,bottom-h2/2),fill=(255,0,0))

        # 左右のノードたちを描く関数を呼び出す
        drawnode(draw,clust.left,x+ll,top+h1/2,scaling,labels)
        drawnode(draw,clust.right,x+ll,bottom-h2/2,scaling,labels)

    else:
        # 終点であればアイテムのラベルを描く
```

```
        draw.text((x+5,y-7),labels[clust.id],(0,0,0))
```

この図を生成するためにはPythonセッションを開いて次のように入力する。

```
>> reload(clusters)
>> clusters.drawdendrogram(clust,blognames,jpeg='blogclust.jpg')
```

これでデンドログラムが描かれたblogclust.jpgという名前のファイルが生成される。このデンドログラムは図3-3で示したものと同じようになっているはずだ。印刷しやすくしたり、ゴチャゴチャしているのをどうにかしたい場合は、好きなように高さや幅を調整するとよい。

3.5　列のクラスタリング

　行と列の両方をクラスタする必要がある場合もある。市場調査であれば、購買層と製品を発見するために、人々をグループ分けすると面白いはずだが、一緒に買われる商品の陳列棚の場所を決めるというのも面白い。このブログのデータセットでは、列は単語を表している。どの単語が一緒によく利用されるかを調べることにより興味深い結果が得られるだろう。

　一番楽な方法は、今まで列（単語）だったものが行になるようにすべてのデータセットを入れ替えることだ。そうすることでこれまでにあなたが書いた関数をそのまま利用することができる。それぞれの行は特定の単語がそれぞれのブログ中に何回出現しているかを表すようにする。次の関数をclusters.pyに付け加えよう。

```
def rotatematrix(data):
  newdata=[]
  for i in range(len(data[0])):
    newrow=[data[j][i] for j in range(len(data))]
    newdata.append(newrow)
  return newdata
```

　これで行列は入れ替えられ、これまで同様のやりかたでクラスタリングしたり、デンドログラムを描くことができる。ブログの数と比べると単語の数ははるかに多いため、クラスタリングにはブログのときよりも時間がかかるだろう。行列の位置を入れ替えたため、ブログではなく、単語がラベルとなることに注意しよう。

```
>> reload(clusters)
>> rdata=clusters.rotatematrix(data)
>> wordclust=clusters.hcluster(rdata)
>> clusters.drawdendrogram(wordclust,labels=words,jpeg='wordclust.jpg')
```

3.5 列のクラスタリング

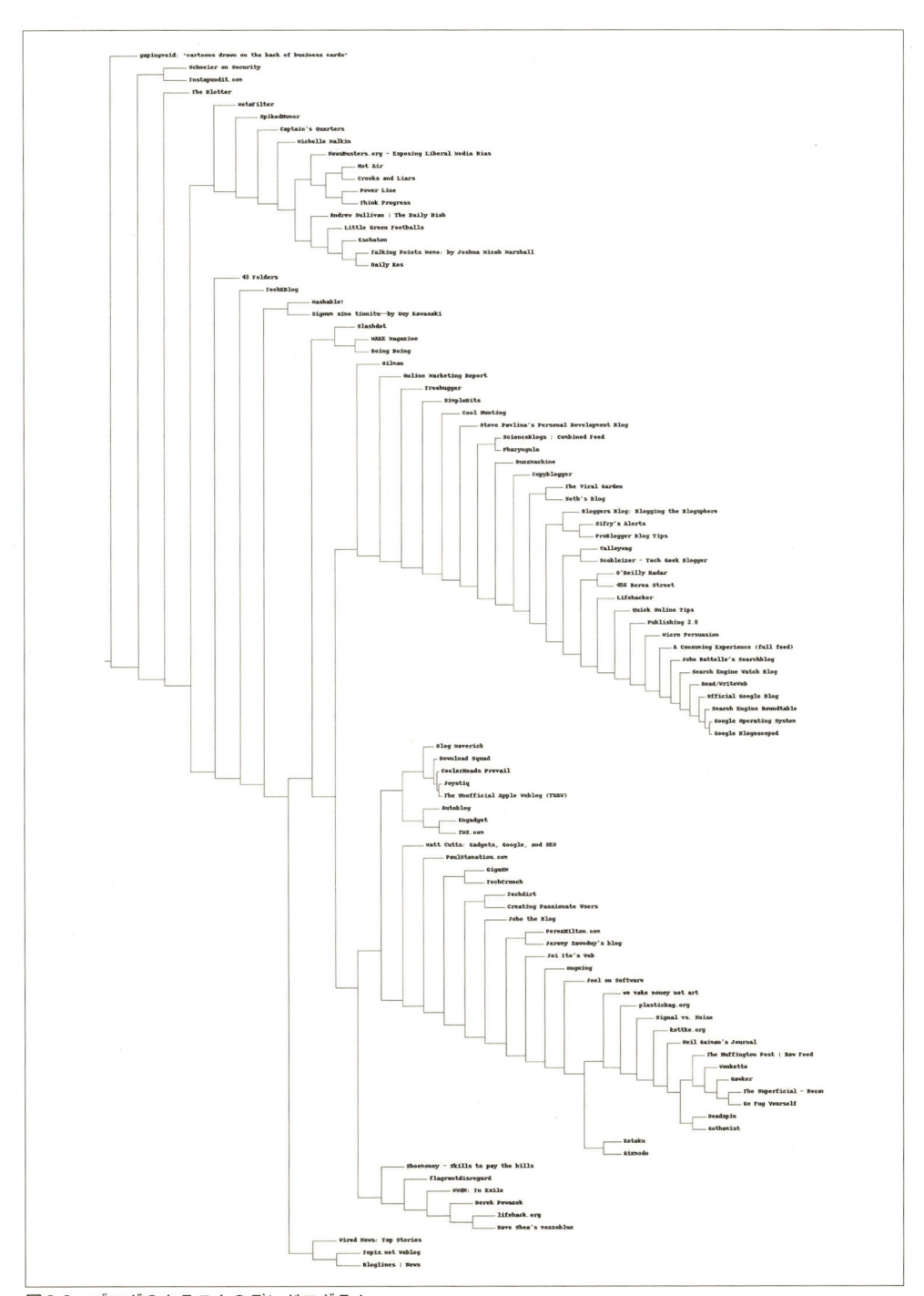

図3-3　ブログのクラスタのデンドログラム

クラスタリングについて理解しておかなければならない重要なことが一つある。それは、もし変数の数より、アイテムの数が遥かに多い場合、意味をなさないクラスタが多くなる可能性が高くなるということだ。ブログの数に比べると単語の数というのははるかに多い。そのため、単語のクラスタリングより、ブログのクラスタリングの方が興味深いと思えるような結果が得られることに気が付くはずだ。しかし、中には図3-4のような興味深いクラスタも必ず出現する。

このクラスタはブログの中でオンラインサービスやインターネットに関するトピックについて述べるときには、いくつかの単語の集合がよく使われているという事実を明らかにしている。また、"fact"、"us"、"say"、"very"、"think"などの単語の使われ方のパターンを反映しているクラスタも存在する。これはブログというものは、独断的なスタイルで書かれているということを示している。

3.6　K平均法によるクラスタリング

階層的クラスタリングを利用すると、すばらしいツリー形式の結果を得ることができるが、いくつかの欠点を抱えている。ツリー表示では、さらに一手間かけることなしには、はっきりとしたグループにデータを分けることができない。また、このアルゴリズムは計算量が非常に大きい。アイテムのすべての組同士の関係を計算する必要があり、アイテムがマージされる際には再び計算を行う必要があるため、巨大なデータセットを処理するには時間がかかってしまう。

これに代わるクラスタリングの方法の一つとして**K平均法**がある。このタイプのアルゴリズムは、階層的クラスタリングとはだいぶ異なり、あらかじめ生成するクラスタの数を決めておくことができる。このアルゴリズムはデータ構造を基にクラスタたちのサイズを決定する。

K平均法によるクラスタリングは、ランダムにk個の重心（クラスタの中心の点を表す）を配置し、すべてのアイテムをもっとも近い重心に割り当てるところから始まる。この割り当ての後、重心はその重心に割り当てられたすべてのノードの平均の場所に移動し、再度割り当てを行う。割り当てに変更が生じなくなるまでこのプロセスを繰り返す。図3-5ではアイテムが5つで、クラスタが二つの場合のこのプロセスの動きを図示している。

最初のコマでは、二つの重心（黒い円として表示）はランダムに配置される。2コマ目ではそれぞれのアイテムはもっとも近い重心に割り当てられている。この場合、AとBは上の重心に割り当てられ、C、D、Eは下の部分の重心に割り当てられている。3番目のコマではそれぞれの重心が自分に割り当てられたアイテムの平均の場所へ移動している。割り当てを再計算すると、DとEは相変わらず下の重心に近いが、Cは上の重心に対しての方が近くなっている。このため、最終的な結果としてはA、B、Cが一つのクラスタを成し、DとEがもう一方のクラスタとなる。

K平均法でクラスタリングを行う関数は、階層的クラスタリングのアルゴリズムの時と同じ構造のデータの行と、返して欲しいクラスタの数（k）を引数にとる。次のコードを**clusters.py**に付け加えよう。

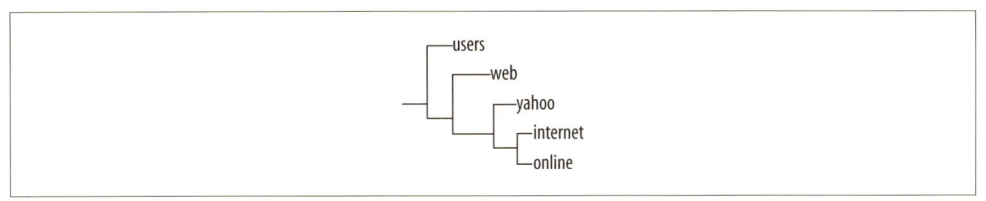

図3-4　オンラインサービスに関連した単語を示す単語のクラスタ

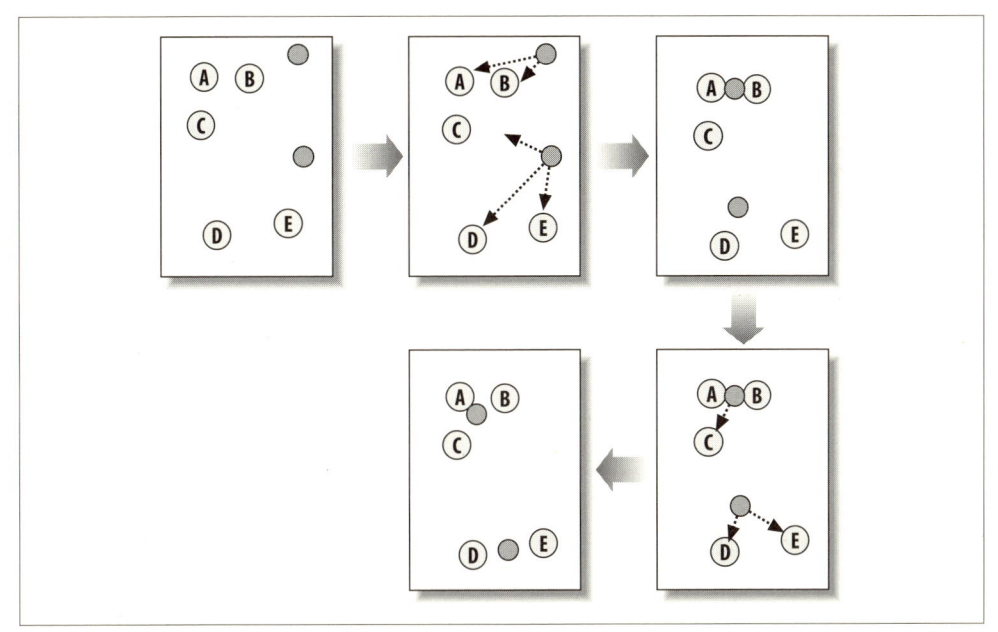

図3-5　K平均法で二つのクラスタを作る

```
import random

def kcluster(rows,distance=pearson,k=4):
  # それぞれのポイントの最小値と最大値を決める
  ranges=[(min([row[i] for row in rows]),max([row[i] for row in rows]))
  for i in range(len(rows[0]))]
  # 重心をランダムにk個配置する
  clusters=[[random.random()*(ranges[i][1]-ranges[i][0])+ranges[i][0]
    for i in range(len(rows[0]))] for j in range(k)]

  lastmatches=None

  for t in range(100):
    print 'Iteration %d' % t
    bestmatches=[[] for i in range(k)]

    # それぞれの行に対して、もっとも近い重心を探し出す
```

```
    for j in range(len(rows)):
      row=rows[j]
      bestmatch=0
      for i in range(k):
        d=distance(clusters[i],row)
        if d<distance(clusters[bestmatch],row): bestmatch=i
      bestmatches[bestmatch].append(j)

    # 結果が前回と同じであれば完了
    if bestmatches==lastmatches: break
    lastmatches=bestmatches

    # 重心をそのメンバーの平均に移動する
    for i in range(k):
      avgs=[0.0]*len(rows[0])
      if len(bestmatches[i])>0:
        for rowid in bestmatches[i]:
          for m in range(len(rows[rowid])):
            avgs[m]+=rows[rowid][m]
        for j in range(len(avgs)):
          avgs[j]/=len(bestmatches[i])
        clusters[i]=avgs
  return bestmatches
```

このコードはそれぞれの変数の範囲内にランダムにクラスタの一群を作る。ループの度に行はいずれかの重心に割り当てられ、重心のデータはその割り当てられたものたちの平均に更新される。割り当てが前回と同じであれば、このプロセスは終了し、それぞれの要素がクラスタを表すリストkを返す。最終的な結果が出力されるまでのループの回数は、階層的クラスタリングと比較すると非常に小さい。

この関数はまず最初にランダムな重心を利用するため、返される結果の順序はほとんど毎回異なる。クラスタの内容も、重心の最初の位置によって異なることがある。

この関数をブログのデータセットに使ってみるとよい。階層的クラスタリングと比べて、かなり高速に動作するはずだ。

```
>> reload(clusters)
>> kclust=clusters.kcluster(data,k=10)
Iteration 0
...
>> [rownames[r] for r in kclust[0]]
['The Viral Garden', 'Copyblogger', 'Creating Passionate Users', 'Oilman',
'ProBlogger Blog Tips', "Seth's Blog"]
>> [rownames[r] for r in kclust[1]]
etc..
```

これでkclustはそれぞれのクラスタのIDたちのリストを持つことになる。kの値を変えてクラスタリングしてみて、結果がどのように変わるか見てみるとよい。

3.7 嗜好のクラスタ

ソーシャルネットワーキングサイトへの興味が高まってきたことの恩恵の一つとして、人々から自発的に提供された巨大なデータセットが利用できるようになったことが挙げられる。このようなサイトの一つとしてZebo (http://www.zebo.com) というサイトがある。ここでは人々はアカウントを作り、彼らが所有しているものや、所有したいと考えているもののリストを作ることができる。これは広告主や社会評論家の観点からすると、非常に面白い情報である。この情報を基に、表現された嗜好が自然にグループ化される様子を見つけ出すことができる。

3.7.1 データの取得と準備

このセクションでは、ZeboのWebサイトからデータセットを作り出す過程について取り組んでいく。サイトからたくさんのページをダウンロードし、それぞれのユーザが何を欲しいと言っているのかを抽出するためにページを解析する方法について述べる。このセクションを飛ばしたい方は、事前に作られたデータセットをhttp://kiwitobes.com/clusters/zebo.txtからダウンロードすることもできる。

3.7.2 Beautiful Soup

Beautiful Soupとは、Webページをパースし構造化された表現を作り上げるためのすばらしいライブラリである。これを使うことで、type、ID、もしくはその他のどのようなプロパティででもページのエレメントにアクセスすることができるようになり、その内容を文字列として出力することができるようになる。Beautiful Soupは壊れたHTMLに対する許容範囲が広いので、Webサイトを基にデータセットを作り上げる際に非常に役に立つ。

Beautiful Soupはhttp://crummy.com/software/BeautifulSoupからダウンロードすることができる。これは単体のPythonのファイルでできており、Pythonのライブラリパスに置くか、作業を行うパスに置くことで利用することができる。

Beautiful Soupをインストールした後は、次のようにして動作を確かめることができる。

```
>> import urllib2
>> from BeautifulSoup import BeautifulSoup
>> c=urllib2.urlopen('http://kiwitobes.com/wiki/Programming_language.html')
>> soup=BeautifulSoup(c.read())
>> links=soup('a')
>> links[10]
<a href="/wiki/Algorithm.html" title="Algorithm">algorithms</a>
>> links[10]['href']
u'/wiki/Algorithm.html'
```

Beautiful SoupのWebページの表現である**スープ**を作るためには、ページの内容で初期化しさえすればよい。このスープはaのような要素名で呼び出すと、その要素のオブジェクトのリストが返ってくる。このそれぞれのオブジェクトに対しても同様の操作をすることで、プロパティや階層の下の他のオブジェクトへ掘り下げてアクセスすることができる。

3.7.3 Zeboの結果をすくい取る

Zeboの検索のページの構造はかなり複雑だが、ページのどの部分がアイテムのリストであるかということを知るのは簡単である。なぜならそれらはすべてbgverdanasmallというクラスを持っているからだ。このことを利用して、ページから重要な情報を抽出することができる。downloadzebodata.pyという名前の新しいファイルを作り、次のコードを挿入しよう。

```python
from BeautifulSoup import BeautifulSoup
import urllib2
import re
chare=re.compile(r'[!-\.&]')
itemowners={}

# 除去すべき単語
dropwords=['a','new','some','more','my','own','the','many','other','another']

currentuser=0
for i in range(1,51):
  # want検索ページのURL
  c=urllib2.urlopen(
  'http://member.zebo.com/Main?event_key=USERSEARCH&wiowiw=wiw&keyword=car&page=%d'
  % (i))
  soup=BeautifulSoup(c.read())
  for td in soup('td'):
    # bgverdanasmall クラスのテーブルのセルを探す
    if ('class' in dict(td.attrs) and td['class']=='bgverdanasmall'):
      items=[re.sub(chare,'',str(a.contents[0]).lower()).strip() for a in td('a')]
      for item in items:
        # 余計な単語を除去する
        txt=' '.join([t for t in item.split(' ') if t not in dropwords])
        if len(txt)<2: continue
        itemowners.setdefault(txt,{})
        itemowners[txt][currentuser]=1
    currentuser+=1
```

このコードはZeboの"want"検索のページから最初の50ページをダウンロードし、パースする。すべてのアイテムは自由記述で書かれているため、きれいにするためには"a"や"some"のような単語を取り除いたり、句読点を取り除いたり、すべてを小文字に変換するなどいろいろとやるべきことがたくさんある。

これが終わった後は、まずは10人以上の人が欲しいと思っているアイテムのリストを作る必要がある。そして、無名化されたユーザを列に持ち、アイテムを行にした行列を作りファイルに書き込む。次のコードをdownloadzebodata.pyの最後に付け加えよう。

```
out=file('zebo.txt','w')
out.write('Item')
for user in range(0,currentuser): out.write('\tU%d' % user)
out.write('\n')
for item,owners in itemowners.items():
  if len(owners)>10:
    out.write(item)
    for user in range(0,currentuser):
      if user in owners: out.write('\t1')
      else: out.write('\t0')
    out.write('\n')
```

ブログのデータセットと同じフォーマットのzebo.txtというファイルを生成するため、コマンドラインから次の様に入力しよう。ブログのデータセットとは異なるのは、カウントの代わりに、特定のアイテムをある人が欲しいと思った場合は1、そうでなければ0が行列に入っているという点だけである。

```
c:\code\cluster>python downloadzebodata.py
```

3.7.4 距離の基準を定義する

ピアソン相関は、値が実際の単語の数であったブログのデータセットでは有効に動作した。しかし、今回のデータセットは存在するかどうかを表す1か0という値しか持っていない。また、二つのアイテムを欲しがっている人々の重複の基準をどうにかして定義できると、さらに便利である。このため、Tanimoto係数という基準を利用する。これは和集合（両方の集合にあるすべてのアイテム）の中での交差集合（両方の集合に存在するアイテム）の率である。これは二つの配列で、簡単に定義できる。

```
def tanimoto(v1,v2):
  c1,c2,shr=0,0,0

  for i in range(len(v1)):
    if v1[i]!=0: c1+=1 # v1に存在
    if v2[i]!=0: c2+=1 # v2 に存在
    if v1[i]!=0 and v2[i]!=0: shr+=1 # 両者に存在

  return 1.0-(float(shr)/(c1+c2-shr))
```

これは1.0から0.0の間の値を返す。値が1.0であれば、最初のアイテムを欲しがっている人で2番目のアイテムを欲しがっている人は存在しないということを意味し、0.0であれば、この二つのアイテム

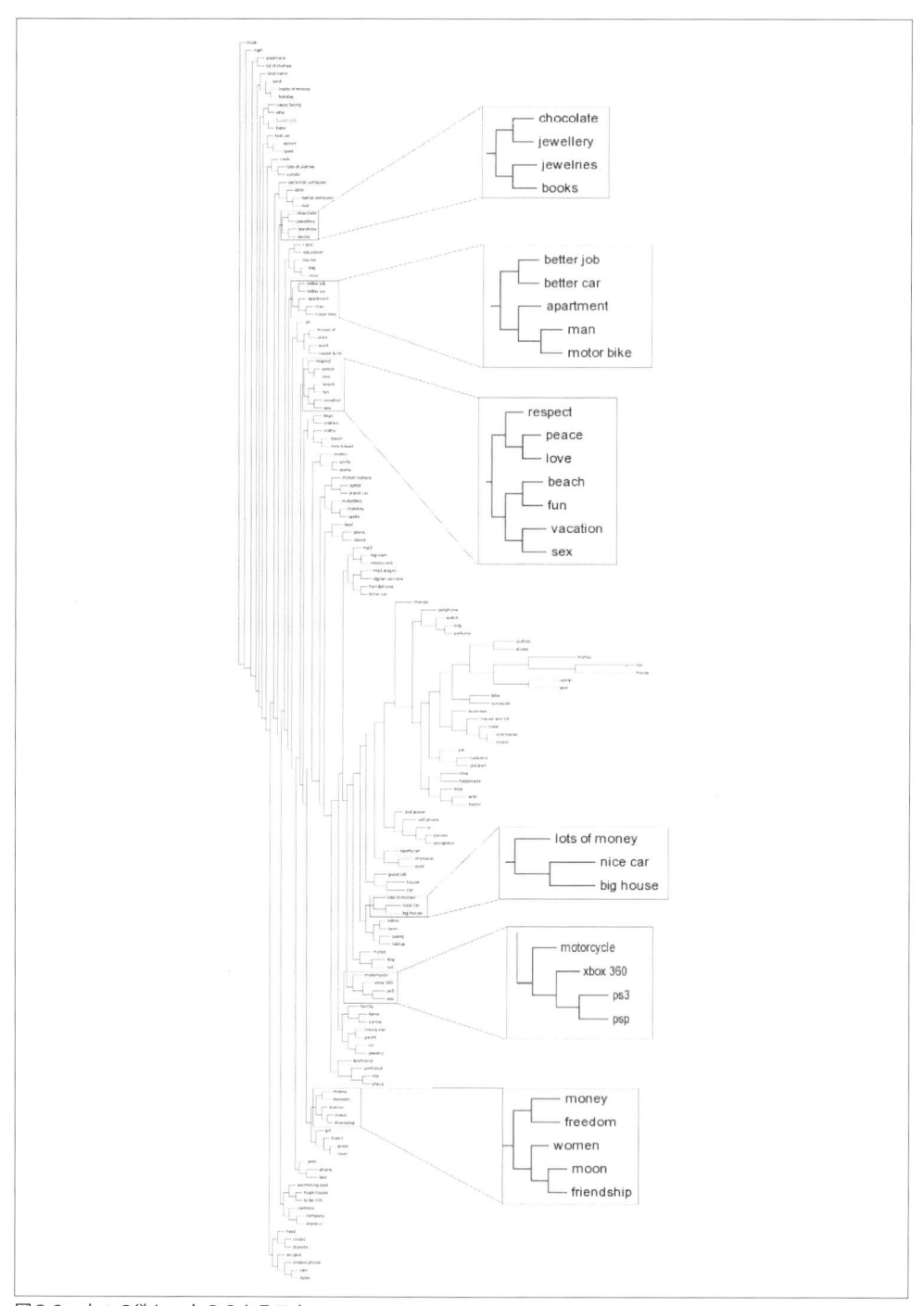

図3-6　人々の欲しいもののクラスタ

をまったく同じ人々の集合が欲しがっているということを意味する。

3.7.5 結果をクラスタリングする

データは先ほどまでと同じフォーマットなので、階層的クラスタを生成したり描画する際に利用したのと同じ関数が利用できる。tanimoto関数のコードを clusters.py に付け加えた後、次のように実行してみよう。

```
>> reload(clusters)
>> wants,people,data=clusters.readfile('zebo.txt')
>> clust=clusters.hcluster(data,distance=clusters.tanimoto)
>> clusters.drawdendrogram(clust,wants)
```

これで欲しいもののクラスタを含んだ clusters.jpg という新しいファイルが生成される。先ほど紹介したダウンロード可能なデータセットでの結果を図3-6に示している。マーケティングに使える情報、という観点から見ると驚くような情報はほとんどない。せいぜい Xbox、PSP、PS3 を同じ人が欲しがっていることが分かる程度である。しかし、はっきりとしたグループは出現している。たとえば野心的な人 (boat、plane、island) と精神的なものを求める人 (friends、love、happiness) などのグループがある。面白いことに "money" を欲しがっている人は単に "house" を欲しがっているが、"lots of money" を欲しがっている人は "nice house" を欲しがっているということも分かる。

取得するページの数を変えたり、"I want" ではなく "I own" から検索するなど初期値を変えてみることによって他にも面白いアイテムのグループを発見することができるだろう。また、行列を入れ替えて、ユーザをグループ化することもできる。人々の年齢を集めて年代によって人々がどのように分かれるかを見ることでさらに興味深い結果が得られるだろう。

3.8 データを2次元で見る

本章のクラスタリングアルゴリズムは2次元にデータを可視化して説明されてきた。さまざまなアイテム間の類似性は、ダイアグラムの中でそれらがどの程度離れているかで表されていた。実生活の中であなたがクラスタリングしたいと思うようなアイテムのほとんどは、二つ以上の数値を持っているはずなので、単純にデータを2次元にプロットすることはできない。しかし、さまざまなアイテム間の関係を理解するためには、距離が近ければ似ているということを表すように図で表現することは非常に役に立つ。

このセクションではデータセットを2次元で表現する方法の一つとして、**多次元尺度構成法**というテクニックを紹介する。このアルゴリズムはアイテムのすべての組の差を用いて、アイテム間の距離がこの差の大きさを表すようなチャートを描く。これを行うためには、まずはすべてのアイテム間それぞれについての目標とする距離を計算する。ブログのデータセットではアイテムを比較するためにピアソン相関を使った。この例を表3-2に示す。

表3-2 距離の行列の例

	A	B	C	D
A	0.0	0.2	0.8	0.7
B	0.2	0.0	0.9	0.8
C	0.8	0.9	0.0	0.1
D	0.7	0.8	0.1	0.0

次に、すべてのアイテム（この場合はブログ）が図3-7のように2次元にランダムに配置される。

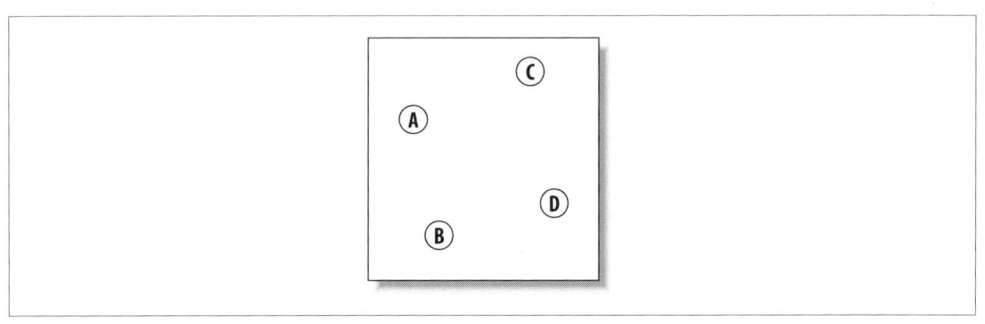

図3-7 2次元へ投影する際の初期配置

現在のすべてのアイテム間の距離は実際の距離（差の2乗和）を算出したものである。図3-8に示す。

すべてのアイテムの組について、目標とする距離と現在の距離が比較され、誤差が算出される。すべてのアイテムは二つのアイテム間の誤差に比例して近づいたり、遠ざかったり、少しだけ移動をする。図3-9はアイテムAに動作している力を示している。チャートでのAとBの距離は0.5だが、目標とする距離は0.2であるため、AはBに近づく必要がある。同時にAはCとDには近すぎるため、CとDからは遠ざかる必要がある。

すべてのノードは自分以外のノードから押されたり、引かれたりする力の組み合わせに従って動く。動くたびに現在の距離と目標とする距離の差はすこしずつ小さくなっていく。この手順はアイテムたちが動いても、誤差の総量が減少しなくなるまで繰り返される。

これを行う関数はデータのベクトルを引数にとり、アイテムの2次元のチャート上でのX座標とY座標の二つだけの列を返す。次の関数をclusters.pyに加えよう。

```
def scaledown(data,distance=pearson,rate=0.01):
  n=len(data)

  # アイテムのすべての組の実際の距離
  realdist=[[distance(data[i],data[j]) for j in range(n)]
            for i in range(0,n)]

  outersum=0.0
```

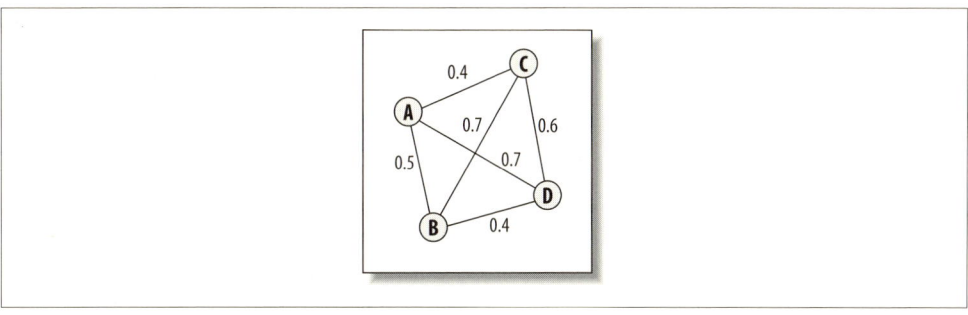

図3-8 アイテム間の距離

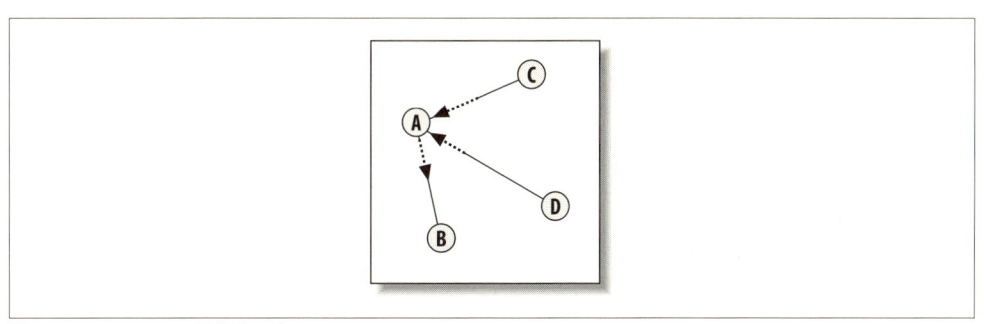

図3-9 アイテムAに動作する力

```
# 2次元上にランダムに配置するように初期化する
loc=[[random.random(),random.random()] for i in range(n)]
fakedist=[[0.0 for j in range(n)] for i in range(n)]

lasterror=None
for m in range(0,1000):
  # 予測距離を計る
  for i in range(n):
    for j in range(n):
      fakedist[i][j]=sqrt(sum([pow(loc[i][x]-loc[j][x],2)
                          for x in range(len(loc[i]))]))

  # ポイントの移動
  grad=[[0.0,0.0] for i in range(n)]

  totalerror=0
  for k in range(n):
    for j in range(n):
      if j==k: continue
      # 誤差は距離の差の百分率
      errorterm=(fakedist[j][k]-realdist[j][k])/realdist[j][k]

      # 他のポイントへの誤差に比例してそれぞれのポイントを
      # 近づけたり遠ざけたりする必要がある
```

```
            grad[k][0]+=((loc[k][0]-loc[j][0])/fakedist[j][k])*errorterm
            grad[k][1]+=((loc[k][1]-loc[j][1])/fakedist[j][k])*errorterm

        # 誤差の合計を記録
        totalerror+=abs(errorterm)
    print totalerror

    # ポイントを移動することで誤差が悪化したら終了
    if lasterror and lasterror<totalerror: break
    lasterror=totalerror

    # 学習率と傾斜を掛け合わせてそれぞれのポイントを移動
    for k in range(n):
      loc[k][0]-=rate*grad[k][0]
      loc[k][1]-=rate*grad[k][1]

  return loc
```

これを可視化するため、再びPILを使って、すべてのアイテムのラベルが新たな座標にプロットされた状態のイメージを生成することができる。

```
def draw2d(data,labels,jpeg='mds2d.jpg'):
  img=Image.new('RGB',(2000,2000),(255,255,255))
  draw=ImageDraw.Draw(img)
  for i in range(len(data)):
    x=(data[i][0]+0.5)*1000
    y=(data[i][1]+0.5)*1000
    draw.text((x,y),labels[i],(0,0,0))
  img.save(jpeg,'JPEG')
```

このアルゴリズムを動作させるためには、scaledownを呼び出して2次元のデータセットを得たあと、draw2dを呼び出してプロットする。

```
>> reload(clusters)
>> blognames,words,data=clusters.readfile('blogdata.txt')
>> coords=clusters.scaledown(data)
...
>> clusters.draw2d(coords,blognames,jpeg='blogs2d.jpg')
```

図3-10では多次元尺度構成法のアルゴリズムの出力を提示している。デンドログラムの時ほどはっきりクラスタは出現してはいない。しかし、上部にある検索エンジンに関連するグループのように、トピックごとのグループがいくつかはっきりと存在することが分かる。これらは政治的なブログとセレブのブログからは非常に離れている。これを3次元で表現すればクラスタはもっと改善されるが、当然のことながら紙の上で見れるようにすることは難しくなる。

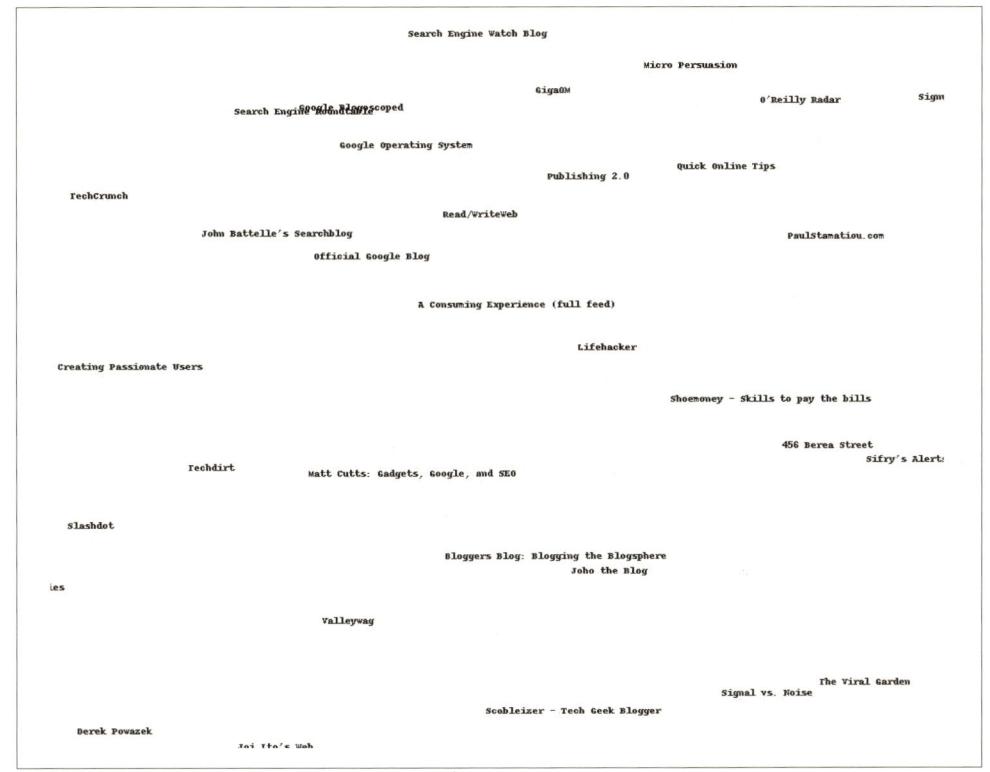

```
                              Search Engine Watch Blog
                                                     Micro Persuasion
                                          GigaOM
              Search Engine Roundtable                        O'Reilly Radar         Signm
                     Google Blogoscoped
              Google Operating System
                                                Quick Online Tips
                                  Publishing 2.0
    TechCrunch
                         Read/WriteWeb
              John Battelle's Searchblog                  PaulStamatiou.com
                     Official Google Blog

                       A Consuming Experience (full feed)
                                       Lifehacker
    Creating Passionate Users
                                  Shoemoney - Skills to pay the bills

                                              456 Berea Street
              Techdirt                                      Sifry's Alert:
                    Matt Cutts: Gadgets, Google, and SEO
    Slashdot
                              Bloggers Blog: Blogging the Blogsphere
   ies                                   Joho the Blog
                         Valleywag
                                                            The Viral Garden
                                              Signal vs. Noise
                              Scobleizer - Tech Geek Blogger
              Derek Powazek
                         Joi Ito's Web
```

図3-10　ブログ空間を2次元上に表現した場合の一部分

3.9　クラスタについてその他のこと

　本章では2種類のデータセットについて見てきたが、やれることは他にもいろいろある。2章のdel.icio.usのデータセットをユーザやブックマークのグループを発見するためにクラスタにすることもできるだろう。ブログのフィードたちを単語のベクトルたちに変換したのと同様のやり方で、ダウンロードできるウェブページの集合はどれでも、単なる単語たちの集合に縮小させることができる。

　これらのアイデアは興味深い結果を得るためにさまざまな範囲に拡張することができる。例えば、単語の使い方を基にした掲示板、さまざまな統計を基にしたYahoo!ファイナンスからの会社たち、Amazonのトップレビューアたちが何を好むかということなどに適用してみるとよい。またMySpaceのような巨大なソーシャルネットワークで人々の友人関係を基にクラスタリングしたり、彼らの提供している自身に関する情報（好きなバンド、食べ物……など）を利用しても面白いだろう。

　空間の中のアイテムたちはその変数に依存しているとイメージする概念は本書を通じて繰り返し出てくるテーマである。多次元尺度構成法の利用はデータセットを実際に解釈しやすい方法で見るための効果的なやり方である。スケーリングの過程でいくつかの情報が失われるということを理解しておく

のは重要なことである。結果はアルゴリズムをより理解するための手助けとなるだろう。

3.10 エクササイズ

1. 2章のdel.icio.usのAPIを使い、クラスタリングに適したブックマークのデータセットを構築せよ。このデータセットに階層的クラスタリングとK平均法を適用してみよ。
2. ブログ全体ではなく、個々のエントリをクラスタするようにブログをパースする部分のコードを改造せよ。同一のブログからのエントリたちはクラスタとなるだろうか？ 同一の日付のエントリたちはどうなるだろうか？
3. 実際の距離（ピタゴラスの定理）をブログクラスタリングに用いよ。結果はどのように変わるだろうか？
4. マンハッタン距離が何なのかを調べ、関数を作れ。それをZeboのデータセットに適用し、結果がどのように変わるかを観察せよ。
5. K平均法のクラスタリング関数の返り値として、クラスタの結果に加え、すべてのアイテムの位置と、それぞれのアイテムが属している重心との距離の合計を返すように改造せよ。
6. エクササイズ5を終了した後、さまざまな値のkを用いてK平均法を走らせる関数を作れ。クラスタの数が増えることで距離の合計はどのように変わっていくか？ クラスタを多く作ることによる改良はどの時点で非常に小さくなるだろうか？
7. 2次元での多次元尺度構成法は容易に紙に印刷することができるが、スケーリングはどの数字の次元でも行うことができる。1次元（すべてのポイントは直線上に来る）でスケーリングを行うように変更してみよ。3次元上でも動作させてみよ。

4章
検索とランキング

　本章では全文検索エンジンについて扱っていく。これを利用すれば単語のリストで膨大なドキュメントを検索することができ、検索結果のドキュメントをこれらの単語に関連する順序にランク付けして表示することができる。全文検索のアルゴリズムは集合知のアルゴリズムの中でももっとも大事なものであり、この分野での新たなアイデアにより多くの富が生み出され続けてきた。Googleが学術的なプロジェクトから世界でもっとも人気のある検索エンジンになりえた理由は、本章でこれから学ぶアルゴリズムの亜種であるPageRankアルゴリズムに依るところが大きい。

　情報検索というのは長い歴史をもった巨大なフィールドである。本章ではそのいくつかのキーとなるコンセプトをカバーできるに過ぎないだろう。しかし、ドキュメントの集合をインデックスする検索エンジンを構築するところまでは説明する。その後それをどう改良していくかはあなた次第である。ここでは主に検索とランキングのアルゴリズムに焦点をあて、膨大な量のWebをインデックスするのに必要なインフラストラクチャについてはあまり説明しない。それでもあなたがこれから作る検索エンジンは100,000ページ程度まではまったく問題なく扱える。本章を通じて、クロール、インデックス、そしてページの集合を検索するのに必要なステップについてすべて学んでいく。そして、その結果をさまざまな方法でランキングする方法についても学んでいく。

4.1　検索エンジンとは？

　検索エンジンを作るための最初のステップは、ドキュメントを集める手段を作り上げることである。ある時は、これはクローリング（少数のドキュメントの集合からはじめ、外部へのリンクをたどっていくこと）を意味するし、また、企業内のイントラネットのようなところでは、あらかじめ決まったドキュメントの集まりから始めるものになるだろう。

　ドキュメントを集めた後は、それらをインデックスする必要がある。これは通常はすべての異なる単語の位置と、ドキュメントについての巨大なテーブルを作ることを伴う。アプリケーションの性質にもよるが、必ずしもドキュメント自体をデータベースに蓄積しないといけないというわけではない。インデックスはドキュメントの場所に対するリファレンス（ファイルシステムのパスやURL）を持ってさえ

いればよい。

　最終的なステップでは、クエリを基にランク付けされたドキュメントのリストが返される。与えられた単語の集合に合致する、インデックス中のすべてのドキュメントを返すだけであれば非常に単純ではあるが、その結果をどのようにソートするかという点が腕の見せ所である。非常に多くの種類の測定基準が考えられるため、ソートの順を変更するために、あなたがいじりまわすための余地に不足はない。さまざまな基準について学べば、大手の検索エンジンでもそれらをコントロールできればと願うようになるだろう（私の検索語たちは隣接していないといけないということをGoogleに指示できないのは何故だ？）。本章では単語の出現頻度など、ページの内容に基づく基準についていくつか見ていく。そして次に、PageRankのようなページの内容の外の情報に基づく基準についてもカバーする。PageRankでは他のページがそのページにどのようにリンクしているかを考慮する。

　本章の最後にはランキングのための**ニューラルネットワーク**を作り上げる。ニューラルネットワークは人々が検索結果のリストの中の、どのリンクをクリックしたかということを基に検索とその結果の関連について学習する。ニューラルネットワークはこの情報を利用して、人々が過去にどのリンクをクリックしたかということをより反映させるため、検索結果の順番を変更する。

　本章での例に取り組むためにはsearchengineという名前のPythonのモジュールを作る必要がある。これは二つのクラスから出来ていて、一つはクローリングを行いデータベースを作り上げる。そしてもう一方はデータベースにクエリを投げかけ、全文検索を行う。例ではSQLiteを利用するが、伝統的なクライアントサーバタイプのデータベースにも簡単に適用することができる。

　はじめにsearchengine.pyという名前のファイルを作って、次の**crawler**クラスとメソッドシグネチャを付け加えよう。本章を通じてここにいろいろ追加していくことになる。

```
class crawler:
  # データベースの名前でクローラを初期化する
  def __init__(self,dbname):
    pass

  def __del__(self):
    pass

  def dbcommit(self):
    pass

  # エントリIDを取得したり、それが存在しない場合には追加
  # するための補助関数
  def getentryid(self,table,field,value,createnew=True):
    return None

  # 個々のページをインデックスする
  def addtoindex(self,url,soup):
    print 'Indexing %s' % url
```

```
# HTML のページからタグのない状態でテキストを抽出する
def gettextonly(self,soup):
  return None

# 空白以外の文字で単語を分割する
def separatewords(self,text):
  return None

# URL が既にインデックスされていたら true を返す
def isindexed(self,url):
  return False

# 2 つのページの間にリンクを付け加える
def addlinkref(self,urlFrom,urlTo,linkText):
  pass

# ページのリストを受け取り、与えられた深さで幅優先の検索を行い
# ページをインデクシングする
def crawl(self,pages,depth=2):
  pass

# データベースのテーブルを作る
def createindextables(self):
  pass
```

4.2　シンプルなクローラ

　今のところあなたのハードドライブ中には、索引化されるのを待っている膨大な HTML 文書のコレクションは存在しないということを前提として、まずはシンプルなクローラの作り方について説明する。クローラはインデックスするためのページたちの小さな集合を種として、そこに含まれている他のページへのリンクをたどり、さらにその先のページもたどっていく。このプロセスはクローリングやスパイダリングと呼ばれている。

　これを行うためには、あなたのコードはページをダウンロードし、それをインデクサ（次のセクションで作る）に渡し、それからそのページに含まれている、次にクロールするページたちへのリンクを探すためにパースする必要がある。幸運なことに、この工程を手助けしてくれるライブラリがいくつか存在する。

　本章での例題のために Wikipedia から数千のファイルのコピーを準備した。http://kiwitobes.com/wiki にそれらは静的なページとして置いてある。

　やりたければ好きなページに対してクローラを走らせてもいいが、あなたの実行する結果と本章での結果を比較したければこのサイトを利用するとよい。

4.2.1　urllib2を使う

urllib2はページを簡単にダウンロードするためのライブラリで、Pythonにバンドルされている。あなたはURLを提供しさえすればよい。ここではあなたはインデックスするページをダウンロードするためにこれを利用する。動作を見てみるために、Pythonのインタプリタを起動し、以下を試してみよう。

```
>> import urllib2
>> c=urllib2.urlopen('http://kiwitobes.com/wiki/Programming_language.html')
>> contents=c.read()
>> print contents[0:50]
'<!DOCTYPE html PUBLIC "-//W3C//DTD XHTML 1.0 Trans'
```

ページのHTMLコードを文字列として保存するためにはコネクションを作り、その内容を読みとるだけでよい。

4.2.2　クローラのコード

ここで紹介するクローラでは3章で紹介したBeautiful SoupのAPIを利用する。Beautiful Soupは構造化されたWebページの表現を作り上げるためのすばらしいライブラリであり、壊れたHTMLのページにも強い。クローリングの最中はどのようなページに出会うかわからないため、このことはクローラを作るためには非常に役立つ。Beautiful Soupのダウンロードとインストールについてのさらなる情報は付録Aを参照するとよい。

urllib2とBeautiful Soupを使うことで、URLのリストを引数として受け取りインデックスを行い、さらにそのURLを基にインデックスすべき他のページを探し出すようなクローラを作ることができる。まずは次のimport文をsearchengine.pyの頭の部分に付け加えよう。

```
import urllib2
from BeautifulSoup import *
from urlparse import urljoin

# 無視すべき単語のリストを作る
ignorewords=set(['the','of','to','and','a','in','is','it'])
```

次にこのクローラ関数をコードで埋めていく。この段階ではまだクロールしたものを保存することができないが、動作している場合URLを表示するので、動作確認をすることができる。次のコードをファイルの最後に付け加えよう（つまりこれはcrawlerクラスの一部である）。

```
def crawl(self,pages,depth=2):
  for i in range(depth):
```

```
    newpages=set()
    for page in pages:
      try:
        c=urllib2.urlopen(page)
      except:
        print "Could not open %s" % page
        continue
      soup=BeautifulSoup(c.read())
      self.addtoindex(page,soup)

      links=soup('a')
      for link in links:
        if ('href' in dict(link.attrs)):
          url=urljoin(page,link['href'])
          if url.find("'")!=-1: continue
          url=url.split('#')[0]  # アンカーを取り除く
          if url[0:4]=='http' and not self.isindexed(url):
            newpages.add(url)
          linkText=self.gettextonly(link)
          self.addlinkref(page,url,linkText)

    self.dbcommit()
  pages=newpages
```

この関数はページたちのリスト(pages)をループし、それぞれに対しaddtoindex（今のところこれはURLを表示するだけだが、次のセクションでちゃんとしたものを作る）を呼び出す。そしてそのページのリンクをBeatiful Soupですべて取り出し、そのURLをnewpagesというset型の変数に付け加える。ループが終了するときにnewpagesがpagesになり、同様の手順が繰り返される

この関数はそれぞれのリンクがこの関数を再び呼び出せるように再帰的に定義することもできるが、幅優先の検索を行うようにしておくと、後でコードを変更して、連続してクローリングを行ったり、インデックスできなかったページを後でクローリングする時のために保存できるように改造することが容易となる。また、スタックオーバーフローのリスクを避けることにもなる。

この関数はPythonのインタプリタで試すことができる。最後まで走らせる必要はないいので飽きたらCtrl-Cを押して終了するとよい。

```
>> import searchengine
>> pagelist=['http://kiwitobes.com/wiki/Perl.html']
>> crawler=searchengine.crawler('')
>> crawler.crawl(pagelist)
Indexing http://kiwitobes.com/wiki/Perl.html
Could not open http://kiwitobes.com/wiki/Module_%28programming%29.html
Indexing http://kiwitobes.com/wiki/Open_Directory_Project.html
Indexing http://kiwitobes.com/wiki/Common_Gateway_Interface.html
```

いくつかのページは繰り返し現れていることに気づくかもしれない。newpageにページを付け加える前に、そのページが以前にインデックスされているか確認するisindexという関数がコード中に現時点ではプレースホルダーとして存在する。将来的にはこれを利用して、不必要な動作をするのではないかという心配なしにcrawlに好きなURLのリストを与えて走らせることができる。

4.3 インデックスの作成

次のステップとして、フルテキストのインデックスのデータベースをセットアップする。先ほど述べたように、インデックスはすべての異なる単語のリストであり、それぞれの単語が現れる文書と、文書中で現れる位置を一緒に記録していく。この例では、ページの実際のテキストについて見ていき、テキストではない要素については無視していく。また、それぞれの単語からすべての句読点は取り除いた形でインデックスする。ここで紹介する文字を分割する方法は完璧ではないが、基本的な検索エンジンを作るうえでは十分である[†]。

さまざまなデータベースソフトウェアや、データベースサーバの設定については本書の範疇の外なので、本章ではSQLiteにインデックスを保存する方法についてのみ説明する。SQLiteは設定が非常に簡単な組み込み型のデータベースであり、データベースを丸ごと一つのファイルに保存する。SQLiteはクエリとしてSQLを利用する。そのため、サンプルのコードをさまざまなデータベースに適用するのも難しくないはずだ。Pythonにはpysqliteという実装があり、http://oss.itsystementwicklung.de/trac/pysqlite/からダウンロードできる。

このサイトにはWindowsのためにはインストーラがあり、その他のOSのためにはインストールのインストラクションがある。付録Aにpysqlを取得してインストールすることについてのさらなる情報が載っている。

SQLiteをインストールした後、次の行をsearchengine.pyの冒頭に付け加えよう。

```
from pysqlite2 import dbapi2 as sqlite
```

データベースを開いたり、閉じたりするために、__init__、__del__、そしてdbcommitメソッドも変更する必要がある。

```
def __init__(self,dbname):
  self.con=sqlite.connect(dbname)

def __del__(self):
  self.con.close()

def dbcommit(self):
  self.con.commit()
```

[†] 訳注：日本語ではこれでは不足である。分かち書きを行う必要がある。詳しくは付録Cを参照。

4.3.1 スキーマの設定

　データベースの準備がもう少し必要なため、まだコードを走らせてはならない。基本的なインデックスのスキーマは5つのテーブルでできている。最初のテーブル (urllist) はインデックスされたURLのリストである。2番目のテーブル (wordlist) は単語のリストであり、3番目のテーブル (wordlocation) はドキュメント中の単語の位置のリストである。残る二つのテーブルはドキュメント間のリンクを定義している。linkテーブルは二つのURL IDを保持し、ページから別のページへのリンクを指し示す。そしてlinkwordsはwordidとlinkidを利用して、どの単語がどのリンク中で使われているかの情報を保存する。このスキーマは図4-1のようになる。

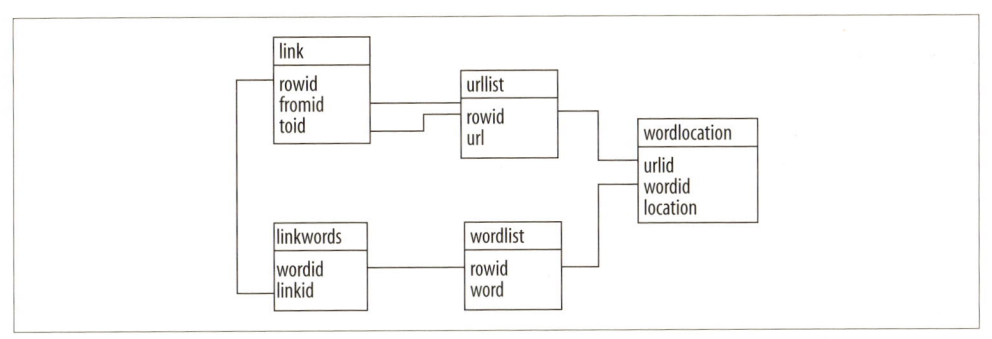

図4-1　検索エンジンのスキーマ

　SQLiteのテーブルはすべてrowidという名前のフィールドをデフォルトで持っているため、あえて明示的にIDを定義する必要はない。すべてのテーブルを作るための関数として、次のコードをsearchengine.pyの最後にclawlerクラスの一部となるように付け加えよう。

```python
def createindextables(self):
  self.con.execute('create table urllist(url)')
  self.con.execute('create table wordlist(word)')
  self.con.execute('create table wordlocation(urlid,wordid,location)')
  self.con.execute('create table link(fromid integer,toid integer)')
  self.con.execute('create table linkwords(wordid,linkid)')
  self.con.execute('create index wordidx on wordlist(word)')
  self.con.execute('create index urlidx on urllist(url)')
  self.con.execute('create index wordurlidx on wordlocation(wordid)')
  self.con.execute('create index urltoidx on link(toid)')
  self.con.execute('create index urlfromidx on link(fromid)')
  self.dbcommit()
```

　この関数はこれから使っていくすべてのテーブルのスキーマを作り、検索速度を上げるためのインデックスも作り上げる。データセットは非常に巨大なものになるはずなので、これらのインデックスは重要である。searchindex.dbという名前のデータベースを作るためにPythonのセッションで次のコマンドを入力しよう。

```
>> reload(searchengine)
>> crawler=searchengine.crawler('searchindex.db')
>> crawler.createindextables()
```

後ほどインバウンドリンクの数を基にした評価基準のテーブルをこのスキーマに付け加える予定である。

4.3.2　ページ内の単語を探し出す

WebからダウンロードするファイルはHTMLで記述されているため、たくさんのタグ、属性など、インデックスには不要な情報が含まれている。最初のステップとして、ページのテキスト部分を抽出する作業を行う。これはsoupのテキストノードを検索し、その内容を集めればよい。次のコードをgettextonly関数に付け加えよう。

```
def gettextonly(self,soup):
  v=soup.string
  if v==None:
    c=soup.contents
    resulttext=''
    for t in c:
      subtext=self.gettextonly(t)
      resulttext+=subtext+'\n'
    return resulttext
  else:
    return v.strip()
```

この関数はページ中のすべてのテキストを含んでいる長い文字列を返す。これはHTML文書のオブジェクトモデルを、テキストのノードを求めて再帰的に掘り下げることで動作している。別のセクションにあるテキストは別のパラグラフとして分割されている。後で計算するいくつかの測定基準では、このセクションの順番を利用するため、この順番を保存しておくことは重要である。

次に、文字列をインデックスに保存できるように、分割された単語たちのリストに分けるためのseparatewords関数を用意する。この分割を完璧に行うのはあなたが想像する以上に難しい。そのため、この技術を改良しようと試みる研究も数多く存在する。しかし、この例では文字や数字でないものをセパレータとして考えれば十分である[†]。これは正規表現を使えば達成できる。separatewordsの定義を次のように書き換えよう。

```
def separatewords(self,text):
  splitter=re.compile('\\W*')
  return [s.lower() for s in splitter.split(text) if s!='']
```

[†] 訳注：日本語ではこの手法は適用できず、別に分かち書きを行う必要がある。付録Cを参照。

この関数はアルファベットでない文字をセパレータとして考えるため、英語の単語を抽出する分には問題なく動作する。しかし、C++のような単語ではうまく動作しない ("python"のような単語であれば問題はない)。このような単語にも対応できるように、この正規表現をいろいろいじって試してみてもよいだろう。

> 別の方法としては、ステミングアルゴリズムを用いて接尾語を取り除くという方法がある。このアルゴリズムは単語を語幹に変換しようと試みる。たとえば"indexing"であれば"index"に変換して、indexingが現れるようなページをindexでも検索できるようにする。これを行うためには、クローリングして得られるドキュメント中の単語をステミングし、検索の際の単語もステミングする。ステミングについての詳細は本章の範疇の外であるが、ステミングのアルゴリズムの一つとしてよく知られているPorter StemmerのPythonの実装をhttp://www.tartarus.org/~martin/PorterStemmer/index.htmlからダウンロードすることができる。

4.3.3 インデックスへの追加

これでaddtoindexメソッドにコードを付け加える準備が整った。このメソッドはページ中の単語たちのリストを取得するために、先ほど説明した二つの関数を呼び出す。そして、ページとすべての単語をインデックスに付け加え、ドキュメント中での単語たちの位置についてのリンクを作り上げる。この例では位置は単語のリストの添え字である。

以下がaddtoindexのコードである。

```
def addtoindex(self,url,soup):
  if self.isindexed(url): return
  print 'Indexing '+url

  # 個々の単語を取得する
  text=self.gettextonly(soup)
  words=self.separatewords(text)

  # URL idを取得する
  urlid=self.getentryid('urllist','url',url)

  # それぞれの単語と、このurlのリンク
  for i in range(len(words)):
    word=words[i]
    if word in ignorewords: continue
    wordid=self.getentryid('wordlist','word',word)
    self.con.execute("insert into wordlocation(urlid,wordid,location) \
      values (%d,%d,%d)" % (urlid,wordid,i))
```

addlinkrefにページ間のリンク関係を保存するための次のコードを追加しよう。

```python
def addlinkref(self,urlFrom,urlTo,linkText):
  words=self.separatewords(linkText)
  fromid=self.getentryid('urllist','url',urlFrom)
  toid=self.getentryid('urllist','url',urlTo)
  if fromid==toid: return
  cur=self.con.execute("insert into link(fromid,toid) values (%d,%d)" % (fromid,toid))
  linkid=cur.lastrowid
  for word in words:
    if word in ignorewords: continue
    wordid=self.getentryid('wordlist','word',word)
    self.con.execute("insert into linkwords(linkid,wordid) values (%d,%d)" % (linkid,wordid))
```

補助関数getentryidのために次のコードも追加する必要がある。これはエントリのIDを返す。もしエントリが存在しなければエントリを追加しそのIDを返す。

```python
def getentryid(self,table,field,value,createnew=True):
  cur=self.con.execute(
    "select rowid from %s where %s='%s'" % (table,field,value))
  res=cur.fetchone()
  if res==None:
    cur=self.con.execute(
      "insert into %s (%s) values ('%s')" % (table,field,value))
    return cur.lastrowid
  else:
    return res[0]
```

最後にisindexedのために次のコードを追加しよう。これはページがデータベース中に既に存在するかどうかを調べ、もし存在すればそのページに関連付けられた単語が存在するかどうかチェックする。

```python
def isindexed(self,url):
  u=self.con.execute \
    ("select rowid from urllist where url='%s'" % url).fetchone()
  if u!=None:
    # URL が実際にクロールされているかどうかチェックする
    v=self.con.execute(
      'select * from wordlocation where urlid=%d' % u[0]).fetchone()
    if v!=None: return True
  return False
```

これで、実際にページをインデックスすることができる。対話的セッションで次のように実行するとよい。

```
>> reload(searchengine)
>> crawler=searchengine.crawler('searchindex.db')
>> pages= \
.. ['http://kiwitobes.com/wiki/Categorical_list_of_programming_languages.html']
>> crawler.crawl(pages)
```

このクローラの実行にはたぶんかなりの時間がかかるだろう。この実行が終了するまで待つよりも、事前に用意したsearchindex.dbを http://kiwitobes.com/db/searchindex.db からダウンロードし、あなたのPythonコードのディレクトリに保存して利用することをお勧めする。

クロールが正常に動作しているか試すために、データベースに問い合わせて、単語のエントリを確かめてみることができる。

```
>> [row for row in crawler.con.execute(
.. 'select rowid from wordlocation where wordid=1')]
[(1,), (46,), (330,), (232,), (406,), (271,), (192,),...
```

ここで返されるリストはwordidが1のwordlocatonテーブルのrowidのリストである。これは全文検索が問題なく動作していることを意味するすばらしいスタートである！ しかし、今のところは一度に一つの単語でしか検索できないし、ドキュメントは読み出された順に帰ってくるだけである。次のセクションではこの機能を、複数の単語で質問できるように拡張する。

4.4　問い合わせ

ここまでであなたはクローラと大量のインデックスされたドキュメントを準備できている。これで検索エンジンの検索の部分に取りかかる用意ができた。まずは検索のための新しいクラスをsearchengine.pyの中に作ろう。

```
class searcher:
  def __init__(self,dbname):
    self.con=sqlite.connect(dbname)

  def __del__(self):
    self.con.close()
```

テーブルwordlocationは単語とテーブルたちの間をリンクしているため、どのページが特定の一つの単語を含んでいるかを非常に簡単に知ることができる。しかし、検索エンジンは複数の単語で検索できる必要がある。そのためには、クエリ文字列を受け取り、それを別々の単語に分割し、すべての単語を含むURLたちだけを探し出すためのSQLを作るクエリ関数が必要だ。次の関数をsearcherクラスの定義に追加しよう。

```python
def getmatchrows(self,q):
  # クエリを作るための文字列
  fieldlist='w0.urlid'
  tablelist=''
  clauselist=''
  wordids=[]

  # 空白で単語を分ける
  words=q.split(' ')
  tablenumber=0

  for word in words:
    # 単語のIDを取得
    wordrow=self.con.execute(
         "select rowid from wordlist where word='%s'" % word).fetchone()
    if wordrow!=None:
      wordid=wordrow[0]
      wordids.append(wordid)
      if tablenumber>0:
        tablelist+=','
        clauselist+=' and '
        clauselist+='w%d.urlid=w%d.urlid and ' % (tablenumber-1,tablenumber)
      fieldlist+=',w%d.location' % tablenumber
      tablelist+='wordlocation w%d' % tablenumber
      clauselist+='w%d.wordid=%d' % (tablenumber,wordid)
      tablenumber+=1

  # 分割されたパーツからクエリを構築
  fullquery='select %s from %s where %s' % (fieldlist,tablelist,clauselist)
  cur=self.con.execute(fullquery)
  rows=[row for row in cur]

  return rows,wordids
```

この関数は少し複雑に見えるが、やっていることは、リストの中のそれぞれの単語のwordlocationテーブルへの参照を作り、URL IDで結合しているだけである（図4-2）。

wordlocation w0	wordlocation w1	wordlocation w2
wordid = word0id	wordid = word1id	wordid = word2id
urlid	urlid	urlid

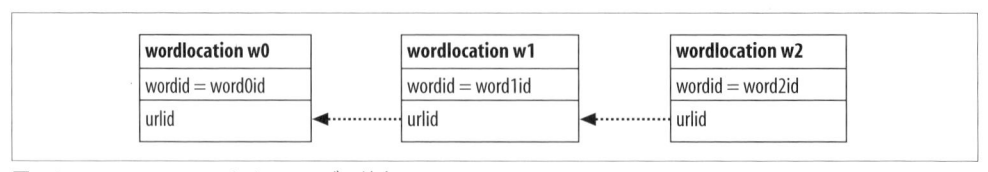

図4-2　getmatchrowsのためのテーブル結合

つまりIDが10と17の2つの単語については次のようになる。

```
select w0.urlid,w0.location,w1.location
from wordlocation w0,wordlocation w1
where w0.urlid=w1.urlid
and w0.wordid=10
and w1.wordid=17
```

この関数を呼び出して、初めての複数の単語による検索を試してみよう。

```
>> reload(searchengine)
>> e=searchengine.searcher('searchindex.db')
>> e.getmatchrows('functional programming')
([(1, 327, 23), (1, 327, 162), (1, 327, 243), (1, 327, 261),
(1, 327, 269), (1, 327, 436), (1, 327, 953),..
```

それぞれのURL IDは、単語の位置の組み合わせを変えて何度も返されていることに気が付くだろう。これからのいくつかのセクションでは検索結果を順位付けする方法について述べていく。内容ベースの順位付けではクエリとページの関連性を決定する際に、ページの内容に加え、利用可能ないくつかの測定基準を利用する。インバウンドリンクによる順位付けではサイトのリンク構造を利用して何が重要であるかを判断する。また、検索した人々が実際にどのリンクをクリックしたかという情報を利用して、検索結果を改善していくやり方についても検討していく。

4.5 内容ベースの順位付け

ここまででクエリにマッチするページを取り出すことに成功したが、取り出される順序は単純にクロールされた順であった。これではページの数が多くなると、クエリ中の単語を含んではいるが実際にはあなたの検索したい内容とは関連しないようなページたちの海をさまようことになってしまうだろう。この問題に対処するためには与えられたクエリに対するページのスコアを算出する必要がある。そして、スコアの高い結果が冒頭に来るように返す機能も必要だ。

このセクションではクエリとページの内容だけを基にスコアを算出する方法についていくつか見ていく。ここで扱うスコアリングの測定基準には次のものを含む。

単語の出現頻度
　クエリ中の単語が、あるドキュメント中で繰り返し現れている回数はドキュメントの適合性を決める手助けとなる。

ドキュメント中での位置
　ドキュメントの主題はドキュメントの最初の部分に出現する可能性が高い。

単語間の距離
　クエリ中に複数の単語が含まれている場合、それらは近くにくっついた状態でドキュメント中に現

れるはずである。

　初期の検索エンジンはこれらの測定基準だけを基に動作しており、それでも使える結果を提供することができていた。このセクションの後半では、インバウンドリンクの数やその質のような、ページの外の情報を使って検索結果を改良する方法についてカバーする。
　まずはクエリに合う行たちを探し出して、それらをディクショナリに追加したあと、フォーマット済みのリストとして表示する新しいメソッドが必要だ。これらの関数をあなたのsearcherクラスに追加しよう。

```python
def getscoredlist(self,rows,wordids):
  totalscores=dict([(row[0],0) for row in rows])

  # ここには後ほどスコアリング関数を入れる
  weights=[]

  for (weight,scores) in weights:
    for url in totalscores:
      totalscores[url]+=weight*scores[url]
  return totalscores

def geturlname(self,id):
  return self.con.execute(
  "select url from urllist where rowid=%d" % id).fetchone()[0]

def query(self,q):
  rows,wordids=self.getmatchrows(q)
  scores=self.getscoredlist(rows,wordids)
  rankedscores=sorted([(score,url) for (url,score) in scores.items()],reverse=1)
  for (score,urlid) in rankedscores[0:10]:
    print '%f\t%s' % (score,self.geturlname(urlid))
```

　今のところ、このクエリメソッドは結果に対してスコアリング関数を適用していないが、スコアになる予定の数値と一緒にURLを表示するようになっている。

```
>> reload(searchengine)
>> e=searchengine.searcher('searchindex.db')
>> e.query('functional programming')
0.000000 http://kiwitobes.com/wiki/XSLT.html
0.000000 http://kiwitobes.com/wiki/XQuery.html
0.000000 http://kiwitobes.com/wiki/Unified_Modeling_Language.html
...
```

　ここで大事な関数はgetscoredlistである。このセクションを通じてこの関数をコードで埋めてい

く。weightsリスト（太字の行）に関数を付け加えることで、スコアリング関数たちを追加することができ、実際のスコアを得ることができるようになる。

4.5.1 正規化関数

これから紹介するすべてのスコアリングの手法はURL IDとスコア（数値）のディクショナリを返す。ややこしいことに、時には大きなスコアの方をよりよいスコアとみなす場合もあるし、またある時は小さなスコアの方がよいとみなす場合もある。異なる手法からの結果を比較するためにはこの違いを正規化する必要がある。つまり、それらのスコアを一定の範囲と方向に収める必要がある。

この正規化関数はIDたちとスコアたちのディクショナリを受け取り、新しいディクショナリにこのIDたちと、0から1の範囲に正規化したスコアたちを入れて返す。それぞれのスコアはもっとも良い結果にどれくらい近いかを基にスケールされるため、常に最善のスコアは1になる。あなたはスコアたちのリストをこの関数に渡し、低い方がよいのかそれとも高い方がよいのかを教えてやるだけでよい。

```
def normalizescores(self,scores,smallIsBetter=0):
  vsmall=0.00001 # 0で除算することによるエラーを回避する
  if smallIsBetter:
    minscore=min(scores.values())
    return dict([(u,float(minscore)/max(vsmall,l)) for (u,l) \
                 in scores.items()])
  else:
    maxscore=max(scores.values())
    if maxscore==0: maxscore=vsmall
    return dict([(u,float(c)/maxscore) for (u,c) in scores.items()])
```

それぞれのスコアリング関数は、結果の正規化を行うためにこの関数を呼び出し0から1の間の値を返す。

4.5.2 単語の頻度

単語の頻度による基準では、クエリ中の単語があるページに何回出現するかによってそのページのスコアを付ける。もし私が"python"で検索する場合には、私はPython（もしくはpythons）について数多く言及しているページが欲しいのであって、Python（ニシキヘビ）をペットにしているミュージシャンが、偶然pythonについて言及しているページなどは欲しくないのである。

単語頻度による関数は次のような感じである。これをあなたのsearcherクラスに付け加えるとよい。

```
def frequencyscore(self,rows):
  counts=dict([(row[0],0) for row in rows])
  for row in rows: counts[row[0]]+=1
  return self.normalizescores(counts)
```

この関数は行中のすべてのユニークなIDをエントリとして持つディクショナリを生成し、それぞれのアイテムの出現回数を数える。それからスコアを正規化し（この場合は数値が大きい方がよいスコア）結果を返す。

頻度によるスコアリングを実際に行うには、`getscoredlist`の`weights`の行を変更するとよい。

```
weights=[(1.0,self.frequencyscore(rows))]
```

これで検索を行ってみて、頻度によるスコアリングがスコアリングの基準としてどの程度うまくいくかを確認することができる。

```
>> reload(searchengine)
>> e=searchengine.searcher('searchindex.db')
>> e.query('functional programming')
1.000000 http://kiwitobes.com/wiki/Functional_programming.html
0.262476 http://kiwitobes.com/wiki/Categorical_list_of_programming_languages.html
0.062310 http://kiwitobes.com/wiki/Programming_language.html
0.043976 http://kiwitobes.com/wiki/Lisp_programming_language.html
0.036394 http://kiwitobes.com/wiki/Programming_paradigm.html
...
```

これは"Functional programming"のページを最初に返し、いくつかの関連する他のページが続けて返されている。"Functional programming"はそのすぐ下の結果ページの4倍のスコアであることに注意してほしい。多くの検索エンジンはエンドユーザにスコアを教えるということはしない。しかし、これらのスコアはアプリケーションによっては非常に有用である。たとえば、トップの結果があるしきい値を超えた場合にはユーザを直接そのページに飛ばすことや、検索結果の適合性の高さによって、フォントのサイズを調整するということもできる。

4.5.3　ドキュメント中での位置

この他にクエリとページの適合性を決めるシンプルな基準として、ページ中での検索語の位置を利用するものがある。通常、検索語と関連の高いページであれば、その単語はページの最初の部分に出現する。または検索語がタイトルなどに使われることもある。このことを活用して、この検索エンジンではクエリの単語が文書の早い段階で出現するとその文書のスコアを上げるということもできる。幸運なことに先ほどページをインデックスした際に単語の位置は記録しているし、ページのタイトルもリストの最初に記録している。

次のメソッドを`searcher`に追加しよう。

```
def locationscore(self,rows):
    locations=dict([(row[0],1000000) for row in rows])
    for row in rows:
```

```
        loc=sum(row[1:])
        if loc<locations[row[0]]: locations[row[0]]=loc
    return self.normalizescores(locations,smallIsBetter=1)
```

それぞれのrowの最初の要素はURL IDであり、それに続く要素はすべての異なる検索語の位置だったことを思い出してほしい。それぞれのIDはすべての位置の組み合わせで、繰り返し出現する。このメソッドはそれぞれの行について、すべての単語の位置を足し合わせ、そのURLのためにもっともよい結果を決定する。そして最終的な結果をnormalize関数に渡す。smallisBetterが指定されている場合には位置の合計が最小の場合にスコアが1.0になるということを意味することに気を付けよう。

位置のスコアだけを利用した結果がどのようになるのかを確認するために、リストweightsを次のように変更しよう。

```
weights=[(1.0,self.locationscore(rows))]
```

そしてインタプリタで再び次のクエリを試してみよう。

```
>> reload(searchengine)
>> e=searchengine.searcher('searchindex.db')
>> e.query('functional programming')
```

"Functional programming"が未だに最上位に位置していることに気づくだろう。しかし、今回は他の上位の結果たちとしてfunctional programming languageの実例たちが来ている。前回検索した時は単語が繰り返し言及されているような結果が返されていたが、それらはプログラム言語についての一般的な議論である傾向があった。しかし、今回の検索では冒頭の文章に検索語が存在する（例："Haskell is a standardized pure functional programming language"）ようなページのスコアの方がはるかに高くなっている。

これまで紹介した測定基準のどれか一つが、すべての場合において他のどれよりも優れているということはないということを意識しておくことは重要だ。この二つは検索者の意図次第で、どちらも有用である。また、特定のドキュメントの集合やアプリケーションでは、すぐれた結果を得るためには重みを組み合わせてみることも必要になる。リストweightsを次のように変更することで、この二つの測定基準の重みを変えて実験することができる。

```
weights=[(1.0,self.frequencyscore(rows)),
         (1.5,self.locationscore(rows))]
```

重みを変更したり、先ほどと異なるクエリを使ってみて、結果にどのように影響があるか試してみるとよい。

単語頻度を基準にするよりも、位置を基準にする方がごまかされることが少ない。たとえば、ページ

の筆者がページの最初に一つ単語を書いた後、その単語を何度繰り返したとしても結果には何の影響もない。

4.5.4 単語間の距離

クエリが複数の単語を含んでいる場合、ページ中でクエリ中の単語同士が近くに位置しているような検索結果を探すことは役に立つ。人々は複数の単語で検索する場合、これらの単語同士が概念的に関係しているページを探したい場合がほとんどである。これは多くの検索エンジンがサポートしている引用符を利用したフレーズ検索よりは多少ゆるいものである。フレーズ検索の場合は単語は正しい順序で文中になければならないし、追加の単語が入っていはいけない。しかし、この測定基準は検索語とは語の順序が変わっていたり、検索語の間に他の単語が含まれているような場合にも耐えることができる。

このdistancescore関数はlocationscoreに非常によく似ている。

```
def distancescore(self,rows):
  # 単語が一つしかない場合、全員が勝者！
  if len(rows[0])<=2: return dict([(row[0],1.0) for row in rows])

  # 大きな値でディクショナリを初期化する
  mindistance=dict([(row[0],1000000) for row in rows])

  for row in rows:
    dist=sum([abs(row[i]-row[i-1]) for i in range(2,len(row))])
    if dist<mindistance[row[0]]: mindistance[row[0]]=dist
  return self.normalizescores(mindistance,smallIsBetter=1)
```

ここでの大きな違いは、関数が位置（太字の行）をループする際に、それぞれの位置とその一つ前の単語の位置の差を取ることである。このクエリによりすべての距離の組み合わせが返されるため、距離の合計がもっとも小さいものが探されることが保証されている。

この単語間の距離による測定基準を単独で試してみても結構だが、これは他の測定基準と組み合わされた時に真価を発揮する。リストweightsにdistancescoreを付け加え、数字を変更してみて他のクエリの結果にどのように影響するか試してみてほしい。

4.6　インバウンドリンクの利用

これまで見てきた基準はすべてページの内容に基づいたものだった。多くの検索エンジンはいまだこのように動作しているが、ページの著者以外がページに対して提供する情報を考慮することによって、多くの場合、結果を改善することができる。特に、誰がそのページにリンクをしていて、そのページに対してどうコメントしているかの情報は有用だ。これは価値が怪しいようなページやスパマーによって作られたようなページをインデクシングする際に特に役に立つ。なぜならそのようなページは、本物の

内容を持ったページと比べてリンクされることが少ないからである。

本章の冒頭であなたが作ったクローラはすでにリンクについて必要な情報はすべて集めるようになっているため、特に変更する必要はない。テーブル links は、出会ったページのすべてのリンク元とリンク先についての URL ID を保存している。そして、テーブル linkwords は単語とそれらのリンクを結合する。

4.6.1 単純に数えあげる

インバウンドリンクを利用するもっとも簡単な方法はそれぞれのページのインバウンドリンクを数え上げてリンクの合計をそのページの測定基準として利用することである。アカデミックな論文などがこの方法で評価されることがある。つまり、その論文を参照している他の論文の数でその論文の価値を評価する。次のスコアリング関数は rows 中のすべてのユニークな URL ID について link テーブルに問い合わせることで、その URL ID に張られているリンクの数のディクショナリを作り、正規化したスコアを返す。

```
def inboundlinkscore(self,rows):
  uniqueurls=set([row[0] for row in rows])
  inboundcount=dict([(u,self.con.execute( \
    'select count(*) from link where toid=%d' % u).fetchone()[0]) \
    for u in uniqueurls])
  return self.normalizescores(inboundcount)
```

当然、この測定基準だけを利用した場合は、検索語が含まれたすべてのページが、張られているリンクの数のみでランク付けされて返される。このデータセットでは"Python"という単語よりも"Programming language"の方が多くリンクを張られている。しかし、Pythonについて調べているのであれば、むしろ"Python"を含んだ語が最初に来てほしいだろう。適合している順にランキングを表示するには、インバウンドリンクの基準は先ほど紹介した基準たちのどれかと組み合わせて利用する必要がある。

このアルゴリズムはすべてのインバウンドリンクを同等なものとして扱う。これは平等ではあるが、スコアを上げたいページへのリンクを張ったページをいくつか作れば、そのサイトのスコアがあがってしまうのでランキングの意図的な操作に弱い。人々は人気のあるサイトが注目しているようなサイトに対して、より興味を持つという可能性は高い。次のセクションでは人気のあるページからのリンクは重要だとみなしてランキングを計算する方法について見ていく。

4.6.2 PageRankアルゴリズム

PageRank アルゴリズムは Google の創設者たちによって発明された。そして現在、大きな検索エンジンのすべてで、そのアイデアの亜種は利用されている。このアルゴリズムはすべてのページにそのページがどの程度重要なのかというスコアを割り当てる。この重要度はそのページにリンクしている他

のページたちの重要度の合計と、それらの他のページたちそれぞれが持っているリンクの数から算出される。

理論的には、PageRank（発明者の一人のLarry Pageの名を取って命名されている）は適当なリンクをクリックした利用者が、ある特定のページに行き着く可能性を計算している。他の人気サイトから張られているリンクが多いページであればあるほど、人々が偶然そのサイトに最終的にたどり着く可能性は高くなる。もちろん、利用者が永遠にクリックし続ければ、すべてのページにたどり着くことになるが、ほとんどの利用者はしばらくしたらクリックを止める。PageRankはこれをシミュレートするため、ユーザがそれぞれのページで、ページのリンクをクリックし続ける可能性は85パーセントということを示す、0.85という減衰係数を利用する。

図4-3はページとリンクの集合の例を示している．

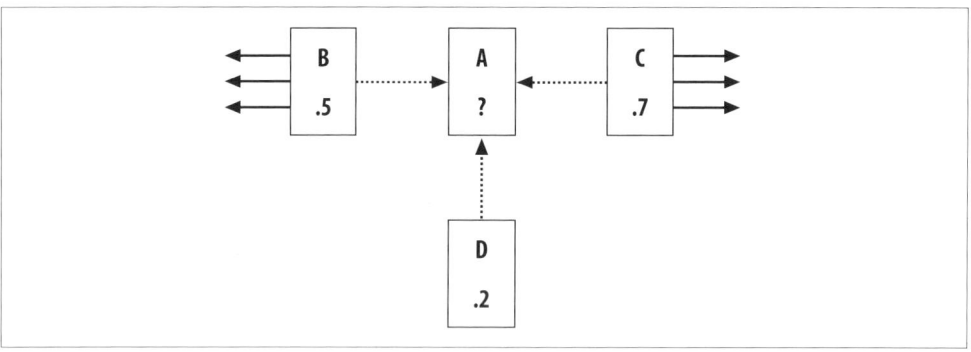

図4-3　AのPageRankを算出

B、C、Dの三つのページはAにリンクを張っている。そしてそれら三つのページはすべてPageRankはすでに算出されている。Bは他に三つのページへリンクを張っていて、Cは他に四つのページへリンクを張っている。DはAだけにしかリンクを張っていない。AのPageRankを得るためには、Aにリンクを張っているそれぞれのページのPageRank（PR）を、そのページ中に含まれているリンクの総数で割ったものを算出して足し合わせ、それに減衰係数の0.85を掛け合わせる。そして最小値0.15を足す。PR(A)の計算は次のようになる。

```
PR(A) = 0.15 + 0.85 * ( PR(B)/links(B) + PR(C)/links(C) + PR(D)/links(D) )
      = 0.15 + 0.85 * ( 0.5/4 + 0.7/5 + 0.2/1 )
      = 0.15 + 0.85 * ( 0.125 + 0.14 + 0.2 )
      = 0.15 + 0.85 * 0.465
      = 0.54525
```

B、CよりもDの方が、それ自体のPageRankは低いにも関わらず、AのPageRankに影響を与えて

4.6 インバウンドリンクの利用

いるということに気づくだろう。これはDはAのみにリンクを張っているため、すべてのスコアをAに与えることができたためである。

　非常に簡単だと思うだろう？ しかし、ここには小さな罠がある。この例ではAにリンクしているすべてのページはすでにRageRankを持っていた。しかし、あるページのスコアを算出するには、そこにリンクしているすべてのページのスコアを知らないと算出できないし、そのページにリンクしているそれぞれのページのスコアを算出するためには、またそのそれぞれのページにリンクしているすべてのページについてのスコアを知らないと計算できない。PageRankを事前に持っていないページの集合についてPageRankを算出するにはどうすればよいのだろうか？

　解決策としては初期値として任意の値（コードでは1.0を用いているが実際には何でもよい）をすべてのPageRankとして用いることである。そして、PageRankの計算を何度か繰り返せばよい。繰り返すごとにそれぞれのページのPageRankはそのページの本当のPageRankの値に近づいていく。必要な繰り返しの数はページの数にもよるが、今あなたが取り組んでいるページの集合程度であれば20回も繰り返せば十分である。

　PageRankの算出は時間のかかるものであり、クエリによって変わるようなものでもないため、テーブルに保存されているすべてのURLについてのPageRankを事前に計算しておく関数を作るとよい。この関数が実行されるたびにPageRankが再計算される。次の関数をcrawlerクラスに追加しよう。

```python
def calculatepagerank(self,iterations=20):
  # 現在のPageRankのテーブルを削除
  self.con.execute('drop table if exists pagerank')
  self.con.execute('create table pagerank(urlid primary key,score)')

  # すべてのURLのPageRankを1で初期化する
  self.con.execute('insert into pagerank select rowid, 1.0 from urllist')
  self.dbcommit()

  for i in range(iterations):
    print "Iteration %d" % (i)
    for (urlid,) in self.con.execute('select rowid from urllist'):
      pr=0.15

      # このページにリンクしているすべてのページをループする
      for (linker,) in self.con.execute(
      'select distinct fromid from link where toid=%d' % urlid):
        # linkerのPageRankを取得する
        linkingpr=self.con.execute(
        'select score from pagerank where urlid=%d' % linker).fetchone()[0]

        # linkerからリンクの合計を取得する
        linkingcount=self.con.execute(
        'select count(*) from link where fromid=%d' % linker).fetchone()[0]
        pr+=0.85*(linkingpr/linkingcount)
      self.con.execute(
```

```
            'update pagerank set score=%f where urlid=%d' % (pr,urlid))
    self.dbcommit()
```

この関数はすべてのページのPageRankを1.0で初期化する。そしてすべてのURLをループして、そのPageRankを取得するとともにすべてのインバウンドリンクたちのそれぞれのリンク合計を取得する。太字の部分はそれぞれのインバウンドリンクに適用される数式である。

この関数の動作には数分を要するが、実際に走らせるのはインデックスを更新した時だけでよい。

```
>> reload(searchengine)
>> crawler=searchengine.crawler('searchindex.db')
>> crawler.calculatepagerank()
Iteration 0
Iteration 1
...
```

サンプルのデータセット中でもっとも高いPageRankを持っているものがどれなのか知りたいなら、データベースに直接問い合わせてみるとよい。

```
>> cur=crawler.con.execute('select * from pagerank order by score desc')
>> for i in range(3): print cur.next()
(438, 2.5285160000000002)
(2, 1.1614640000000001)
(543, 1.064252)
>> e.geturlname(438)
u'http://kiwitobes.com/wiki/Main_Page.html'
```

"Main Page"がもっとも高いPageRankであるといえるが、これはすべてのページがそこへリンクしているので当然であり、驚くようなことではない。これでPageRankのスコアのテーブルができた。これを使うにはデータベースからこのスコアを引き出し、スコアを正規化する関数を作り上げればよい。次のメソッドをsearcherクラスに追加しよう。

```
def pagerankscore(self,rows):
    pageranks=dict([(row[0],self.con.execute('select score from pagerank where
     urlid=%d' % row[0]).fetchone()[0]) for row in rows])
    maxrank=max(pageranks.values())
    normalizedscores=dict([(u,float(l)/maxrank) for (u,l) in pageranks.items()])
    return normalizedscores
```

ここで再びリストweightsをPageRankを含むように変更してみよう。

```
weights=[(1.0,self.locationscore(rows)),
```

```
      (1.0,self.frequencyscore(rows)),
      (1.0,self.pagerankscore(rows))]
```

検索結果は検索時に内容とランキングスコアも考慮している。"Functional programming"での検索結果もよくなっているように見える。

```
2.318146 http://kiwitobes.com/wiki/Functional_programming.html
1.074506 http://kiwitobes.com/wiki/Programming_language.html
0.517633 http://kiwitobes.com/wiki/Categorical_list_of_programming_languages.html
0.439568 http://kiwitobes.com/wiki/Programming_paradigm.html
0.426817 http://kiwitobes.com/wiki/Lisp_programming_language.html
```

今回利用しているような閉じられていて、しっかり管理されているようなドキュメントの集合では、Webと比べると役に立たないページ自体が少ないため、このPageRankのスコアによる効果は感じにくい。しかし、このような場合でさえ、PageRankはレベルが高く一般的なページを返す基準として有効であるのは明らかである。

4.6.3 リンクのテキストを利用する

その他に検索結果をランク付けする強力な方法としては、そのページへのリンクに含まれている文字列を利用する方法がある。多くの場合、ページ先へのコメントの情報の方が、リンクしているページそのものよりも情報が含まれている。これはサイトの構築者はリンクを張る際に短い詳細を含む傾向があるからである。

リンクテキストによるスコアリングのメソッドは追加の引数として、クエリを実行した時に生成される単語のIDのリストをとる。次のメソッドをsearcherに付け加えるとよい。

```
def linktextscore(self,rows,wordids):
  linkscores=dict([(row[0],0) for row in rows])
  for wordid in wordids:
    cur=self.con.execute('select link.fromid,link.toid from linkwords,link where wordid=%d and linkwords.linkid=link.rowid' % wordid)
    for (fromid,toid) in cur:
      if toid in linkscores:
        pr=self.con.execute('select score from pagerank where urlid=%d' % fromid).fetchone()[0]
        linkscores[toid]+=pr
  maxscore=max(linkscores.values())
  normalizedscores=dict([(u,float(l)/maxscore) for (u,l) in linkscores.items()])
  return normalizedscores
```

このコードはwordidsに含まれている単語をループしてこれらの単語を含むリンクを探す。もしリンク先が検索結果のどれかにマッチすると、リンク元のPageRankがリンク先の最終的なスコアに付け

加えられる。重要なページから検索語を含んだリンクが数多く張られているようなページのスコアが高くなる。多くのページは正確なテキストでリンクを張られていないため、スコアは0になる。link-textによるランキングを利用するにはリストweightsのどこかに次のように付け加えるとよい。

```
(1.0,self.linktextscore(rows,wordids))
```

万能な基準の重みの組み合わせというものは存在しない。メジャーな検索サイトでもランキング結果の手法は頻繁に変更している。あなたがどの基準をどの程度の重みで利用するべきかは、あなたがどのようなアプリケーションを作ろうとしているかによって大きく左右される。

4.7 クリックからの学習

オンラインアプリケーションの強みの一つとして、利用者の動向から継続的なフィードバックを得ることができるという点がある。検索エンジンの例でいうと、それぞれの利用者は与えられた検索結果にどの程度満足しているかの情報を、どの結果をクリックし、どれをクリックしないかという行為によって提供している。このセクションではユーザによる検索結果のクリックを記録する方法について検討する。そして、この記録を利用して検索結果のランキングを改良する方法についても検討する。

これを行うために、クエリ中の検索語、利用者に表示される検索結果、ユーザがどれをクリックしたかという情報を基にトレーニングを行う人工的なニューラルネットワークを作り上げていく。このネットワークがたくさんのさまざまなクエリによって鍛えられた後は、これを利用して検索結果の順序を変更し、利用者が過去に実際にクリックしたものをより反映することができる。

4.7.1 クリックを追跡するネットワークの設計

ニューラルネットワークにはさまざまな種類があるが、そのすべてがノード（ニューロン）の集合とそれらの結合から構成されている。ここであなたが作り方を学ぶネットワークは多層パーセプトロン（MLP）ネットワークと呼ばれるものである。このタイプのネットワークは複数のニューロンの層から構

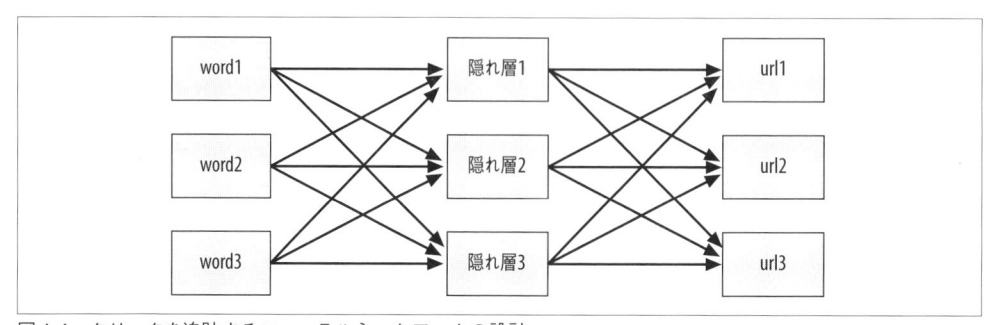

図4-4　クリックを追跡するニューラルネットワークの設計

成される。最初の層は入力 (この場合は利用者が入力した単語) を受け付ける。最後の層が出力 (この例では返されたURLの重みのリスト) を行う。

中間層は複数存在させることもできるが、この例題のネットワークでは一つだけ利用する。この層は外部と直接交流することは決してないため**隠れ層**と呼ばれ、入力の組み合わせに反応する。この場合、入力は単語の組み合わせである。従って、この層のことをクエリの層だと捉えてもよい。図4-4ではネットワークの構造を示している。入力層のすべてのノードは隠れ層のすべてのノードにつながっている。そして隠れ層のすべてのノードは出力層のすべてのノードにつながっている。

あるクエリに対する最適な答えを得るためにニューラルネットワークに質問を行うには、クエリ中に含まれている単語に該当する入力ノードの値を1にセットする。それらのノードから出力が行われ、隠れ層を発火しようと試みる。次に、十分な入力を得た隠れ層のノードたちも出力を行い、出力層のノードたちを発火しようと試みる。

そして、出力層のノードたちはさまざまな温度で発火する。それらの発火レベルがURLが元のクエリ中の単語との関連の強さを決めるのに使われる。図4-5は"world bank"というクエリでの例を示している。実線は強いコネクションがあることを表している。そして太字の部分はあるノードが非常にアクティブになったことを表している。

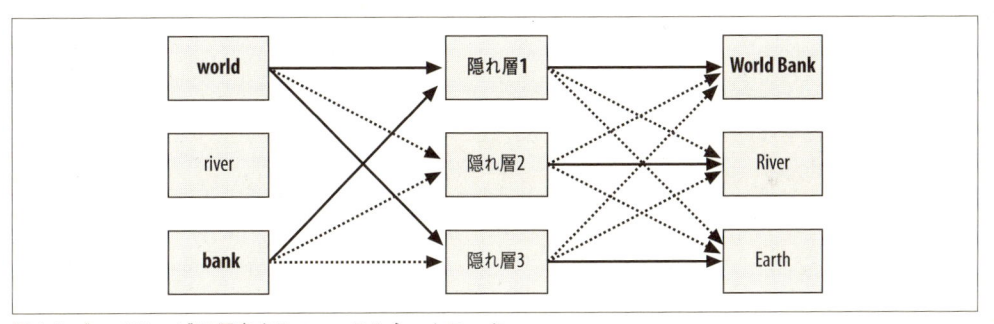

図4-5 "world bank"に反応するニューラルネットワーク

これはもちろん、コネクションの強さによって変わってくる。コネクションの強さは誰かが検索を行うたびに、その人が選んだリンク先を基にネットワークをトレーニングすることで修正され続ける。図4-5に示したネットワークでは事前に"world bank"で検索した人々の多くがWorld Bankという結果をクリックしていたため、worldとそのURLの関連が強化されていた。このセクションではネットワークが**バックプロパゲーション**というアルゴリズムでどのようにトレーニングされるかについて見ていく。

もしかしたらあなたはニューラルネットワークのように洗練されたテクニックがなぜ必要なのか疑問に思うかもしれない。クエリを覚えておいて、それぞれの結果がクリックされた回数を数えるだけでことが足りるのでは、と思うかもしれない。あなたがこれから作り上げようとしているニューラルネットワークの強みとしては、初めて出会うクエリに対しても、他のクエリとの類似度を基にそこそこの予測を返してくれるという点が挙げられる。また、ニューラルネットワークはさまざまな応用が利くので、あなたが集合知を活用するための優れた道具の一つになるだろう。

4.7.2 データベースのセットアップ

　ニューラルネットワークはユーザがクエリを実行するたびにトレーニングされなければならないので、ネットワークの表現をデータベースに保存しておく必要がある。URLと単語についてのテーブルはすでにデータベース中にあるので、必要なのは隠れ層のためのテーブル（hiddennodeと名付ける）が一つと、コネクションのための二つのテーブル（単語の層から隠れ層へのコネクションと隠れ層から出力層へのコネクションのためのもの）が必要である。

　nn.pyという名前の新しいファイルを作り、searchnetという名前の新しいクラスをその中に作ろう。

```
from math import tanh
from pysqlite2 import dbapi2 as sqlite

class searchnet:
  def __init__(self,dbname):
    self.con=sqlite.connect(dbname)

  def __del__(self):
    self.con.close()

  def maketables(self):
    self.con.execute('create table hiddennode(create_key)')
    self.con.execute('create table wordhidden(fromid,toid,strength)')
    self.con.execute('create table hiddenurl(fromid,toid,strength)')
    self.con.commit()
```

　このテーブルは今のところはインデックスを持っていないが、速度が問題になるようであれば後ほど付け加えるとよい。

　データベースへアクセスするために、メソッドをいくつか作り上げる必要がある。最初に現在のコネクションの強さを決定するgetstrengthという名前のメソッドを作る。新たなコネクションは必要に応じて作られるので、このメソッドは、もしコネクションが存在しない場合にはデフォルト値を返すようにしておく必要がある。単語から隠れ層へのリンクの場合、デフォルト値は-0.2とする。したがって余分な単語は隠れ層の発火レベルを少し下げる効果があることになる。隠れ層からURLへのリンクについてはデフォルト値として0を返すようにする。

```
def getstrength(self,fromid,toid,layer):
  if layer==0: table='wordhidden'
  else: table='hiddenurl'
  res=self.con.execute('select strength from %s where fromid=%d and toid=%d' %
    (table,fromid,toid)).fetchone()
  if res==None:
    if layer==0: return -0.2
    if layer==1: return 0
  return res[0]
```

また、コネクションが存在するかどうか調べて、存在すれば新たな強度でコネクションを更新したり、コネクションを作成するためのsetstrengthメソッドも必要だ。これはネットワークをトレーニングするコードで利用される。

```python
def setstrength(self,fromid,toid,layer,strength):
  if layer==0: table='wordhidden'
  else: table='hiddenurl'
  res=self.con.execute('select rowid from %s where fromid=%d and toid=%d' %
  (table,fromid,toid)).fetchone()
  if res==None:
    self.con.execute('insert into %s (fromid,toid,strength) values (%d,%d,%f)' %
    (table,fromid,toid,strength))
  else:
    rowid=res[0]
    self.con.execute('update %s set strength=%f where rowid=%d' %
    (table,strength,rowid))
```

ニューラルネットワークを作る際、ネットワーク中のすべてのノードは事前に作られていることがほとんどだ。今回のケースでも、前もって隠れ層に非常にたくさんのノードを持つネットワークを作り、すべてのコネクションを作っておくこともできる。しかし、今回のようなケースでは必要に応じて新たな隠れ層を作っていく方が手っ取り早く、シンプルである。

この関数は、それまでに見たことのない単語の組み合わせが渡されるたびに隠れ層に新たなノードを作る。そして、単語と隠れ層の間をデフォルトの重みでつなぎ合わせ、クエリのノードとクエリによって返されるURLの間もデフォルトの重みでつなぎ合わせる。

```python
def generatehiddennode(self,wordids,urls):
  if len(wordids)>3: return None
  # この単語のセットに対してノードを既に作り上げているか調べる
  createkey='_'.join(sorted([str(wi) for wi in wordids]))
  res=self.con.execute(
  "select rowid from hiddennode where create_key='%s'" % createkey).fetchone()

  # もしノードがなければ作る
  if res==None:
    cur=self.con.execute(
    "insert into hiddennode (create_key) values ('%s')" % createkey)
    hiddenid=cur.lastrowid
    # 何らかのデフォルト値をセットする
    for wordid in wordids:
      self.setstrength(wordid,hiddenid,0,1.0/len(wordids))
    for urlid in urls:
      self.setstrength(hiddenid,urlid,1,0.1)
    self.con.commit()
```

Pythonのインタプリタでデータベースを作り、適当な単語とURLで隠れ層を作り上げてみよう。

```
>> import nn
>> mynet=nn.searchnet('nn.db')
>> mynet.maketables()
>> wWorld,wRiver,wBank =101,102,103
>> uWorldBank,uRiver,uEarth =201,202,203
>> mynet.generatehiddennode([wWorld,wBank],[uWorldBank,uRiver,uEarth])
>> for c in mynet.con.execute('select * from wordhidden'): print c
(101, 1, 0.5)
(103, 1, 0.5)
>> for c in mynet.con.execute('select * from hiddenurl'): print c
(1, 201, 0.1)
(1, 202, 0.1)
...
```

隠れ層に新しいノードが作り出されており、この新しいノードへのリンクはデフォルトの値を持った状態で作り出されている。この関数は最初は"world"と"bank"が同時に入力される場合にはいつも反応するが、この結合はだんだんと弱くなっていくだろう。

4.7.3　フィードフォワード

ここまでで単語を入力として受け取り、ネットワーク中のリンクを活性化し、URLのための出力の集合を返す関数を作る準備ができた。

最初にそれぞれのノードが入力に対してどの程度反応するかを示す関数を選択する。このニューラルネットワークでは図4-6に示したハイパボリックタンジェント（tanh）関数を使う。

x軸はノードへの入力の合計である。入力が0に近づくにつれ出力は急激に上昇を始める。入力が2になった時には出力はほとんど1であり、それ以上は上がらない。これはシグモイド関数の一種である。すべてのシグモイド関数はSの形をとる。ニューラルネットワークではニューロンの出力を算出するために、ほとんどいつもシグモイド関数が利用される。

このフィードフォワードアルゴリズムを走らせる前に、クラスはデータベースに対しノードとコネクションについて問い合わせを行いメモリ中に特定のクエリに関するネットワークを作り上げる必要がある。最初のステップとして、特定のクエリに関する隠れ層のすべてのノード（この場合、ノードはクエリ中の単語か、結果のURLのどれかに必ずつながっている）を探し出す関数を作る。他のノードたちについては、それらは出力を決定することにも、ネットワークをトレーニングすることにも使われないので、気にする必要はない。

```
def getallhiddenids(self,wordids,urlids):
  l1={}
  for wordid in wordids:
    cur=self.con.execute(
    'select toid from wordhidden where fromid=%d' % wordid)
```

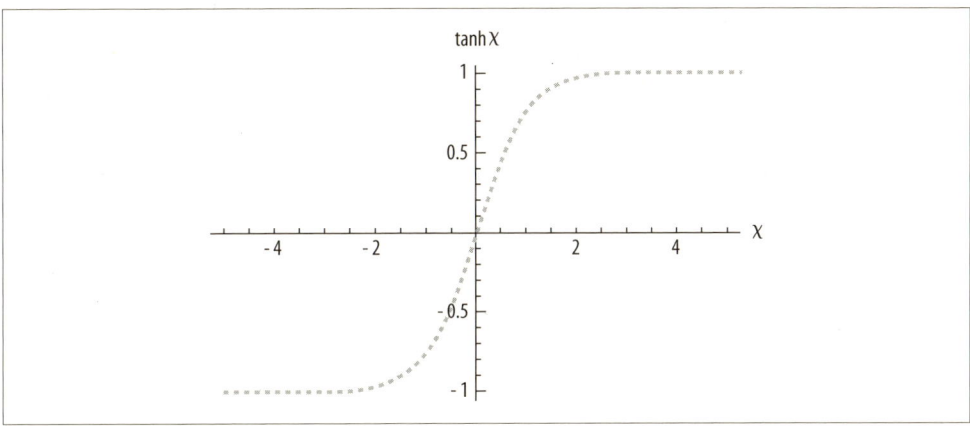

図4-6 tanh関数

```
    for row in cur: l1[row[0]]=1
  for urlid in urlids:
    cur=self.con.execute(
    'select fromid from hiddenurl where toid=%d' % urlid)
    for row in cur: l1[row[0]]=1
  return l1.keys()
```

　データベースから引き出した現在のすべての重みで、ネットワークを構築するメソッドも必要だ。この関数はこのクラスのたくさんのインスタンス変数を設定する――単語のリスト、クエリノードたちとURLたち、すべてのノードの出力レベル、すべてのノード間のリンクの重みなどである。この重みたちはこれまでに定義した関数たちを利用してデータベースから引き出される。

```
  def setupnetwork(self,wordids,urlids):
    # 値のリスト
    self.wordids=wordids
    self.hiddenids=self.getallhiddenids(wordids,urlids)
    self.urlids=urlids

    # ノードの出力
    self.ai = [1.0]*len(self.wordids)
    self.ah = [1.0]*len(self.hiddenids)
    self.ao = [1.0]*len(self.urlids)

    # 重みの行列を作る
    self.wi = [[self.getstrength(wordid,hiddenid,0)
                 for hiddenid in self.hiddenids]
                 for wordid in self.wordids]
    self.wo = [[self.getstrength(hiddenid,urlid,1)
                 for urlid in self.urlids]
                 for hiddenid in self.hiddenids]
```

これでついにフィードフォワードアルゴリズムを作り上げる準備ができたことになる。このアルゴリズムは入力のリストを受け取ると、ネットワーク内を通過させ、出力層のすべてのノードの出力を返す。あなたはまだクエリ中の単語のネットワークを作り上げたに過ぎないので、すべての入力層からの出力は常に1になる。

```python
def feedforward(self):
  # 入力はクエリの単語たち
  for i in range(len(self.wordids)):
    self.ai[i] = 1.0

  # 隠れ層の発火
  for j in range(len(self.hiddenids)):
    sum = 0.0
    for i in range(len(self.wordids)):
      sum = sum + self.ai[i] * self.wi[i][j]
    self.ah[j] = tanh(sum)

  # 出力層の発火
  for k in range(len(self.urlids)):
    sum = 0.0
    for j in range(len(self.hiddenids)):
      sum = sum + self.ah[j] * self.wo[j][k]
    self.ao[k] = tanh(sum)
  return self.ao[:]
```

このフィードフォワードアルゴリズムは隠れ層の中のすべてのノードをループし、入力層からの出力に対しリンクの強度を掛け合わせて、足し合わせる。それぞれのノードの出力は入力の合計にtanh関数を適用したものであり、出力層に渡される。出力層も同様のことをする。つまり、前の層からの出力に自身の強度を掛け合わせ、その値にtanh関数を適用して最終的な出力を作り出す。一つの層からの出力を次の層への入力として利用し続けることで、ネットワークを複数の層に拡張することは簡単である。

これでネットワークをセットアップし、フィードフォワードを利用して単語とURLの集合から出力を得るような短い関数を書くことができる。

```python
def getresult(self,wordids,urlids):
  self.setupnetwork(wordids,urlids)
  return self.feedforward()
```

Pythonでこのネットワークを試してみよう。

```
>> reload(nn)
>> mynet=nn.searchnet('nn.db')
```

```
>> mynet.getresult([wWorld,wBank],[uWorldBank,uRiver,uEarth])
[0.76,0.76,0.76]
```

これで返されたリスト中の数が入力したURLの適合性に相当する。すべてのURLに対して同じ回答を返しているが、驚くようなことではない。これはこのネットワークはまだ何のトレーニングもしていないからである。

4.7.4　バックプロパゲーションによるトレーニング

　ここからが面白くなってくるところだ。このネットワークは入力を受け入れ、出力をするが「よい結果」というものがどのようなものなのか教えられていないため結果はまったく役に立たない。これからあなたはこのネットワークに、人々が探しているものや、返される結果の例、ユーザはそのうちのどれをクリックすることにしたかということなどについての実例を示していくことで、ネットワークを鍛え上げていく。

　これを行うためには、ネットワークが教えてもらった「正答」をより反映するためにノード間のリンクの重みを変更するアルゴリズムが必要である。すべてのユーザが適切な正答をクリックするとは限らないため、この重みの変更はゆっくり行われるように調整しておく必要がある。これからあなたが利用するアルゴリズムは、ネットワーク中の重みを調整しながら後ろに伝わっていくため、バックプロパゲーション（誤差逆伝播法）と呼ばれている。

　あるネットワークをトレーニングしている時は、人は出力層のそれぞれのノードの望ましい出力を常に知っている。この場合、もしユーザがある結果をクリックしたらその出力を1に近づけるべきであり、押されなかったら0に近づけるべきである。あるノードの出力を変更するには、そのノードへの入力の合計を変更する以外に方法はない。

　入力のトータルがどの程度変更されるべきなのかを決めるためにはトレーニングアルゴリズムは現在の出力のレベルのtanh関数の傾きを知っている必要がある。関数の途中の、出力が0.0の辺りでは傾きは非常に急勾配であるため、入力をほんのちょっとの量変更しただけでも大きな影響がある。出力が-1か1に近づくにつれ入力の変更が出力に及ぼす影響は小さくなっていく。すべての値を出力する関数の傾きはこの関数によって決められる。nn.pyの冒頭に次のコードを付け加えよう。

```
def dtanh(y):
    return 1.0-y*y
```

　バックプロパゲーションのメソッドを動かす前に、すべてのノードの現在の出力をインスタンス変数に保存しておくためfeedforwardを動かす必要がある。その後バックプロパゲーションアルゴリズムは次のステップを実行する。

　出力層のそれぞれのノードに対しては次のステップを実行する。

1. ノードの現在の出力とあるべき出力の差を計算する。
2. dtanh関数を使ってノードの入力の合計をどれくらい変更すべきかを決める。
3. 入ってくるリンクすべての強度を、リンクの現在の強度と学習率に見合うよう変更する。

隠れ層のそれぞれのノードに対しては次のステップを実行する。

1. ノードの出力を、それぞれの出力リンクの強度の合計に目標のノードをどの程度変更するべきかという値を掛け合わせた値によって変更する。
2. dtanh関数を使ってノードの入力の合計をどれくらい変更すべきかを決める。
3. すべての入力リンクの強度を、リンクの現在の強度と学習率に見合うよう変更する。

このアルゴリズムの実装は実際にすべての誤差を事前に計算し、それから重みを調整する。すべての計算は、更新される重みではなく現在の重みを知っていることを当てにして行われるためである。以下にこのアルゴリズムのコードを載せておく。searchnetクラスの冒頭に付け加えるとよい。

```python
def backPropagate(self, targets, N=0.5):
    # 出力の誤差を計算する
    output_deltas = [0.0] * len(self.urlids)
    for k in range(len(self.urlids)):
        error = targets[k]-self.ao[k]
        output_deltas[k] = dtanh(self.ao[k]) * error

    # 隠れ層の誤差を計算する
    hidden_deltas = [0.0] * len(self.hiddenids)
    for j in range(len(self.hiddenids)):
        error = 0.0
        for k in range(len(self.urlids)):
            error = error + output_deltas[k]*self.wo[j][k]
        hidden_deltas[j] = dtanh(self.ah[j]) * error

    # 出力の重みを更新する
    for j in range(len(self.hiddenids)):
        for k in range(len(self.urlids)):
            change = output_deltas[k]*self.ah[j]
            self.wo[j][k] = self.wo[j][k] + N*change

    # 入力の重みを更新する
    for i in range(len(self.wordids)):
        for j in range(len(self.hiddenids)):
            change = hidden_deltas[j]*self.ai[i]
            self.wi[i][j] = self.wi[i][j] + N*change
```

次に必要なのはネットワークをセットアップしてfeedforwardを走らせ、その後にこのバックプロパ

ゲーションを走らせるシンプルなメソッドだ。このメソッドはwordids、urlids、選ばれたURLたちのリストを引数に取る。

```
def trainquery(self,wordids,urlids,selectedurl):
    # 必要であればhidden nodeを生成する
    self.generatehiddennode(wordids,urlids)
    self.setupnetwork(wordids,urlids)
    self.feedforward()
    targets=[0.0]*len(urlids)
    targets[urlids.index(selectedurl)]=1.0
    error = self.backPropagate(targets)
    self.updatedatabase()
```

結果を保存するためにはインスタンス変数のwiとwoに保存されている新たな重みでデータベースを更新するメソッドが必要だ。

```
def updatedatabase(self):
    # データベースの値にセットする
    for i in range(len(self.wordids)):
        for j in range(len(self.hiddenids)):
            self.setstrength(self.wordids[i],self. hiddenids[j],0,self.wi[i][j])
    for j in range(len(self.hiddenids)):
        for k in range(len(self.urlids)):
            self.setstrength(self.hiddenids[j],self.urlids[k],1,self.wo[j][k])
    self.con.commit()
```

これで、ネットワークがどのようにトレーニングに反応するかを先ほど試したクエリでテストすることができる。

```
>> reload(nn)
>> mynet=nn.searchnet('nn.db')
>> mynet.trainquery([wWorld,wBank],[uWorldBank,uRiver,uEarth],uWorldBank)
>> mynet.getresult([wWorld,wBank],[uWorldBank,uRiver,uEarth])
[0.335,0.055,0.055]
```

ある特定のユーザがWorld Bankを選んだということをネットワークが学んだ後、World BankのURLへの出力は増えており、他のURLへの出力は減少している。もっと多くの利用者がこの選択を重ねて行くとこの差はどんどん大きくなっていく。

4.7.5 トレーニングのテスト

これまでのところ、結果例でトレーニングするとその結果の出力が増加するのを確認した。これだけでも有用ではあるが、ニューラルネットワークに何ができるか——初めての入力に対しても納得できる答えが返せる——をすべて見せたことにはならない。Pythonのインタラクティブセッションで次のコードを試してみよう。

```
>> allurls=[uWorldBank,uRiver,uEarth]
>> for i in range(30):
...     mynet.trainquery([wWorld,wBank],allurls,uWorldBank)
...     mynet.trainquery([wRiver,wBank],allurls,uRiver)
...     mynet.trainquery([wWorld],allurls,uEarth)
...
>> mynet.getresult([wWorld,wBank],allurls)
[0.861, 0.011, 0.016]
>> mynet.getresult([wRiver,wBank],allurls)
[-0.030, 0.883, 0.006]
>> mynet.getresult([wBank],allurls)
[0.865, 0.001, -0.85]
```

このネットワーク自体はbankというクエリは見たことがないにも関わらず、なかなかいい予測を返している。それだけではなく、トレーニングのサンプルクエリで"bank"はWorld Bankで使われているのと同じ頻度で"river"と一緒に使われているにも関わらず、World BankのURLに対してRiverのURLより遥かにいい値を与えている。このネットワークはどのURLがどのクエリに関連しているのかを学んだだけでなく、特定のクエリ中のどの単語が重要なのかについても学習している。これは単純なクエリとURLの相関だけでは成し遂げられないものである。

4.7.6 検索エンジンとつなげる

searcherクラスのqueryメソッドは結果を作り表示する過程でURL IDのリストとword IDのリストを取得する。このメソッドにこれらを返させるようにするとよい。次の行をsearchengine.pyのqueryの最後に付け加えよう。

```
return wordids,[r[1] for r in rankedscores[0:10]]
```

これらはsearchnetのtrainqueryメソッドにそのまま渡すことができる。

結果のどれがユーザにとって好ましいものであるかという情報を得るための手法は、あなたのアプリケーションの設計次第である。Webページ上のクリックを捕捉し、ユーザを実際のページへ遷移させる前にtrainqueryを呼び出すような仕掛けの中間ページを作ってもいいし、アルゴリズムを改良する

ために検索結果の適合性についてユーザに投票させてもよいだろう。

人工的なニューラルネットワークを作りあげるための最後のステップは、searcherクラスの中に検索結果を重み付けする新しいメソッドを作りあげることである。この関数は他の重み付け関数と非常によく似ている。まずあなたがやらなければならないことはsearchengine.pyにニューラルネットワークのクラスをインポートすることである。

```
import nn
mynet=nn.searchnet('nn.db')
```

そして次のメソッドをsearcherクラスに追加しよう。

```
def nnscore(self,rows,wordids):
  # ユニークなURL IDをソートされたリストとして取得する
  urlids=[urlid for urlid in set([row[0] for row in rows])]
  nnres=mynet.getresult(wordids,urlids)
  scores=dict([(urlids[i],nnres[i]) for i in range(len(urlids))])
  return self.normalizescores(scores)
```

これでweightsリストにこれを含めることで、さまざまな重み付けと共にこの重み付け方法を再び実験することができる。実際に利用する際には、このネットワークが多くのいろいろな例で十分にトレーニングされるまではスコアの一部として含めておくにとどめておいた方がよい。

本章では検索エンジン開発に関する可能性について広い範囲で取り扱ってきた。しかし、実際に検索エンジンで可能なことをすべて網羅しているとは到底いえない。次のエクササイズでさらに進んだ考え方に触れることができるだろう。また、本章ではパフォーマンスについては触れていない。数百万におよぶ規模のページをインデックスする際には考える必要がある。しかし、ここまでであなたが作り上げたものでも100,000ページ程度であれば問題なく動作する。ニュースサイトや会社のイントラネットなどであれば十分であろう。

4.8 エクササイズ

1. 語の分割

   現在のseparatewordsメソッドはアルファベットと数字以外の文字をセパレータとして利用しているため、"C++"、"Ph.D"、"617-555-1212"のようなエントリは適切にインデックスができない。語を分割するためのもっといい方法はないだろうか？ 空白文字はセパレータとして使えるか？ もっとマシな単語を分割するための関数を書け。

2. ブーリアン演算

   多くの検索エンジンは"python OR perl"のようなブーリアンによる問い合わせをサポートしている。OR検索はクエリを分割して実行し、その結果を連結すれば実現できる。しかし"python AND (program OR code)"のようなクエリについてはどうだろう？問い合わせのメソッドたちを改造して基本的なブーリアン演算をサポートせよ。

3. 完全一致

検索エンジンはページ中の単語がクエリの単語とまったく同じ順序で、語の間に別の単語が含まれていない場合に一致するような"完全一致"をサポートしていることがよくある。完全に一致している時にだけ結果を返すようなgetrowsの新しいバージョンを書け（ヒント：単語の位置の差を取得するにはSQLの差集合演算を利用できる）。

4. 長い／短い文書の検索

ページの長さがそのページがユーザにとって関心のあるものかどうかを決める要因になることが時々ある。ユーザは難しいサブジェクトについての長い記事を探しているかもしれないし、もしくはあるコマンドラインツールについての短いレファレンスを探しているかもしれない。引数によって、長い文書と短い文書のどちらを優先するか指定できる重み付け関数を書け。

5. 単語の頻度によるバイアス

単語の出現回数を数えるだけの基準では、文書が長ければ多くの単語を含むことになり、目的の単語を含んでいる可能性も高くなってしまうため、長い文書が優先的に重み付けられる。その文書の単語の数のパーセンテージを頻度として計算する新しい基準を書け。

6. インバウンドリンク検索

あなたのコードはインバウンドリンクのテキストを基にアイテムをランク付けすることはできるが、アイテムたちはページの内容を基にした検索の結果である必要がある。もっとも適合するページにクエリのテキストがまったく含まれておらず、そのページを指しているリンクのテキストにクエリが含まれているということが時々ある（例えば画像へのリンクの場合にこのようなことは起こりうる）。インバウンドリンクが検索の単語を含んでいる場合には、リンク先も結果に加えるように検索のコードを改造せよ。

7. トレーニングのオプション

このニューラルネットワークは、ユーザがクリックしなかったURLすべてに0をセットし、クリックしたURLに1をセットする。ユーザが1から5の間で結果を評価できるようにトレーニングの関数を変更せよ。

8. 層の追加

あなたのニューラルネットワークは隠れ層を1つしか持っていない。初期化の際に任意の数の隠れ層を指定できるようクラスを変更せよ。

5章
最適化

　この章では、**確率論的最適化**（stochastic optimization）と呼ばれるさまざまなテクニックを使ってコラボレーション上の問題を解く方法を紹介する。最適化のテクニックは、多数の変数にわたり多数の可能な解が存在する問題、特に変数の組み合わせによって結果が大きく変わってくる問題に対してよく利用される。最適化テクニックの応用範囲は広い。物理学ではこれを分子動力学の研究に利用しているし、生物学ではタンパク構造の予測に、コンピュータ科学ではアルゴリズムの可能な最悪実行時間の決定に用いている。NASAでさえ最適化を使い、機能特性の正しいアンテナを設計しているが、これは人間が設計しそうにない外見をしている。

　最適化によって、ある問題への最適解を探す際は、多くの異なる解を試してスコアリングを行い、それぞれの解の質を決める。最適化が使われるのは普通、すべてを試してみるには可能な解の数が多すぎる場合である。解探索の手法の中で、もっとも単純だが有効性が低いのは、無作為な推測を数千程度行い、どれが最適か見る、という手法だ。より有効性の高い手法としては、この章で論じるように、改善できるであろうやり方で解をインテリジェントに改変してゆく、というものがある。

　最初に取り上げる例は、グループ旅行のプランニングだ。グループによる旅行を（または個人の旅行でも）計画したことがあれば、各者のフライトスケジュール、必要なレンタカーの台数、もっとも便利な空港など、多くの異なるインプットが必要であることを実感しているものだ。考慮すべきアウトプットも、トータルコスト、空港での待ち時間、取るべき休暇期間など数多い。簡単な式を使ってインプットをアウトプットにマッピングすることができないため、その最良解の発見は最適化に向いた問題である。

　後の例では二つのまったく異なる問題を検討し、最適化の柔軟性を示す。一つは人の嗜好によって有限な資源を配分する例で、もう一つはソーシャルネットワークを可視化する際に交点を最小限にする例だ。この章を読み終われば、最適化により解決可能な他の種類の問題を指摘できるようになっていることだろう。

5.1 グループ旅行

さまざまな土地から同じ場所に向かうグループ（この例ではGlass家の人々）の旅程をプランニングすることは常にチャレンジングであり、最適化問題として興味深い。まずは optimization.py という名前で新規ファイルを作り、以下のコードを入れよう。

```
import time
import random
import math

people = [('Seymour', 'BOS'),
          ('Franny', 'DAL'),
          ('Zooey', 'CAK'),
          ('Walt', 'MIA'),
          ('Buddy', 'ORD'),
          ('Les', 'OMA')]

# ニューヨークのラガーディア空港
destination='LGA'
```

家族はニューヨークに向かってアメリカ中から集まってくる。全員が同じ日にニューヨークに到着し、別の同じ日に出発する。また空港からの車をシェアしたいものとする。家族それぞれの出立地からニューヨークに向かうフライトは日に何ダースもあり、それぞれの発時間は異なる。フライトによって運賃や飛行時間も異なる。

サンプルのフライトデータファイルとして、http://kiwitobes.com/optimize/schedule.txt がダウンロードできるようにしてある。

このファイルはカンマ区切り形式で、一連のフライトの出発地、到着地、発時刻、着時刻、運賃が納めてある。

```
LGA,MIA,20:27,23:42,169
MIA,LGA,19:53,22:21,173
LGA,BOS,6:39,8:09,86
BOS,LGA,6:17,8:26,89
LGA,BOS,8:23,10:28,149
```

このデータを origin（出発地）と dest（到着地）をキー、フライト詳細のリストを値としたディクショナリにロードする。以下のコードを optimization.py に加え、データをロードするようにする。

```
flights={}
# 
for line in file('schedule.txt'):
```

```
    origin,dest,depart,arrive,price=line.strip( ).split(',')
    flights.setdefault((origin,dest),[])

    # リストにフライトの詳細を追加
    flights[(origin,dest)].append((depart,arrive,int(price)))
```

ここにもう一つ、ある時刻が一日の中で何分目になるか計算するユーティリティ関数getminutesを追加しておくと便利だ。これを使えば飛行時間や待ち時間の計算が楽になる。以下をoptimization.pyに追加しよう。

```
def getminutes(t):
  x=time.strptime(t,'%H:%M')
  return x[3]*60+x[4]
```

さて、これで問題は家族のそれぞれがどのフライトを使うべきか決めることとなった。もちろん運賃総額を抑えることは目的の一つだが、最適解を得る際に考慮して最小化すべき要素は他にもたくさんある。たとえば空港での待ち時間の合計や、飛行時間の合計である。これらの要素についてはすぐ後で詳細に論じる。

5.2 解の表現

　この種の問題にアプローチするときは、潜在的な解をどのように表現するかの判断が必要だ。後で触れる最適化関数は多種多様な問題に対処できる一般性の高いものなので、解の表現にはこのグループ旅行問題専用でないシンプルなものを選ぶことが重要だ。非常に共通性の高い表現の一つが数字のリストである。この例の場合、数字のそれぞれが各人のフライトを表現する、つまり0ならその日の最初のフライト、1なら2番目のフライトという風にすることができる。各々に行き（outbound）と帰り（return）のフライトがあるので、このリストの長さは人数の2倍となる。
　リストはたとえば次のようになる。

[1,4,3,2,7,3,6,3,2,4,5,3]

　これはSeymourがボストンから2番目のフライトでニューヨークに飛んできて、帰りの日には5番目のフライトでボストンに戻る、ということを表現している。Frannyはダラスからニューヨークに4番目のフライトで到着、3番目のフライトで帰る。
　数字リストによる解はわかりにくいので、このフライトをすべて出力するルーチンが必要だ。次の関数をoptimization.pyに追加する。

```
def printschedule(r):
```

```
  for d in range(len(r)/2):
    name=people[d][0]
    origin=people[d][1]
    out=flights[(origin,destination)][int(r[d*2])]
    ret=flights[(destination,origin)][int(r[d*2+1])]
    print '%10s%10s %5s-%5s $%3s %5s-%5s $%3s' % (name,origin,
                                                  out[0],out[1],out[2],
                                                  ret[0],ret[1],ret[2])
```

これにより各人の名前と出発地、往復それぞれの発時刻、着時刻、運賃を出力する。ではこの関数をPythonセッションで試してみよう。

```
>>> import optimization
>>> s=[4,4,4,2,2,6,6,5,5,6,6,0]
>>> optimization.printschedule(s)
   Seymour    Boston 12:34-15:02 $109 12:08-14:05 $142
    Franny    Dallas 12:19-15:25 $342  9:49-13:51 $229
     Zooey     Akron  9:15-12:14 $247 15:50-18:45 $243
      Walt     Miami 15:34-18:11 $326 14:08-16:09 $232
     Buddy   Chicago 14:22-16:32 $126 15:04-17:23 $189
       Les     Omaha 15:03-16:42 $135  6:19- 8:13 $239
```

運賃を見ずとも、このスケジュールにはさまざまな問題がある。特にひどいのが、空港との間を行き来する車をシェアするために家族全員がLesの帰宅便に合わせて6時に空港に着かねばならない、ということだ。午後4時近くにならないと出発しない者もいるのに。プログラムが最良の組み合わせを確定するには、スケジュールの多様な属性に重み付けを行い、ベストなものを決める方法が必要である。

5.3 コスト関数

あらゆる問題を最適化で解決するための鍵であり、決定するのがしばしばもっとも難しいのが**コスト関数**である。最適化アルゴリズムの目的はコスト関数を最小化するインプット（この場合はフライト）の集合を発見することなので、コスト関数は解がどの程度悪いかを示す値を返さなければならない。**悪さ**（badness）には決まった尺度がない。この関数に必要なのは、より悪い解にはより大きな値を返す、ということだけだ。

多くの変数にわたる解について、改善あるいは改悪する要素が何であるかを定めるのは、たいてい難しい。グループ旅行の例において測定できるであろうものをいくつか挙げよう。

運賃
: 運賃総額はチケットの総額。それぞれの財政状況を考慮した重み付け平均を使ってもよい。

飛行時間
: 各人が機上で過さねばならない時間の合計。

待ち時間
　空港で他のメンバーの到着を待つ時間の合計。

発時刻
　朝あまり早い時刻に出発する便には、乗客の睡眠時間を削ることに対するコストを追加してもよいだろう。

レンタカーの貸出期間
　レンタカーは借りたより早い時刻に返さなければ丸一日分の料金を払わされる。

　スケジュールの楽しさを増したり減らしたりするものをさらに考慮することも、さほど難しくはない。複雑な問題の最適解を見つけようとする場合、どの要素が重要か定めてやることが必要だ。これは難しいこともあるが、ひとたび定めてしまえば、ほとんどどんな問題に対しても最小限の変更でこの章の最適化アルゴリズムを適用できる、という大きな利点がある。

　コストを生ずるいくつかの変数を選んだら、次はそれらを一つの数字にまとめる方法を決める。たとえばこの例では、飛行時間や空港での待ち時間を何ドルに換算するか、決める必要がある。飛行に費やす時間を1分短くすることに1ドルの価値があり（つまり1時間半節約できる直行便には90ドルの価値があるということになる）、空港での待ち時間1分は0.5ドルに値する、などと定めるのだ。全員が空港に戻る時刻が最初の日のレンタカー借出し時刻よりも遅ければ、1日分の料金を追加してもよいだろう。

　ここで定義するschedulecost関数の可能な解の総数は膨大だ。この関数は運賃総額と、空港で費やされる待ち時間を考慮に入れる。またレンタカーの返却時刻が借り出し時刻より遅くなるなら50ドルのペナルティを加える。以下の関数をoptimization.pyに入れ、さらにコストを追加してみたり、運賃や時間の相対的重要度をいろいろ変化させてみよう。

```
def schedulecost(sol):
  totalprice=0
  latestarrival=0
  earliestdep=24*60

  for d in range(len(sol)/2):
    # 行き (outbound) と帰り (return) のフライトを得る
    origin=people[d][1]
    outbound=flights[(origin,destination)][int(sol[d*2])]
    returnf=flights[(destination,origin)][int(sol[d*2+1])]

    # 運賃総額total priceは出立便と帰宅便すべての運賃
    totalprice+=outbound[2]
    totalprice+=returnf[2]

    # 最も遅い到着と最も早い出発を記録
    if latestarrival<getminutes(outbound[1]): latestarrival=getminutes(outbound[1])
    if earliestdep>getminutes(returnf[0]): earliestdep=getminutes(returnf[0])
```

```
  # 最後の人が到着するまで全員空港で待機。
  # 帰りも空港にみんなで来て自分の便を待たねばならない。
  totalwait=0
  for d in range(len(sol)/2):
    origin=people[d][1]
    outbound=flights[(origin,destination)][int(sol[d*2])]
    returnf=flights[(destination,origin)][int(sol[d*2+1])]
    totalwait+=latestarrival-getminutes(outbound[1])
    totalwait+=getminutes(returnf[0])-earliestdep

  # この解ではレンタカーの追加料金が必要か？これは50ドル！
  if latestarrival<earliestdep: totalprice+=50

  return totalprice+totalwait
```

この関数はロジックを非常に簡素化してあるが、ポイントは外していない。さまざまな拡張も可能だ——たとえば現状の待ち時間計算は最後の人の到着まで全員空港で待つこと、最初に帰る人に合わせて全員で空港に向かうことを前提としている。これを変更し、待ち時間が2時間以上になる人は自分で車を借りるようにして、運賃と待ち時間をこれに合わせて調整する、といった形にすることが可能だ。

ではこの関数をPythonセッションで試してみよう。

```
>>> reload(opptimization)
>>> optimization.schedulecost(s)
5285
```

コスト関数が作られたことにより、正しい数字の組み合わせを選んでコストを最小化する、という目標がはっきりしたはずだ。理論的には、有り得るすべての組み合わせを試してみることも可能だが、この例では12のフライトについてそれぞれ選択肢が10ずつ存在するため、組み合わせ総数は10^{12}（1兆）となる。すべての組み合わせを試せば最良の答えを得られることは確実だが、普通のコンピュータではかなりの時間がかかるだろう。

5.4　ランダムサーチ（無作為探索）

ランダムサーチは優れた最適化手法とは言えないが、さまざまなアルゴリズムが厳密に何をしようとしているかを理解しやすくしてくれるのに加え、これをベースラインにすることにより他のアルゴリズムがどの程度うまくやっているか判断できる。

次の関数では二つの引数を取る。第1引数domainは2要素タプルのリストで、各変数の最小値と最大値を指定する。リストの長さは解の長さと等しい。この例では、各人それぞれに出立便と帰宅便が9フライトずつあるので、domainには人数の2倍の数の(0,8)を並べたリストを与える。

第2引数costfはコスト関数で、この例ではschedulecostである。コスト関数を引数として取る形

5.4 ランダムサーチ（無作為探索）

なので、この関数は他の最適化問題にも利用可能だ。この関数は無作為に1,000の推測を行い、それぞれを引数にcostfをコールしてコストを調べ、最良の推測（コストが最小になるもの）を保存しておいて、最後にこれを返す。では以下をoptimization.pyに追加しよう。

```python
def randomoptimize(domain,costf):
  best=999999999
  bestr=None
  for i in range(1000):
    # 無作為解の生成
    r=[random.randint(domain[i][0],domain[i][1])
        for i in range(len(domain))]

    # コストの取得
    cost=costf(r)

    # 最良解と比較
    if cost<best:
      best=cost
      bestr=r
  return r
```

もちろん1,000という数は、推測の総数から見ればごくごく一部でしかない。しかしながら、この例では（最良ではないにせよ）良好な解というものが多数存在するため、1,000回も試行すれば、さほどひどくもない解に出くわすかもしれない。Pythonセッションで試してみよう。

```
>>> reload(optimization)
>>> domain=[(0,8)]*(len(optimization.people)*2)
>>> s=optimization.randomoptimize(domain,optimization.schedulecost)
>>> optimization.schedulecost(s)
3328
>>> optimization.printschedule(s)
   Seymour     Boston 12:34-15:02 $109 12:08-14:05 $142
    Franny     Dallas 12:19-15:25 $342  9:49-13:51 $229
     Zooey      Akron  9:15-12:14 $247 15:50-18:45 $243
      Walt      Miami 15:34-18:11 $326 14:08-16:09 $232
     Buddy    Chicago 14:22-16:32 $126 15:04-17:23 $189
       Les      Omaha 15:03-16:42 $135  6:19- 8:13 $239
```

ランダムな要素があるので、あなたの結果はこれとは異なっているはずだ。ここに示した結果は特にすごいものではなく、たとえばZooeyはWaltが着くまで6時間も待たされるわけだが、もっとひどい場合もある。関数を何度も実行してコストに大きな変化があるか、ループサイズを10,000にすればこの方法で優れた解が得られるかといったことを試してみよう。

5.5 ヒルクライム

　解を無作為に試していく方法は、発見済みの優れた解のアドバンテージを活用しないという点で非効率的だ。上の例で言えば、総コストの低いスケジュールは他の低コスト解と似たものになるはずだ。ランダム最適化はジャンプばかりしているため、優れたスケジュールに類似したものを自動的に探すということをしない。

　ランダムサーチに代わる手法の一つに**ヒルクライム（傾斜登り）**というものがある。ヒルクライムは無作為解から出発し、近傍解の中からより優れたもの（コスト関数が小さくなるもの）を探す。これは図5-1のように丘を下っていくことになぞらえられる。

　図中の地形のランダムな場所に投げ込まれた人を、あなただと思ってほしい。あなたは水を見つけるために、もっとも低い場所にたどり着きたいものとする。この手段として、周囲を見渡し、どの方角でもよいからもっとも急な下りになってる向きに下りていくという手がある。もっとも急な勾配を下り続け、平坦または登り始めの地形に達したらそこで止まればよいのだ。

　このヒルクライムの手法は、Glass家の人々の最良の旅行スケジュール探索に適用可能だ。ランダムなスケジュールから出発し、近傍のスケジュールをすべて探索するのだ。この場合これは、ある人のスケジュールを前後に少しだけずらしてみるという意味になる。そしてすべての近傍解についてコストを計算し、コストが最小になるものを新しい解とする。このプロセスを、どの近傍スケジュールを見てもコストが改善されないというところまで続ければよい。

　これを実装すべく、optimization.pyにhillclimb関数を追加する。

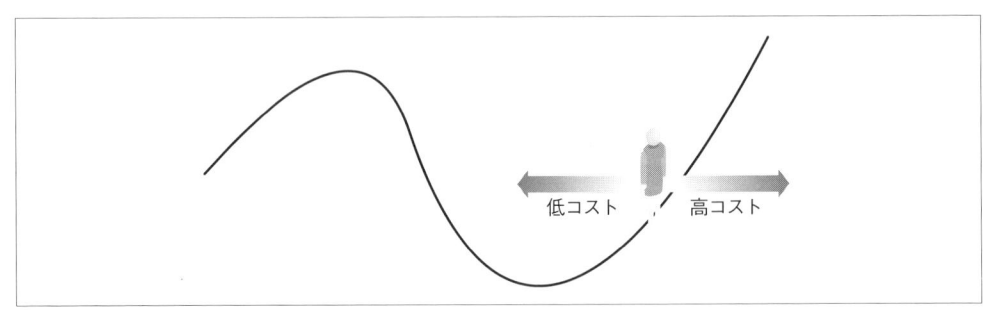

図5-1　傾斜上で最小コストを求める

```
def hillclimb(domain,costf):
  # 無作為解の生成
  sol=[random.randint(domain[i][0],domain[i][1])
       for i in range(len(domain))]

  # Main loop
  while 1:

    # 近傍解リストの生成
    neighbors=[]
```

```
    for j in range(len(domain)):
      # 各方向に1ずつずらす
      if sol[j]>domain[j][0]:
        neighbors.append(sol[0:j]+[sol[j]-1]+sol[j+1:])
      if sol[j]<domain[j][1]:
        neighbors.append(sol[0:j]+[sol[j]+1]+sol[j+1:])

    # 近傍解中のベストを探す
    current=costf(sol)
    best=current
    for j in range(len(neighbors)):
      cost=costf(neighbors[j])
      if cost<best:
        best=cost
        sol=neighbors[j]

    # 改善が見られなければそれが最高
    if best==current:
      break

  return sol
```

この関数ではまず、domainの範囲内のランダムな整数でリストを生成し、解の初期値とする。続いてこれに近傍する解をすべて探すために、解の要素にループをかけ、各数字のそれぞれについて+1した解と−1した解を生成していく。こうしてできた近傍解集合の中で最良のものが新しい解となる。

関数をPythonセッションで試して、ランダムサーチと比べてみよう。

```
>>> s=optimization.hillclimb(domain,optimization.schedulecost)
>>> optimization.schedulecost(s)
3063
>>> optimization.printschedule(s)
   Seymour      BOS 12:34-15:02 $109 10:33-12:03 $ 74
   Franny       DAL 10:30-14:57 $290 10:51-14:16 $256
   Zooey        CAK 10:53-13:36 $189 10:32-13:16 $139
   Walt         MIA 11:28-14:40 $248 12:37-15:05 $170
   Buddy        ORD 12:44-14:17 $134 10:33-13:11 $132
   Les          OMA 11:08-13:07 $175 18:25-20:34 $205
```

この関数はランダムサーチより実行が速く、たいていは、より優れた解を見つけてくれる。とはいえヒルクライムには大きな難がある。図5-2を見てほしい。

図から明らかなように、坂をただ下りるだけで全体的な最良解に達するとは限らない。最終解は**局所最小（local minimum）**、つまり周囲の解よりは優れているが全体的な最良ではないものになり得るということだ。全体的な最良は**大域最小（global minimum）**といい、究極的には最適化アルゴリズムが見つけることを期待されているのはこれだ。このジレンマに対する一つのアプローチは**無作為再出発ヒル

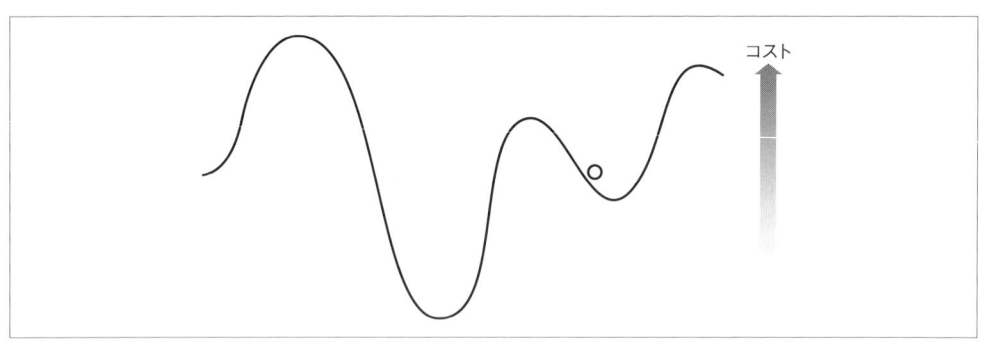

図5-2　局所最小へのスタック

クライムと呼ばれるもので、どれかが大域最小の近傍に落ちることを期待して無作為な出発点で何度もヒルクライムアルゴリズムを実行する。続く2つのセクションでは他の二つの手法、「模擬アニーリング」と「遺伝アルゴリズム」を紹介する。

5.6　模擬アニーリング

　模擬アニーリング（simulated annealing）は物理学に触発された最適化手法だ。アニーリング（焼きなまし）とは、加熱した合金をゆっくり冷却するプロセスのことである。当初は大きく動き回っていた原子がゆっくりと低いエネルギー状態に落ち着いてゆくために、全体の配列のエネルギー状態が低くなるというものだ。

　アルゴリズム版のアニーリングは、問題に対する無作為解からスタートする。このアルゴリズムでは温度を表す変数を使うが、これは当初は非常に高く、次第に低く（小さく）なる。各反復では解の中の数字をランダムに選び、いずれかの方向にずらす。たとえばこの例では、Seymourの帰宅便を2番目から3番目のフライトに変更する、などとする。変更の前後でコストを計算し、両者を比較する。

　重要なのはここ：もし新しいコストの方が小さければ、新しい解が現在解となる。これはヒルクライム法と同じだ。しかしコストが**大きくなる**ときも、一定の確率で新しい解が現在解となる。これが図5-2に示したような局所最小の回避を意図した部分である。

　良い解に到達するには悪い解の方向に進むことが必要なことが時にある。模擬アニーリングがうまくいくのは、良い方向への動きを常に受け入れつつも、初期には悪い解をも受け入れるからだ。プロセスが進むにつれて、悪い解を受け入れる確率は次第に下がり、最後には良い解しか受け入れなくなるのだ。高コストの解が受け入れられる確率は次の式で与えられる。

$$p=e^{\wedge}(-(高コスト-低コスト)/温度)$$

温度（悪い解を受け入れる意志）は当初非常に高く、指数部がほとんど常に0付近となるため、確率はほとんど常に1近くになる。温度が下がるにつれて、高コストと低コストの差は非常に重要になる——差が大きくなれば確率が大きく下がるため、アルゴリズムはわずかに悪い解しか採用しなくなるのだ。

ではこのアルゴリズムを実装した関数annealingoptimizeをoptimization.pyに入れよう。

```
def annealingoptimize(domain,costf,T=10000.0,cool=0.95,step=1):
  # ランダムな値で解を初期化
  vec=[float(random.randint(domain[i][0],domain[i][1]))
       for i in range(len(domain))]

  while T>0.1:
    # インデックスを一つ選ぶ
    i=random.randint(0,len(domain)-1)

    # インデックスの値に加える変更の方向を選ぶ
    dir=random.randint(-step,step)

    # 値を変更したリスト（解）を生成
    vecb=vec[:]
    vecb[i]+=dir
    if vecb[i]<domain[i][0]: vecb[i]=domain[i][0]
    elif vecb[i]>domain[i][1]: vecb[i]=domain[i][1]

    # 現在解と生成解のコストを算出
    ea=costf(vec)
    eb=costf(vecb)
    p=pow(math.e,-abs(eb-ea)/T)

    # 生成解がベター？　または確率的に採用？
    if (eb<ea or random.random()<p):
      vec=vecb

    # 温度を下げる
    T=T*cool

  return vec
```

関数はアニーリングを実行するため、まず無作為解を生成する。これは各値がdomain引数で指定された範囲にある正しい長さのリストだ。温度Tとcool（冷却率）はオプション引数になっている。各反復では解のインデックスをランダムに選んでiとし、dirには-stepからstepの範囲のランダムな整数がセットされる。そしてiをdir分だけ変更したときのコストを計算し、現在解のコストと比較する。

コード中、太字で示した行は確率の計算部だ。この確率はTが下がるにつれ小さくなる。0から1の範囲を取る浮動小数点乱数がこの値より小さいとき、および解が現在解より優れているとき、関数は生

成解を採用する。温度には各反復の最後で冷却率coolを乗じ、これによって温度がほぼ0になるまでループは続く。

では模擬アニーリングによる最適化をPythonセッションで試してみよう。

```
>>> reload(optimization)
>>> s=optimization.annealingoptimize(domain,optimization.schedulecost)
>>> optimization.schedulecost(s)
2739
>>> optimization.printschedule(s)
   Seymour    Boston 12:34-15:02 $109 10:33-12:03 $ 74
    Franny    Dallas 10:30-14:57 $290 10:51-14:16 $256
     Zooey     Akron 10:53-13:36 $189 10:32-13:16 $139
      Walt     Miami 11:28-14:40 $248 12:37-15:05 $170
     Buddy   Chicago 12:44-14:17 $134 10:33-13:11 $132
       Les     Omaha 11:08-13:07 $175 15:07-17:21 $129
```

この最適化手法は、旅費を下げつつ総待ち時間を減らすということをうまくやっている。あなたの結果がこれと異なるであろうことは明らかだし、もっと悪いものが出ることもある。どのような問題に対しても、初期温度や冷却率のパラメータを変えて実験していくのは良い考えだ。無作為な動きの幅を変えてみるのもよい。

5.7 遺伝アルゴリズム

もう一つ紹介する最適化手法も自然から触発を受けたもので、**遺伝アルゴリズム**という。こちらの手法ではまず、**個体群**（population）と呼ばれる無作為解の集団を生成する。最適化のステップごとに個体群の全メンバーに対してコスト関数が計算され、解のリスト内で順位を付ける。表5-1に例を示す。

表5-1　解とコストの順位付けリスト

解	コスト
[7, 5, 2, 3, 1, 6, 1, 6, 7, 1, 0, 3]	4394
[7, 2, 2, 2, 3, 3, 2, 3, 5, 2, 0, 8]	4661
…	…
[0, 4, 0, 3, 8, 8, 4, 4, 8, 5, 6, 1]	7845
[5, 8, 0, 2, 8, 8, 8, 2, 1, 6, 6, 8]	8088

解に順位がついたら、新しい個体群——次の**世代**（generation）という——を生成する。まず最良の解をいくつかそのまま新しい個体群に入れる。これを**エリート主義**（elitism）という。残りは最良の解を改変して作られたまったく新しい解で構成する。

5.7 遺伝アルゴリズム

こうした解の改変には、方法が2種類ある。シンプルな方は**突然変異**（mutation）と呼ばれるもので、これは既存の解に小さく単純な変更をランダムに加えることで行う。この例の場合、解の数字を一つ選んで増減させることで、突然変異を行うことができる。図5-3に二つの例を挙げる。

[7, 5, 2, 3, 1, 6, 1, ⑥, 7, 1, 0, 3] ┄┄┄┄▶ [7, 5, 2, 3, 1, 6, 1, ⑤, 7, 1, 0, 3]

[7, 2, 2, 2, 3, 3, 2, 3, 5, 2, ⓪, 8] ┄┄┄┄▶ [7, 2, 2, 2, 3, 3, 2, 3, 5, 2, ①, 8]

図5-3 解の突然変異の例

もう1種類の改変方法は、**交叉（組み換え）**または**交配**と呼ばれる。こちらの手法では、解を優れた方から二つ取り、なんらかの方法で組み合わせる。今の場合なら、一つの解の要素を乱数個取り、残りをもう一つの解から取るようにすることで、交叉が簡単に実行できる。これを図5-4に示す。

最良の解のランダムな突然変異や交叉により、新しい個体群（通常前の世代と同じ大きさにする）が生成された。あとはこのプロセスの繰り返しだ——個体群に順位付けを行い、さらに次世代の個体群を生成するのだ。これを決まった回数、あるいは一定の世代数を重ねても改善が見られなくなるまで繰り返す。

それでは以下のgeneticoptimize関数をoptimization.pyに追加しよう。

```
def geneticoptimize(domain,costf,popsize=50,step=1,
                    mutprob=0.2,elite=0.2,maxiter=100):
  # 突然変異の操作
  def mutate(vec):
    i=random.randint(0,len(domain)-1)
    if random.random()<0.5 and vec[i]>domain[i][0]:
      return vec[0:i]+[vec[i]-step]+vec[i+1:]
    elif vec[i]<domain[i][1]:
      return vec[0:i]+[vec[i]+step]+vec[i+1:]

  # 交叉の操作
  def crossover(r1,r2):
```

[7, 5, 2, 3, 1, 6, 1, 6, | 7, 1, 0, 3]

[7, 2, 2, 2, 3, 3, 2, 3, | 5, 2, 0, 8]

[7, 5, 2, 3, 1, 6, 1, 6, | 5, 2, 0, 8]

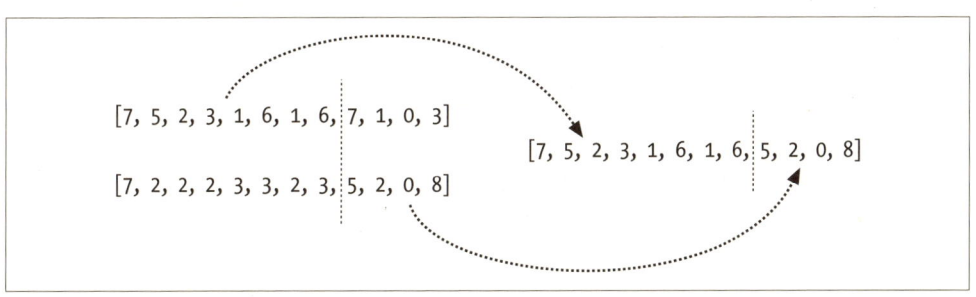

図5-4 交叉の例

```
      i=random.randint(1,len(domain)-2)
      return r1[0:i]+r2[i:]

  # 初期個体群の構築
  pop=[]
  for i in range(popsize):
    vec=[random.randint(domain[i][0],domain[i][1])
         for i in range(len(domain))]
    pop.append(vec)

  # 各世代の勝者数は？
  topelite=int(elite*popsize)

  # Main loop
  for i in range(maxiter):
    scores=[(costf(v),v) for v in pop]
    scores.sort()
    ranked=[v for (s,v) in scores]

    # まず純粋な勝者
    pop=ranked[0:topelite]

    # 勝者に突然変異や交配を行ったものを追加
    while len(pop)<popsize:
      if random.random()<mutprob:

        # 突然変異
        c=random.randint(0,topelite)
        pop.append(mutate(ranked[c]))
      else:

        # 交叉
        c1=random.randint(0,topelite)
        c2=random.randint(0,topelite)
        pop.append(crossover(ranked[c1],ranked[c2]))

    # 現在のベストスコアを出力
    print scores[0][0]

  return scores[0][1]
```

この関数はオプション引数をいくつか取る。

popsize
　　個体群の大きさ
mutprob
　　次世代群のメンバー中、突然変異で作る者の割合（残りは交叉）

elite
   個体群中で良い解と見なされ次世代に通過できる者の割合
maxiter
   計算をおこなう世代数

ではPythonセッションで、遺伝アルゴリズムによる旅行計画の最適化を実行してみよう。

```
>>> s=optimization.geneticoptimize(domain,optimization.schedulecost)
4030
3390
...
2666
2666
2666
>>> optimization.printschedule(s)
   Seymour      BOS 13:40-15:37 $138 10:33-12:03 $ 74
    Franny      DAL 10:30-14:57 $290  9:49-13:51 $229
     Zooey      CAK 13:40-15:38 $137  8:19-11:16 $122
      Walt      MIA 11:28-14:40 $248  8:23-11:07 $143
     Buddy      ORD 14:22-16:32 $126  7:50-10:08 $164
       Les      OMA 15:03-16:42 $135  8:04-10:59 $136
```

11章では遺伝アルゴリズムの拡張で遺伝的プログラミングというものを扱う。今のようなアイディアを使い、プログラムをまったく新しく生成するというものだ。

> 遺伝アルゴリズムの父と広く考えられているのは、コンピュータ科学者John Holandで、これは1975年の著書 "Adaptation in Natural and Artificial Systems" (University of Michigan Press) の存在による (ただし同書では1950年代にコンピュータで進化をモデリングしようとした生物学者たちに言及している)。以来、遺伝アルゴリズムのような最適化手法は、きわめて広い範囲の問題に適用されてきた。
>
> ・最高の音響が得られるコンサートホール形状の探索
> ・超音速機に最適化した翼の設計
> ・薬としての可能性がある研究すべき化学物質の最良のライブラリを示唆する
> ・音声認識チップの自動設計
>
> これらの問題の可能な解は、数字のリストに仕立てることができる。このため遺伝アルゴリズムや模擬アニーリングが簡単に適用できるのだ。

特定の最適化手法がうまくいくかどうかは、問題に依存する。模擬アニーリング、遺伝アルゴリズム、およびその他ほとんどの最適化手法は、ほとんどの問題において最適解は他の良解の近傍に存在する、

という事実に依存している。最適化がうまくいかないであろう場合として図5-5を見てほしい。

コストが一番小さくなっているのは図の右側の非常な急勾配の中の解だ。これに近傍する解はどれもコストが高いので、おそらく考慮外になるだろうし、あなたが大域最小に到達する道を見つけることはないだろう。ほとんどのアルゴリズムは、左方の局所最小のどれかに落ち着くはずだ。

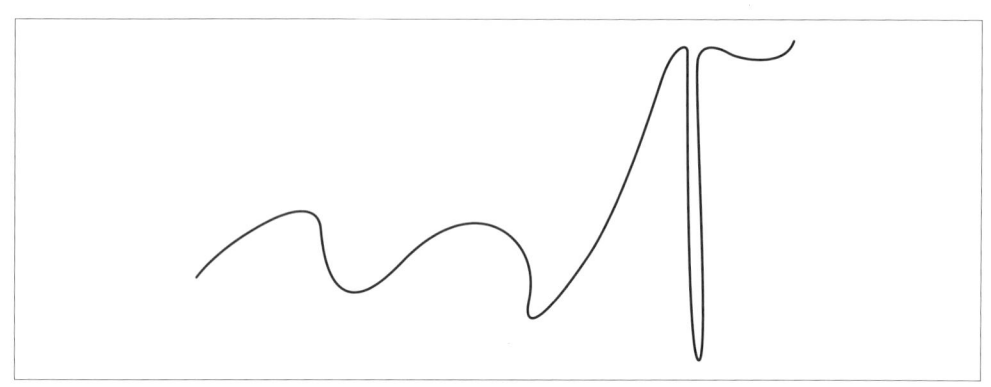

図5-5　最適化に向かない問題

　フライトスケジュールの例がうまくいくのは、ある人をその日の2番目のフライトから3番目のフライトに動かした場合の総コストの変化は、8番目のフライトに動かした場合よりおそらく小さい、ということによる。フライトがランダムに並んでいれば、最適化手法がランダムサーチよりうまくいくということはないだろう――実際この場合、ランダムサーチより常にうまくいく最適化手法は存在しない。

5.8　実際のフライトを検索する

　さて、これまではすべてサンプルデータを使ってきたが、今度は現実のフライトデータを使って、最適化手法が使い物になるか見てみよう。データはフライト検索を行うためのAPIを提供しているKayakからダウンロードできる。現実のフライトデータでは、これまで処理してきたサンプルデータと違って、ほとんどの大都市について1日9便どころじゃない多くのフライトが存在する。

5.8.1　Kayak API

　図5-6に掲載したKayakは、旅行用の**垂直（分野特化型）検索**エンジンとして人気がある。数ある旅行サイトの中でもKayakがこの例に適しているのは、Pythonプログラムから実際の旅程を検索できる優れたXML APIを持っているからだ。このAPIを利用するにはサインアップしてディベロッパキーを入手する必要がある。http://www.kayak.com/labs/api/searchに行こう。

　ディベロッパキーは、Kayakでフライト検索を行う際に使用する英数文字の長い文字列だ（ホテル検索にも使えるが、ここでは取り上げない）。執筆時点で、Kayakにはdel.icio.usにあるようなPython専用APIは存在しないが、そのXMLインターフェイスには非常に良い解説がついている。この章では

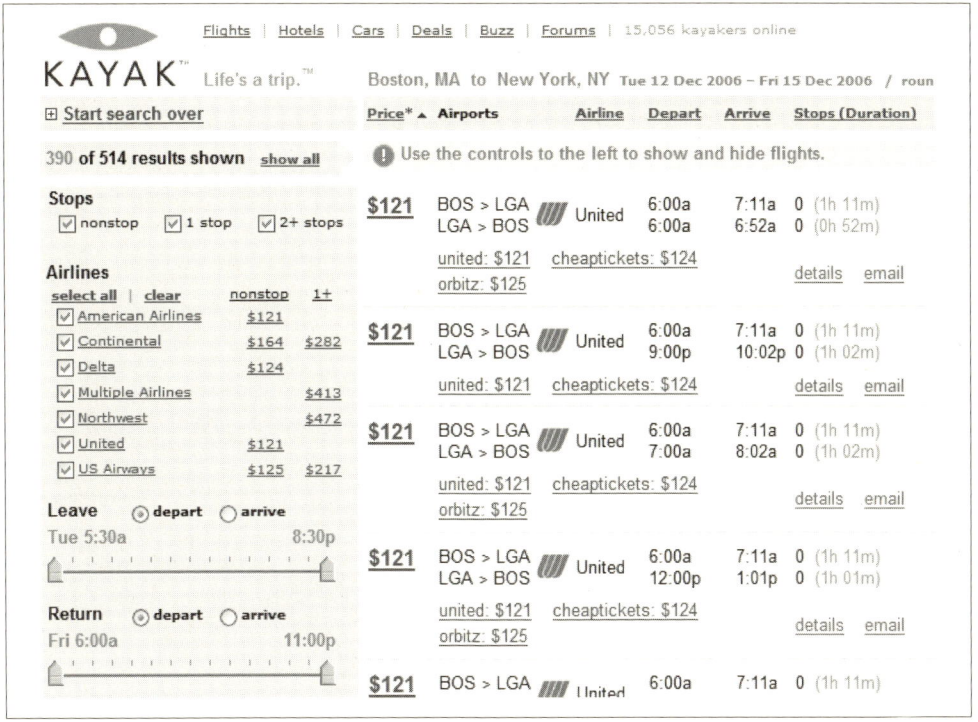

図5-6 Kayakトラベルサーチのインターフェイス

Pythonのパッケージで標準ディストリビューションにあるurllib2およびxml.dom.minidomを使った検索の方法を紹介する。

5.8.2 minidomパッケージ

minidomは標準のPythonディストリビューションに含まれるパッケージで、XMLドキュメントをオブジェクトのツリーとして扱う標準的な方法である、Document Object Model (DOM) インターフェイスの軽量な実装だ。このパッケージはXMLを含んだオープン済みファイルまたは文字列を受け取り、情報が簡単に抽出できるオブジェクトを返す。Pythonセッションに次のように入力してみよう。

```
>>> import xml.dom.minidom
>>> dom=xml.dom.minidom.parseString('<data><rec>Hello!</rec></data>')
>>> dom
<xml.dom.minidom.Document instance at 0x00980C38>
>>> r=dom.getElementsByTagName('rec')
>>> r
[<DOM Element: rec at 0xa42350>]
>>> r[0].firstChild
<DOM Text node "Hello!">
```

```
>>> r[0].firstChild.data
u'Hello!'
```

多くのウェブサイトがXMLインターフェイスによる情報アクセス手段を提供している現在、Python XMLパッケージの使い方を学んでおけば、集合知プログラミングに非常に有用だ。以下にDOMオブジェクトのメソッドのうち、Kayak APIを使う上で重要なものを示す。

getElementsByTagName(name)
: ドキュメント全体を検索し、タグ名がnameにマッチするエレメントをすべてDOMノードのリストにして返す。

firstChild
: オブジェクトの最初の子ノードを返す。上の例で言えば、rの最初の子ノードは「Hello」というテキストデータを表現するノードである。

data
: オブジェクトに結びついたデータを返す。多くの場合、これはそのノードが含むテキストのUnicode文字列だ。

5.8.3 フライト検索

まずは新規ファイルkayak.pyを作り、以下の文を入れる。

```
import time
import urllib2
import xml.dom.minidom

kayakkey='あなたのキー'
```

最初にやるべきことは、ディベロッパキーを使って新規のKayakセッションを取得することだ。この関数ではapisessionにリクエストを送るが、このときtokenパラメータにディベロッパキーをセットしておく。このURLが返すXMLにはsidというタグがあり、この中にセッションIDがある。

```
<sid>1-hX4lII_wS$8b06aO7kHj</sid>
```

sidタグの内容を抽出するにはXMLをパースする必要がある。kayak.pyに以下の関数を加えよう。

```
def getkayaksession():
    # セッションを開始するためのURLを構築
    url='http://www.kayak.com/k/ident/apisession?token=%s&version=1' % kayakkey
```

```
# 結果のXMLを解釈
doc=xml.dom.minidom.parseString(urllib2.urlopen(url).read())

# <sid>xxxxxxxx</sid>を見つける
sid=doc.getElementsByTagName('sid')[0].firstChild.data
return sid
```

次はフライト検索を開始する関数を作る。検索を行うためのURLは、フライト検索で使われるパラメータをすべて含むために、非常に長い。検索上重要なパラメータはsid(getkayaksessionが返すセッションID)、destination(行先)、depart_date(出発日)だ。

結果のXMLにはsearchidというタグが含まれているので、getkayaksessionと同様の方法で抽出する。検索には時間がかかる場合があるため、このコール自体は結果を返さない——検索を開始しつつ、結果のポーリングを行うためのIDを返すだけだ。

次の関数をkayak.pyに追加する。

```
def flightsearch(sid,origin,destination,depart_date):

    # 検索URLの構築
    url='http://www.kayak.com/s/apisearch?basicmode=true&oneway=y&origin=%s' % origin
    url+='&destination=%s&depart_date=%s' % (destination,depart_date)
    url+='&return_date=none&depart_time=a&return_time=a'
    url+='&travelers=1&cabin=e&action=doFlights&apimode=1'
    url+='&_sid_=%s&version=1' % (sid)

    # XMLを得る
    doc=xml.dom.minidom.parseString(urllib2.urlopen(url).read())

    # 検索IDの抽出
    searchid=doc.getElementsByTagName('searchid')[0].firstChild.data

    return searchid
```

最後に、結果を最後までリクエストし続ける関数が必要だ。Kayakは結果用にflightという別URLを用意している。ここから返されるXMLにはmorependingというタグがあり、検索が終了するまではここに"true"が入っている。関数はmorependingがtrueでなくなるまでこのページにアクセスし続けなければ完全な結果が得られないのだ。

以下をkayak.pyに追加しよう。

```
def flightsearchresults(sid,searchid):

    # 先頭の$記号とカンマを除き、数字をfloatに変換
    def parseprice(p):
        return float(p[1:].replace(',',''))
```

```
# ポーリングのループ
while 1:
  time.sleep(2)

  # ポーリング用URLの構築
  url='http://www.kayak.com/s/basic/flight?'
  url+='searchid=%s&c=5&apimode=1&_sid_=%s&version=1' % (searchid,sid)
  doc=xml.dom.minidom.parseString(urllib2.urlopen(url).read())

  # morependingタグを探す。これがtrueでなくなるまで待つ。
  morepending=doc.getElementsByTagName('morepending')[0].firstChild
  if morepending==None or morepending.data=='false': break

# では完全なリストをダウンロードしよう
url='http://www.kayak.com/s/basic/flight?'
url+='searchid=%s&c=999&apimode=1&_sid_=%s&version=1' % (searchid,sid)
doc=xml.dom.minidom.parseString(urllib2.urlopen(url).read())

# 多様なエレメントをそれぞれリストとして取得
prices=doc.getElementsByTagName('price')
departures=doc.getElementsByTagName('depart')
arrivals=doc.getElementsByTagName('arrive')

# すべてzipでまとめる
return zip([p.firstChild.data.split(' ')[1] for p in departures],
           [p.firstChild.data.split(' ')[1] for p in arrivals],
           [parseprice(p.firstChild.data) for p in prices])
```

この関数が最終的に得るのはprice、depart、arriveタグのみであることに注意。これらの数は等しい——フライトごとに一つずつ——ので、zip関数でタプルにまとめた上で大きなリストにすることができる。発着情報はスペース区切りになった日付と時刻の文字列で与えられるので、これを分割して時刻のみを得る。運賃はparsepriceに渡すことでfloatに変換する。

すべてうまく動くか確認するには、Pythonセッションでフライトを検索してみるとよい（日付は未来にすること）。

```
>>> import kayak
>>> sid=kayak.getkayaksession()
>>> searchid=kayak.flightsearch(sid,'BOS','LGA','11/17/2006')
>>> f=kayak.flightsearchresults(sid,searchid)
>>> f[0:3]
[(u'07:00', u'08:25', 60.3),
 (u'08:30', u'09:49', 60.3),
 (u'06:35', u'07:54', 65.0)]
```

5.8 実際のフライトを検索する

フライトは使いやすいように運賃順に、運賃が同じであれば時刻順に返される。これなら最適化はうまくいく。なぜならこれまでの例と同じように、類似の解同士が近傍に存在するということになるからだ。他のコードとの統合に必要なのは、ファイルからロードしていたときと同じ体裁でGlass家の人々のスケジュールをすべて生成することだけだ。つまり人のリストにループを掛けて、それぞれの行きと帰りの便を検索すればよい。それではこのcreateschedule関数をkayak.pyに追加しよう。

```
def createschedule(people,dest,dep,ret):
    # 検索用セッションIDの取得
    sid=getkayaksession()
    flights={}

    for p in people:
      name,origin=p
      # 出立便 (行き)
      searchid=flightsearch(sid,origin,dest,dep)
      flights[(origin,dest)]=flightsearchresults(sid,searchid)

      # 帰宅便 (帰り)
      searchid=flightsearch(sid,dest,origin,ret)
      flights[(dest,origin)]=flightsearchresults(sid,searchid)

    return flights
```

これで実際のデータを使ってこの家族のフライトの最適化を試せるようになった。Kayakの検索は結構時間がかかることがあるので、まずは最初の二人分だけ検索するようにしておこう。以下をPythonセッションに入力する。

```
>>> reload(kayak)
>>> f=kayak.createschedule(optimization.people[0:2],'LGA',
...  '11/17/2006','11/19/2006')
>>> optimization.flights=f
>>> domain=[(0,30)]*len(f)
>>> optimization.geneticoptimize(domain,optimization.schedulecost)
770.0
703.0
...
>>> optimization.printschedule(s)
Seymour
BOS 16:00-17:20 $85.0 19:00-20:28 $65.0
Franny DAL 08:00-17:25 $205.0 18:55-00:15 $133.0
```

おめでとう！ ついに実際のライブなフライトデータで最適化を実行したのだ。検索空間が非常に大きくなるため、最大の速度と学習率で実験すべし。

これの拡張法はいろいろある。運賃および気候が温暖なことを条件に行先候補地を選ぶよう天気の検索サービスと組み合わせてもよいし、運賃と宿泊費が手頃になる行先を見つけるべくホテル検索と組み合わせてもよいだろう。インターネットには最適化の部品に使えるような旅行地データを提供するサイトが何千もある。

Kayak APIには1日あたりの検索数の上限があるが、あらゆるフライトの（ホテルも）チケット購入リンクを直接返してくれるので、どんなアプリケーションにも組み込みやすいものとなっている。

5.9　嗜好への最適化

ここまでは、最適化により解決可能な一つの問題を例に取って見てきたが、この手法はまったく無関係に見える多くの問題にも適用可能だ。最適化で問題を解くのに必要な条件を思い出そう。まずはその問題に対してコスト関数が定義されていること、そして類似の解が類似の結果をもたらす傾向になること、である。こうした性質を持つ問題がすべて最適化で解答可能というわけではないが、最適化により思いもよらぬ興味深い結果がもたらされるチャンスは少なくない。

この節では、やはり明らかに最適化向きの、もう一つの問題について考えていく。この問題を一般化して述べると、嗜好をそれぞれ表明している人々に限られた資源を分配し、みんなを可能な限りハッピーにする（あるいは可能な限りイライラさせない）、となる。

5.9.1　学寮の最適化

ここで例に取るのは、その第1希望と第2希望に基づいて学生を寮に割り当てるという問題だ。これは非常に具体的な例だが、容易に一般化できる問題でもある——まったく同じコードが、オンラインカードゲームのプレイヤーをテーブルに割り当てたり、大規模なプロジェクトでバグを開発者に割り当てたり、あるいは家事の割り当てにだって使えるのだ。もう一度言うが、その目的は各人から情報を集めて組み合わせ、最適な結果をもたらすことである。

ここでは5つの寮のそれぞれに二人分のスペースがあり、10人の学生がこれを争う、各学生には第1希望と第2希望があるものとする。では新規ファイル**dorm.py**を開いて寮のリストと人のリスト（第1希望と第2希望付き）を入力しよう。

```
import random
import math

# 寮。それぞれ空きが二つある
dorms=['Zeus','Athena','Hercules','Bacchus','Pluto']

# 人。第1・第2希望を伴う
prefs=[('Toby', ('Bacchus', 'Hercules')),
       ('Steve', ('Zeus', 'Pluto')),
       ('Andrea', ('Athena', 'Zeus')),
       ('Sarah', ('Zeus', 'Pluto')),
```

```
         ('Dave', ('Athena', 'Bacchus')),
         ('Jeff', ('Hercules', 'Pluto')),
         ('Fred', ('Pluto', 'Athena')),
         ('Suzie', ('Bacchus', 'Hercules')),
         ('Laura', ('Bacchus', 'Hercules')),
         ('Neil', ('Hercules', 'Athena'))]
```

　全員の第1希望を満たせないのはすぐ分かると思う。Bacchusには空きが二つしかないのに三人が希望しているからだ。そしてこの誰かを第2希望に持っていくと、今度はHerculesが足りなくなる。

　この問題は意図的に小規模にしてあるので追っていくのは容易だが、実生活では何百何千もの学生、およびずっと多くの空きがある数多くの寮が関わってくる問題となる。例では可能な解が100,000程度しかないので、すべてを試してベストを探すことも可能だ。しかし各寮の空きを4に増やしただけで、可能な数はあっというまに兆単位になる。

　解の表現は、フライト問題よりもちょっとトリッキーだ。各学生を数字一つで示すリストを作り、各数字を割り当てた寮とする、というのも理論的には可能だ。しかしこの表現では、各寮二人のみという制限が解に課せないという問題がある。リストのすべての値がゼロになっていると、全員がZeusに入ることを意味することになるが、これは解とはなりえない。

　これを解決する一つの方法として、無効解にはコスト関数が非常に大きな値を返してやる、というのがあるが、これをやると最適化アルゴリズムが優れた解を探索するのが非常に難しくなる。なぜならこの場合、ある解が他の優れた解に近いかどうか、というか有効な解に近いかどうかすら、わからないからだ。一般的に、無効な解の間を探索するのにプロセササイクルを捨てるのはやめた方がよい。

　もっとうまい方法がある。必ず有効な解となるような解の表現を見つけることだ。有効解とは必ずしも優れた解でなくてもよく、単に各寮にちょうど二人の学生が割り当てられる、という意味にすぎない。これを実現する方法の一つに、各寮が二つのスロットを持っているものと考えるやり方がある。つまり、この例で言えば全部で10のスロットがあることになる。各学生は順々にオープンなスロットに割り当てられる——最初の学生は10のスロットのうちのどれか、二人目は残りの9つのどれか、といった具合だ。

　探索のdomainはこの制限を取り込んだものでなければならない。以下をdorm.pyに追加する。

```
# [(0,9),(0,8),(0,7),(0,6),...,(0,0)]
domain=[(0,(len(dorms)*2)-i-1) for i in range(0,len(dorms)*2)]
```

　解を出力するコードは、スロットの動作を図解してくれる。この関数ではまず、スロット（各寮2つ）によるリストを生成する。続いて解の数字にループをかけて、各数字が示す寮番号（その学生が入る寮の番号）をスロットの中から見つける。見つかったら学生と寮の名前を出力し、そのスロットをリストから削除して、他の学生が同じスロットを使わないようにする。ループが終わると、スロットのリストは空に、学生と寮はすべてプリント済みになっているわけだ。それでは以下の関数をdorm.pyに追加し

よう。

```
def printsolution(vec):
  slots=[]
  # 各寮につきスロットを二つずつ生成
  for i in range(len(dorms)): slots+=[i,i]

  # 学生割り当て結果にループをかける
  for i in range(len(vec)):
    x=int(vec[i])

    # 残ってるスロットから一つ選ぶ
    dorm=dorms[slots[x]]
    # 学生とその割り当て先の寮を表示
    print prefs[i][0],dorm
    # このスロットを削除
    del slots[x]
```

Pythonセッションでインポートして解を出力してみよう。

```
>>> import dorm
>>> dorm.printsolution([0,0,0,0,0,0,0,0,0,0])
Toby Zeus
Steve Zeus
Andrea Athena
Sarah Athena
Dave Hercules
Jeff Hercules
Fred Bacchus
Suzie Bacchus
Laura Pluto
Neil Pluto
```

数字を変えていろいろな解を見てみるときは、各数字が適切な範囲になければならないことを忘れないこと。リストの最初のアイテムは0から9、2番目は0から8、のようになっている。適切な範囲を外れた数字があると、関数は例外を送出する。最適化関数はdomain引数で指定された数字の範囲を守るので、最適化においてはこれが問題になることはない。

5.9.2 コスト関数

コスト関数は出力関数と似た動作をする。スロットのリストを構築しておき、使ったスロットを削除するのだ。コストは学生の希望と現在の寮割当を比較することで計算する。学生が第1希望に割り当てられているときのコストが0、第2希望に割り当てられているときが1、どちらでもない場所に割り当て

られると3になる。

```
def dormcost(vec):
  cost=0
  # スロットのリストを生成
  slots=[0,0,1,1,2,2,3,3,4,4]

  # 学生にループをかける
  for i in range(len(vec)):
    x=int(vec[i])
    dorm=dorms[slots[x]]
    pref=prefs[i][1]
    # 第1希望のコスト0、第2希望のコスト1
    if pref[0]==dorm: cost+=0
    elif pref[1]==dorm: cost+=1
    else: cost+=3
    # リストになければコスト3

    # 選択されたスロットの削除
    del slots[x]

  return cost
```

コスト関数の作成で有効なルールの一つに、完全な解 (この例で言えば、全員が第1希望に割り当てられること) がコストゼロとなるようにする、というものがある。今回は不可能であることが分かっているわけだが、完全な解のコストがゼロであることを知っておけば、それにどのくらい近いか感じが掴めるのだ。このルールのもう一つの利点は、完全な解を見つけたら探索を止めるよう、最適化アルゴリズムに教えておけることだ。

5.9.3 最適化の実行

解の表現、コスト関数、結果の出力関数が揃えば、先に定義しておいた最適化関数が実行できる。以下をPythonセッションに入力しよう。

```
>>> reload(dorm)
>>> s=optimization.randomoptimize(dorm.domain,dorm.dormcost)
>>> dorm.dormcost(s)
18
>>> optimization.geneticoptimize(dorm.domain,dorm.dormcost)
13
10
...
4
>>> dorm.printsolution(s)
Toby Athena
```

```
Steve Pluto
Andrea Zeus
Sarah Pluto
Dave Hercules
Jeff Hercules
Fred Bacchus
Suzie Bacchus
Laura Athena
Neil Zeus
```

こちらでも、遺伝最適化アルゴリズムのパラメータをいじることで良い解をより速く見つけられるか調べてみよう。

5.10　ネットワークの可視化

　この章最後の例は、またもや他とはまったく無関係な問題に最適化が利用できることを示すものだ。今度はネットワークの可視化をやる。ここで言うネットワークとは、相互に接続された何かということだ。オンラインアプリケーション向けとしてよい例が、MySpace、Facebook、LinkedInといったソーシャルネットワークだ。こうした場所では、友人だから、職業上の関係があるから、といった理由で人と人とが接続されている。こうしたサイトのメンバーは自分で接続相手を選択するわけだが、これが集合的には人々のネットワークを作る。おそらくはコネクターである人（多くの人を知っていたり、普通なら打ち解けない小集団同士のリンクとなる人）を発見するために、こうしたネットワークを可視化し、その構造を決定するのは面白いことだ。

5.10.1　レイアウト問題

　多数の人とその間のリンクを可視化すべくネットワークを描くとき、名前（またはアイコン）をどのように配置すべきか、という問題がある。たとえば図5-7のネットワークについて考えてみよう。

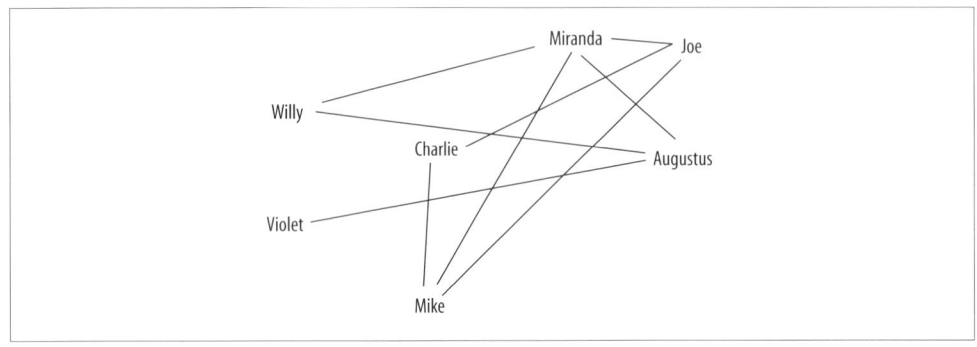

図5-7　混乱させやすいネットワークレイアウト

この図からは、AugustusはWilly、Violet、Mirandaと友人であるということが判るだろう。しかしこのレイアウトはちょっとごちゃごちゃしており、人を追加していくと非常に混乱しやすいだろう。ずっとクリアなレイアウトを図5-8に示す。

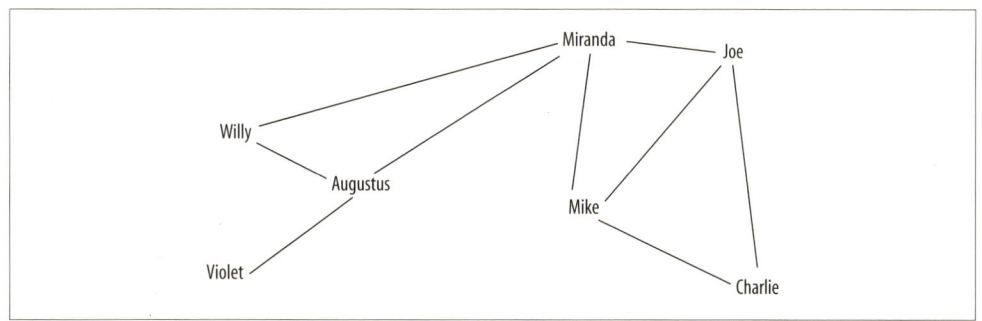

図5-8　クリーンなネットワークレイアウト

本節では、混乱の少ないベターなビジュアルの生成に最適化を使う方法を説明する。まずは新規ファイルsocialnetwork.pyを開き、ソーシャルネットワークの部分部分の事実を入力しよう[†]。

```
import math

people=['Charlie','Augustus','Veruca','Violet','Mike','Joe','Willy','Miranda']

links=[('Augustus', 'Willy'),
       ('Mike', 'Joe'),
       ('Miranda', 'Mike'),
       ('Violet', 'Augustus'),
       ('Miranda', 'Willy'),
       ('Charlie', 'Mike'),
       ('Veruca', 'Joe'),
       ('Miranda', 'Augustus'),
       ('Veruca', 'Joe'),
       ('Joe', 'Charlie'),
       ('Veruca', 'Augustus'),
       ('Miranda', 'Violet')]
```

　ここでの目的は、誰は誰の友達かという事実のリストを取り、解釈の容易なネットワーク図を生成するプログラムの作成だ。こうしたプログラムでは普通、**mass-and-spring**（塊とバネ）という、物理学を基礎とするタイプのアルゴリズムを使えばよい。斥力を発するノード同士が互いに離れようとし、リンク接続したノード同士を近づけようとするため、接続のないノード同士が遠くに、接続のあるノード同士が近くに（ただし近くなりすぎはしない）あるレイアウトを形成する、というものだ。
　ところが残念なことに、このmass-and-springアルゴリズムは線の交差を妨げない。非常に多数の

[†] 訳注：上の例とは異なるネットワーク。

リンクが存在するネットワークでは、交差部があると線が視覚的に追いにくくなるため、ノード同士の接続が見えにくくなってしまう。しかしながら、最適化を使ったレイアウト生成では、コスト関数を決定し、これを最小化するだけですべて済んでしまうのだ。この場合、交差した線の数を数えるコスト関数を試してみると面白い。

5.10.2　交差線のカウント

先に定義した最適化関数を再利用するために、解を数字のリストとして表現してやる必要がある。幸い、この問題を数字のリストとして表現するのは非常に簡単だ——各ノードがxとyの座標を持つから全ノードの座標を長いリストに入れてやればよい。

```
sol=[120,200,250,125 ...
```

この解ではCharlieを(120,200)に配置、Augustusは(250,125)に、といった具合になる。

コスト関数では、単純に交差した線の数を数える。二つの線の交差を求める式を展開することはこの章の範囲を少し超えているが、基本的な考え方としては、交点が内分点になるかどうかを求めればよい。2直線の交点が、両方の直線について分比にして0（線の端）から1（反対の端）の間にあるとき、直線同士は交差している。0から1の範囲の外にあれば交差していない。

関数では、リンクのすべての組み合わせ同士についてループをかけ、端点の座標を用いて交差を判定し、交差があれば総スコアに1を加える。socialnetwork.pyに以下のcrosscount関数を追加しよう。

```
def crosscount(v):
  # 数字のリストを 人:(x,y) 形式のディクショナリに変換
  loc=dict([(people[i],(v[i*2],v[i*2+1])) for i in range(0,len(people))])
  total=0

  # リンクのすべての組み合わせに対してループをかける
  for i in range(len(links)):
    for j in range(i+1,len(links)):

      # 座標の取得
      (x1,y1),(x2,y2)=loc[links[i][0]],loc[links[i][1]]
      (x3,y3),(x4,y4)=loc[links[j][0]],loc[links[j][1]]

      den=(y4-y3)*(x2-x1)-(x4-x3)*(y2-y1)

      # den==0 なら線は平行
      if den==0: continue

      # 他の場合uaとubは交点を各線の分点で表現したもの
      ua=((x4-x3)*(y1-y3)-(y4-y3)*(x1-x3))/den
      ub=((x2-x1)*(y1-y3)-(y2-y1)*(x1-x3))/den
```

```
    # 両方の線で分点が0から1の間にあれば線は交差している
    if ua>0 and ua<1 and ub>0 and ub<1:
      total+=1
  return total
```

この探索のdomain（領域）は座標が取りうる範囲となる。この例ではネットワークを400×400のイメージにレイアウトすることにして、余白を取ってわずかに小さな範囲を領域としよう。次の行をsocialnetwork.pyの最後に追加する。

```
domain=[(10,370)]*(len(people)*2)
```

それでは最適化を実行し、線がほぼクロスしないような解を見つけてみよう。Pythonセッションにsocialnetwork.pyをインポートし、最適化アルゴリズムをいくつか試してみよう。

```
>>> import socialnetwork
>>> import optimization
>>> sol=optimization.randomoptimize(socialnetwork.domain,socialnetwork.crosscount)
>>> socialnetwork.crosscount(sol)
12
>>> sol=optimization.annealingoptimize(socialnetwork.domain,
... socialnetwork.crosscount,step=50,cool=0.99)
>>> socialnetwork.crosscount(sol)
1
>>> sol
[324, 190, 241, 329, 298, 237, 117, 181, 88, 106, 56, 10, 296, 370, 11, 312]
```

模擬アニーリングでどうやらライン交差のほとんどない解が見つかったようだが、座標のリストというのは解りにくい。次節ではこのネットワークを自動的に描画する方法を紹介しよう。

5.10.3　ネットワークの描画

3章で使ったPython Imaging Libraryが必要だ。インストールしていなければ最新版の入手とインストールの方法について、付録Aを読んでいただきたい。

ネットワークを描画するコードはごくごく素直なものだ。イメージを生成し、人の間にあるリンクを描画し、続いてこれらの人、つまりノードを描画してやるだけでよい。人名をあとから描画することで、線がかぶさる心配を排除しているのだ。次のコードをsocialnetwork.pyに追加しよう。

```
def drawnetwork(sol):
  # イメージの生成
  img=Image.new('RGB',(400,400),(255,255,255))
  draw=ImageDraw.Draw(img)
```

```
    # 座標ディクショナリの生成
    pos=dict([(people[i],(sol[i*2],sol[i*2+1])) for i in range(0,len(people))])

    # リンクの描画
    for (a,b) in links:
      draw.line((pos[a],pos[b]),fill=(255,0,0))

    # 人の描画
    for n,p in pos.items():
      draw.text(p,n,(0,0,0))

    img.show()
```

この関数をPythonセッションで実行するには、モジュールをリロードし、あなたの解を引数にコールしてやればよい。

```
>>> reload(socialnetwork)
>>> drawnetwork(sol)
```

図5-9に、最適化の結果の例を示す。

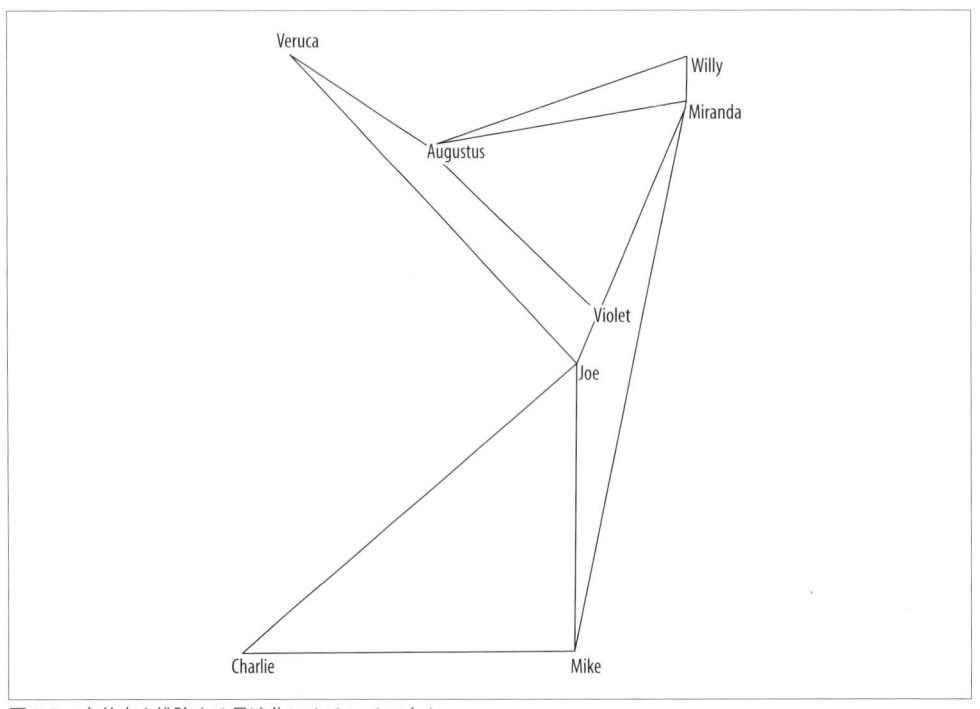

図5-9 交差点を排除する最適化によるレイアウト

もちろんあなたの解はこれとは違った見掛けになるはずだ。相当おかしく見える解になることも少なくないだろう。このコスト関数は交点の数を最小化することのみを目的としているため、たとえば線同士の角度が非常に急だったり、ノード同士がやたらに近くに配置されていてもペナルティを与えないからだ。この意味で、最適化とはあなたの望みを言葉通りにかなえる悪魔に似たものであり、つまり、何を望むかが常に非常に重要になる。与えられた基準において「ベスト」でありながら、あなたの思い描いたものとは似ても似つかぬ解、というのがしばしば存在するのだ。

ノード同士を近くに置きすぎる解にペナルティを与えるには、ノード間の距離を計算して好みの最小距離で割る、というのが簡単だ。次のコードを crosscount の最後（return 文の手前）に入れてやると、このペナルティが追加できる。

```
for i in range(len(people)):
  for j in range(i+1,len(people)):
    # 2つのノードの座標を取る
    (x1,y1),(x2,y2)=loc[people[i]],loc[people[j]]

    # 両者の距離を求める
    dist=math.sqrt(math.pow(x1-x2,2)+math.pow(y1-y2,2))
    # 50ピクセルより近ければペナルティ
    if dist<50:
      total+=(1.0-(dist/50.0))
```

このコードは、50ピクセル以内になっているペアに、近さに応じて高まるコストを課す。同一座標の場合のペナルティは1だ。最適化コードをまた実行し、広がりのある結果が得られるか見てみよう。

5.11　さらなる可能性

この章では最適化アルゴリズムのまったく異なる応用例を3種類示したが、これは可能性のごくごく一部に過ぎない。章を通じて書いてきた通り、重要なステップと言えるのは、解の表現とコスト関数の決定のみだ。これさえ可能であれば、あなたの問題に最適化が適用可能な見込みはかなり高い。

応用として面白そうなのはたとえば、さまざまな人々をスキルが等しく配分されたチームに分ける、などというものがある。クイズ大会向けにチームを編成するには、スポーツ、歴史、文学、テレビといった分野で各チームにそれなりの知識があるようにするのが望ましいだろう。また、スキルを考慮に入れた上でグループプロジェクトのタスクを割り振る、というのもいい。最適化によってタスクのベストな分割方法が定められるので、タスクリストは可能な最小時間で完了することになるのだ。

キーワードタグ付きの長いウェブサイトリストがあるとして、ユーザーが与える一群のキーワードに最適化したサイトグループを見つける、というのも面白くないだろうか。最適群は、互いにはあまり共通のキーワードを持たず、にもかかわらずユーザーが与えたキーワードのできる限り多くを表現しているサイト群になるはずだ。

5.12 エクササイズ

1. グループ旅行のコスト関数

   総飛行時間を1分0.5ドルのコストとして加えよ。次に、空港に朝8時までに行かねばならない人がでたら20ドルのペナルティを加えてみよ。

2. アニーリングの開始点

   模擬アニーリングの結果は開始点によって大きく変わる。複数の解でスタートしてベストな解を返す関数を書け。

3. 遺伝最適化の停止基準

   この章の関数では遺伝最適化を一定の反復数で止めている。10回反復を行っても最良解が改善されないとき停止するよう変更せよ。

4. 往復料金

   Kayakからフライトデータを得る関数は、いまのところ片道のフライトしか見ていない。往復チケットを買うと、おそらく運賃は安くなる。コードを変更して往復券を買うようにし、コスト関数の運賃計算部も片道運賃を足し上げるのではなく、こうしたフライト対を見るよう変更せよ。

5. 学生の組み合わせ

   寮に対する希望でなく、どのルームメイトを希望するか表明しなければならないとしたらどうだろう。学生の組み合わせによる解の表現はどうしたらよいか。コスト関数はどのようになるか。

6. 角度によるペナルティ

   ネットワークレイアウトアルゴリズムのコスト関数に、一人の人から出る2本の線同士の角度が狭すぎる場合の追加コストを与えてみよ（ヒント：ベクトルの外積が使える）。

6章
ドキュメントフィルタリング

本章ではドキュメントを内容に応じて分類する方法について実例を交えて解説していく。これは人工知能の応用として非常に実用的であり、広がりをみせつつある。ドキュメントフィルタリングの応用としてもっとも役に立ち、よく知られているのは、スパムの削除だろう。メールの利用の拡大とメールメッセージを送ることのコストが極端に安いことから、アドレスが悪い人の手に渡ると、たやすく未承諾のコマーシャルメールが送られてしまうという大きな問題が発生している。この問題のおかげで実際に興味のあるメールを読むことが難しくなってしまう。

もちろんスパムを問題としているのはメールだけにとどまらない。多くのウェブサイトはユーザにコメントを求めたり、オリジナルのコンテンツを作るように求めたりと、よりインタラクティブになりつつある。このことがスパムの問題をよりひどくしている。Yahoo! GroupやUsenetのような公共のメッセージを投稿できる掲示板は、サブジェクトと関係のない投稿や、怪しげなものを売りつけようとする投稿に悩まされ続けて来た。現在ではブログやWikiが同様のスパムによる被害を受けている。誰でも利用できるようなアプリケーションを作り上げる際にはこのようなスパムによる問題への対策も講じておかなければならない。

本章で紹介するアルゴリズムたちはスパムだけにしか利用できないものではない。これらのアルゴリズムは学習により、ドキュメントがあるカテゴリに属するかどうかを認識する。これらはもっと便利な目的のためにも利用できる。たとえば、あなたに届いたメールを、メッセージの内容を基にプライベートのものと仕事に関連するものに自動的に分類するようなこともできる。別の可能性としては情報を求めているメールを、回答をするのにもっとも適格な人に自動的に転送するようなこともできる。本章の最後では、RSSのエントリを自動的にさまざまなカテゴリにフィルタリングする例について実例で説明する。

6.1　スパムフィルタリング

初期の頃のスパムのフィルタリングは、ルールを基にメールを選り分けようと試みるものだった。人々はメッセージがスパムであることを表すルールと、そうではないということを表すルールのセット

を考案していた。典型的なルールとしては、大文字の過度の使用、薬に関連する単語、けばけばしい色のHTMLなどがあった。このルールを基にした分類では、スパマーにすぐにルールを見破られ、明らかにスパムであるとばれそうな振る舞いを避けることで、フィルタをすり抜けられてしまうという問題があった。またその一方でCaps Lockキーを切る方法を知らないような親たちからの大事なメッセージはスパムに分類されてしまうという問題も発生してしまっていた。

　ルールを基にしたフィルタのその他の問題として、どのようなものをスパムであると考えるかは、投稿された場所や、誰に向けて書かれたものかということによって異なるという問題がある。ある特定のユーザや掲示板、もしくはWikiにとってはスパムであるということを強く示すようなキーワードであっても、他の場面ではまったく問題のないものである場合もある。この問題を解決するために、本章では、あなたがプログラムに対して、どのメールがスパムであり、そうでないものはどれなのかを伝えることで**学習**していくプログラムについて検討していく。学習は初期化の際、もしくはあなたがメッセージを受信する中で行われる。何がスパムであり、何がそうでないかということはユーザ、グループ、サイトたちごとによって異なるため、それぞれが独自のインスタンスとデータセットを持つようにするとよい。

6.2　ドキュメントと単語

　あなたがこれから作っていく分類器では、異なるアイテムを分類するために利用する**特徴**が必要である。特徴とは、それがアイテム中に存在する（もしくは存在しない）とあなたが判定できる何かであれば何でもよい。ドキュメントの分類について考えるなら、アイテムに該当するのはドキュメントであり、特徴にはドキュメント中の単語が該当する。単語を特徴として用いる際、スパムには普通のドキュメントよりも特定の単語が出現しがちであると仮定する。これはほとんどのスパムフィルタで基本的な前提にしている。特徴は必ずしも個々の単語である必要はなく、単語の組み合わせやフレーズなど、それが特定のドキュメント中に存在するかどうかをはっきりと分類できるようなものであればなんでもよい。

　docclass.pyという名前の新しいファイルを作って、テキストから特徴を抽出するためのgetwordsという名前の関数を付け足そう。

```
import re
import math

def getwords(doc):
  splitter=re.compile('\\W*')
  # 単語を非アルファベットの文字で分割する
  words=[s.lower() for s in splitter.split(doc)
          if len(s)>2 and len(s)<20]
  # ユニークな単語のみの集合を返す
  return dict([(w,1) for w in words])
```

この関数はテキスト中の2文字以上の文字を単語と見なして単語に分割する。すべての単語は小文字に変換される[†]。

何を特徴として利用するか決めることは非常に重要で難しい問題である。**特徴**は頻繁に出現する十分にありふれたものでなければいけないが、ありふれすぎていてすべてのドキュメントに出現するようなものであってはならない。たとえば理論的にはあるドキュメント丸ごとを一つの特徴とみなすこともできるが、まったく同じ内容のメールメッセージを何度も受け取るような場合でなければ、そのようなことをしても無意味である。また、逆の極端な例として、一つ一つの文字のそれぞれを特徴として捉えることもできるが、これらはすべてのメールメッセージに出現しそうなため、欲しいドキュメントとそうでないドキュメントを分類するという作業には役に立たない。単語を特徴として利用することを選んだ場合には、どのように単語を分割するかという問題が出てくる[‡]。どの句読点を含むのか？　また、ヘッダ情報は含まれるべきか？　ということも考慮しなくてはならない。

特徴について考慮する際には、選んだ特徴たちで、ドキュメントの集合を目的のカテゴリたちにどの程度うまく分類できるかということを考慮しなくてはならない。たとえば、上記のgetwordsのコードは小文字に変換することで、特徴を減らしてしまっている。小文字へ変換すると、文の頭に来るような大文字から始まる単語と、文中のすべて小文字の単語を同じものとして認識することを意味する。この二つは通常は同じ意味を持つために、これはよいことである。しかし、これではスパムメッセージではよく大文字だけの単語が用いられるという事実を完全に見落としてしまう。これはスパムと非スパムに分類する上で必要不可欠な特徴かもしれない。これに代わる代替案としては、半分以上の単語が大文字であることを一つの特徴と見なすやりかたがあるだろう。

このように、特徴たちの選択は多くのトレードオフを含み、際限なく改良を続けなければならないような問題である。さしあたり、あなたは先ほどのシンプルなgetwordsを利用することができる。本章の後半で特徴たちを抽出する方法を改良するためのアイデアをいくつか見ていく。

6.3　分類器のトレーニング

本章で検討していく分類器はトレーニングを重ねるにつれ、ドキュメントの分類の仕方について学習していく。あなたが4章で目にしたニューラルネットワークもそうだったが、本書に出てくるアルゴリズムの多くは正答例を読み取ることで学習する。例となるドキュメントたちとその正しい分類に出会えば出会うほど、この分類器はよりよい予測をするようになる。この分類器は最初は不正確だが、識別のためにはどの特徴が重要であるかという事について学んでいくにつれ、正確性を増していく。

まず必要なのは分類器を表すクラスである。このクラスはこれまで分類器が何を学んで来たかということをカプセル化する。モジュールをこのような構造にすることの良い点は、さまざまなユーザ、グループ、クエリに対して複数の分類器をインスタンス化することができるため、それぞれのグループの

[†]　訳注：日本語の場合のgetwordsは付録Cを参照。
[‡]　訳注：これは日本語の場合は特に問題になる。付録Cを参照。

ニーズに反応するよう、別々にトレーニングすることができる点である。doccless.pyにclassifierという名前のクラスを作ろう。

```python
class classifier:
  def __init__(self,getfeatures,filename=None):
    # 特徴/カテゴリのカウント
    self.fc={}
    # それぞれのカテゴリの中のドキュメント数
    self.cc={}
    self.getfeatures=getfeatures
```

インスタンス変数としてはfc、cc、getfeaturesの三つが存在する。変数fcはそれぞれのカテゴリ中でのそれぞれの特徴の数を保持する。例を挙げる。

```
{'python': {'bad': 0, 'good': 6}, 'the': {'bad': 3, 'good': 3}}
```

これは"the"という単語はbadにされたドキュメントに3回出現し、goodに分類されたドキュメントの中では3回出現しているということを示している。"Python"という単語はgoodなドキュメント中のみに出現している。

変数ccはそれぞれの分類が使われた回数をおさめたディクショナリである。これは確率の計算（後で説明する）に必要である。最後のインスタンス変数であるgetfeaturesには分類されるアイテムから特徴を抽出するために利用される関数が入る。この例では、たった今あなたが定義したgetwordsがこれに該当する。

このクラス中のメソッドではこれらのディクショナリを直接扱うようなことはしない。そうしてしまうと、後でトレーニングのデータをファイルやデータベースに格納する際にやりづらくなってしまうからだ。カウントを取得したり、増やすための補助メソッドをclassifierの中に作ろう。

```python
# 特徴/カテゴリのカウントを増やす
def incf(self,f,cat):
  self.fc.setdefault(f,{})
  self.fc[f].setdefault(cat,0)
  self.fc[f][cat]+=1

# カテゴリのカウントを増やす
def incc(self,cat):
  self.cc.setdefault(cat,0)
  self.cc[cat]+=1

# あるカテゴリの中に特徴が現れた数
def fcount(self,f,cat):
  if f in self.fc and cat in self.fc[f]:
    return float(self.fc[f][cat])
```

```
    return 0.0

# あるカテゴリ中のアイテムたちの数
def catcount(self,cat):
  if cat in self.cc:
    return float(self.cc[cat])
  return 0

# アイテムたちの総数
def totalcount(self):
  return sum(self.cc.values())

# すべてのカテゴリたちのリスト
def categories(self):
  return self.cc.keys()
```

次のtrain関数はアイテム（この場合はドキュメント）とカテゴリを引数として受け取る。クラスのgetfeatures関数を使ってアイテムを特徴に分割する。そしてincfを呼び出してこのカテゴリ中の特徴たちのカウントを増やす。最後にこのカテゴリのカウントを増加させる。classifierの中にtrain関数を追加しよう。

```
def train(self,item,cat):
  features=self.getfeatures(item)
  # このカテゴリ中の特徴たちのカウントを増やす
  for f in features:
    self.incf(f,cat)
  # このカテゴリのカウントを増やす
  self.incc(cat)
```

Pythonのセッションでこのモジュールをインポートすることでクラスがちゃんと動作しているか確認することができる。

```
$ python
>>> import docclass
>>> cl=docclass.classifier(docclass.getwords)
>>> cl.train('the quick brown fox jumps over the lazy dog','good')
>>> cl.train('make quick money in the online casino','bad')
>>> cl.fcount('quick','good')
1.0
>>> cl.fcount('quick','bad')
1.0
```

分類器を作るたびに手作業でトレーニングするのは面倒なので、サンプルとなるトレーニングデータを自動的に流し込むメソッドがあると便利である。次の関数をdocclass.pyの冒頭に付け加えよう。

```
def sampletrain(cl):
  cl.train('Nobody owns the water.','good')
  cl.train('the quick rabbit jumps fences','good')
  cl.train('buy pharmaceuticals now','bad')
  cl.train('make quick money at the online casino','bad')
  cl.train('the quick brown fox jumps','good')
```

6.4　確率を計算する

これであなたはそれぞれのカテゴリにメールメッセージが出現するカウントを保持していることになる。次のステップとして、この数字を確率に変換する。確率とは0から1の間の数字であり、あるイベントがどれくらい起こりうるかということを表す。この場合、ある単語が特定のカテゴリに存在する確率を求めることができる。そのためには特定のカテゴリに属するドキュメントたちの中にその単語が存在する数を、そのカテゴリに属するドキュメントの総数で割るとよい。

fprobという名前のメソッドをclassifierクラスに付け足そう。

```
def fprob(self,f,cat):
  if self.catcount(cat)==0: return 0
  # このカテゴリ中にこの特徴が出現する回数を、このカテゴリ中のアイテムの総数で割る
  return self.fcount(f,cat)/self.catcount(cat)
```

これは条件付き確率と呼ばれており、通常は$Pr(A \mid B)$のように書かれる。「Bが起こったという条件のもとでAが起こる確率」である。この例の場合、あなたが算出した数字は$Pr(単語 \mid カテゴリ)$であり、これは与えられたカテゴリに特定の単語が出現する確率となる。

この関数をPythonのセッション中でテストすることができる。

```
>>> reload(docclass)
<module 'docclass' from 'docclass.py'>
>>> cl=docclass.classifier(docclass.getwords)
>>> docclass.sampletrain(cl)
>>> cl.fprob('quick','good')
0.66666666666666663
```

"quick"という単語はgoodに分類された三つのドキュメントのうち、二つに出現する。これは$Pr(quick \mid good) = 0.666\ (2/3)$であり、2/3の確率でgoodなドキュメントはこの単語を含んでいるということを意味する。

6.4.1　推測を始める

このfprobメソッドは過去に見て来た特徴とカテゴリについて正確な結果を返してくれるが、それ

までに見て来た情報のみを利用するため、トレーニングの初期の間や、まれにしか出現しない単語については注意を要する。たとえばサンプルのトレーニングデータでは、"money"という単語は一つのドキュメントにしか出現せず、そのドキュメントはカジノの広告だったため、badに分類されている。このように"money"はbadなドキュメント中にのみ存在し、goodなドキュメント中には存在しないため、fprobを利用して算出したgoodなカテゴリに出現する可能性は現在は0となる。しかし"money"という単語は、たまたま最初にbadなドキュメント中に出現しただけであり、それ自体はbadであるともgoodであるとも断定はできない単語なので、この確率をいきなり0にするのは極端すぎる。それよりも単語が同じカテゴリのドキュメントで見つかるにつれ、値をだんだんと0に近づけるやり方の方がはるかに現実的である。

この問題を避けるため、ある特徴に関する情報がほとんどない場合に利用する**仮の確率**を決めておく必要がある。これはまずは0.5にしてみるとよい。また、この仮の確率にどの程度の重みを持たせるかを決めておく必要がある。もしこの重みが1であれば、仮の確率は1つの単語と同程度重み付けされることになる。この重み付き確率は、実例を基に算出した確率と仮の確率の平均に重みをつけて返す。

先ほどの"money"で例を挙げて説明すると、"money"の重み付き確率は最初はすべてのカテゴリで0.5である。分類器が一つのbadなドキュメントでトレーニングし、"money"はbadカテゴリに当てはまるとした場合、badの確率は0.75となる。これは次のような計算式から算出される。

```
(重み*仮確率 + count*fprob)/(count+重み)
= (1*0.5+1*1.0)/(1.0 + 1.0)
= 0.75
```

weightedprobのためのメソッドをあなたのclassifierクラスに付け加えよう。

```
def weightedprob(self,f,cat,prf,weight=1.0,ap=0.5):
  # 現在の確率を計算する
  basicprob=prf(f,cat)

  # この特徴がすべてのカテゴリ中に出現する数を数える
  totals=sum([self.fcount(f,c) for c in self.categories()])

  # 重み付けした平均を計算
  bp=((weight*ap)+(totals*basicprob))/(weight+totals)
  return bp
```

これでこの関数をPythonのセッションで試すことができる。まずはモジュールをリロードしよう。クラスの新しいインスタンスにはこれまでのトレーニングは入っていないので、sampletrainメソッドを再び走らせよう。

```
>>> reload(docclass)
<module 'docclass' from 'docclass.pyc'>
>>> cl=docclass.classifier(docclass.getwords)
>>> docclass.sampletrain(cl)
>>> cl.weightedprob('money','good',cl.fprob)
0.25
>>> docclass.sampletrain(cl)
>>> cl.weightedprob('money','good',cl.fprob)
0.16666666666666666
```

見ての通りsampletrainを再び走らせることによって、この分類器は仮の確率から離れ、単語の確率についてより自信を持つようになった。

仮の確率として0.5を利用しているのは、単純にそれが0と1の真ん中であるというだけの理由だけからだ。しかし、あなたはもっとよい背景知識を持っている場合も考えられる。そのような知識は、まったくトレーニングしていない分類器に対してさえ適用することができる。たとえば、スパムフィルタのトレーニングを始める人が、すでにトレーニングしてあるスパムフィルタを仮の確率として用いることができる。このユーザはスパムフィルタをこれから自分用にパーソナライズしていくことができるにも関わらず、このフィルタは滅多に出会わないような単語に対してもより上手く対処することができる。

6.5　単純ベイズ分類器

あるドキュメント中のそれぞれの単語が、それぞれのカテゴリに属する確率たちを求めた後は、ドキュメントに含まれている個々の単語の確率をまとめあげて、丸ごと一つのドキュメントが与えられたカテゴリに属する確率を取得する方法が必要となる。本章では2種類の分類の手法について検討していく。両方とも多くのシチュエーションでうまく動作するが、特定のタスクに対してのパフォーマンスの程度はそれぞれ異なる。このセクションでカバーする分類器は**単純ベイズ分類器**と呼ばれるものである。

この手法が**単純**と呼ばれるのは、組み合わされた確率は互いに独立していると見なしているからである。つまり、ある単語が特定のカテゴリに属するドキュメントに存在したとしても、その事は他の単語がそのカテゴリに存在する確率には関わりがないと見なしている。これは実際には誤った仮定である。たとえば、"casino"という単語を含んだドキュメントとPythonのプログラミングについて語っているドキュメントが存在すれば、前者の方に"money"という単語より出現しやすい。

このように独立性の仮定が不正確であるということは、単純ベイズ分類器で計算した確率をそのままドキュメントがあるカテゴリに属している実際の確率として用いることはできないということを意味している。しかし、さまざまなカテゴリの結果を**比較**し、どれがもっとも高い確率を持っているかを知ることはできる。このやり方は完璧とはいえない仮定であるにも関わらず、ドキュメントを分類する方法として驚くほど効果的であるということが実生活中で証明されている。

6.5.1 ドキュメント全体の確率

この単純ベイズ分類器を使うには、まずはドキュメント全体の与えられたカテゴリでの確率を決めなければならない。先ほど述べたように、確率たちは独立していると見なしておく。これはつまり、ドキュメント全体の確率はそれぞれの確率を掛け合わせることで計算できるということである。

たとえば、"Python"という単語がbadなドキュメントの20%に出現するということをあなたは知っているとしよう。つまり $Pr(Python \mid Bad) = 0.2$ である。そして"casino"という単語はbadドキュメントの80%に出現するとする（ $Pr(Casino \mid Bad) = 0.8$ ）。すると両方の単語がbadなドキュメントに現れる独立した確率 $Pr(Python \ \& \ Casino \mid Bad)$ は $0.8 \times 0.2 = 0.16$ となる。このように、ドキュメント全体の確率というのは単にその文書中の独立した単語の確率を掛け合わせるだけでよい。

docclass.pyの中にclassifierのサブクラスとしてnaivebayesというクラスを作り、docprobという名前のメソッドを作ろう。このメソッドは特徴（単語）を抽出し、そのすべての確率を掛け合わせて全体の確率を計算する。

```
class naivebayes(classifier):
  def docprob(self,item,cat):
    features=self.getfeatures(item)
    # すべての特徴の確率を掛け合わせる
    p=1
    for f in features: p*=self.weightedprob(f,cat,self.fprob)
    return p
```

これであなたは $Pr(ドキュメント \mid カテゴリ)$ を計算する方法を理解した。しかし、それ自体ではあまり役に立たない。ドキュメントを分類するためには $Pr(カテゴリ \mid ドキュメント)$ が必要だ。言い換えると、これは与えられた特定のドキュメントがある特定のカテゴリに属する確率である。幸運なことにThomas Bayesというイギリスの数学者が250年程前にこれを知る方法を発見している。

6.5.2 ベイズの定理の簡単な紹介

ベイズの定理は条件付き確率をひっくり返す方法である。通常は次のように表記される。

$$Pr(A \mid B) = Pr(B \mid A) \times Pr(A)/Pr(B)$$

本章の例では次のようになる。

$$Pr(カテゴリ \mid ドキュメント) = Pr(ドキュメント \mid カテゴリ) \times Pr(カテゴリ)/Pr(ドキュメント)$$

ここまでのセクションでは $Pr(ドキュメント \mid カテゴリ)$ の算出の方法について述べて来たが、式

の中の他の2つの値についてはどうすればよいのだろう？ 実は$Pr($カテゴリ$)$はランダムに選ばれたドキュメントがこのカテゴリに属する確率なので、そのカテゴリ中に含まれているドキュメントの数をドキュメントの総数で割るだけで求められる。

$Pr($ドキュメント$)$については、やろうと思えば計算もできるが、わざわざやる必要はない。先ほど述べたようにこの計算の結果は実際の確率としては用いられない。その代わりにそれぞれのカテゴリの確率が別々に計算され、すべての結果が比較される。$Pr($ドキュメント$)$はどのカテゴリについても同じなので、無視してしまっても問題ない。

次のprobメソッドはカテゴリの確率を計算し、$Pr($ドキュメント $\mid$ カテゴリ$)$と$Pr($カテゴリ$)$を掛け合わせた結果を返す。naivebayesクラスに追加しよう。

```python
def prob(self,item,cat):
    catprob=self.catcount(cat)/self.totalcount()
    docprob=self.docprob(item,cat)
    return docprob*catprob
```

この関数をPythonのセッションで試してみて、いろいろな文字列とカテゴリで数字がどのように変わるかを見てみよう。

```
>>> reload(docclass)
<module 'docclass' from 'docclass.pyc'>
>>> cl=docclass.naivebayes(docclass.getwords)
>>> docclass.sampletrain(cl)
>>> cl.prob('quick rabbit','good')
0.15624999999999997
>>> cl.prob('quick rabbit','bad')
0.050000000000000003
```

トレーニングデータに基づくと"quick rabbit"はbadカテゴリではなく、goodカテゴリの候補であると考えられている。

6.5.3 カテゴリの選択

単純ベイズ分類器を作り上げるための最後のステップは、新しいアイテムがどのカテゴリに属するのかを実際に決めることである。もっとも単純なやり方は、このアイテムがそれぞれのカテゴリに属する確率を計算し、もっとも確率の高いカテゴリを選ぶ方法である。もしあなたが何かについて、それがもっともふさわしい場所を決めるということがやりたいのであれば、これはふさわしいやり方である。しかし、多くのアプリケーションではカテゴリはすべて同等であるという風には考えられないし、またアプリケーションによっては、分類器が確率がわずかに高いカテゴリを無理に選んでしまうより、どれを選ぶべきか分からないということを認める方がよい場合もある。

スパムフィルタリングの場合でいうと、スパムメッセージを一つも取りこぼさないで捕まえることよ

りも、スパムではないメールをスパムに分類してしまう危険性を避けることが遥かに重要である。受信箱にたまにスパムメッセージが入り込むくらいであれば我慢もできるが、重要なメールがジャンクメールとして自動的にフィルタされてしまうと完璧に見逃してしまう。もし、ときどきジャンクメールのフォルダ内に重要なメールが紛れていないか探さなければならないのであれば、スパムフィルタを利用する意味がない。

この問題に対処するためには、それぞれのカテゴリに対して最低限のしきい値を設定するとよい。新しいアイテムが特定のカテゴリに分類されるには、そのアイテムがそのカテゴリに属する確率が、そのアイテムがその他のカテゴリに属する確率より、特定の値以上に高くなければならないようにする。この特定の値がしきい値である。スパムフィルタリングの場合、badにフィルタされるしきい値は、goodに分類される確率より3倍高くなるよう3にする。goodのしきい値は、badカテゴリの確率より高ければなんでもgoodになるように1にする。badに対する確率の方が高くても、goodよりも3倍高い値に達しないメッセージについてはunknownに分類する。

これらのしきい値を設定するため、classifierの初期化のメソッドを変更し、新たなインスタンス変数を加える。naivebayesクラスに__init__を追加しよう。

```
def __init__(self,getfeatures):
  classifier.__init__(self,getfeatures)
  self.thresholds={}
```

しきい値をセットしたり、取得するためのシンプルなメソッドを付け加える。値を取得する際、デフォルトでは1を返すようにする。

```
def setthreshold(self,cat,t):
  self.thresholds[cat]=t

def getthreshold(self,cat):
  if cat not in self.thresholds: return 1.0
  return self.thresholds[cat]
```

これであなたはclassifyメソッドを作ることができる。このメソッドはそれぞれのカテゴリの確率を計算し、もっとも大きいものを決定する。そしてそれが2番目に大きなものをそのしきい値分以上超えているかを確認する。もし、どのカテゴリもこれを成し遂げられなければ、このメソッドは引数defaultで指定された値を返す。次のメソッドをnaivebayesに追加しよう。

```
def classify(self,item,default=None):
  probs={}
  # もっとも確率の高いカテゴリを探す
  max=0.0
  for cat in self.categories():
```

```
    probs[cat]=self.prob(item,cat)
    if probs[cat]>max:
      max=probs[cat]
      best=cat

  # 確率がしきい値*2番目にベストなものを超えているか確認する
  for cat in probs:
    if cat==best: continue
    if probs[cat]*self.getthreshold(best)>probs[best]: return default
  return best
```

これであなたはドキュメントを分類するシステムを完璧に作り上げたことになる！ このシステムは、特徴を抽出するためのメソッドを作ることで、ドキュメント以外のものも分類できるように拡張することもできる。

```
>>> reload(docclass)
<module 'docclass' from 'docclass.pyc'>
>>> cl=docclass.naivebayes(docclass.getwords)
>>> docclass.sampletrain(cl)
>>> cl.classify('quick rabbit',default='unknown')
'good'
>>> cl.classify('quick money',default='unknown')
'bad'
>>> cl.setthreshold('bad',3.0)
>>> cl.classify('quick money',default='unknown')
'unknown'
>>> for i in range(10): docclass.sampletrain(cl)
...
>>> cl.classify('quick money',default='unknown')
'bad'
```

あなたはしきい値を変更して結果がどのように変化するかを確認することももちろんできる。スパムフィルタのプラグインの中には、通常のメッセージがスパムと判定されてしまったり、多くのスパムが受信箱に入ってしまったりする事を調整するために、しきい値をユーザの手で設定することができるものもある。ドキュメントフィルタリングを含んだアプリケーションを作る時には、アプリケーションの性質によってしきい値は変わってくる。すべてのカテゴリを同等に扱う場合もあるだろうし、unknownに分類することがふさわしくないような場合もあるだろう。

6.6　フィッシャー法

R.A.Fisherに由来して名付けられたフィッシャー法は非常に正確な結果を生み出してくれる。特にスパムのフィルタリングで役に立つ。フィッシャー法はPythonで書かれたOutlookのプラグインであ

るSpamBayesで利用されている。ドキュメントの確率を算出するために特徴の確率たちを利用する単純ベイズフィルタとは異なり、フィッシャー法ではドキュメント中のそれぞれの特徴のあるカテゴリでの確率たちを算出し、それらをまとめた確率の集合がランダムな集合と比較して高いか低いかをテストする。この方法は互いに比較可能な、それぞれのカテゴリでの確率も返す。この手法は複雑な手法ではあるが、カテゴリの境界を選択する場合、非常にフレキシブルに動作するので、学ぶ価値がある。

6.6.1 特徴たちのカテゴリの確率

これまで見てきた単純ベイズフィルタでは、ドキュメント全体の確率を得るためにすべての$Pr(特徴 | カテゴリ)$をつなぎ合わせ、最後にそれを反転させていた。このセクションでは、特定の特徴を含むドキュメントが、与えられたカテゴリに属する確率を計算することから始める。つまり、$Pr(カテゴリ | 特徴)$である。もし"casino"という単語が500個のドキュメント中に存在し、その499個がbadカテゴリに存在するとしたら、"casino"はbadのカテゴリとして1に非常に近いスコアになる。

$Pr(カテゴリ | 特徴)$を計算する方法は普通は次のようになる。

(その特徴を持つドキュメントがこのカテゴリ中に存在する数) / (その特徴を持つドキュメントの総数)

この計算は、一つのカテゴリに非常に多くのドキュメントが集中してしまう可能性については考慮していない。もしgoodのドキュメントの数が非常に多くて、badのドキュメントがほとんどないような場合、あるメッセージがたとえgoodとbadに同程度出現しそうな文書であっても、badドキュメントのすべてに出現するような単語は、badに対する確率が非常に大きくなってしまう。この方法がうまくいくのはそれぞれのカテゴリ中のドキュメントの数が将来的には同じような数になるような場合である。そのような場合、カテゴリたちを区別できるような特徴たちを活用することができる。

この計算を行うため、メソッドは次の三つを算出する。

- *clf* = このカテゴリの $Pr(特徴 | カテゴリ)$
- *freqsum* = すべてのカテゴリの $Pr(特徴 | カテゴリ)$ の合計
- *cprob = clf / (clf+nclf)*

fisherclassifierという名前でclassifierのサブクラスをdocclass.pyに作り、次のメソッドを付け加えよう。

```
class fisherclassifier(classifier):
  def cprob(self,f,cat):
    # このカテゴリ中でのこの特徴の頻度
    clf=self.fprob(f,cat)
    if clf==0: return 0
```

```
# すべてのカテゴリ中でのこの特徴の頻度
freqsum=sum([self.fprob(f,c) for c in self.categories()])
# 確率はこのカテゴリでの頻度を全体の頻度で割ったもの
p=clf/(freqsum)
return p
```

この関数は特定の特徴を持ったアイテムが指定のカテゴリに属する確率を返す。それぞれのカテゴリには同じ数のアイテムが含まれていると仮定している。Pythonのセッションを利用して、これらの数字が実際にどのようになるか確認することができる。

```
>>> reload(docclass)
>>> cl=docclass.fisherclassifier(docclass.getwords)
>>> docclass.sampletrain(cl)
>>> cl.cprob('quick','good')
0.57142857142857151
>>> cl.cprob('money','bad')
1.0
```

このメソッドは"money"という単語を含んでいるドキュメントは1.0の確率でスパムであるということを示している。これはトレーニングデータと合致するが、トレーニングする単語の数が少ない際には、その確率を非常に高くしすぎてしまうおそれがある。そのため、先ほどと同様、重み付き確率を利用するとよい。0.5から初め、クラスがトレーニングされるにつれ確率が揺れ動くようにする。

```
>>> cl.weightedprob('money','bad',cl.cprob)
0.75
```

6.6.2 確率を統合する

全体の確率を見つけ出すため、それぞれの特徴たちの確率をまとめあげる必要がある。理論的には単純にすべてを掛け合わせることでカテゴリ同士で比較する際に使えるような確率を算出することができる。もちろん、特徴というものは独立している訳ではないのでこれは実際の確率であるとは言えないが、先ほどのベイジアンフィルタと同じように役立てることはできる。フィッシャー法はよりすぐれた確率の見積もりを返すため、結果をレポートしたり、境界面を決定する際に非常に訳に立つ。

フィッシャー法ではすべての確率を掛け合わせ、自然対数（Pythonのmath.logを使う）を取り、-2倍する。この計算を行うメソッドをfisherclassifierに付け加えよう。

```
def fisherprob(self,item,cat):
    # すべての確率を掛け合わせる
    p=1
    features=self.getfeatures(item)
    for f in features:
        p*=(self.weightedprob(f,cat,self.cprob))
```

```
# 自然対数をとり-2を掛け合わせる
fscore=-2*math.log(p)
# 関数chi2の逆数を利用して確率を得る
return self.invchi2(fscore,len(features)*2)
```

フィッシャーは、もし確率が独立かつランダムであれば、計算結果はカイ2乗分布に従うことを示した。特定のカテゴリに属していないアイテムはそのカテゴリへのさまざまな確率を持つ単語 (ランダムに出現する) で構成されており、逆にそのカテゴリに属しているアイテムは数多くの高い確率を持った単語で構成されていると期待できる。フィッシャー法による計算結果をカイ2乗関数の逆数にかけることで、ランダムな確率たちの集合が返すであろう高い数値を得られる。

このカイ2乗の逆数のための関数をfisherclassifierクラスに付け加えよう。

```
def invchi2(self,chi,df):
  m = chi / 2.0
  sum = term = math.exp(-m)
  for i in range(1, df//2):
    term *= m / i
    sum += term
  return min(sum, 1.0)
```

この関数を再びPythonのセッションで実行し、フィッシャー法によるスコアがどうなるか試してみることができる。

```
>>> reload(docclass)
>>> cl=docclass.fisherclassifier(docclass.getwords)
>>> docclass.sampletrain(cl)
>>> cl.cprob('quick','good')
0.57142857142857151
>>> cl.fisherprob('quick rabbit','good')
0.78013986588957995
>>> cl.fisherprob('quick rabbit','bad')
0.35633596283335256
```

ご覧の通り、結果は常に0から1の間となる。これらの数字はドキュメントがカテゴリにどの程度適合しているかを表すよい指標である。これにより分類器をさらに洗練されたものにすることができる。

6.6.3 アイテムを分類する

fisherprobによって返された値を利用してカテゴリを決めることができる。ベイジアンフィルタのようにしきい値を掛け合わせるのではなく、それぞれのカテゴリの下限値を決めるとよい。この分類器はその範囲内でもっとも高い値を返す。スパムフィルタでは、badカテゴリへの下限値はかなり高めに設定する。0.6程度がよいだろう。good分野への下限値はそれより遥かに低くするとよい。0.2が適当だ

ろう。これにより、goodなメールが誤ってbadに分類される危険を減らし、多少のスパムが受信箱に振り分けられることを許可するようになる。goodへのスコアが0.2より小さくて、badへのスコアが0.6より大きいものはunknownに振り分けられる。

fisherclassifierに下限値を保存するための変数とinitメソッドを作ろう。

```
def __init__(self,getfeatures):
  classifier.__init__(self,getfeatures)
  self.minimums={}
```

これらの値をセットしたり、取得するためのメソッドをいくつか用意しよう。デフォルトの値は0にする。

```
def setminimum(self,cat,min):
  self.minimums[cat]=min

def getminimum(self,cat):
  if cat not in self.minimums: return 0
  return self.minimums[cat]
```

最後に、それぞれのカテゴリの確率たちを計算し、特定の下限値を超え、かつベストな結果を決定するメソッドを付け加える。

```
def classify(self,item,default=None):
  # もっともよい結果を探してループする
  best=default
  max=0.0
  for c in self.categories():
    p=self.fisherprob(item,c)
    # 下限値を超えていることを確認する
    if p>self.getminimum(c) and p>max:
      best=c
      max=p
  return best
```

フィッシャーのスコアリング法を利用した分類器を、テストデータに対して試してみることができる。Pythonのセッションで次のように入力してみよう。

```
>>> reload(docclass)
<module 'docclass' from 'docclass.py'>
>>> cl=docclass.fisherclassifier(docclass.getwords)
>>> cl.setdb('test.db')
>>> docclass.sampletrain(cl)
```

```
>>> cl.classify('quick rabbit')
'good'
>>> cl.classify('quick money')
'bad'
>>> cl.setminimum('bad',0.8)
>>> cl.classify('quick money')
'good'
>>> cl.setminimum('good',0.4)
>>> cl.classify('quick money')
'good'
```

　結果は単純ベイジアン分類器の時と同じようになる。フィッシャー分類器は実際にスパムフィルタリングに利用する場合、ベイズ分類器よりも効果があると信じられているが、このように少ないトレーニングセットでははっきりとは確認できない。どの分類器を使うべきかということは、あなたの作りたいアプリケーションによって異なる。また、どの分類器がよい効果をあげるかとか、どのような下限値を設定するべきかということを事前に簡単に予測する方法というものはない。しかし、幸運にも、ここで紹介したコードを利用すればこの二つのアルゴリズムをさまざまな設定を用いて実験することが簡単にできる。

6.7　トレーニング済みの分類器を保存する

　実世界のアプリケーションでは、一度のセッションですべてのトレーニングと分類が完了するということはほとんどない。分類器がWebベースのアプリケーションの一部として利用される場合には、ユーザがアプリケーションを利用している間のトレーニングデータは保存されるべきであり、次回ユーザがログインした時にはそれを復元するべきである。

6.7.1　SQLiteを利用する

　このセクションではあなたの分類器のためのトレーニング情報をSQLiteというデータベースに保存する方法について紹介する。もしアプリケーションが多くのユーザによって同時にトレーニングされたり、利用されるのであれば、それぞれのユーザの情報をデータベースに保存しておく方が賢明である。SQLiteは4章で利用したのと同じデータベースである。もしまだpysqliteをダウンロードしてインストールしていなければ、先に済ませておく必要がある†。インストールについての詳細は付録Aに載っている。PythonからSQLiteにアクセスするやり方は、その他のデータベースにアクセスするやり方たちと似ている。そのため、ここで紹介する方法は他のデータベースで使えるように容易に改造できる。

　pysqliteをインポートするために、docclass.pyの先頭に次の文を付け加えよう。

---

†　訳注：Pythonのバージョンが2.5以降であれば、sqlite3という名前のモジュールが付属している。

```
from pysqlite2 import dbapi2 as sqlite
```

現在classifierクラスの中のデータを保存しているディクショナリの部分をこのセクションのコードで置き換える。classifierに、この分類器のためのデータベースをオープンし必要な場合にテーブルを作成するメソッドを追加する。このテーブルたちは置き換えるディクショナリたちと同じ構造を持っている。

```
def setdb(self,dbfile):
  self.con=sqlite.connect(dbfile)
  self.con.execute('create table if not exists fc(feature,category,count)')
  self.con.execute('create table if not exists cc(category,count)')
```

もしこれを他のデータベースに適用したいなら、そのシステムで動作するようにcreate table文を変更する必要がある。

カウントを取得したり、増やすためのすべての補助メソッドたちを変更する必要がある。

```
def incf(self,f,cat):
  count=self.fcount(f,cat)
  if count==0:
    self.con.execute("insert into fc values ('%s','%s',1)"
                     % (f,cat))
  else:
    self.con.execute("update fc set count=%d where feature='%s' and category='%s'"
                     % (count+1,f,cat))

def fcount(self,f,cat):
  res=self.con.execute('select count from fc where feature="%s" and category="%s"'
                       %(f,cat)).fetchone()
  if res==None: return 0
  else: return float(res[0])

def incc(self,cat):
  count=self.catcount(cat)
  if count==0:
    self.con.execute("insert into cc values ('%s',1)" % (cat))
  else:
    self.con.execute("update cc set count=%d where category='%s'"
                     % (count+1,cat))

def catcount(self,cat):
  res=self.con.execute('select count from cc where category="%s"'
                       %(cat)).fetchone()
  if res==None: return 0
  else: return float(res[0])
```

カテゴリすべてのリストとドキュメントの総数を取得するためのメソッドも置き換える必要がある。

```
def categories(self):
  cur=self.con.execute('select category from cc')
  return [d[0] for d in cur]

def totalcount(self):
  res=self.con.execute('select sum(count) from cc').fetchone()
  if res==None: return 0
  return res[0]
```

トレーニングを行いすべてのカウントが更新された後で、データが保存されるようトレーニング後に`commit`を付け加える必要がある。次の行を`classifier`の`train`メソッドの最後に付け加えよう。

```
self.con.commit()
```

これでよい！　分類器を初期化したあとは、データベースファイルの名前とともに`setdb`メソッドを呼び出す必要がある。すべてのトレーニングは自動的に保存され、誰でも利用できるようになる。あるタイプの分類器のためのトレーニングデータを異なるタイプの分類器に対して利用することさえできる。

```
>>> reload(docclass)
<module 'docclass' from 'docclass.py'>
>>> cl=docclass.fisherclassifier(docclass.getwords)
>>> cl.setdb('test1.db')
>>> docclass.sampletrain(cl)
>>> cl2=docclass.naivebayes(docclass.getwords)
>>> cl2.setdb('test1.db')
>>> cl2.classify('quick money')
u'bad'
```

6.8　Blogフィードをフィルタする

現実のデータに対してこの分類器を試したり、さまざまな使い方を試すには、ブログからのエントリやその他のRSSフィードに対して適用してみるとよい。そのためには3章で利用したUniversal Feed Parserが必要である。もしまだダウンロードしていないのであればhttp://feedparser.orgから手に入れるとよい。Feed Parserについての更なる情報は付録Aに書いてある。

　ブログは必ずしもエントリにスパムを含んでいないかもしれないが、多くのブログには、あなたが面白いと思うような記事とそうでないような記事が含まれている。これはあなたが特定のカテゴリの記事か、特定の筆者によって書かれた記事だけを読みたがることも原因の一つではあるだろうが、それ以

外にも原因があることがあるだろう。先ほど述べたように、あなたが好きなものとそうでないものを見分ける特定のルールを作ることはできる。例えば「ガジェットに関するブログは読むがその中でも"携帯電話"という単語を含んだものは読まない」というようなルールを作ることはできる。しかし、わざわざそのようなルールを考えだすよりも、さきほどあなたが作った分類器を使う方が遥かに楽である。

　RSSフィード中のエントリを分類することの便利な点の一つとして、Googleブログ検索のようなブログ検索ツールを利用すれば、検索の結果をフィードリーダに設定できるという点が挙げられる。多くの人々は製品や興味があるものを追跡するためにこのようなことを行っている。自分の名前を追跡するために行っている人さえいる。検索結果の中には、ブログを利用してお金を稼ごうとしているスパムや役に立たないブログたちも出現することに気づくだろう。

　この例題に取り組むにあたり、あなたの好きなフィードを利用することもできる。しかし多くのフィードはエントリが少なすぎて効果的なトレーニングを行えないだろう。ここではGoogle Blog Searchで"Python"という単語を検索した際のRSSフォーマットの結果を用いる。これはhttp://kiwitobes.com/feeds/python_search.xmlからダウンロードできる。

　feedfilter.pyというファイルを作り、次のコードを入力しよう。

```python
import feedparser
import re


# ブログフィードのURLのファイル名を受け取り、エントリを分類する
def read(feed,classifier):
  # フィードのエントリたちを取得し、ループする
  f=feedparser.parse(feed)
  for entry in f['entries']:
    print
    print '-----'
    # エントリの内容を表示する
    print 'Title: '+entry['title'].encode('utf-8')
    print 'Publisher: '+entry['publisher'].encode('utf-8')
    print
    print entry['summary'].encode('utf-8')

    # 分類器に渡すアイテムを作るため、すべてのテキストを結合する
    fulltext='%s\n%s\n%s' % (entry['title'],entry['publisher'],entry['summary'])

    # 現在のもっともよいカテゴリの候補を出力
    print 'Guess: '+str(classifier.classify(fulltext))

    # ユーザに正しいカテゴリを尋ね、それを基にトレーニングする
    cl=raw_input('Enter category: ')
    classifier.train(fulltext,cl)
```

この関数はすべてのエントリをループし、分類器を利用してそのカテゴリを推測する。その候補をユーザに提示して、正しいカテゴリを尋ねる。このコードを最初に走らせる時には推測はランダムに行われる。しかしこれは時間とともに改良されていく。

あなたが作った分類器は完全に汎用的である。コードのそれぞれの断片を説明するためにスパムフィルタリングを例にしたが、実はカテゴリは何であってもいい。python_search.xmlを使う場合は、4つのカテゴリが考えられる——プログラミング言語、モンティパイソン、蛇のPython、そしてそれ以外である。Pythonのセッションを起動して分類器をセットアップし、それをfeedfilterに渡すことで対話的なフィルタを走らせてみよう。

```
>>> import feedfilter
>>> cl=docclass.fisherclassifier(docclass.getwords)
>>> cl.setdb('python_feed.db') # SQLiteで実装している場合
>>> feedfilter.read('python_search.xml',cl)


Title: My new baby boy!
Publisher: Shetan Noir, the zombie belly dancer! - MySpace Blog

This is my new baby, Anthem. He is a 3 and half month old ball <b>python</b>,
orange shaded normal pattern. I have held him about 5 times since I brought him
home tonight at 8:00pm...
Guess: None
Enter category: snake


Title: If you need a laugh...
Publisher: Kate&#39;s space

Even does 'funny walks' from Monty <b>Python</b>. He talks about all the ol'
Guess: snake
Enter category: monty


Title: And another one checked off the list..New pix comment ppl
Publisher: And Python Guru - MySpace Blog

Now the one of a kind NERD bred Carplot male is in our possesion. His name is Broken
(not because he is sterile) lol But check out the pic and leave one
Guess: snake
Enter category: snake
```

時とともに、推測が改善されていく様子が確認できるだろう。蛇に関するサンプルは多くないため、分類器は時々間違えてしまう。これは蛇に関する投稿は、さらにペットの蛇とファッションに関連する投稿に分けられることにも原因がある。トレーニングを走らせた後は、特徴に対する確率を出すことが

できる。与えられたカテゴリに対する単語の確率と、与えられた単語に対するカテゴリの確率の両方が求められる。

```
>>> cl.cprob('python','prog')
0.33333333333333331
>>> cl.cprob('python','snake')
0.33333333333333331
>>> cl.cprob('python','monty')
0.33333333333333331
>>> cl.cprob('eric','monty')
1.0
>>> cl.fprob('eric','monty')
0.25
```

"python"という単語についての確率はきっちり3等分されている。これはすべてのエントリがこの単語を含んでいることが原因である。"Eric"という単語はMonty Pythonに関するエントリの25%に出現し、その他のエントリには出現しない。そのため、与えられたカテゴリに対する単語の確率は0.25となり、与えられた単語に対するカテゴリの確率は1.0となる。

6.9 特徴の検出の改良

ここまでの例では、特徴のリストを作る関数は単語を分割するのに単純に非アルファベットを境にして単語を分けていた。また、この関数はすべての単語を小文字に変換するため、大文字単語の使い過ぎを検知することができない。これを改良する方法はいくつか存在する。

- 大文字のトークンと小文字のトークンを別々のものとして扱わず、たくさんの大文字が出現したら特徴として利用する。
- 個々の単語に加え、単語の集合も利用する。
- メタ情報をもっと捕捉する。たとえばメールメッセージの送り主、どのカテゴリにそのブログエントリは投稿されたのかなど。これらをメタ情報として注釈をつける。
- URLと数を完全な状態で保存する。

これは特徴をもっと特定する、というような単純な問題ではないということを覚えておこう。特徴たちは分類器に利用されるように、たくさんのドキュメント中に出現する必要がある。

classifierクラスにgetfeaturesとして渡す関数は、どのようなものであってもよい。classifierはアイテムのすべての特徴のリストかディクショナリが返されることを期待して、渡されたアイテムに対してこの関数を適用する。このように非常に汎用的なため、単なる文字列ではなくもっと複雑な型に対して動作する関数でも簡単に作ることができる。たとえば、ブログフィード中のエントリを分類する

際に、エントリから抽出されたテキストを受け取る代わりに、エントリを丸ごと受け取り、さまざまな単語がどの部分からのものなのか注釈をつけるような関数を作って利用することもできる。またテキスト本体からは単語の組を抜き出し、サブジェクトからは個々の単語を引き出すこともできる。それから、creatorフィールドを分割するのは意味をなさない。"John Smith"という人の投稿があったからといって、ファーストネームが"John"の人の投稿には何か意味があるということにはならないからだ。

　この新たな特徴を抽出するための関数をfeedfilter.pyに付け加えてみよう。これは引数として文字列ではなく、フィードのエントリを受け取ることに注意しよう。

```
def entryfeatures(entry):
  splitter=re.compile('\\W*')
  f={}

  # タイトルを抽出し、注釈をつける
  titlewords=[s.lower() for s in splitter.split(entry['title'])
          if len(s)>2 and len(s)<20]
  for w in titlewords: f['Title:'+w]=1

  # summaryの単語を抽出する
  summarywords=[s.lower() for s in splitter.split(entry['summary'])
        if len(s)>2 and len(s)<20]

  # 大文字の単語を数える
  uc=0
  for i in range(len(summarywords)):
    w=summarywords[i]
    f[w]=1
    if w.isupper(): uc+=1

    # summaryの単語の組たちを特徴として取得する
    if i<len(summarywords)-1:
      twowords=' '.join(summarywords[i:i+1])
      f[twowords]=1

  # creatorとpublisherはそのままにしておく
  f['Publisher:'+entry['publisher']]=1

  # 大文字が多すぎる場合UPPERCACEというフラグを立てる
  if float(uc)/len(summarywords)>0.3: f['UPPERCASE']=1

  return f
```

　この関数はこれまで利用していたgetwordsと同様にtitleとsummaryからすべての単語を抽出する[†]。抽出されたtitle中の単語たちは特徴として保持され、summary中の単語たちも特徴として付

[†] 訳注：日本語の使用については付録Cを参照。

け加えられる。そして連続した単語の組たちも特徴として付け加えられる。この関数はpublisherとcreatorは分割せずにそのまま付け加え、最後にsummary中の大文字の単語の数をカウントする。30パーセント以上の単語が大文字であれば、新たな特徴としてUPPERCASEという名前の特徴を付け加える。大文字には何らかの意味がある、というルールとは異なり、これは単に分類器がトレーニングに利用できる特徴たちのうちの一つにすぎない。そのため、ドキュメントのカテゴリを区別する際に、このことをまったく役に立てないこともある。

この新たなバージョンのfeedfilterを利用するには、関数にフルテキストではなく、エントリを渡すように変更する必要がある。最後の部分を次のように変更しよう。

```
# 現在のカテゴリのもっともよい候補を出力
print 'Guess: '+str(classifier.classify(entry))

# ユーザに正しいカテゴリを尋ね、それを基にトレーニングする
cl=raw_input('Enter category: ')
classifier.train(entry,cl)
```

これで特徴を抽出するための関数としてentryfeaturesを指定して、分類器を初期化できる。

```
>>> reload(feedfilter)
<module 'feedfilter' from 'feedfilter.py'>
>>> cl=docclass.fisherclassifier(feedfilter.entryfeatures)
>>> cl.setdb('python_feed.db') # DB版を使っている場合のみ
>>> feedfilter.read('python_search.xml',cl)
```

特徴たちについては改善の余地はいくらでもある。ここまであなたが作って来たフレームワークを基にすれば、特徴を抽出する関数を定義し、その関数を利用する分類器をセットアップすることができるだろう。これはあなたが作る特徴を抽出するための関数が、渡されたオブジェクトの特徴の集合を返す限り、どのようなオブジェクトでも分類することができる。

6.10 Akismetを利用する

テキスト分類のアルゴリズムたちからは多少離れてしまうが、アプリケーションによってはAkismetを利用すれば最小限の努力でスパムフィルタリングを構築することができる。自分で分類器を作成する必要を省いてくれる場合もある。

AkismetはWordPressのプラグインとしてスタートした。これは人々が自身のブログに投稿されたスパムコメントを報告できるというプラグインだった。新しいコメントは他の人々がスパムとして報告済みのコメントたちとの類似度を基にフィルタされる。現在、このAPIは公開されており、どのような文字列でもAkismetに送信することで、それがスパムであるかどうかの判定を受けることができる。

まず最初に必要なのはAkismetのAPIキーである。これはhttp://akismet.comから取得することができる。このキーは個人的な使用であれば無料であり、商用の利用の際にはいくつかのオプションが用意されている。AkismetのAPIは通常のHTTPリクエストと共に呼び出される。さまざまな言語のためのライブラリが書かれているが、このセクションではhttp://kemayo.wordpress.com/2005/12/02/akismet-pyのものを利用する。akismet.pyをダウンロードし、あなたのコードのディレクトリか、Pythonのライブラリのディレクトリに保存しておくとよい。

このAPIの使い方は非常にシンプルである。akismettest.pyという名前のファイルを作り、次の関数を付け加えよう。

```
import akismet

defaultkey = "YOURKEYHERE"
pageurl="http://yoururlhere.com"

defaultagent="Mozilla/5.0 (Windows; U; Windows NT 5.1; en-US; rv:1.8.0.7) "
defaultagent+="Gecko/20060909 Firefox/1.5.0.7"

def isspam(comment,author,ipaddress,
          agent=defaultagent,
          apikey=defaultkey):

  try:
    valid = akismet.verify_key(apikey,pageurl)
    if valid:
      return akismet.comment_check(apikey,pageurl,
        ipaddress,agent,comment_content=comment,
        comment_author_email=author,comment_type="comment")
    else:
      print 'Invalid key'
      return False

  except akismet.AkismetError, e:
    print e.response, e.statuscode
    return False
```

これで文字列を渡せば、それがブログ中のスパムコメントたちと類似しているかどうかを判定してくれるメソッドができた。Pythonのセッションで試してみよう。

```
>>> import akismettest
>>> msg='Make money fast! Online Casino!'
>>> akismettest.isspam(msg,'spammer@spam.com','127.0.0.1')
True
```

ユーザ名、エージェント、IPアドレスを変更して試してみて、結果がどのように変わるかを確認し

ておこう。

　Akismetは基本的にはブログに投稿されたスパムコメントに対して利用されるものであるため、メールメッセージのような、それ以外のタイプのドキュメントに対してはうまく動作しないかもしれない。また、分類器とは異なりパラメータをいじることはできないし、回答の根拠となる計算を見ることもできない。しかし、これはスパムコメントのフィルタリングに対しては非常に正確であり、比較に用いているドキュメントの数はあなたが収集できる数よりも遥かに膨大であるため、あなたのアプリケーションで試してみる価値はある。

6.11　その他の手法

　本章で作成した分類器は両方とも教師あり学習の手法の例であり、正しい結果によってトレーニングされることで予測が徐々によくなっていく。4章で検索結果のランキングに重み付けするのに用いた人工的なニューラルネットワークも教師あり学習の一例である。ニューラルネットワークは本章での問題に適用することもできる。その際は特徴たちを入力として用い、カテゴリの候補を出力にするとよい。同様に9章で紹介するサポートベクトルマシンも本章の問題に適用することができる。

　ベイジアン分類器がドキュメントの分類によく利用される理由としては、他の手法に比べると要求するコンピュータのパワーが遥かに少ないという点が挙げられる。メールメッセージには数百から、数千にも達する単語が含まれることもある。単純にカウントを更新するだけであればニューラルネットワークを訓練することに比べると非常に少ないメモリとプロセササイクルで済むし、完全にデータベース内だけの処理である。トレーニングとクエリに要する速度、そして実行する環境にもよるが、ニューラルネットワークを代案とすることもできる。ただ、ニューラルネットワークを利用すると複雑すぎて解釈はできない。本章ではあなたは単語の確率を見たり、それらが実際に最終的なスコアにどれくらい影響しているのかを理解することができた。しかし、ネットワーク中のニューロン間のコネクションの強度はこのようにシンプルに解釈することはできない。

　一方、ニューラルネットワークとサポートベクトルマシンは本章で紹介した分類器より非常に優れている部分が一つある。それはこれらの手法は入力される特徴のもっと複雑な関係を捕捉することができるという点である。ベイジアン分類器ではすべての特徴たちはそれぞれのカテゴリへの確率を持っており、その確率をまとめあげて全体の確率のようなものを算出していた。ニューラルネットワークでは、ある特徴の確率を、他の特徴が存在するかどうかで変更することができる。これは、オンラインカジノのスパムをブロックしつつ、競馬に関するものは許可することができるということを意味する。この場合"casino"という単語はメールメッセージのどこかに"horse"という単語が存在しない場合にbadとなるようにする。ニューラルネットワークでは、単純ベイズ分類器では捉えることができないこのような相互依存関係を捉えることができる。

6.12　エクササイズ

1. 仮の確率を変更する

    特徴によって異なる仮の確率を使えるように classifier クラスを変更せよ。init メソッドを変更して別の分類器を受け取り、仮の確率を 0.5 よりもよい推測からはじめるように変更せよ。

2. $Pr($ドキュメント$)$ を計算する

    単純ベイジアン分類器では $Pr($ドキュメント$)$ は確率を比較する際には不要だったため、計算を省略していた。しかし、特徴が独立しているような場合には、全体の確率を計算する際に利用できる。どのようにして $Pr($ドキュメント$)$ を計算すればよいか？

3. POP3 によるメールのフィルタ

    Python の配布物には poplib というメールメッセージをダウンロードするためのライブラリが含まれている。サーバからメールたちをダウンロードし、分類するスクリプトを書け。1 件のメールメッセージの場合と異なる性質はなんだろう？　また、どうすればこの違いを活用できる特徴抽出の関数を書けるだろうか？

4. 任意のフレーズ長

    本章では個々の単語を抽出する方法に加え、単語の組を抽出する方法についても説明した。特徴を抽出する際に任意の数の単語を一つの特徴として抽出する設定ができるようにせよ。

5. IP アドレスの保持

    IP アドレス、電話番号、またはその他の情報はスパムを判定する際に役に立ってくれる。特徴を抽出するための関数を改造し、これらも特徴として返すようにせよ（文の間のピリオドは削除し、かつ IP アドレスにはピリオドを埋め込め）。

6. その他の特徴

    文字が大文字であるかどうかという特徴のように、ドキュメントを分類する際に役立つ本質的な特徴はたくさん存在する。たとえば長過ぎるドキュメントであるかどうか、非常に長い単語かどうかなどの情報も利用することができるだろう。これらを特徴として実装してみよ。また、他にも特徴になりうるものはあるだろうか？

7. ニューラルネットワークによる分類器

    4 章のニューラルネットワークをドキュメントの分類に利用できるよう改造せよ。結果はどのようにすれば比較できるだろうか？ドキュメントの分類、トレーニングを数千回行うプログラムを書け。それぞれのアルゴリズムでかかった時間を計測し、比較してみよ。

7章
決定木によるモデリング

これまで自動的な分類器をいくつも見てきたが、この章では**決定木学習**（decision tree learning）という非常に有用な手法を導入することでこれらを拡張する。決定木が生成するモデルは、他の分類法によるものとは違い、非常にわかりやすい。ベイジアン分類器における数値リストはそれぞれの語がどの程度重要であるかを教えてくれるが、実際の帰結（outcome。推測によってたどり着く結論）がどのようになるかは計算を行わねばわからない。ニューラルネットワークとなると、ある二つのニューロン間接続の重み付けが単体ではほとんど意味を成さないため、解釈はさらに困難だ。決定木は見るだけでその推論過程が理解できるし、if-then文の単純な並びに変換することすら可能だ。

この章では決定木を使った例を三つ紹介する。最初の例では、どのユーザーがサイトのプレミアム会員になりそうか予測する方法を示す。登録ユーザーごと、あるいは利用ごとに課金するスタイルのオンラインアプリケーションでは、無料のお試し版が提供されていることが多い。また、登録ユーザーベースのアプリケーションでは、期間の限られた無料トライアル版か機能の限られた無料版が提供されているのが普通である。利用ごとの課金を行うサイトでは、無料のセッションを設けるなどすることが多い。

後の二つの例では、住宅価格および"hotness"のモデリングに決定木を使う方法を紹介する。

7.1 サインアップを予測する

無料アカウントと登録アカウントがある新しいアプリケーションに、アクセスの多いサイトからリンクがあると、数千もの新規ユーザーが得られることがある。この多くはちょっとした好奇心によるもので、その種のアプリケーションを本当に探しているわけではないため、有料の顧客となる可能性はほとんどない。このことが見込み顧客を選別してフォローすることを困難にしているため、ターゲットを絞ったアプローチを採らずに、サインアップした人にくまなくメールを出すような手段に訴えるサイトが多い。

この問題に対処するには、あるユーザーが有料顧客になる見込みの予測を可能にできれば便利だろう。あなたはもうベイジアン法やニューラルネットワークを使ったやり方をご存知だ。とはいえこのケー

スでは、分類というものが非常に重要になってくる——あるユーザーが顧客になることを示す要素がわかっていれば、広告戦略、使いやすいサイト作り、およびその他の有料顧客数増加戦略に、この情報が利用できるからだ。

この例では、無料トライアル版ありのオンラインアプリケーションを想定する。サインアップすることにより、ユーザーは一定の日数、サイトが無料で利用でき、その後は基本サービスまたはプレミアムサービスにアップグレードできる。ユーザーが無料トライアルにサインアップするとき情報が収集され、トライアル期間の終了時にユーザーが有料顧客になるか判るものとする。ユーザーを面倒がらせず、サインアップを可能な限り早く行わせるため、サイトではユーザーにあまりたくさん質問しない——代わりにサーバーログを見て、リンク元サイト（リファラー）、ユーザーの所在地、サインアップ前に見たページの数などを収集する。収集したデータを表にまとめると、表7-1のようになるだろう。

表7-1　あるウェブサイトでのユーザーの行動と購入サービス

リファラー	所在地	FAQを読んだか	見たページ数	選択したサービス
Slashdot	USA	Yes	18	None
Google	France	Yes	23	Premium
Slashdot	UK	No	21	None
Digg	USA	Yes	24	Basic
Kiwitobes	France	Yes	23	Basic
Google	UK	No	21	Premium
(直接)	New Zealand	No	12	None
(直接)	UK	No	21	Basic
Google	USA	No	24	Premium
Slashdot	France	Yes	19	None
Digg	USA	No	18	None
Google	UK	No	18	None
Kiwitobes	UK	No	19	None
Digg	New Zealand	Yes	12	Basic
Google	UK	Yes	18	Basic
Kiwitobes	France	Yes	19	Basic

データは行(row)のリストとし、各行は項目(column)によるリストとする。各行の最終項目はユーザーが登録したかどうかを示す。このService項目こそ、予測したい値である。ではこの章での作業用にtreepredict.pyというファイルを作ろう。データを手入力するなら、ファイルの最初に以下を入れる。

```
my_data=[['slashdot','USA','yes',18,'None'],
        ['google','France','yes',23,'Premium'],
        ['digg','USA','yes',24,'Basic'],
        ['kiwitobes','France','yes',23,'Basic'],
```

```
        ['google','UK','no',21,'Premium'],
        ['(direct)','New Zealand','no',12,'None'],
        ['(direct)','UK','no',21,'Basic'],
        ['google','USA','no',24,'Premium'],
        ['slashdot','France','yes',19,'None'],
        ['digg','USA','no',18,'None'],
        ['google','UK','no',18,'None'],
        ['kiwitobes','UK','no',19,'None'],
        ['digg','New Zealand','yes',12,'Basic'],
        ['slashdot','UK','no',21,'None'],
        ['google','UK','yes',18,'Basic'],
        ['kiwitobes','France','yes',19,'Basic']]
```

ダウンロードする方がよいなら、http://kiwitobes.com/tree/decision_tree_example.txtにこのデータセットが置いてある。ファイルをロードする場合、treepredict.pyの先頭に以下を入れる。

```
my_data=[line.split('\t') for line in file('decision_tree_example.txt')]†
```

これでユーザーの所在地、リンク元、サインアップ前にどれだけ時間をかけてサイトを読んだか、といった情報が得られた。あと欲しいのは、Service列をうまく予測して埋めてくれる方法だけである。

7.2 決定木入門

決定木は比較的単純な機械学習法だ。これは観測を分類する完全に透明な手法であり、トレーニング後はツリー状に配置したif-then文のようなものになる。図7-1は果物を分類する決定木の例である。

決定木が得られれば、そのツリーによる決定がどのように行われるかたどるのは実にやさしい。質問に正しく答えながら枝をたどって下りていけば、最後に答えに達する。逆向きにたどっていくことで、その最終分類に達した理由も判る。この章では、決定木を表現する方法、実データからツリーを構築するコード、新しい観測を分類するコードといったものを紹介する。最初のステップはツリーの表現を作ることだ。ツリーのノードを表現するクラス、decisionnodeを作ろう。

```
class decisionnode:
  def __init__(self,col=-1,value=None,results=None,tb=None,fb=None):
    self.col=col
    self.value=value
    self.results=results
    self.tb=tb
    self.fb=fb
```

† 訳注: 上記と同等のデータを得るには以下のようにする。
```
my_data=[line.rstrip('\n').split('\t') for line in file('decision_tree_example.txt')]
for idx, item in enumerate(my_data): my_data[idx][3]=int(item[3])
```

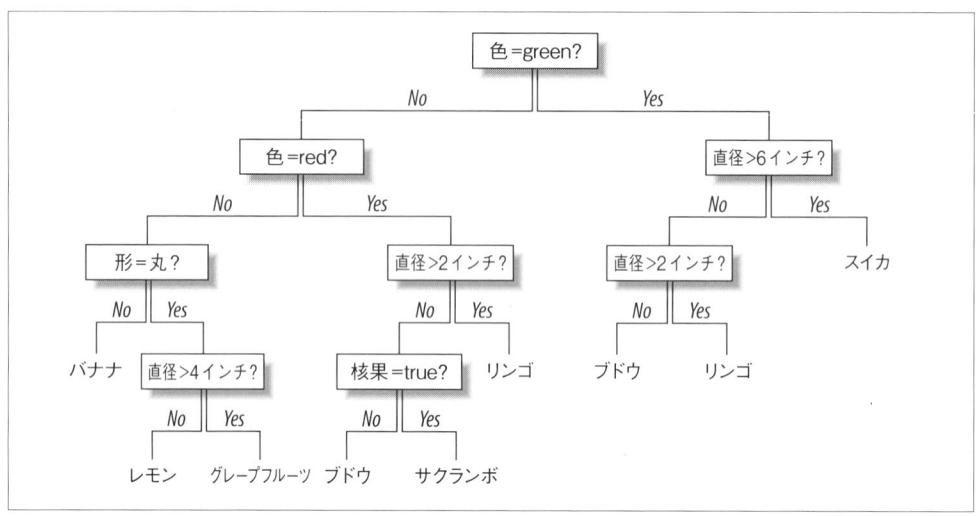

図7-1　決定木の例

各ノードは、すべて初期化時にセットされる5つのインスタンス変数を持つ。

- `col`：テストされる基準のインデックス値
- `value`：結果が真となるのに必要な値
- `tb`と`fb`：このノードの結果が真のとき(`tb`)、偽のとき(`fb`)にたどる次の`decisionnode`。
- `results`：この枝が持つ帰結のディクショナリで、終点(endpoint)以外では`None`となる。

ツリーを生成する関数はルートノードを返す。ルートノードとは、その真や偽の枝をたどり、帰結を持つ枝まで到達できるものである。

7.3　ツリーのトレーニング

この章ではCART (Classification and Regression Trees：分類・回帰ツリー)というアルゴリズムを使う。このアルゴリズムによる決定木の構築では、まずルートノードを生成する。そして表にある観測をすべて考慮に入れ、データを最もよく分割する変数を選ぶ。つまり、すべての変数を調べて、どの条件(たとえば「ユーザーはFAQを読んだか？」)で帰結(ユーザーが登録したサービス)を分割するとユーザーの行動が予測しやすくなるかを決定する。

`divideset`は、特定の項目(column)にあるデータで行(row)を振り分ける関数だ。この関数の引数は、行のリスト、項目番号、項目を分割する値の三つである。「FAQを読んだか」で可能な値はYesとNoだし、「リファラー」であればさまざまな値が可能だろう。返すのは行のリスト二つである。最初のリストには項目が条件にマッチした行が、第二のリストにはマッチしなかった行が入っている。

```
# 特定の項目に基づき集合を分割する。
# 項目の値が数値でも名前でも処理可能
def divideset(rows,column,value):
    # 行が最初のグループ (true) に入るか第二のグループ (false) に
    # 入るか教えてくれる関数を作る
    slpit_function=None
    if isinstance(value,int) or isinstance(value,float):
        split_function=lambda row:row[column]>=value
    else:
        split_function=lambda row:row[column]==value

    # 行を2つの集合に振り分けて返す
    set1=[row for row in rows if split_function(row)]
    set2=[row for row in rows if not split_function(row)]
    return (set1,set2)
```

このコードでは、データが数値的なものか否かにより、異なるデータ分割関数 (split_function) を生成する。数値的なデータの場合、その項目の値がvalue値以上であれば真となる関数を、数値的でないデータでは、その項目の値がvalue値に等しいか否かで真偽を返す関数を、split_functionとして返すのだ。データはsplit_functionが真を返すものと偽を返すもの、二つの集合に分割される。

Pythonセッションを動かして、「FAQを読んだか」の項目で帰結を分割してみよう。

```
$ python
>>> import treepredict
>>> treepredict.divideset(treepredict.my_data,2,'yes')
([['slashdot', 'USA', 'yes', 18, 'None'], ['google', 'France', 'yes', 23,
'Premium',...]],
[['google', 'UK', 'no', 21, 'Premium'], ['(direct)', 'New Zealand', 'no', 12,
'None'],...])
```

分割したものを表7-2に示す。

表7-2 「FAQを読んだか」項目に基づく結末の分割

真	偽
None	Premium
Premium	None
Basic	Basic
Basic	Premium
None	None
Basic	None
Basic	None

左右ともよく混ざった状態なので、この段階では帰結をうまく分ける変数とは言えないようだ。最高の変数を選ぶ手段が必要である。

7.4 最高の分割を選ぶ

この変数はあまり良いとは言えなさそうだ、という我々の気楽な観察はおそらく正しい。しかしソフトウェアによるソリューションで変数を選択するには、ある集合がどの程度混合されているかを計測する手段が必要だ。まず必要なのは、それぞれの集合の中にある帰結を集計する関数だ。以下をtreepredict.pyに加えよう。

```
# 可能な帰結（各行の最終項目）を集計する
def uniquecounts(rows):
  results={}
  for row in rows:
    # 帰結は最後の項目
    r=row[len(row)-1]
    if r not in results: results[r]=0
    results[r]+=1
  return results
```

uniquecountsは可能な帰結をすべて発見し、それぞれ何回ずつ出てくるか示したディクショナリを返す。これは集合がどの程度混合したものであるかを計算する他の関数により利用される関数だ。混合の度合いを計算する尺度はいくつかあるが、ここではそのうち二つについて見る。ジニ不純度とエントロピーだ。

7.4.1 ジニ不純度

ジニ不純度（Gini Impurity）は、集合中のアイテムの一つに、帰結の一つをランダムに当てはめる場合の期待誤差率である。集合の要素がすべて同じカテゴリーにあれば、予測は常に正しくなるため、誤差率は0となる。可能な帰結が4種類あり、すべて等しく起きるのであれば、予測が正しくない見込みは75%、ゆえに誤差率は0.75となる。

ジニ不純度を計算する関数は以下のようになる。

```
# 無作為に置いた要素が間違ったカテゴリーに入る確率
def giniimpurity(rows):
  total=len(rows)
  counts=uniquecounts(rows)
  imp=0
  for k1 in counts:
    p1=float(counts[k1])/total
    for k2 in counts:
```

```
        if k1==k2: continue
        p2=float(counts[k2])/total
        imp+=p1*p2
    return imp
```

この関数ではまず可能な帰結それぞれが起きる確率を計算する。これはその帰結の総数を集合にある行の総数で割ったものである。続いてこれらの確率同士をすべて乗じ、これらをすべて合計する。これにより無作為な予測が誤った帰結を与える場合の総確率が得られる[†]。この確率が高いほど悪い分割である。この確率がゼロになると、すべて正しい集合に分類されたということなので非常によい。

7.4.2　エントロピー

情報理論における**エントロピー**とは、集合中の無秩序の量である——これは基本的には、集合がどれほど混合されているか、ということだ。次の関数を treepredict.py に加えよう。

```
# エントロピーは可能な帰結それぞれの
# p(x)log(p(x)) を合計したものである
def entropy(rows):
  from math import log
  log2=lambda x:log(x)/log(2)
  results=uniquecounts(rows)
  # ここからがエントロピーの計算
  ent=0.0
  for r in results.keys():
    p=float(results[r])/len(rows)
    ent=ent-p*log2(p)
  return ent
```

エントロピー関数は、それぞれの要素の頻度（それが現れる回数を総行数で割ったもの）を計算し、

p(i) = 頻度(帰結) = 度数(帰結) / 度数(行)

それを次の式に当てはめる。

エントロピー = すべての帰結の p(i) x log(p(i)) を合計したもの

[†] 訳注：たとえば4種類の帰結がすべて等しい見込みで起きるとき (p1=p2=p3=p4=0.25)、コードのk2のループで計算される p1*p2+p1*p3+p1*p4 = p1(p2+p3+p4) = 0.25(0.75) は、p1を選んだときに (p1=0.25) それが間違いである確率 (p2+p3+p4=0.75) である。さらにk1のループを回してp2, p3, p4についても同じように計算し、すべて合計することで（実際にはk2ループの中で合計してしまっているが）、総確率が得られる。

これは、帰結同士が互いにどれだけ違っているかの尺度である。帰結がすべて等しければ（たとえば、あなたが本当にラッキーで全員プレミアム会員になったとすれば）エントロピーは0である。混合したグループになるほどエントロピーは増大する。我々の目的は、データを2群に分割することによりエントロピーを減少することである。

Pythonセッションでジニ不純度とエントロピーを使ってみよう。

```
>>> reload(treepredict)
<module 'treepredict' from 'treepredict.py'>
>>> treepredict.giniimpurity(treepredict.my_data)
0.6328125
>>> treepredict.entropy(treepredict.my_data)
1.5052408149441479
>>> set1,set2=treepredict.divideset(treepredict.my_data,2,'yes')
>>> treepredict.entropy(set1)
1.2987949406953985
>>> treepredict.giniimpurity(set1)
0.53125
```

エントロピーとジニ不純度の大きな違いは、エントロピーの方がピークに達するのが遅いことだ。このために、混合した集合に対するペナルティがわずかに重くなる傾向がある。この章では今後、より普及しているエントロピーの方を尺度として使用するが、ジニ不純度に置き換えるのは簡単だ。

7.5　再帰的なツリー構築

ある属性がどれほど良いものか調べるとき、アルゴリズムではまずグループ全体のエントロピーを計算する。続いて各属性の取りうる値によってグループを分割してみて、分割後の両方のグループについて再度エントロピーを計算する。ここでもっとも優れた分割になる属性を決定するために計算されるのが**情報ゲイン**である。情報ゲインとは、グループ全体のエントロピーから、分割後の2グループのエントロピーの加重平均を引いたものである。このアルゴリズムではすべての属性について情報ゲインを計算し、これがもっとも大きくなるものを選択する。

ルートノードの条件が決定されると、アルゴリズムはこの条件が真になる枝と偽になる枝を生成す

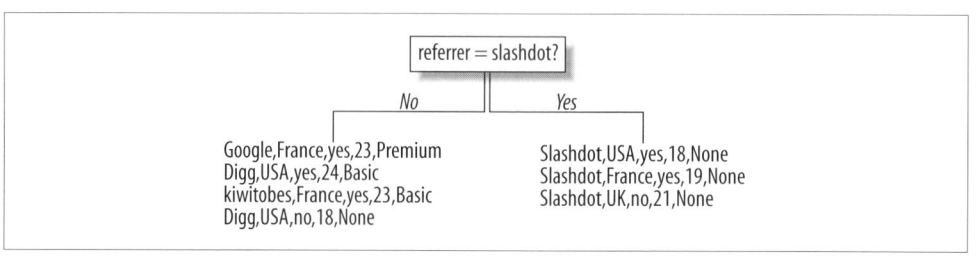

```
                        referrer = slashdot?
                       /                    \
                     No                    Yes
        Google,France,yes,23,Premium    Slashdot,USA,yes,18,None
        Digg,USA,yes,24,Basic           Slashdot,France,yes,19,None
        kiwitobes,France,yes,23,Basic   Slashdot,UK,no,21,None
        Digg,USA,no,18,None
```

図7-2　最初の分割後の決定木

る。図7-2のようになる。

　観測は条件に合致するものと、そうでないものに分割される。アルゴリズムは続いて、両方の枝についてさらなる分割が行えるのか、既に確固たる結論に達しているのかを判断する。新しい枝がさらに分割可能であれば、上と同じ手順に従い、どの変数を使うか判断する。2回目の分割を図7-3に示す。

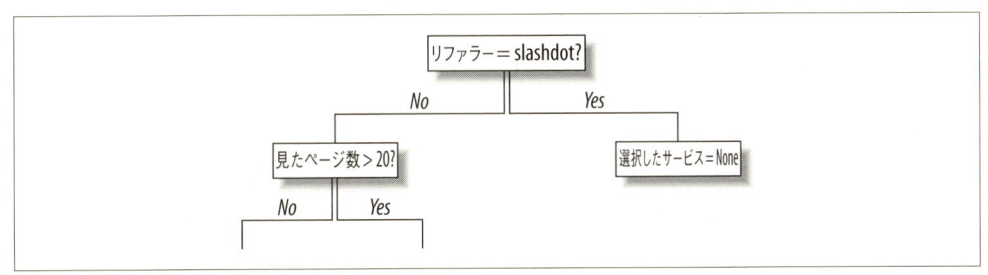

図7-3　2度目の分割後の決定木

　枝は分割を続け、できたノードごとに最良の属性を計算することでツリーを形成する。ある枝が分割をやめるのは、そのノードの分割による情報ゲインが正の数にならなくなったときである。
　それではtreepredict.pyにbuildtreeという関数を作ろう。これは現在の集合に対する最良の分割基準を選ぶことでツリーを形成する再帰関数である。

```python
def buildtree(rows,scoref=entropy):
  if len(rows)==0: return decisionnode()
  current_score=scoref(rows)

  # 最良分割基準の追跡に使う変数のセットアップ
  best_gain=0.0
  best_criteria=None
  best_sets=None

  column_count=len(rows[0])-1
  for col in range(0,column_count):
    # まずこの項目が取りうる値のリストを生成
    column_values={}
    for row in rows:
      column_values[row[col]]=1
    # 項目が取るそれぞれの値により行を振り分けてみる
    for value in column_values.keys():
      (set1,set2)=divideset(rows,col,value)

      # 情報ゲイン
      p=float(len(set1))/len(rows)
      gain=current_score-p*scoref(set1)-(1-p)*scoref(set2)
      if gain>best_gain and len(set1)>0 and len(set2)>0:
        best_gain=gain
        best_criteria=(col,value)
```

```
        best_sets=(set1,set2)
  # 次の段階の枝の生成
  if best_gain>0:
    trueBranch=buildtree(best_sets[0])
    falseBranch=buildtree(best_sets[1])
     return decisionnode(col=best_criteria[0],value=best_criteria[1],
                        tb=trueBranch,fb=falseBranch)
  else:
    return decisionnode(results=uniquecounts(rows))
```

この関数は行のリストを取ってコールされる。ループをかけて、各項目が取りうる値をすべて見つけ出し（最後の項目は除く。これは帰結が入っている部分なので）、これによりデータをサブセットの対に分割する。次に各サブセット対について、それぞれのサブセットのエントロピーに要素数の割合を掛けてエントロピーの加重平均を計算し、どの対のエントロピーがもっとも低いか記録していく。

最良のサブセット対について、加重平均エントロピーが現在の集合のそれより低くなければその枝は終わりで、枝が取る帰結を集計して保存する。そうでなければこの対の各サブセットに対してbuildtreeがコールされ、それらがツリーに追加される。各サブセットのコール結果はそのノードの真および偽の枝に追加されていくので、最後には決定木全体が構築される。

さて、これで冒頭のデータセットにアルゴリズムを適用する準備が整った。上のコードはテキストデータでも数値データでも扱える柔軟性を持っている。また最後の項目が目的とする値であることを前提としているので、単にデータの行たちを与えるだけでツリーが構築できる。

```
>>> reload(treepredict)
<module 'treepredict' from 'treepredict.py'>
>>> tree=treepredict.buildtree(treepredict.my_data)
```

これでツリーにはトレーニング済みの決定木が保持されている。まずはこのツリーを見る方法を、次にこれを利用した予測の方法を学ぼう。

7.6　決定木の表示

ツリーは手に入った。さて何をすべきだろう。絶対やりたいと思うはずなのは、それを見ることだ。printtreeは決定木をプレーンテキストで表示する単純な関数だ。出力はキレイとは言えないが、小さなツリーを見る簡単な方法ではある。

```
def printtree(tree,indent=''):
  # このノードはリーフ（葉＝末端）か？
  if tree.results!=None:
    print str(tree.results)
  else:
```

```
# 基準の出力
print str(tree.col)+':'+str(tree.value)+'? '

# 枝の出力
print indent+'T->',
printtree(tree.tb,indent+'  ')
print indent+'F->',
printtree(tree.fb,indent+'  ')
```

これも再帰関数である。buildtreeから返された決定木を取って横断的に調べ、resultsを持ったノードに達することでその枝が終わりに達したことを検出する。これに達しないときは、枝を真偽に分ける基準を出力し、それぞれの枝に対してprinttreeをコールする。コールの度に字下げ文字列を追加する。

いま構築した決定木にこの関数をコールすると、結果は次のようなものになるはずだ。

```
>>> reload(treepredict)
>>> treepredict.printtree(tree)
0:google?
T-> 3:21?
  T-> {'Premium': 3}
  F-> 2:yes?
    T-> {'Basic': 1}
    F-> {'None': 1}
 F-> 0:slashdot?
  T-> {'None': 3}
  F-> 2:yes?
    T-> {'Basic': 4}
    F-> 3:21?
      T-> {'Basic': 1}
      F-> {'None': 3}
```

これは分類を行おうとする時に決定木がたどるプロセスの視覚的な表現だ。ルートノードの条件は「項目0にGoogleと入っているか？」である。もしこの条件に合致していればT->の枝に進み、Googleから飛んできた人は21ページ以上読んでいれば有料会員になるだろうということを知る。条件に合致していなければF->の枝に進み、「項目0にSlashdotと入っているか？」という条件を評価する。これが帰結を持つ枝に達するまで続く。前にも言った通り、推論プロセスの裏にある論理が見られることが、決定木の大きな利点の一つなのだ。

7.6.1 グラフィック表示

テキスト表示は小さな決定木にはよいが、ツリーが大きくなると、目でたどるのが非常に困難になる。というわけでツリーのグラフィック表現を作る方法を示す。後の節で構築するツリーを見るのにも便利なものだ。

ツリーを描画するコードは3章でデンドログラムを描くのに使ったものと似ている。両者とも深さが任意であるノードを持つ二分木を描くものなので、まず必要なのは、与えられたノードがどれだけのスペースを取るか——子ノードすべての幅の合計と、ノードがどれだけ深くなるか、つまり枝が要する縦の長さ——を決定する関数である。ある枝の幅の合計とは、その枝の子枝すべての幅の合計で、子枝を持たない枝では1となる。

```
def getwidth(tree):
  if tree.tb==None and tree.fb==None: return 1
  return getwidth(tree.tb)+getwidth(tree.fb)
```

枝の深さは、もっとも長い子枝の深さ+1となる。

```
def getdepth(tree):
  if tree.tb==None and tree.fb==None: return 0
  return max(getdepth(tree.tb),getdepth(tree.fb))+1
```

描画にはPython Imaging Libraryがインストールされている必要がある。このライブラリはhttp://pythonware.comにあり、付録Aで詳しいインストール方法を述べている。次のimport文をtreepredict.pyの最初に追加する。

```
from PIL import Image,ImageDraw
```

drawtree関数は適切なサイズを判断してキャンバスをセットアップする。続いてこのキャンバスと、ツリーのトップノードをdrawnodeに渡す。次の関数をtreepredict.pyに追加する。

```
def drawtree(tree,jpeg='tree.jpg'):
  w=getwidth(tree)*100
  h=getdepth(tree)*100+120

  img=Image.new('RGB',(w,h),(255,255,255))
  draw=ImageDraw.Draw(img)

  drawnode(draw,tree,w/2,20)
  img.save(jpeg,'JPEG')
```

drawnode関数はツリーのノードを描画する。これは再帰関数で、最初に現在のノードを描画してから子ノードが来る位置を計算し、それらの子ノードについてdrawnodeをコールする。次の関数をtreepredict.pyに追加する。

```python
def drawnode(draw,tree,x,y):
  if tree.results==None:
    # それぞれの枝の幅を得る
    w1=getwidth(tree.fb)*100
    w2=getwidth(tree.tb)*100

    # このノードに必要な総スペースを決定する
    left=x-(w1+w2)/2
    right=x+(w1+w2)/2

    # 条件文字列を書く
    draw.text((x-20,y-10),str(tree.col)+':'+str(tree.value),(0,0,0))

    # 枝へのリンクを描く
    draw.line((x,y,left+w1/2,y+100),fill=(255,0,0))
    draw.line((x,y,right-w2/2,y+100),fill=(255,0,0))

    # 枝のノードを描く
    drawnode(draw,tree.fb,left+w1/2,y+100)
    drawnode(draw,tree.tb,right-w2/2,y+100)

  else:
    txt=' \n'.join(['%s:%d'%v for v in tree.results.items()])
    draw.text((x-20,y),txt,(0,0,0))
```

それではPythonセッションでツリーを描画してみよう。

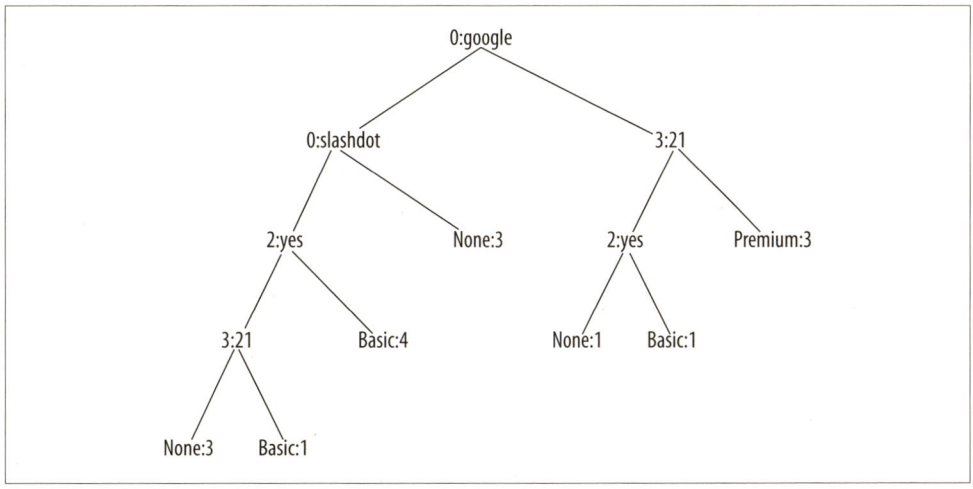

図7-4 入会者を予測する決定木

```
>>> reload(treepredict)
<module 'treepredict' from 'treepredict.pyc'>
>>> treepredict.drawtree(tree,jpeg='treeview.jpg')
```

これによりtreeview.jpgというファイルができるはずだ。図7-4に示す。

このコードでは枝の真偽ラベルは出力しない。図が大きく複雑になるだけだからだ。生成された樹状図では、真の枝が常に右に来るようにしてあるので、推論プロセスはちゃんとたどれる。

7.7　新しい観測を分類する

ここでは新しい観測を取り、決定木に従って分類するという関数が必要だ。以下の関数をtreepredict.pyに追加しよう。

```
def classify(observation,tree):
  if tree.results!=None:
    return tree.results
  else:
    v=observation[tree.col]
    branch=None
    if isinstance(v,int) or isinstance(v,float):
      if v>=tree.value: branch=tree.tb
      else: branch=tree.fb
    else:
      if v==tree.value: branch=tree.tb
      else: branch=tree.fb
    return classify(observation,branch)
```

関数はprinttree同様、ツリーをトラバースする。各コールでは、まずresultsを見て枝の終点に達しているかをチェックする。達していないときは、この観測の当該項目が値にマッチするか評価する。マッチしていれば真の枝に、マッチしていなければ偽の枝に対してまたclassifyをコールする。

それでは新しい観測にclassifyをコールし、予測を行ってみよう。

```
>>> reload(treepredict)
<module 'treepredict' from 'treepredict.pyc'>
>>> treepredict.classify(['(direct)','USA','yes',5],tree)
{'Basic': 4}
```

というわけで、データセットから決定木を生成する関数、その決定木を表示する関数、解釈するための関数、新しい観測を分類する関数が揃った。これらの関数は、一連の観測と一つの結論を含む行（row）から成るものであれば、どんなデータセットにも適用できる。

7.8 ツリーの刈り込み

ここまで書いてきた方法でツリーをトレーニングすることの問題の一つが**過適応 (overfit)** である——つまり、トレーニングデータに対して厳密になりすぎることがあるのだ。過適応した決定木は、トレーニングデータでわずかにエントロピーを下げるが実はまったく任意であるような条件を使って枝を作ってしまうことにより、実際よりも確固としすぎた答えを出すことがあるのだ。

上記のアルゴリズムでは、エントロピーがまったく減少させられないところまで分割を続ける。ということは、エントロピーが指定の最小量よりも減少しなかった時に分割を止めるという方法が一つ考えられる。これはよく採られる戦略ではあるが、小さな短所がある——一度の分割ではあまりエントロピーが減少せず、後の分割で大きく減少するというデータセットがあるのだ。代替戦略としては、まずこれまでのような完全な決定木を構築しておき、後から過剰なノードを排除するというものがある。このプロセスを**刈り込み (pruning)** という。

刈り込みでは親ノードを共有するノード対について、合成したときのエントロピー上昇が指定の閾値未満かどうかをチェックする。このような葉は、両者の可能な帰結をすべて含んだ単一のノードにまとめられる。これは決定木の過適応を防止し、データから本来言えるよりも確固とした予測を下してしまうことを止めさせるのに役立つ。

決定木の刈り込みを行うために、以下の新関数を treepredict.py に追加しよう。

```
def prune(tree,mingain):
  # 葉でない枝にはさらに刈り込みをかけていく
  if tree.tb.results==None:
    prune(tree.tb,mingain)
  if tree.fb.results==None:
    prune(tree.fb,mingain)

  # 両方の枝が葉になったら、両者を統合すべきか調べる
```

実世界における決定木

決定木は非常に簡単に解釈できるため、ビジネス分析や医学的判断、政策立案におけるデータマイニング手法としてもっとも広く使われている。よくある決定木の利用法としては、自動生成して専門家がキー要素を理解し、次に彼女の信じるところにマッチするようさらに磨きをかける、というのがある。このプロセスが、機械が専門家を補助すること、推論過程を明白に示すこと (これにより他の人が推測の質を判定できる) を可能にしている。

決定木はこのようなやり方で、顧客プロファイリング、財務リスク分析、診断支援、交通量予測など広い範囲に応用されている。

```
    if tree.tb.results!=None and tree.fb.results!=None:
        # 両者を合わせたデータセットを構築
        tb,fb=[],[]
        for v,c in tree.tb.results.items():
            tb+=[[v]]*c
        for v,c in tree.fb.results.items():
            fb+=[[v]]*c

        # エントロピーの減少度を調べる
        delta=entropy(tb+fb)-(entropy(tb)+entropy(fb))/2

        if delta<mingain:
            # 枝の統合
            tree.tb,tree.fb=None,None
            tree.results=uniquecounts(tb+fb)
```

この関数をルートノードにコールすると、ツリーをすべてトラバースしていき、子に葉ノードのみを持つノードを見つける。そして葉の持つすべての帰結を収めたリストを作り、エントロピーを検証する。エントロピーの変化がmingain（最小ゲイン）引数未満であれば葉は削除され、葉が持っていた帰結はすべて親ノードに移動される。この合成ノードも、他のノードと結合、削除される候補である。

では現状のデータセットに適用し、ノードの統合が起きるか見てみよう。

```
>>> reload(treepredict)
<module 'treepredict' from 'treepredict.pyc'>
>>> treepredict.prune(tree,0.1)
>>> treepredict.printtree(tree)
0:google?
T-> 3:21?
  T-> {'Premium': 3}
  F-> 2:yes?
    T-> {'Basic': 1}
    F-> {'None': 1}
F-> 0:slashdot?
  T-> {'None': 3}
  F-> 2:yes?
    T-> {'Basic': 4}
    F-> 3:21?
      T-> {'Basic': 1}
      F-> {'None': 3}
>>> treepredict.prune(tree,1.0)
>>> treepredict.printtree(tree)
0:google?
T-> 3:21?
  T-> {'Premium': 3}
  F-> 2:yes?
    T-> {'Basic': 1}
```

```
    F-> {'None': 1}
  F-> {'None': 6, 'Basic': 5}
```

この例ではデータの分割が非常に容易であったので、妥当な最小利得で刈り込みを行っても何も起きない。最小利得を非常に大きくした時にのみ葉が統合される。後で見ていくが、現実のデータセットはあまりきれいに割れない傾向があるので、刈り込みはもっとずっと効果的である。

7.9 欠落データへの対処

決定木のもう一つの利点として、欠落データへの対処のしやすさ、というのがある。データセットの情報に欠落がある——この例で言えば、IPアドレスから地理的な所在地が識別できるとは限らないので、この欄は空になっていることがある——ようなとき、これを処理できるように決定木を適応させるためには、さらに推測関数を実装してやる必要がある。

どの枝をたどるべきかの判断に欠落データが必要になる場合、実は**両方**の枝をたどることができる。ただこの場合、両方の枝が持つ帰結を対等に扱うのではなく、重み付けを行う必要がある。基本の決定木では、すべてが暗黙に1の重み付けを持っている、つまりある観測があるカテゴリーに当てはまる見込みが1であると見なされている。複数の枝を同時にたどるのであれば、各枝が持つ行数の割合に応じた重み付けを行えばよい。

これを行う関数、`mdclassify`は、`classify`の簡単な改造である。以下を`treepredict.py`に追加する。

```
def mdclassify(observation,tree):
  if tree.results!=None:
    return tree.results
  else:
    v=observation[tree.col]
    if v==None:
      tr,fr=mdclassify(observation,tree.tb),mdclassify(observation,tree.fb)
      tcount=sum(tr.values())
      fcount=sum(fr.values())
      tw=float(tcount)/(tcount+fcount)
      fw=float(fcount)/(tcount+fcount)
      result={}
      for k,v in tr.items(): result[k]=v*tw
      for k,v in fr.items():
        if k not in result: result[k]=0
        result[k] += v*fw
      return result
    else:
      if isinstance(v,int) or isinstance(v,float):
        if v>=tree.value: branch=tree.tb
        else: branch=tree.fb
```

```
        else:
            if v==tree.value: branch=tree.tb
            else: branch=tree.fb
        return mdclassify(observation,branch)
```

違いは重要なデータが欠けていた場合のみで、このときは両方の枝の帰結を計算し、それぞれ重み付けをして結合する。

それでは大事な情報の欠落した観測にmdclassifyをかけて、どうなるか見てみよう。

```
>>> reload(treepredict)
<module 'treepredict' from 'treepredict.py'>
>>> treepredict.mdclassify(['google',None,'yes',None],tree)
{'Premium': 2.25, 'Basic': 0.25}
>>> treepredict.mdclassify(['google','France',None,None],tree)
{'None': 0.125, 'Premium': 2.25, 'Basic': 0.125}
```

予想通り、読んだページ数の変数を空にするとPremiumの見込みが高く、Basicにも多少の見込みがあるという結果が返る。「FAQを読んだか」の変数を空にすると分布が違ってくるが、これは葉の部分にいくつの要素があるかで重み付けしているためだ。

7.10　数値による帰結への対処

ユーザー行動の例や果物の決定木の例はともに分類の問題である。これは帰結がカテゴリーであり数値ではないためだ。章の残りで取り上げる住宅価格とhotnessの例はともに、数値的な帰結をともなう問題だ。

数値的帰結を持つデータセットにbuildtreeをかけることは可能ではあるが、あまり良い結果は得られない。数値のすべてがそれぞれ異なる「カテゴリー」として扱われてしまうと、このアルゴリズムはある数値とある数値が近く、他の数値は遠い、という事実を考慮に入れない。つまり、すべてがとても離れたものとして、まったく異なるものであるかのように扱われてしまう。これに対処するには、帰結が数値的な場合のスコアリング関数にはエントロピーやジニ不純度を使わず、代わりに分散（variance）を使うという手がある。以下のvariance関数をtreepredict.pyに追加しよう。

```
def variance(rows):
    if len(rows)==0: return 0
    data=[float(row[len(row)-1]) for row in rows]
    mean=sum(data)/len(data)
    variance=sum([(d-mean)**2 for d in data])/len(data)
    return variance
```

この関数はbuildtreeの引数になるもので、一連の行について統計的分散を計算する。分散が小さければ数値同士が固まって存在することを、大きければ広く拡散していることを意味する。分散をスコアリング関数として使った場合、帰結を大きな数字と小さな数字に分けるようなノード条件が選ばれていく。データをこのように分割すれば枝の分散が下がるからだ。

7.11 住宅価格のモデリング

決定木にはさまざまな潜在用途があるが、変数がいくつもあって全体の推論過程に興味があるような場合にもっとも有用だ。帰結は既にわかっていて、それがどうしてそうなっているか理解するためモデリングを行う方に興味がある、という場合もある。この節では実際の不動産価格をモデリングするための決定木の構築を見ていく。これは住宅価格に非常に大きな幅があり、簡単に計測できる数値的、名義的な変数がいくつも含まれているためだ。

7.11.1 Zillow API

Zillowは不動産価格を追跡し、その情報を使って他の住宅の推測価格を生成する無料のウェブサービスだ。まず比較相手（類似の住宅群）を探し、その価格を使って価格の推測を行うが、これは実際の不動産鑑定士がやっていることと似ている。Zillowのウェブページである住宅の情報と、その推測価格を表示したところを図7-5に示す。

図7-5 zillow.comのスクリーンショット

さいわい、ZillowにもÉ住宅の詳細と推測価格を取得させてくれるAPIがある。Zillow APIについてのページはhttp://www.zillow.com/howto/api/APIOverview.htmである。

このAPIにアクセスするためにはディベロッパキーが必要だが、これはフリーでウェブサイトから入手できる。API自体は非常にシンプルなものだ——問い合わせの検索パラメータをすべて含んだURLにリクエストをかけ、返されたXMLをパースして詳細、つまりベッドルーム数などと推測価格を取得するのだ。新規ファイル zillow.py を開き、次のコードを入れよう。

```
import xml.dom.minidom
import urllib2

zwskey="X1-ZWz1chwxis15aj_9skq6"
```

5章同様、XMLリクエストのパースにはminidomのAPIを使う。次のgetaddressdata関数は住所と都市名を取り、Zillowに資産情報を問い合わせるURLを構成する。そして結果をパースして重要な情報を抽出し、タプルとして返す。それでは関数をzillow.pyに追加しよう。

```
def getaddressdata(address,city):
  escad=address.replace(' ','+')

  # URLを構成する
  url='http://www.zillow.com/webservice/GetDeepSearchResults.htm?'
  url+='zws-id=%s&address=%s&citystatezip=%s' % (zwskey,escad,city)

  # 返ってきたXMLの解釈
  doc=xml.dom.minidom.parseString(urllib2.urlopen(url).read())
  code=doc.getElementsByTagName('code')[0].firstChild.data

  # コード0なら成功。それ以外はエラーがある
  if code!='0': return None

  # この資産の情報を抽出
  try:
    zipcode=doc.getElementsByTagName('zipcode')[0].firstChild.data
    use=doc.getElementsByTagName('useCode')[0].firstChild.data
    year=doc.getElementsByTagName('yearBuilt')[0].firstChild.data
    bath=doc.getElementsByTagName('bathrooms')[0].firstChild.data
    bed=doc.getElementsByTagName('bedrooms')[0].firstChild.data
    price=doc.getElementsByTagName('amount')[0].firstChild.data
  except:
    return None

  return (zipcode,use,int(year),float(bath),int(bed),price)
```

7.11 住宅価格のモデリング

この関数が返すタプルは、観測としてリストに入れるのに適している。「帰結」すなわち価格が最後になっているからだ。この関数をデータセット全体の生成に使うには、住所のリストが必要だ。これは自分で作ってもよいし、マサチューセッツ州ケンブリッジのランダムに生成したアドレスのリストが http://kiwitobes.com/addresslist.txt にあるのでダウンロードしてもよい。

新しい関数 getpricelist を作ってこのファイルを読み込み、データのリストを生成しよう。

```
def getpricelist():
  l1=[]
  for line in file('addresslist.txt'):
    data=getaddressdata(line.strip(),'Cambridge,MA')
    if data!=None:l1.append(data)
  return l1
```

これでもう、データセットを生成して決定木が構築できる。Pythonセッションでやってみよう。

```
>>> import zillow
>>> housedata=zillow.getpricelist()
>>> reload(treepredict)
>>> housetree=treepredict.buildtree(housedata,scoref=treepredict.variance)
>>> treepredict.drawtree(housetree,'housetree.jpg')
```

生成ファイル housetree.jpg の例を図7-6に示す。

もちろん特定の不動産の価格を見積もりたいだけなら、単純にZillow APIで推測値を取得すればよい。ここでの興味は、住宅価格を判断する際に考慮すべき要素のモデルを実際に構築することにある。ツリーの頂点にあるのはトイレの数だ。つまり、データセットの分散をもっとも大きく下げるには、トイレの数で分割すればよいということだ。ケンブリッジにおける住宅価格の決定要因は、三つ以上のトイレ（普通これは大きな複数世帯用住宅を示す）があるか、ということなのだ。

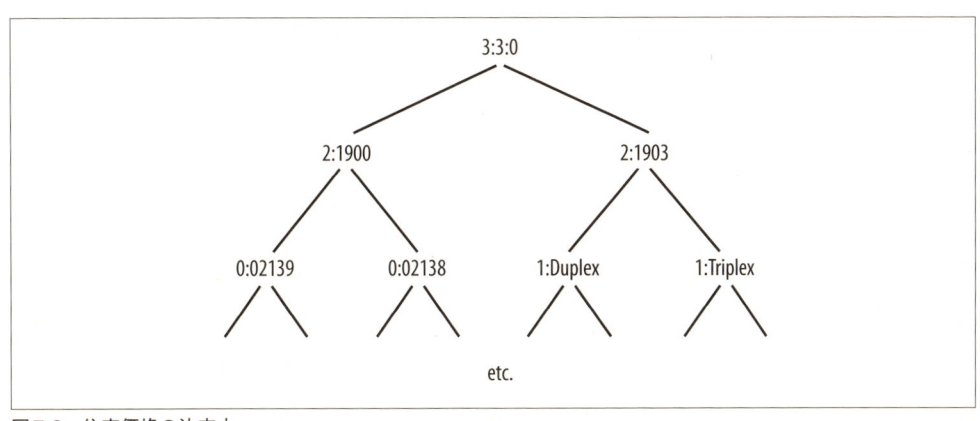

図7-6 住宅価格の決定木

この場面で決定木を使うことの明らかな弱点は、価格データを大きくまとめて扱わざるをえないことだ。実際にはすべての価格が異なっているので、有用な結果を得るには何らかの方法でグルーピングしてやる必要がある。別の予測テクニックの方が、実際の価格データに対してもっとうまく動作するということもありうる。8章では他の価格予測手法について論ずる。

7.12 "Hotness"のモデル化

「Hot or Not」はユーザーが自分の写真をアップロードできるサイトである。もともとのコンセプトは、ユーザー同士で容姿のランク付けをして、結果を集計して10点満点のスコアを生成するというものだった。これは出会い（dating）サイトへと発展を遂げ、いまではオープンなAPIによりメンバーのデモグラフィーデータ[†]と"hotness"レーティングを取得できるようになっている。これは決定木モデルにとって興味深いテストケースである。すなわち一連の入力変数、1個の出力変数、そして面白い推論過程を伴っていそうだからだ。サイトそのものも、集合知と考えられるものの好例と言えよう。

さて、ここでもAPIにアクセスするにはアプリケーションキーが必要だ。http://dev.hotornot.com/signupでサインアップと取得を済ませよう。

Hot or Not APIも、これまで出てきたAPIとほとんど同じように動作する。クエリのパラメータをURLに渡して返ってきたXMLを解釈するだけだ。まずは新規ファイルhotornot.pyを作り、以下のようにimport文とキー定義を入れよう。

```
import urllib2
import xml.dom.minidom

api_key="479NUNJHETN"
```

次に無作為な人々のリストを取得してデータセットを構築しよう。うれしいことに、Hot or Notは特定の基準に合致した人々のリストを返すAPIコールを提供している。この例で使うべき基準はただ一つ、「meet me（会ってください）」のプロフィール群を持っていることだ。所在地や関心事といった情報は、これらのプロフィールからしか得られないからである。では以下の関数をhotornot.pyに追加しよう。

```
def getrandomratings(c):
    # getRandomProfileのURLを構築
    url="http://services.hotornot.com/rest/?app_key=%s" % api_key
    url+="&method=Rate.getRandomProfile&retrieve_num=%d" % c
    url+="&get_rate_info=true&meet_users_only=true"

    f1=urllib2.urlopen(url).read()
```

[†] 訳注：デモグラフィーは実態人口統計学。デモグラフィーデータとは一般に年齢、収入、教育水準などのこと。

```
doc=xml.dom.minidom.parseString(f1)

emids=doc.getElementsByTagName('emid')
ratings=doc.getElementsByTagName('rating')

# emidとratingを一緒にリストにまとめる
result=[]
for e,r in zip(emids,ratings):
  if r.firstChild!=None:
    result.append((e.firstChild.data,r.firstChild.data))
return result
```

ユーザーIDとレーティングのリストを生成したら、この人々の情報——ここでは性別、年齢、所在地、キーワード——をダウンロードする関数が必要だ。50すべての州を可能な所在地の変数に取ると、可能な分岐の数があまりにも多くなってしまう。州を地方にまとめてやれば、可能な所在地の数を減らせる。以下のコードを追加して地方を指定しよう。

```
stateregions={'New England':['ct','mn','ma','nh','ri','vt'],
              'Mid Atlantic':['de','md','nj','ny','pa'],
              'South':['al','ak','fl','ga','ky','la','ms','mo',
                'nc','sc','tn','va','wv'],
              'Midwest':['il','in','ia','ks','mi','ne','nd','oh','sd','wi'],
              'West':['ak','ca','co','hi','id','mt','nv','or','ut','wa','wy']}
```

同APIでは一人一人のデモグラフィーデータをダウンロードするメソッドを提供しているので、getpeopledata関数では最初の検索で得られた結果すべてにループをかけて、彼らの詳細を問い合わせればよい。以下の関数をhotornot.pyに追加する。

```
def getpeopledata(ratings):
  result=[]
  for emid,rating in ratings:
    # MeetMe.getProfileメソッドのためのURL
    url="http://services.hotornot.com/rest/?app_key=%s" % api_key
    url+="&method=MeetMe.getProfile&emid=%s&get_keywords=true" % emid

    # この人の全情報を取得
    try:
      rating=int(float(rating)+0.5)
      doc2=xml.dom.minidom.parseString(urllib2.urlopen(url).read())
      gender=doc2.getElementsByTagName('gender')[0].firstChild.data
      age=doc2.getElementsByTagName('age')[0].firstChild.data
      loc=doc2.getElementsByTagName('location')[0].firstChild.data[0:2]

      # 州を地方に変換
      for r,s in stateregions.items():
```

```
            if loc in s: region=r

        if region!=None:
          result.append((gender,int(age),region,rating))
      except:
        pass
  return result
```

ではPythonセッションでこのモジュールをインポートし、データセットを作ろう。

```
>>> import hotornot
>>> l1=hotornot.getrandomratings(500)
>>> len(l1)
442
>>> pdata=hotornot.getpeopledata(l1)
>>> pdata[0]
(u'female', 28, 'West', 9)
```

リストには各ユーザーの情報が収められており、最後にレーティングがある。このデータ構造は直接buildtreeメソッドに渡して決定木を構築するのに使える。

```
>>> hottree=treepredict.buildtree(pdata,scoref=treepredict.variance)
>>> treepredict.prune(hottree,0.5)
>>> treepredict.drawtree(hottree,'hottree.jpg')
```

最終的な決定木の例を図7-7に示す。

データセット全体をもっともよく分割する、最上段の中心ノードは性別だ。それ以下の部分は実のところ非常に込み入っていて読みにくい。しかしながら、これを今まで認識しえなかった人について推論するのに使うことは可能だ。また、アルゴリズムがデータの欠落をサポートしているため、ある変数

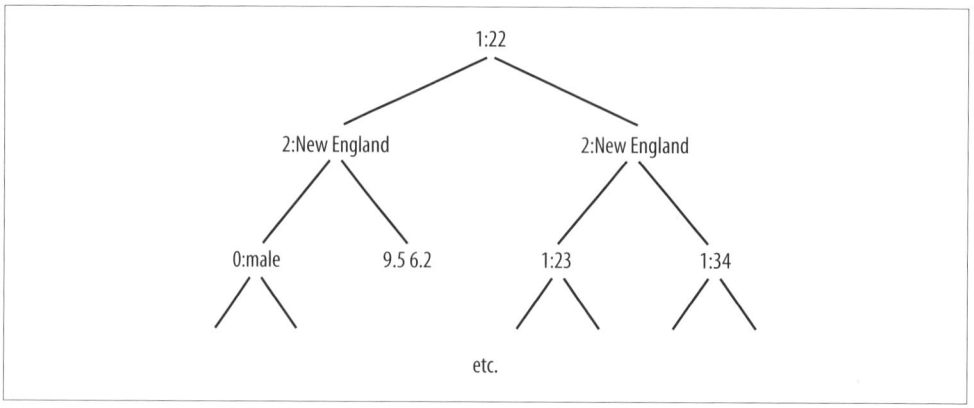

図7-7　hotnessの決定木モデル

について大くくりな集計を取ることが可能だ。たとえば南部のメンバー全員と中部大西洋諸州の全員のhotnessを比較したいとする。

```
>>> south=treepredict2.mdclassify((None,None,'South'),hottree)
>>> midat=treepredict2.mdclassify((None,None,'Mid Atlantic'),hottree)
>>> south[10]/sum(south.values())
0.055820815183261735
>>> midat[10]/sum(midat.values())
0.048972797320600864
```

このデータセットでは、スーパーホットな人は南部の方にわずかに多く存在する、ということがわかった。年齢群などを考慮に入れてみる、あるいは男性が女性より良いスコアになっているかの吟味など、いろいろ試してみるとよい。

7.13　決定木を使うべき場面

　決定木の最大の利点はおそらく、トレーニング後のモデルが非常に簡単に解釈できることだ。例にあげた問題では、アルゴリズムを実行することにより、新規ユーザーについての予測が行えるツリーが得られただけでなく、その判断を行うのに使われる質問のリストも得られている。ここからあなたは、たとえばSlashdotでサイトを見つけたユーザーが有料会員になることはないが、Google経由で少なくとも20ページを開いた人はプレミアム会員になりそうである、といったことを読み取れるわけだ。これにより、高品質のトラフィックをくれるサイトに注力するよう広告戦略を変更する、などといったことが可能になるだろう。また、ある変数、たとえばユーザーの所在地などが、帰結の決定に重要でないということも学べるようになっている。データの収集が困難、あるいは高価なとき、それが重要でないということが判っていれば収集停止が可能と判断できる。

　決定木はまた、データの確率的な振り分けをも可能とする。問題によっては、常に正しい識別ができるほどの情報が存在しないこともある——決定木ならそれ以上の分割が不可能な、複数の可能性を含むノードを持つことが可能だ。この章のコードでは、それぞれの帰結を集計したディクショナリを返すが、こうした情報は推測結果にどの程度の確信が持てるか判断する助けとなる。不確実な結果の確率の見積もりは、どんなアルゴリズムにもできるというわけではない。

　とはいえ、ここで利用した決定木アルゴリズムには明白な弱点も存在する。たとえば可能な帰結がごく少数である問題に対しては非常に有効なのに対し、多数の帰結を含むデータセットにはあまり効果的でない。最初の例では帰結がnone、basic、premiumのみだった。だが数百もの帰結が存在している場合では、決定木は非常に複雑になり、おそらくは貧弱な予測しか得られなくなる。

　ここで説明した決定木には非常に不利な点がもう一つある。単純な数値データが扱えるものの、判別ポイントとしては、ある数以上／以下というものしか持つことができないのだ。このことは、変数の複雑な組み合わせでクラス分けが決まるようなデータセットの決定木による分類を困難にしている。た

とえば二つの変数の差で判断されるような帰結では、決定木は非常に大きくなり、あっというまに不適切なものになる。

まとめると、決定木は多数の数値的な入力と出力を持つ問題や、数値的入力同士に多くの複雑な関係が存在する問題、たとえば財務データの解釈や画像分析のようなものに対しては、おそらくよい選択ではない。決定木が強いのは、区切りのある数値的データやカテゴリー的なデータといったものを、多数持つデータセットに対してだ。判断を下すプロセスの理解が重要であれば、決定木がベストチョイスだ。ここまで見てきた通り、理由付けを見ることは最終的な推測を知ることと同じくらい重要なものになりうるからである。

7.14 エクササイズ

1. 帰結の確率
   classifyとmdclassifyは現在、帰結の数を集計して返す。これを、帰結があるカテゴリーに入る確率を返すよう改造せよ。
2. 欠落データの範囲
   mdclassifyでは値の欠落を示すのに「None」が使える。数値データについては、欠落データも完全な不可知ではなく、ある範囲に収まることが判る場合がある。mdclassifyを改造し、値が入るところに(20,25)のようなタプルが入ることを許し、必要であれば両方の枝をたどるようにせよ。
3. 早期終了
   buidtreeでは、ツリーの刈り込みを行う代わりに、エントロピーが十分減少しなくなる点に達したところで分割をやめるようにすることができる。これは理想的とは言いがたい場合もあるが、余分なステップを省くものではある。buildtreeを改造し、最小ゲインのパラメータを取り、条件が満たされない時は枝の分割を停止するようにせよ。
4. 欠落データを使った構築
   データの欠落がある観察を分類できるという関数は構築したが、ではトレーニングセットのデータが欠けている時はどうしよう。buildtreeを改造し、欠落データをチェックして、特定の枝を下りていくことができないときは両方の枝を下りていくようにせよ。
5. 多経路分割
   （難）本章で構築した決定木はすべて二分木によるものだ。しかしノードを3本以上の枝に分割することが許されれば、よりシンプルなツリーが生成できるデータセットも存在する。これをどのように表現したらよいか。また、この決定木はどのようにトレーニングしたらよいか。

8章
価格モデルの構築

これまでさまざまな分類器について見てきたが、その多くは、ある価格データがどのカテゴリーに属すか予測するのに適したものである。しかしながら、ベイジアン分類器、決定木、サポートベクターマシン（次章で取り上げる）は、数多くの異なる属性に基づいて決定される数値データ、すなわち価格のようなものを予測するのにベストのアルゴリズムとは言えない。この章では、得られたものに基づき数値予測を行うようにトレーニングできるアルゴリズムを紹介する。また確率分布を表示することで、予測がどうやって立てられたかユーザーが解釈できるようにする。

これに加え、こうしたアルゴリズムを使って価格予測モデルを構築する方法を紹介する。経済学者は価格を、特にオークション価格を、集合知を利用した真の価値決定の優れる方法と考えている。つまり、売り手と買い手が共に多数存在する十分大きな市場において、価格は両者にとって最適な値に達するということである。価格予測というのはまた、この種のアルゴリズムの検定法としても優れている。価格の決定には考慮すべき数多くの異なる要素がまつわっているからだ。たとえばノートマシンに入札するなら、プロセッサ速度、RAMサイズ、HDD容量、画面の解像度などといったことを考慮に入れるだろう。

数値予測を行う上で大事なことの一つに、どの変数が重要であるか、またどのような組み合わせで重要になるかの決定がある。ノートマシンの例で言えば、たとえば無料のアクセサリやバンドルされるソフトウェアの一部など、価格に（まったくではないにしても）ほとんど影響がないであろう変数群が存在する。さらに言えば、画面サイズはHDD容量に比べて最終価格に大きな影響を及ぼしているかもしれない。5章で論じた最適化手法を使えば、こうした変数の最適な重み付けを自動的に決定できる。

8.1　サンプルデータセットの構築

数値予測アルゴリズムを検証する厄介なデータセットは、厄介な予測が困難になる性質がいくつも入ったものであるべきだ。TVの価格なぞに着目すれば、大きいことはよいことだ、などという推論がすぐできてしまうし、伝統的な統計手法を使うだけで簡単に解けてしまう。そんなわけで、価格が特性の大小や個数に単純比例しないデータセットについて見ていく方が面白いだろう。

この節では、人工のシンプルなモデルで決まるワイン価格を使ったデータセットを生成する。価格は各ワインのレーティングと酒齢（古さ）に基づくものとする。モデルでは、ワインにはそれぞれピーク酒齢があるという前提を取る。それはよいワインでは遅く、悪いワインではすぐに訪れる。高いレーティングのワインの価格は最初からある程度高く、ピーク酒齢に達するまで上がり続ける。悪いワインは最初から安く、その後も安くなっていくのみだ。

これをモデル化すべくnumpredict.pyという名で新規ファイルを作ってwineprice関数を入れよう。

```python
from random import random,randint
import math

def wineprice(rating,age):
  peak_age=rating-50

  # レーティングに基づく価格
  price=rating/2
  if age>peak_age:
    # ピークを過ぎると5年で駄目になる
    price=price*(5-(age-peak_age))
  else:
    # ピーク時には元価格の5倍になる
    price=price*(5*((age+1)/peak_age))
  if price<0: price=0
  return price
```

ワイン価格のデータセットを構築する関数も必要だ。以下の関数ではワインを200本生成し、その価格をモデルに従い計算する。続いて20パーセント以内でランダムに価格を上下させる。これは税金や地域による価格差を考慮するためと、数値予測を多少困難にするためである。それではこの関数wineset1をnumpredict.pyに入れよう。

```python
def wineset1():
  rows=[]
  for i in range(300):
    # 酒齢とレーティングをランダムに生成
    rating=random()*50+50
    age=random()*50
    # 基準価格の取得
    price=wineprice(rating,age)
    # ノイズを加える
    price*=(random()*0.4+0.8)
    # データセットに追加
    rows.append({'input':(rating,age),
                 'result':price})
  return rows
```

Pythonセッションを起動してワイン価格を試そう。また、データセットを構築しよう。

```
$ python
>>> import numpredict
>>> numpredict.wineprice(95.0,3.0)
21.111111111111114
>>> numpredict.wineprice(95.0,8.0)
47.5
>>> numpredict.wineprice(99.0,1.0)
10.102040816326529
>>> data=numpredict.wineset1()
>>> data[0]
{'input': (63.602840187200407, 21.574120872184949), 'result': 34.565257353086487}
>>> data[1]
{'input': (74.994980945756794, 48.052051269308649), 'result': 0.0}
```

このデータセットでは、2本目のボトルは古すぎて駄目になっているが、最初のボトルは良く熟成されていることがわかる。変数間の相互作用により、データセットはアルゴリズムのテストに適したものとなっている。

8.2 K近傍法

ワイン価格を定める問題に対するもっとも簡単なアプローチとして、我々が何かの値段を手動で求めようとするとき使う方法がある——非常によく似たアイテムをいくつか探し、それらの価格とほぼ同じと考えるのだ。注目するアイテムに類似したアイテム群を探し、これらの価格の平均を取れば、注目アイテムがどのくらいの価格になるか推測できるというわけだ。このアプローチをK近傍法（kNN：k-nearest neighbors）という。

8.2.1 近傍群の数

K近傍法のKは、平均を取るのに使うアイテムの数のことだ。データが完璧であればk=1でよい。つまりもっとも近傍のアイテムを取って、その価格を解答すればよい。ところが実世界には、常にある程度のズレがある。我々の例でもこれをシミュレートすべく、わざわざ「ノイズ」が入れてある（20パーセント以内で価格を上下させてある）。素晴らしい買い物をする人もあれば、同じものに思い切った金額を払ってしまう無知な客もあるものなのだ。近傍するアイテムをいくつも取って平均するのはこのためである。

近傍群を少なく取りすぎる弊害を可視化するには、説明変数を一つに絞って考えてみるとよい。たとえば酒齢だけに注目する。図8-1は酒齢（x軸）と価格（y軸）のグラフだ。描いてあるラインは、近傍アイテムを一つだけ取った場合の予測価格だ。

この予測価格が、ランダムな変異に非常に大きな影響を受けているということに注目してほしい。こ

のギザギザな線を使って予測すると、15年を経たワインと16年を経たワインの間には大きな価格の飛躍があると見なさざるを得ないが、実のところこれはたった2本のワインの価格差によるものだ。

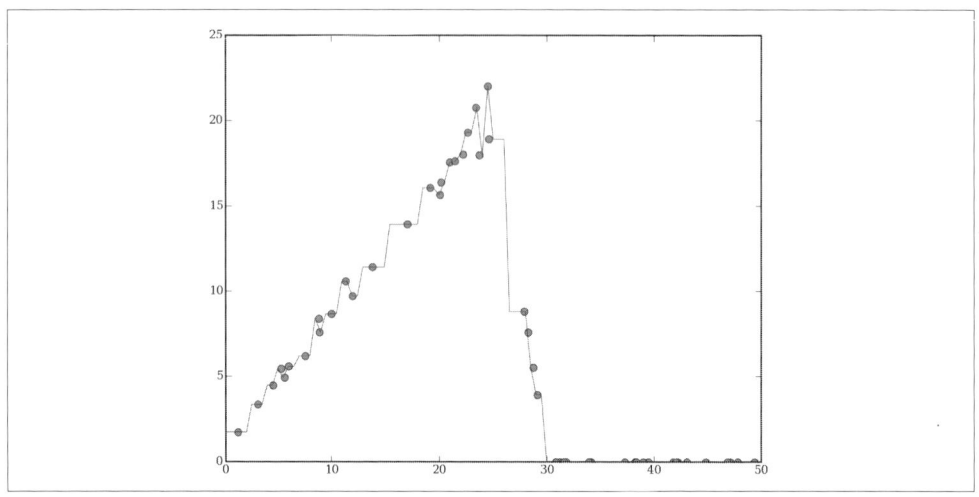

図8-1　少なすぎる近傍群によるK近傍法

逆に近傍群を多く取りすぎると、今度は正確さを減ずることになる。これは着目アイテムとまったく似ていないアイテムまで入れてしまうためだ。図8-2は同じデータセットのグラフである。20個の近傍群を取って線を引くと、このようになる。

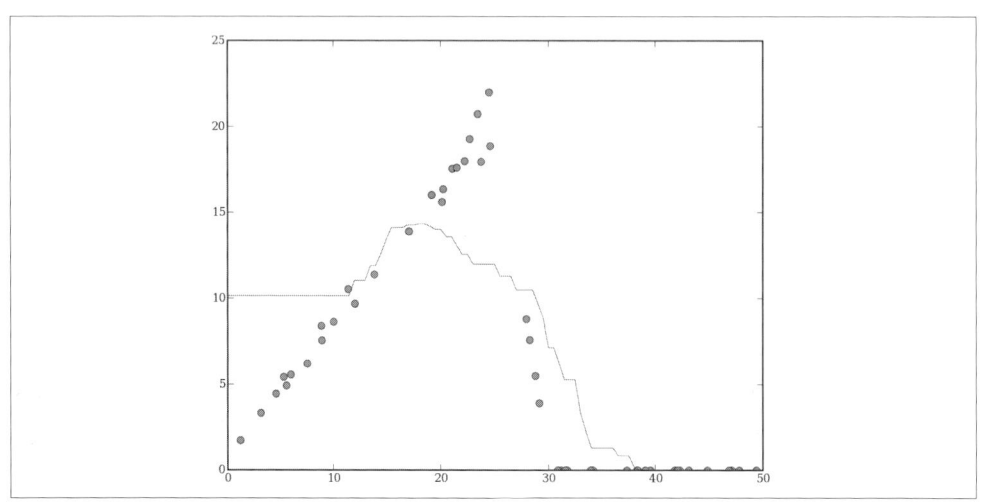

図8-2　多すぎる近傍群によるK近傍法

あまりに多くの価格の平均を取ることにより、25年物あたりのワインの価格は明らかにひどく過小評価されている。さまざまなデータセットに対する正しい近傍群の数は手動で選べばよいが、最適化で

求めることもできる。

8.2.2　類似度を定義する

　K近傍法アルゴリズムには、二つのアイテムがどれほど似ているかを測定する方法がまず必要だ。こうした方法については本書でいくつか挙げてある。ここではユークリッド距離を使うが、これを計算する関数は前の方の章でも示してある numpredict.py に以下の euclidian 関数を追加しよう。

```
def euclidean(v1,v2):
  d=0.0
  for i in range(len(v1)):
    d+=(v1[i]-v2[i])**2
  return math.sqrt(d)
```

Pythonセッションでこの関数を試してみよう。データセット上の点や新しい点を使おう。

```
>>> reload(numpredict)
<module 'numpredict' from 'numpredict.py'>
>>> data[0]['input']
(82.720398223643514, 49.21295829683897)
>>> data[1]['input']
(98.942698715228076, 25.702723509372749)
>>> numpredict.euclidean(data[0]['input'],data[1]['input'])
28.56386131112269
```

　この関数では距離を計算する際に、ワインの酒齢とレーティングをまったく同じに扱っていることに気付いたものと思う。しかし現実の問題ではほとんど常に、いくつかの変数がほかの変数より大きなインパクトを持つものだ。これはK近傍法のよく知られた弱点で、本章の後の方でこれを調整する方法を取り上げる。

8.2.3　K近傍法のコード

　K近傍法は実装が比較的シンプルなアルゴリズムだ。これは計算集約的なアルゴリズムだが、データが追加されても毎回学習をやり直す必要がないという強みがある。与えられたアイテムからデータセットの各アイテムまでの距離が求められるよう、以下の getdistances 関数を numpredict.py に追加する。

```
def getdistances(data,vec1):
  distancelist=[]
  for i in range(len(data)):
    vec2=data[i]['input']
    distancelist.append((euclidean(vec1,vec2),i))
```

```
distancelist.sort()
return distancelist
```

この関数は与えられたベクトルからデータセットの各ベクトルまでの距離をdistance関数をコールすることで測り、結果を大きなリストにまとめる。このリストをソートして、もっとも近傍にあるアイテムを先頭に持ってくる。

K近傍法の関数はこの距離リストを使い、先頭からK個の結果の平均を取る。knnestimate関数を追加しよう。

```
def knnestimate(data,vec1,k=5):
  # 距離をソート済みで得る
  dlist=getdistances(data,vec1)
  avg=0.0
  # 先頭k個の結果の平均を取る
  for i in range(k):
    idx=dlist[i][1]
    avg+=data[idx]['result']
  avg=avg/k
  return avg
```

これで新しいアイテムの予想価格を得ることができる。

```
>>> reload(numpredict)
>>> numpredict.knnestimate(data,(95.0,3.0))
29.176138546872018
>>> numpredict.knnestimate(data,(99.0,3.0))
22.356856188108672
>>> numpredict.knnestimate(data,(99.0,5.0))
37.610888778473793
>>> numpredict.wineprice(99.0,5.0)    # 実際の価格を見てみる
30.306122448979593
>>> numpredict.knnestimate(data,(99.0,5.0),k=1) # 近傍群の個数を減らしてみる
38.078819347238685
```

各パラメータやkの値を変えてみて、結果がどのように影響されるか見てほしい。

8.3　重み付け近傍法

このアルゴリズムが遠すぎる近傍アイテムを利用する場合があることを緩和する手段の一つに、各アイテムに距離に応じた重み付けを行う、というものがある。これは2章で利用した、推薦を求める人にどれだけ近い嗜好を持つかによって重み付けをする方法に似ている。

アイテム同士が似ているほど両者の距離が小さくなるため、距離を重みに変換してやる手段があるとよい。これを行う方法はいくつもあり、それぞれ利点と欠点を持っている。この節では利用しうる三つの関数を紹介する。

8.3.1 反比例関数

4章で距離を重みに変換するのに使ったのが**反比例関数**だ。図8-3は、縦軸に重み、横軸に距離を置き、この関数をプロットしたものだ。

この関数のもっともシンプルな表現は、1割る距離だ。しかしアイテム同士の位置が等しい場合や非常に近い場合、これでは重み付けが非常に大きく（または無限大に）なってしまう。このため距離には前もって小さな数を加えておく必要がある。

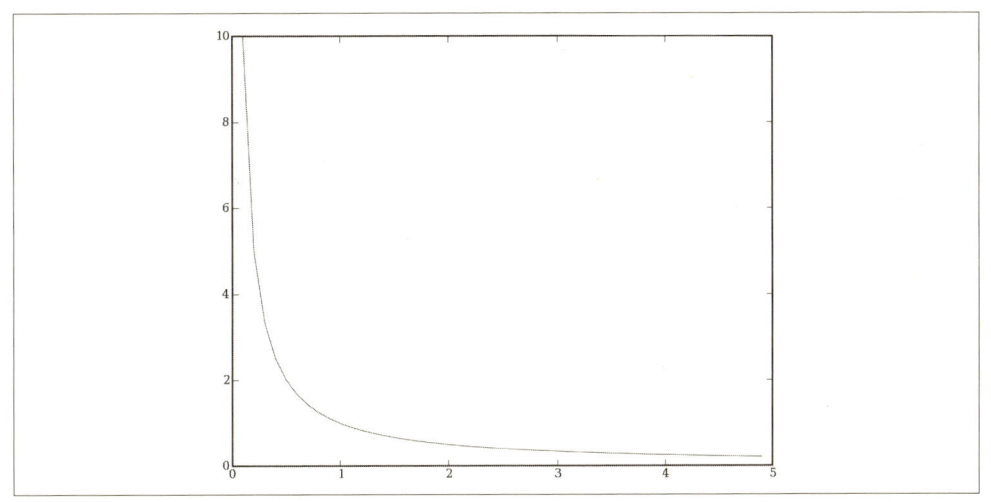

図8-3 反比例による重み付け関数

では inverseweight 関数を numpredict.py に追加しよう。

```
def inverseweight(dist,num=1.0,const=0.1):
  return num/(dist+const)
```

この関数は高速で実装も簡単だ。また良い結果が得られるように num の値を変えてみることができる。主な潜在的欠点としては、距離の近いアイテムの重みが非常に大きく、距離が増すと急速に小さくなるということがある。これは望ましい場合もあるが、アルゴリズムがノイズに非常に敏感になってしまう。

8.3.2　減法（引算）関数

第2の選択肢は**減法関数**である。図8-4に示す。

これは定数から距離を引くというシンプルな関数だ。この引算の答えが重みとなるが、これは0を超える場合のみで、答えが0以下であれば重みは0だ。0以下の場合は0だ。以下のsubtractweiht関数をnumpredict.pyに追加しよう。

```
def subtractweight(dist,const=1.0):
  if dist>const:
    return 0
  else:
    return const-dist
```

この関数は距離の近いアイテムに重みを与えすぎるという問題には強いが、限界がある。重みの落ち着く先が0であるために、距離が十分近いと見なされるアイテムが存在しなくなり、アルゴリズムが予測をまったく行えない場合があるのだ。

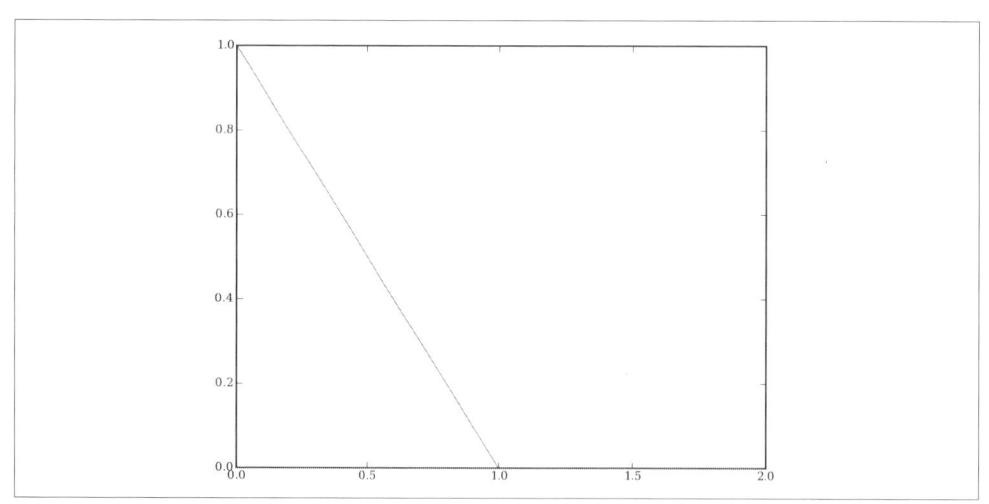

図8-4　減法による重み付け関数

8.3.3　ガウス関数

ここで論ずる最後の関数が**ガウス関数**だ。ベル型曲線ともいう。これまでの関数に比べると多少複雑だが、見ての通りそれらの限界を克服するものとなっている。ガウス関数を図8-5に示す。

この関数の重みは距離が0のとき1で、距離が増すに従って減る。しかし減法関数とは違って完全な0にはならないため、予測は常に可能である。この関数はこれまでの関数よりコードが複雑で、関数評価も速くない。

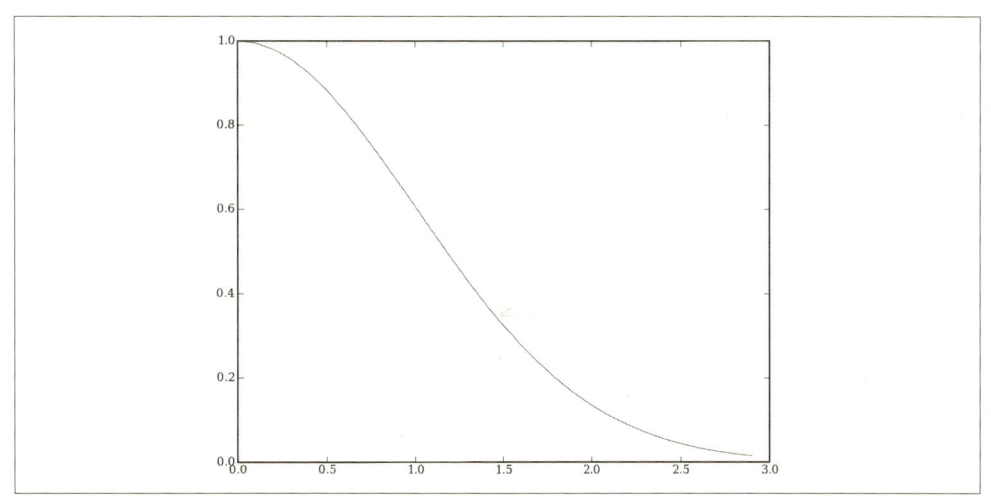

図8-5　ガウス曲線による重み付け関数

ではgaussianをnumpredict.pyに追加しよう。

```
def gaussian(dist,sigma=10.0) †
  return math.e**(-dist**2/(2*sigma**2))
```

それではさまざまなパラメータを各関数に与え、どのような違いが出るか見てみよう。

```
>>> reload(numpredict)
<module 'numpredict' from 'numpredict.py'>
>>> numpredict.subtractweight(0.1)
0.9
>>> numpredict.inverseweight(0.1)
5.0
>>> numpredict.gaussian(0.1,1.0)
0.995012479192682332
>>> numpredict.gaussian(1.0,1.0)
0.60653065971263342
>>> numpredict.subtractweight(1)
0.0
>>> numpredict.inverseweight(1)
0.90909090909090906
>>> numpredict.gaussian(3.0,1.0)
0.01110899653824231
```

どの関数も0.0のとき最大値となり、そこからそれぞれの形で減少していくことがわかる。

---

† 訳注:gaussian関数のsigma引数のデフォルト値10.0は、後の確率密度推測に適した値である。このページのグラフ、セッション例ではsigma=1.0の場合の値が使われている。

8.3.4 重み付け K 近傍法

重み付け K 近傍法の関数も、動作のパターンは通常の K 近傍法関数と同じで、まずソート済みの距離を取り、近い方から K 個の要素を得る。通常版との重要な違いは単純平均を取らないことだ。重み付け K 近傍法では**加重平均（重み付け平均）**を取るのだ。加重平均の各アイテムの値には、合計する前に、それぞれの重みを掛ける。そして合計が出たら、これを重みの合計で割る。

それでは weightedknn を numpredict.py に追加しよう。

```
def weightedknn(data,vec1,k=5,weightf=gaussian):
  # 距離を得る
  dlist=getdistances(data,vec1)
  avg=0.0
  totalweight=0.0
  # 加重平均を得る
  for i in range(k):
    dist=dlist[i][0]
    idx=dlist[i][1]
    weight=weightf(dist)
    avg+=weight*data[idx]['result']
    totalweight+=weight
  avg=avg/totalweight
  return avg
```

この関数は K 個の近傍アイテムに対するループとなっており、各アイテムへの距離を先ほど定義した重み付け関数のどれかに渡す。avg 変数はこの重みと、それを得た近傍アイテムの値を掛けたものだ。totalweight 変数は重みの合計である。最後に avg を totalweight で割る。

Python セッションでこの関数を試し、パフォーマンスを通常版の K 近傍法関数と比べよう。

```
>>> reload(numpredict)
<module 'numpredict' from 'numpredict.py'>
>>> numpredict.weightedknn(data,(99.0,5.0))
32.640981119354301
```

この例では、weightedknn の示した結果は knnestimate より正解に近かった。しかしここでは、たったの 2 サンプルでしか試していない。厳密なテストは、データセットの多くのアイテムを使うものであり、このようなテストは実際にベストのアルゴリズムやパラメータを決めるのに使える。次節ではこうしたテストを実施する方法を述べよう。

8.4 クロス評価

クロス評価（cross validation、交差確認法ともいう）とはデータを**トレーニングセット**と**テストセット**に分割する一連のテクニックに与えられた名称だ。まず予測を立てるのに使うトレーニングセットを正解（この例では価格）と共にアルゴリズムに与える。続いてテストセットの各アイテムをアルゴリズムに与えて予測を行わせる。解答を正解と比較し、アルゴリズムの良し悪しを見るために総スコアが計算される。

通常はこの手順を何度か実行する。データ分割は毎回変える。また、テストセットを全体の5パーセントかそこらの小さな割合とし、残りはトレーニングセットとするのが通例だ。それではまずdividedataという関数をnumpredict.pyに入れよう。これはデータセットを指定の割合で分割するものだ。

```python
def dividedata(data,test=0.05):
  trainset=[]
  testset=[]
  for row in data:
    if random()<test:
      testset.append(row)
    else:
      trainset.append(row)
  return trainset,testset
```

次のステップはアルゴリズムのテストだ。これはトレーニングセットを与えてからテストセットの各アイテムに対してコールすることで行う。この関数では続いて正解との差を求め、これを合計することで、どの程度外していたかを一般的に示す総スコアを生成する。これは普通、差の平方を合計することで行う。

それではこの新しい関数testalgorithmをnumpredict.pyに追加しよう。

```python
def testalgorithm(algf,trainset,testset):
  error=0.0
  for row in testset:
    guess=algf(trainset,row['input'])
    error+=(row['result']-guess)**2
  return error/len(testset)
```

testalgorithm関数は、データセットとクエリを取るようなアルゴリズム関数algfを取る。そしてテストセットにループをかけてその各行（row）をalgfに適用することで推測値を得る。そして実際の結果からこの推測値を引く。

出て来る数値を二乗するのは一般的な習慣で、大きな差違があれば強調するためである。つまり、

ほとんどの場合に極めて近いがたまに大きく外すアルゴリズムは、常にある程度近いアルゴリズムより悪い、ということになる。これは多くの場合で望ましいふるまいだが、いつも極めて正確であれば、たまに大きなミスがあっても許容できるという状況もある。そのような場合には差の絶対値を単純に加算するよう関数を変更しよう。

最後のステップとして、データを何度か違った分割にして、それぞれについてtestalgorithmを実行し、結果を合計して最終スコアを得る関数を作ろう。次のcrossvalidateをnumpredict.pyに追加する。

```
def crossvalidate(algf,data,trials=100,test=0.05):
  error=0.0
  for i in range(trials):
    trainset,testset=dividedata(data,test)
    error+=testalgorithm(algf,trainset,testset)
  return error/trials
```

ここまでに書いたコードには多くのバリエーションが考えられるので、比較が可能だ。たとえばknnestimateのkを変えてテストしてみよう。

```
>>> reload(numpredict)
<module 'numpredict' from 'numpredict.py'>
>>> numpredict.crossvalidate(numpredict.knnestimate,data)
254.06864176819553
>>> def knn3(d,v): return numpredict.knnestimate(d,v,k=3)
...
>>> numpredict.crossvalidate(knn3,data)
166.97339783733005
>>> def knn1(d,v): return numpredict.knnestimate(d,v,k=1)
...
>>> numpredict.crossvalidate(knn1,data)
209.54500183486215
```

予想通り、近傍群が少なすぎたり多すぎたりすると結果が悪い。この例では3という値は1や5より優れている。重み付けK近傍法のさまざまな重み付け関数を試して、どれがもっとも優れた結果をもたらすか調べることもできる。

```
>>> numpredict.crossvalidate(numpredict.weightedknn,data)
200.34187674254176
>>> def knninverse(d,v):
...     return numpredict.weightedknn(d,v,\
      weightf=numpredict.inverseweight)
>>> numpredict.crossvalidate(knninverse,data)
148.85947702660616
```

このデータセットについては、適切なパラメータをセットした重み付けK近傍法で優れた結果が得られるようだ。正しいパラメータ選びには時間がかかるかもしれないが、これは特定のトレーニングセットについて一度決めてやればよく、もしトレーニングセットが大きくなるようであれば時々アップデートすればよい。また、この章の後の方にある「8.6　縮尺の最適化」という節では、一部のパラメータを自動的に定める方法を紹介する。

8.5　異質な変数

この章で最初に構築したデータセットは、作為的にシンプルだった——価格予測に使われる変数がどれもおおまかに比較可能な上に、どの変数も結果に重要な意味を持っていることなどは特にそうだった。

すべての変数が同じ範囲に収まるのであれば、すべてを同時に利用して距離を算出するのが効率的だ。しかしながら、価格に影響する新しい変数、たとえばミリリットル表示になったボトルサイズ（量）を導入することを考えてみよう。ここまで使ってきた変数が0から100の範囲に収まるのに対し、これは1500にもなりうる。これを導入したとき近傍法や距離による重み付けの計算が被る影響について、図8-6を見てほしい。

この変数が距離計算に対して及ぼす影響は、これまでの変数よりずっと大きいことは明らかだ——これは他のあらゆる距離計算を圧倒してしまうほどであり、つまり本質的には他の変数が考慮されなくなるとさえ言えるのである。

他の問題として、まったく見当違いの変数を導入してしまう、ということがある。たとえばデータセットに、ワインを見つけた倉庫内の通路番号（aisle）が含まれていた場合、これも変数として距離計算に使われてしまう。他のあらゆる面から見て同一なのに通路番号だけが大きく違う2本のワインを非常に離れたものとすることにより、これは正しい予測を行おうとするアルゴリズムの能力をひどく損なう。

8.5.1　データセットの追加

こうした効果のシミュレートとして、データセットにいくつか新しい変数を追加しよう。winset1のコードをコピーしてwinset2という新関数を作り、ボールドで示す行を追加しよう。

```
def wineset2():
  rows=[]
  for i in range(300):
    rating=random()*50+50
    age=random()*50
    aisle=float(randint(1,20))
    bottlesize=[375.0,750.0,1500.0,3000.0][randint(0,3)]
    price=wineprice(rating,age)
    price*=(bottlesize/750)
    price*=(random()*0.4+0.8)
```

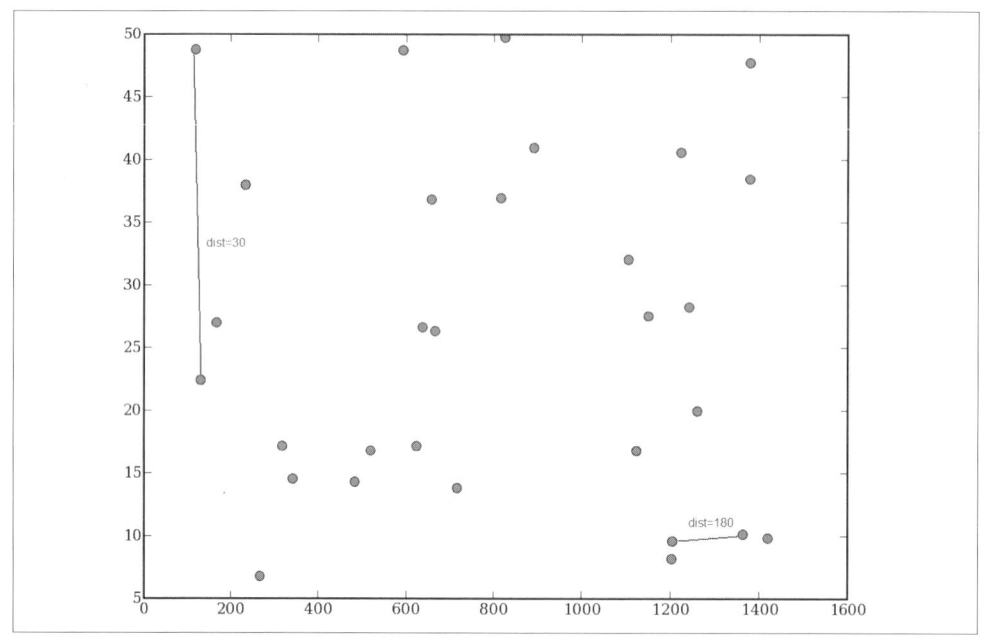

図8-6 異質な変数が距離計算に及ぼす問題

```
        rows.append({'input':(rating,age,aisle,bottlesize),
                     'result':price})
    return rows
```

これで通路番号とボトルサイズを含むデータセットが生成できるようになった。

```
>>> reload(numpredict)
<module 'numpredict' from 'numpredict.py'>
>>> data=numpredict.wineset2()
```

K近傍法予測器に対する影響は、前のセクションで求めた最良のパラメータを新しいデータセットに適用してみれば判る。

```
>>> numpredict.crossvalidate(knn3,data)
1427.3377833596137
>>> numpredict.crossvalidate(numpredict.weightedknn,data)
1195.0421231227463
```

ご覧の通りだ。データセットに情報が追加されることでノイズが減少するにもかかわらず（これは理論的には優れた予測へと導くはずの事柄だ）、実際にcrossvalidateが返す値はかなり悪くなっている。これは現状のアルゴリズムが変数ごとに扱いを変える方法を知らないためである。

8.5.2　次元のリスケール（縮尺変更）

ここで我々に必要なのは、即値に基づき距離を求める方法ではなく、それぞれの値を正規化（標準化）し、同じ空間で比較することに意味があるようにする方法だ。また、不必要な変数を排除したり、計算に及ぼす影響を最小化するような方法もあればうれしい。これらを実現する一つの方法として、計算を行う前に縮尺を変えてやるというものがある。

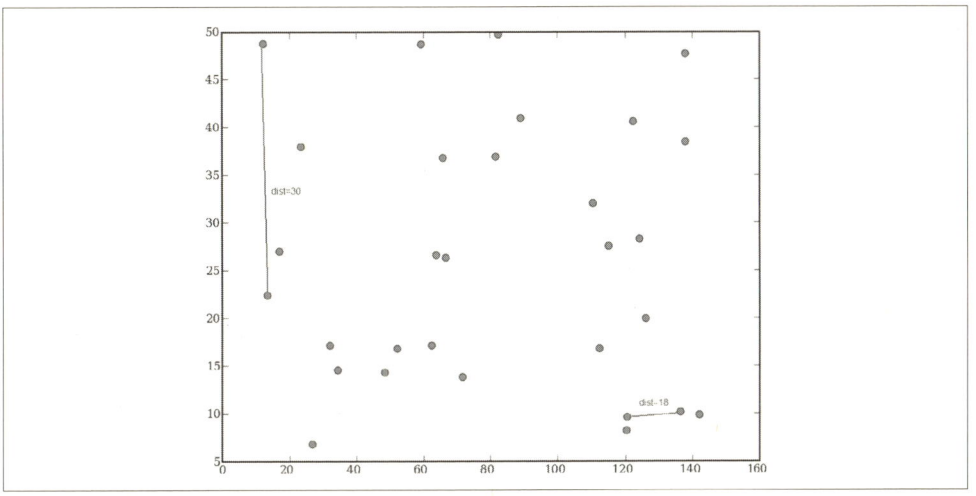

図8-7　各軸の縮尺を変えることで距離の問題を解決する

ボトルサイズの次元（軸）を1/10にスケールダウンしてやることで、複数のアイテムで最近傍アイテムが変わっているのがわかる。ある変数が他の変数より元々非常に大きな値を持っている、という問題はこれで解決するが、それでは無用な変数についてはどうだろうか。ある変数について0を掛けるとどうなるか見てみよう。図8-8を見てほしい。

こうすると、通路番号の軸では全アイテムが同じ値を取ることになるので、アイテム間の距離は酒齢にのみ依存するようになるのが判るだろう。つまり、通路番号は最近傍アイテムを求める計算において完全に無意味なもの、まったく考慮されないものとなるのだ。重要でない変数をすべて0にまで潰してしまえば、アルゴリズムはずっと正確なものになる。

rescale関数はアイテムのリストとscaleという引数を取る。このscale引数は実数のリストであり、関数はすべての値にこのscaleの値を掛けた新しいデータセットを返す。それではrescale関数をnumpredict.pyに追加しよう。

```
def rescale(data,scale):
  scaleddata=[]
  for row in data:
    scaled=[scale[i]*row['input'][i] for i in range(len(scale))]
    scaleddata.append({'input':scaled,'result':row['result']})
  return scaleddata
```

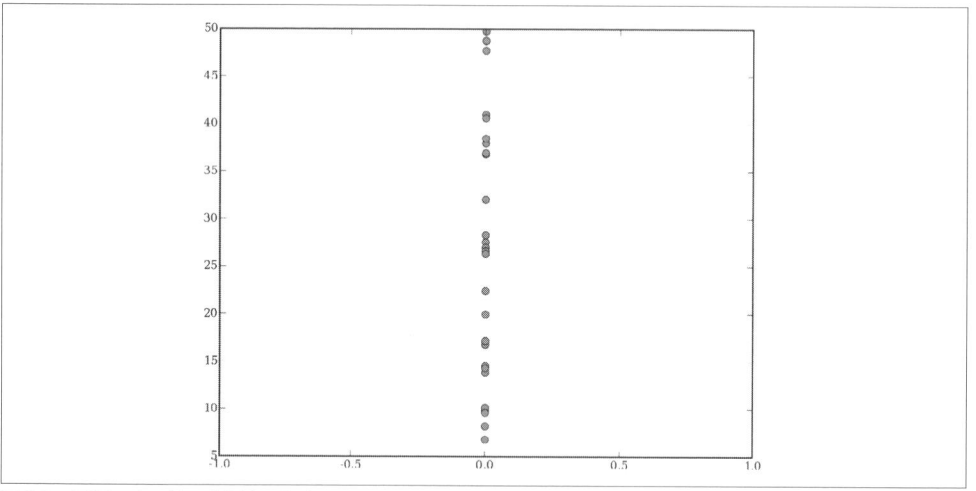

図8-8 重要でない軸の縮尺を0とする

　これを試すには、データセットに先ほど選んだ倍率によるパラメータを適用し、予測がうまくいくか調べてみるとよい。

```
>>> reload(numpredict)
<module 'numpredict' from 'numpredict.py'>
>>> sdata=numpredict.rescale(data,[10,10,0,0.5])
>>> numpredict.crossvalidate(knn3,sdata)
660.9964024835578
>>> numpredict.crossvalidate(numpredict.weightedknn,sdata)
852.32254222973802
```

　この少数の例については良好な結果が得られた。以前より良いほどだ。縮尺パラメータを変えてみて結果がさらに改善するか調べてみよう。

8.6　縮尺の最適化

　今回の場合、あなたはどの変数が重要か元から知っているので、優れた縮尺パラメータを選択するのは難しいことではない。しかしながら多くの場合では、作業するデータセットは自分で構築したわけ

ではないし、どの変数が重要でなく、どの変数が大きな影響を与えるのか事前に判るとは限らない。

理論的には、さまざまな数値をさまざまな組み合わせで試して、十分にうまくいくものを見つけ出すことは可能であるが、考慮すべき変数が数百もあるとすればうんざりだ。幸いにも、既に5章を済ませた人は、考慮すべき入力変数が多数存在する場合の優れた解決方法を知っているはずだ――最適化である。

最適化では、変数の個数と範囲を示す領域 (domain)、それにコスト関数を定めればよいことを思い出していることと思う。crossvalidate関数は悪い解には大きな値を返すので、本質的に既にコスト関数の一種と言える。やらねばならないことはただ一つ、パラメータとして値のリストを取り、データの縮尺を変え、クロス評価で誤差を計算するように、この関数をラップすることだ。それではcreatecostfunctionをnumpredict.pyに追加しよう。

```
def createcostfunction(algf,data):
  def costf(scale):
    sdata=rescale(data,scale)
    return crossvalidate(algf,sdata,trials=10)
  return costf
```

domainは各次元の重み付けの範囲である。この場合、最低値は0となる。なぜなら負の数はデータの鏡像を作り出すだけであり、距離計算にとって何の違いももたらさない物だからだ。理論的には重みはどれほど大きな値にしてもよいが、実際的にはとりあえず20までとしておこう。以下の行をnumpredict.pyに追加する。

```
weightdomain=[(0,20)]*4
```

これで重みを自動的に最適化するのに必要なものはすべて揃った。5章で生成したファイルoptimization.pyがカレントディレクトリに存在していることを確認したら、Pythonセッションでアニーリングによる最適化を試してみよう。

```
>>> import optimization
>>> reload(numpredict)
<module 'numpredict' from 'numpredict.pyc'>
>>> costf=numpredict.createcostfunction(numpredict.knnestimate,data)
>>> optimization.annealingoptimize(numpredict.weightdomain,costf,step=2)
[11,18,0,6]
```

パーフェクト！ このアルゴリズムは通路番号が無用な変数であると定めて縮尺を0としただけでなく、ボトルサイズがその重要性に不釣り合いなほど大きな変数であることを見抜き、他の二つの変数の縮尺を上げている。

低速だがしばしば正確性の高いgeneticoptimize関数を使って、同じような結果になるか調べることもできる。

```
>>> optimization.geneticoptimize(numpredict.weightdomain,costf,popsize=5,\\
    lrate=1,maxv=4,iters=20)
[20,18,0,12]
```

このように変数の縮尺を最適化できることの利点の一つに、どの変数がどの程度重要であるかを瞬時に見てとれるということがある。データには収集が高価だったり難しかったりするものがあるが、それが非常に重要なものではないと判れば、以後コストを費やすことを避けられるのだ。また——特に価格を決めるのに——どの変数が重要なのかを知るだけで、マーケティングでどこに注力したら良いか判断する助けになるし、最高の値段で売れるように製品をデザインするにはどうしたらいいかが明らかになるかもしれない。

8.7 不均一な分布

ここまでの前提には、データの平均または加重平均が最終価格の非常に良好な推測値になっている、ということがある。多くの場合でこれは正しいが、結果に大きな影響を与えうるが計測されていない変数が存在するような状況もある。ワインの例で言えば、酒屋で購入する客と、ディスカウントストアで購入して40パーセントの割引が受けられる客という2種類の異なる購買者が存在する場合を考えてみてほしい。困ったことに、これはデータセットでは追跡できない情報だ。

createhiddendataset関数は、こうした性質をシミュレートしたデータセットを生成する関数だ。これは複雑な変数の一部を落とし、元々ある変数のみに注目する。以下の関数をnumericalpredict.pyに追加する。

```
def wineset3():
  rows=wineset1()
  for row in rows:
    if random()<0.5:
      # ワインがディスカウント店で購入された場合
      row['result']*=0.6
  return rows
```

K近傍法や重み付けK近傍法による価格推測を考えてみよう。データセットには購買者が酒屋で買ったかディスカウントストアで買ったかについての情報はまったく含まれていないので、アルゴリズムがこれを考慮に入れることはなく、つまり購入場所がどこであろうと近傍は近傍として扱う。このため推測結果は両グループのアイテムの平均、この場合は20パーセントの割引となるだろう。Pythonセッションでこれを確かめることができる。

```
>>> reload(numpredict)
<module 'numpredict' from 'numpredict.py'>
>>> data=numpredict.wineset3()
>>> numpredict.wineprice(99.0,20.0)
106.07142857142857
>>> numpredict.weightedknn(data,[99.0,20.0])
83.475441632209339
>>> numpredict.crossvalidate(numpredict.weightedknn,data)
599.51654107008562
```

推測値としてただ一つの値が欲しいという場合なら、これも確かに悪い方法ではないのだが、誰かがあるアイテムを購入する場合に実際に支払う額を正確に反映するものにはならない。平均を取る以上のことをやるには、まずデータをこうした観点からよく見る方法が必要なのだ。

8.7.1 確率密度の推測

この場合、近傍群の加重平均を取って単一の価格推測値を得ることよりも、あるアイテムが特定の価格帯に落ちる確率がわかる方が面白いかもしれない。この例では、レーティング99で20年というインプットが与えられたとき、その価格が40ドルから80ドルの間に入る確率が50パーセント、80ドルから100ドルの間に入る確率が50パーセントである、ということを教えてくれるような関数が欲しい。

このようにするには、確率を示す0から1の間の値を返す関数が必要だ。この関数はまず指定された範囲に存在する近傍群の重みを計算し、次にすべての近傍群の重みを計算する。確率は、指定範囲にある近傍群の重みの合計を、すべての近傍群の重みの合計で割ったものとなる。この計算を行う関数probguessをnumpredict.pyに新たに追加しよう。

```
def probguess(data,vec1,low,high,k=5,weightf=gaussian):
  dlist=getdistances(data,vec1)
  nweight=0.0
  tweight=0.0

  for i in range(k):
    dist=dlist[i][0]
    idx=dlist[i][1]
    weight=weightf(dist)
    v=data[idx]['result']

    # 点が範囲の中にあるか
    if v>=low and v<=high:
      nweight+=weight
    tweight+=weight
  if tweight==0: return 0

  # 確率は範囲の中にある重みをすべての重みで割ったもの
  return nweight/tweight
```

K近傍法同様、この関数でもまずvec1からの距離でデータをソートし、最も近傍にあるグループの重みを決める。この近傍群の重みをすべて合計したものがtweightである。また近傍群の個々のアイテム価格が指定範囲（lowとhighの間）に入っていた場合は、この重みをnweightに加算していく。vec1の価格がlowとhighの間にある確率は、nweightをtweightで割った商である。

それではこの関数をあなたのデータセットに試してみよう。

```
>>> reload(numpredict)
<module 'numpredict' from 'numpredict.py'>
>>> numpredict.probguess(data,[99,20],40,80)
0.62305988451497296
>>> numpredict.probguess(data,[99,20],80,120)
0.37694011548502687
>>> numpredict.probguess(data,[99,20],120,1000)
0.0
>>> numpredict.probguess(data,[99,20],30,120)
1.0
```

関数は優れた結果を返している。実際の価格範囲から大きく外れた範囲の確率は0になっているし、可能な範囲を完全にカバーした場合は1に近い。これを小さく分割してやれば、アイテムが実際に密集している範囲を定めることができる。とはいえこれを行うには、データが取る構造のクリアな像が得られるまで、自分で範囲を推測して入力する作業を繰り返す必要がある。次のセクションでは、確率分布の全体像を得るための方法について見ていく。

8.7.2　確率のグラフ化

考慮に入れるべき範囲を推測しなくてもよいように、確率密度をグラフとして示してみよう。Pythonには数学的なグラフを描くフリーの素晴らしいライブラリmatplotlibがある。これはhttp://matplotlib.sourceforge.netからダウンロードできる。

インストールの説明は上記のウェブサイトにあるし、補足的な説明を付録Aに入れてある。このライブラリは非常にパワフルで、極めて多くの機能を持つ。この章で使う機能はごく一部だ。インストールしたらPythonセッションでシンプルなグラフを生成してみよう。

```
>>> from pylab import *
>>> a=array([1,2,3,4])
>>> b=array([4,2,3,1])
>>> plot(a,b)
>>> show()
>>> t1=arange(0.0,10.0,0.1)
>>> plot(t1,sin(t1))
[<matplotlib.lines.Line2D instance at 0x00ED9300>]
>>> show()
```

これで図8-9のようなシンプルなグラフが出るはずだ。arange関数はrange関数とよく似たやり方で、数値を並べた配列（array）を生成するものだ。ここではサインカーブを0から10の範囲でプロットしている。この節では確率分布を見る二つの異なる方法を紹介する。一つ目は累積確率（cumulative probability）と呼ばれるものだ。累積確率のグラフが示すのは、結果が指定された値よりも小さくなる確率である。価格の場合、グラフの値は価格が0より低くなる確率である0から始まり、価格を持つアイテムに出会うたびに増大する。最大の価格に達したときこれは1となる。価格が可能な最大価格以下になる可能性は100パーセントであるからだ。

累積確率グラフのためのデータ生成は単純で、価格の範囲にループをかけ、下側境界値として0を、上側境界値として指定の価格を与えたprobabilityguess関数をコールすればよい。このコールの結果をplot関数に渡せばグラフが描ける。それではcumulativegraph関数をnumpredict.pyに追加しよう。

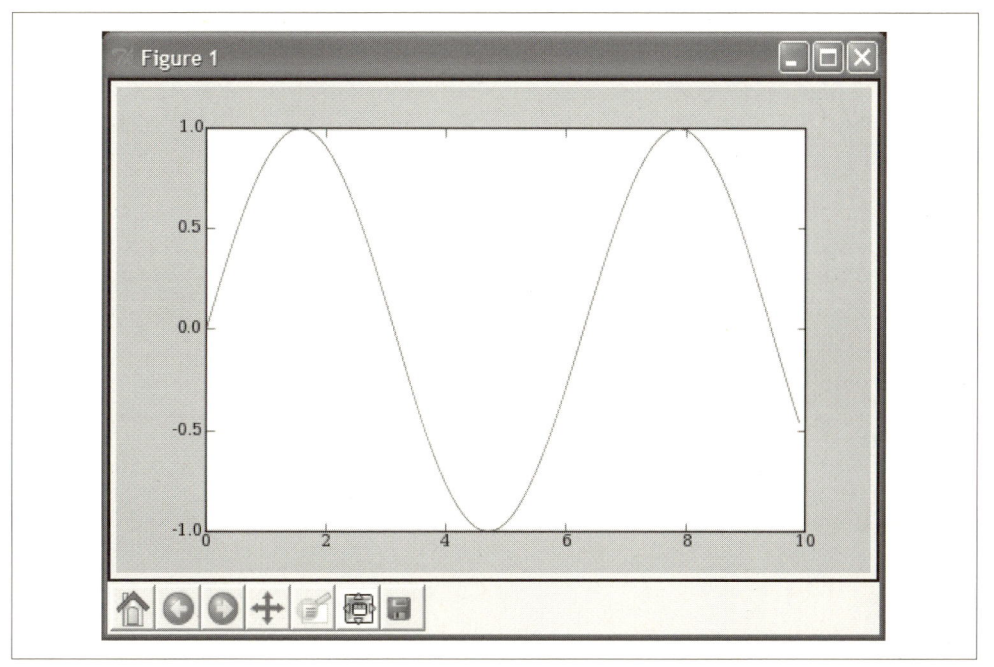

図8-9　matplotlibの使用例

```
from pylab inport*

def cumulativegraph(data,vec1,high,k=5,weightf=gaussian):
  t1=arange(0.0,high,0.1)
  cprob=array([probguess(data,vec1,0,v,k,weightf) for v in t1])
  plot(t1,cprob)
  show()
```

Pythonセッションから関数を呼び出せばグラフが描ける。

```
>>> reload(numpredict)
<module 'numpredict' from 'numpredict.py'>
>>> numpredict.cumulativegraph(data,(1,1),120)
```

グラフは図8-10のようになるはずだ。考えていた通り、累積確率は0から始まり1まで増加するだけだ。このグラフで面白いのは増加の仕方だ。確率値は50ドル付近まで0のままで、それからかなり急激に上昇し、しばらく0.6付近に落ち着いていたのが110ドルに達するとまた跳ね上がる。

グラフを見れば、価格が60ドルの周辺と110ドルのところで群になっていることが明らかだ。これは累積確率がジャンプしていることでわかる。これを事前に知っていれば、確率計算の際にあてずっぽうをやらずにすむ。

もう一つのやり方は、さまざまな価格点の実際の確率をグラフ化するというものだ。アイテムがある厳密な価格になる確率は非常に低いため、こちらは少しトリッキーだ。確率をそのままグラフ化すると、ほとんどの場所で0が続き、価格推測値があるところにスパイクが出る。このようにしないためには、一定の範囲の確率をまとめるようにする必要がある。

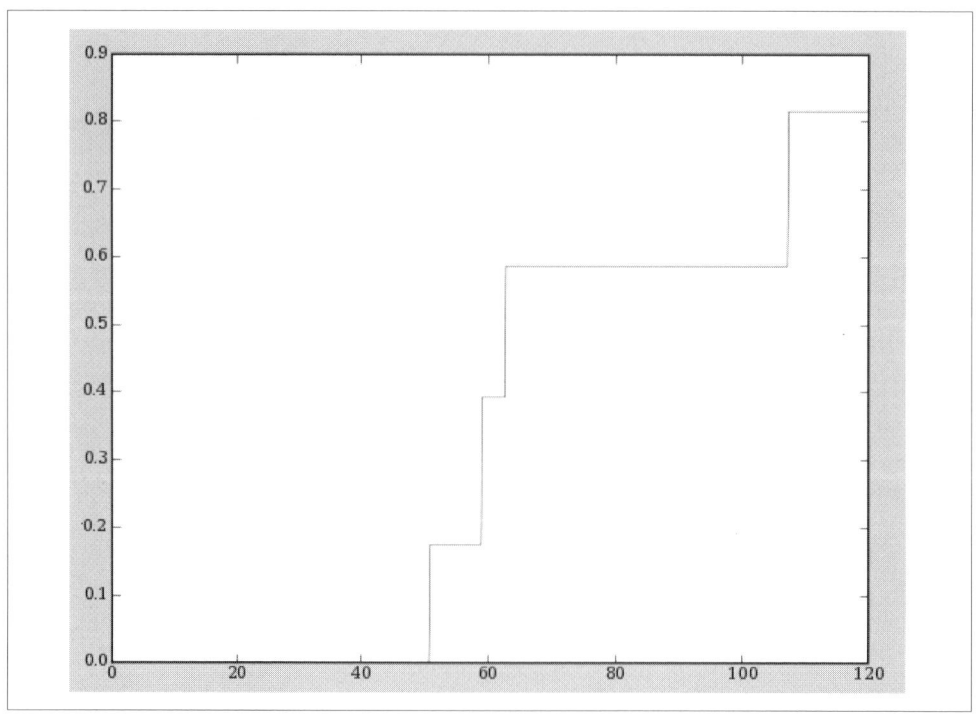

図8-10 累積確率のグラフ例

一つの方法として、各点の確率をその付近の確率の平均値とするものがある。重み付けしたK近傍法とよく似たやり方だ。

実際に見てみよう。以下のprobabilitygraphをnumpredict.pyに追加する。

```python
def probabilitygraph(data,vec1,high,k=5,weightf=gaussian,ss=5.0):
  # 価格の範囲を形成
  t1=arange(0.0,high,0.1)

  # 範囲全体にわたり確率値を得る
  probs=[probguess(data,vec1,v,v+0.1,k,weightf) for v in t1]

  # 近傍する確率のガウス関数荷重を加えてスムージング
  smoothed=[]
  for i in range(len(probs)):
    sv=0.0
    for j in range(0,len(probs)):
      dist=abs(i-j)*0.1
      weight=gaussian(dist,sigma=ss)
      sv+=weight*probs[j]
    smoothed.append(sv)
  smoothed=array(smoothed)

  plot(t1,smoothed)
  show()
```

この関数は0からhighまでの範囲の配列を形成し、続いてそのすべての点の確率を計算する。これは通常非常にムラのあるものになるので、関数はこの配列にループをかけ、近くにある確率同士を加算することでスムース化した配列を生成する。スムース化した確率配列中の点はどれも、近傍する確率をガウス関数で重み付けして合計したものである。ss引数は、確率をどの程度スムース化するかを指定するものだ。

それではPythonセッションで試してみよう。

```
>>> reload(numpredict)
<module 'numpredict' from 'numpredict.py'>
>>> numpredict.probabilitygraph(data,(1,1),120)
```

これで図8-11のようなグラフが得られるはずだ。

このグラフでは、結果値の固まりの場所がさらに見やすくなっている。さまざまなssで結果がどのように変わるか試してみてほしい。この確率分布図は、ある人々が他の人々よりも良い取引をしているか、というワイン価格推定上のキーとなる要素の一つが欠けていたことを明らかにするものである。場合によっては、これによりデータの正体がわかることもある。まあ、安値を求めて探し回る必要があるとしか見ない場合も多いのだが。

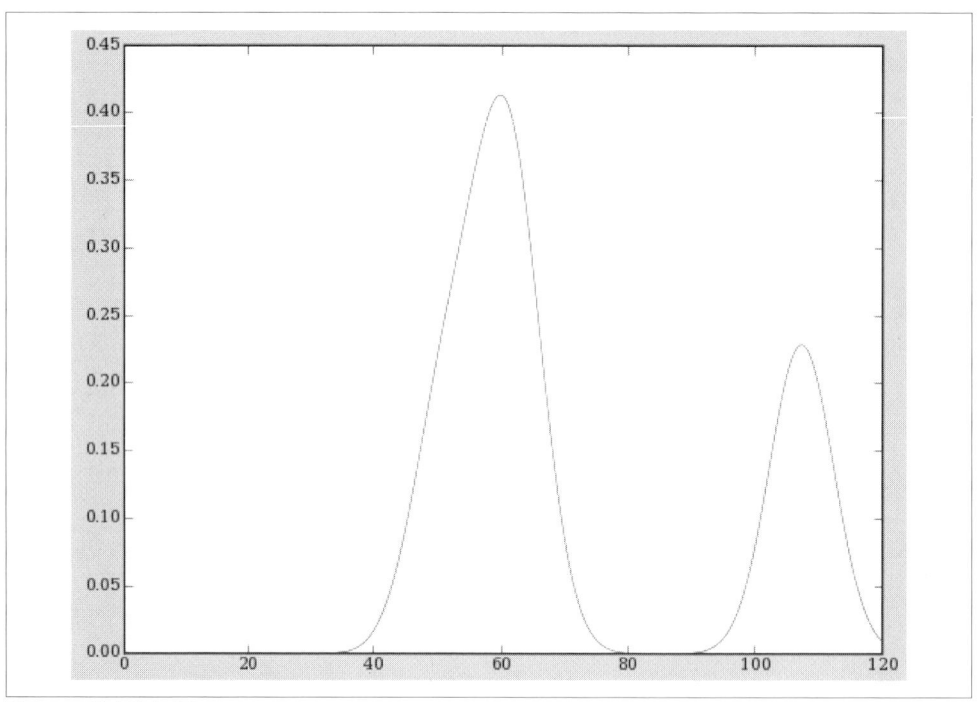

図8-11　確率密度グラフ

8.8　実データの利用——eBay API

　eBayはオンラインオークションサイトで、インターネットでも有数の人気サイトだ。数百万ものアイテムが存在し、数百万ものユーザーが入札することで値決めをしているため、集合知の素晴らしい見本となっている。都合のよいことに、eBayにはフリーのXMLベースのAPIが存在し、検索やアイテム詳細情報の取得、そして出品にすら使うことができる。この節ではeBay APIを使って価格データを取得する方法と、データを変換して本章のアルゴリズムによる価格推測に利用する方法を紹介する。

8.8.1　ディベロッパキーの取得

　eBayのAPIにアクセスするにはいくつか手順を踏む必要があるが、これはそれなりにシンプルで自動化できるものだ。このプロセスのあらましはQuick Start Guide（http://developer.ebay.com/quickstartguide）にある。

　このQuick Start Guideは、開発者アカウントを作り、プロダクションキーを得て、トークンを生成する手引きになっている。終わりまで行くと、以降で必要な4つの文字列が得られているはずだ。

- ディベロッパキー
- アプリケーションキー

- 証明書キー
- 認証トークン。これは非常に長い。

新規ファイル ebaypredict.py を開き、以下のコードを入れよう。これはモジュールのインポートと、上記の文字列の取り込みを行うものだ。

```
import httplib
from xml.dom.minidom import parse, parseString, Node

devKey = 'developerkey'
appKey = 'applicationkey'
certKey = 'certificatekey'
userToken = 'token'
serverUrl = 'api.ebay.com'
```

eBay には公式な Python 用 API はないが、httplib や minidom を使ってアクセスできる XML API がある。本節でこの API に対して行うコールは GetSearchResults と GetItem の 2 種類だけだが、コードの大部分は他の種類のコールでも再利用可能だ。この API でサポートされている全コールについてのさらなる情報は、http://developer.ebay.com/DevZone/XML/docs/Webhelp/index.htm にある完全なドキュメントを参照していただきたい。

8.8.2 コネクションのセットアップ

キーが得られたら、eBay API へのコネクションをセットアップしよう。この API では、キーやコール名など、数多くのヘッダを渡す必要がある。API コールの名前を引数に取り、httplib に渡すヘッダをディクショナリで返す、getHeaders という関数を作ろう。以下を ebaypredict.py に追加する。

```
def getHeaders(apicall,siteID="0",compatabilityLevel = "433"):
  headers = {"X-EBAY-API-COMPATIBILITY-LEVEL": compatabilityLevel,
             "X-EBAY-API-DEV-NAME": devKey,
             "X-EBAY-API-APP-NAME": appKey,
             "X-EBAY-API-CERT-NAME": certKey,
             "X-EBAY-API-CALL-NAME": apicall,
             "X-EBAY-API-SITEID": siteID,
             "Content-Type": "text/xml"}
  return headers
```

eBay API ではこれらのヘッダに加え、リクエストのパラメータを入れた XML を送ってやる必要がある。これで minidom ライブラリの parseString でパース可能な XML 文書が返ってくる。

リクエストを送る関数は、サーバへのコネクションをオープンし、パラメータ XML をポストし、結果をパースする。この関数 sendrequest を ebaypredict.py に追加しよう。

```
def sendRequest(apicall,xmlparameters):
  connection = httplib.HTTPSConnection(serverUrl)
  connection.request("POST", '/ws/api.dll', xmlparameters, getHeaders(apicall))
  response = connection.getresponse()
  if response.status != 200:
    print "Error sending request:" + response.reason
  else:
    data = response.read()
    connection.close()
  return data
```

これらの関数を使えば、eBay APIにあらゆるコールが送れる。ただしここで扱わないAPIをコールしたい場合は、リクエストXMLの生成と、パースした結果を解釈する方法が必要になる。

DOMのパースは長ったらしくなりがちなので、ノードを見つけてその内容を返すシンプルで便利なメソッド、getSingleValueを作っておいた方がよい。

```
def getSingleValue(node,tag):
  nl=node.getElementsByTagName(tag)
  if len(nl)>0:
    tagNode=nl[0]
    if tagNode.hasChildNodes():
      return tagNode.firstChild.nodeValue
  return '-1'
```

8.8.3　検索する

検索は、APIコールGetSearchResults用のXMLパラメータを生成し、これをsendrequest関数に渡してやれば実行できる。XMLパラメータは次のような形式になっている。

```
<GetSearchResultsRequest xmlns="urn:ebay:apis:eBLBaseComponents">
<RequesterCredentials><eBayAuthToken>token</eBayAuthToken></RequesterCredentials>
<parameter1>value</parameter1>
<parameter2>value</parameter2>
</GetSearchResultsRequest>
```

このAPIコールには何ダースものパラメータが渡せるが、ここで考慮するのはそのうち二つだけだ。

Query
　検索語を含む文字列。このパラメータを使えばeBayホームページで検索語を入れるのとまったく同じことになる。

CategoryID
　検索したいカテゴリーを指定する数値。eBayのカテゴリは巨大な階層を成しており、Get

Categories APIをコールすれば取れるようになっている。これは単独でも使えるし、Queryと組み合わせることもできる。

doSearchはこの二つのパラメータを取って検索を実行する関数で、アイテムID（後でGetItemコールに使うもの）と説明文と現在価格のタプルによるリストを返す。ではこれをebaypredict.pyに追加しよう。

```
def doSearch(query,categoryID=None,page=1):
  xml = "<?xml version='1.0' encoding='utf-8'?>"+\
        "<GetSearchResultsRequest xmlns=\"urn:ebay:apis:eBLBaseComponents\">"+\
        "<RequesterCredentials><eBayAuthToken>" +\
        userToken +\
        "</eBayAuthToken></RequesterCredentials>" + \
        "<Pagination>"+\
        "<EntriesPerPage>200</EntriesPerPage>"+\
        "<PageNumber>"+str(page)+"</PageNumber>"+\
        "</Pagination>"+\
        "<Query>" + query + "</Query>"
  if categoryID!=None:
    xml+="<CategoryID>"+str(categoryID)+"</CategoryID>"
  xml+="</GetSearchResultsRequest>"

  data=sendRequest('GetSearchResults',xml)
  response = parseString(data)
  itemNodes = response.getElementsByTagName('Item');
  results = []
  for item in itemNodes:
    itemId=getSingleValue(item,'ItemID')
    itemTitle=getSingleValue(item,'Title')
    itemPrice=getSingleValue(item,'CurrentPrice')
    itemEnds=getSingleValue(item,'EndTime')
    results.append((itemId,itemTitle,itemPrice,itemEnds))
  return results
```

categoryパラメータを利用するには、カテゴリー階層を取得する関数も必要だ。これも素直なAPIコールになるが、すべてのカテゴリーデータが入ったXMLファイルは非常に大きく、ダウンロードに時間がかかり、パースも非常に困難だ。こうしたことから、カテゴリーデータは着目した一般分類に絞りたいはずだ。

getCategory関数は文字列と親IDを取り、親IDのトップレベルカテゴリーの中で文字列を含むカテゴリーをすべて返すというものだ。親IDが指定されない場合、単純にトップカテゴリーをすべて表示する。ebaypredict.pyに以下を追加する。

```python
def getCategory(query='',parentID=None,siteID='0'):
  lquery=query.lower()
  xml = "<?xml version='1.0' encoding='utf-8'?>"+\
        "<GetCategoriesRequest xmlns=\"urn:ebay:apis:eBLBaseComponents\">"+\
        "<RequesterCredentials><eBayAuthToken>" +\
        userToken +\
        "</eBayAuthToken></RequesterCredentials>"+\
        "<DetailLevel>ReturnAll</DetailLevel>"+\
        "<ViewAllNodes>true</ViewAllNodes>"+\
        "<CategorySiteID>"+siteID+"</CategorySiteID>"
  if parentID==None:
    xml+="<LevelLimit>1</LevelLimit>"
  else:
    xml+="<CategoryParent>"+str(parentID)+"</CategoryParent>"
  xml += "</GetCategoriesRequest>"
  data=sendRequest('GetCategories',xml)
  categoryList=parseString(data)
  catNodes=categoryList.getElementsByTagName('Category')
  for node in catNodes:
    catid=getSingleValue(node,'CategoryID')
    name=getSingleValue(node,'CategoryName')
    if name.lower().find(lquery)!=-1:
      print catid,name
```

ではこの関数をPythonセッションで試してみよう。

```
>>> import ebaypredict
>>> laptops=ebaypredict.doSearch('laptop')
>>> laptops[0:10]
[(u'110075464522', u'Apple iBook G3 12" 500MHZ Laptop , 30 GB HD ', u'299.99',
u'2007-01-11T03:16:14.000Z'),
 (u'150078866214', u'512MB PC2700 DDR Memory 333MHz 200-Pin Laptop SODIMM', u'49.99',
u'2007-01-11T03:16:27.000Z'),
 (u'120067807006', u'LAPTOP USB / PS2 OPTICAL MOUSE 800 DPI SHIP FROM USA', u
'4.99', u'2007-01-11T03:17:00.000Z'),
 ...
```

うわ、"laptop"で検索したら漠然とラップトップに関係したありとあらゆるものが返ってきちゃったみたい。幸いにも、"Laptops, Notebooks"カテゴリーで検索すれば、本当にラップトップであるものに検索を絞ることができる。まずはトップレベルのリストを取得し、"Computers and Networking"の中に検索をかけてラップトップのカテゴリーIDを探し、ようやく正しいカテゴリーで"laptop"を検索できるようになる。

```
>>> ebaypredict.getCategory('computers')
58058 Computers & Networking
```

```
>>> ebaypredict.getCategory('laptops',parentID=58058)
25447 Apple Laptops, Notebooks
...
31533 Drives for Laptops
51148 Laptops, Notebooks...
>>> laptops=ebaypredict.doSearch('laptop',categoryID=51148)
>>> laptops[0:10]
[(u'150078867562', u'PANASONIC TOUGHBOOK Back-Lit KeyBoard 4 CF-27 CF-28',
  u'49.95', u'2007-01-11T03:19:49.000Z'),
 (u'270075898309', u'mini small PANASONIC CFM33 CF M33 THOUGHBOOK ! libretto',
  u'171.0', u'2007-01-11T03:19:59.000Z'),
 (u'170067141814', u'Sony VAIO "PCG-GT1" Picturebook Tablet Laptop MINT ',
  u'760.0', u'2007-01-11T03:20:06.000Z'),...
```

執筆時点での"Laptops, Notebooks"カテゴリーのIDは51148である。検索をこのカテゴリー内に制限することで、ただ"laptop"で検索したとき返される多くの無関係な結果を排除することができるというわけだ。こうして得られる一貫性により、データセットは価格モデルに非常に適したものになる。

8.8.4　アイテムの詳細を得る

検索結果のリストからはタイトルと価格が与えられる。タイトルのテキストから容量や色といった詳細が抽出できるかもしれない。また、eBayはアイテムタイプ特有の属性（attribute）も提供している。この属性とは、ラップトップであればプロセッサ形式やメモリ、iPodであれば容量といったものだ。さらに、出品者のレーティング、入札数、開始価格のような詳細も取得できる。

こうした詳細を得るには、検索関数が返したアイテムIDを渡してeBay APIのGetItemをコールする必要がある。これを行うため、getItemという関数をebaypredict.pyに追加しよう。

```
def getItem(itemID):
  xml = "<?xml version='1.0' encoding='utf-8'?>"+\
        "<GetItemRequest xmlns=\"urn:ebay:apis:eBLBaseComponents\">"+\
        "<RequesterCredentials><eBayAuthToken>" +\
        userToken +\
        "</eBayAuthToken></RequesterCredentials>" + \
        "<ItemID>" + str(itemID) + "</ItemID>"+\
        "<DetailLevel>ItemReturnAttributes</DetailLevel>"+\
        "</GetItemRequest>"
  data=sendRequest('GetItem',xml)
  result={}
  response=parseString(data)
  result['title']=getSingleValue(response,'Title')
  sellingStatusNode = response.getElementsByTagName('SellingStatus')[0];
  result['price']=getSingleValue(sellingStatusNode,'CurrentPrice')
  result['bids']=getSingleValue(sellingStatusNode,'BidCount')
  seller = response.getElementsByTagName('Seller')
  result['feedback'] = getSingleValue(seller[0],'FeedbackScore')
```

```
attributeSet=response.getElementsByTagName('Attribute');
attributes={}
for att in attributeSet:
  attID=att.attributes.getNamedItem('attributeID').nodeValue
  attValue=getSingleValue(att,'ValueLiteral')
  attributes[attID]=attValue
result['attributes']=attributes
return result
```

この関数はsendrequestを使ってアイテムのXMLを取得し、パースして興味のあるデータを取り出す。属性はアイテムごとに異なるので、すべてディクショナリとして返されるようになっている。では検索で得た結果を使ってこの関数を試してみよう。

```
>>> reload(ebaypredict)
>>> ebaypredict.getItem(laptops[7][0])
{'attributes': {u'13': u'Windows XP', u'12': u'512', u'14': u'Compaq',
                u'3805': u'Exchange', u'3804': u'14 Days',
                u'41': u'-', u'26445': u'DVD+/-RW', u'25710': u'80.0',
                u'26443': u'AMD Turion 64', u'26444': u'1800', u'26446': u'15',
                u'10244': u'-'},
 'price': u'515.0', 'bids': u'28', 'feedback': u'2797',
 'title': u'COMPAQ V5210US 15.4" AMD Turion 64 80GB Laptop Notebook'}
```

この結果から、属性26444がプロセッサ速度を、26446が画面サイズを、12が搭載RAM容量を、25710がハードディスクサイズを表しているようだ。これらと出品者のレーティング、入札数、開始価格といったものを併せると、価格推測を行うのに実に興味深いデータセットとなりうる。

8.8.5 価格予測器の構築

この章で構築した予測器を利用するには、eBayから一連のアイテムを取ってきた上で、クロス評価関数に渡せるよう数値のリストに直してやる必要がある。これを実行するmakeLaptopDataset関数は、まずdoSearchをコールしてラップトップのリストを取得し、それから個別のリクエストをかけるものとする。個々のリクエスト結果について、予測に使える数値リストを前節の属性により生成し、データをK近傍法の関数群に適した構造体にまとめる。

ではmakeLaptopDatasetをebaypredict.pyに追加しよう。

```
def makeLaptopDataset():
  searchResults=doSearch('laptop',categoryID=51148)
  result=[]
  for r in searchResults:
    item=getItem(r[0])
    att=item['attributes']
    try:
```

```
        data=(float(att['12']),float(att['26444']),
              float(att['26446']),float(att['25710']),
              float(item['feedback'])
              )
        entry={'input':data,'result':float(item['price'])}
        result.append(entry)
      except:
        print item['title']+' failed'
  return result
```

この関数は必要な属性を持たないアイテムを無視する。検索結果を全部ダウンロードして処理するとそれなりに時間がかかるだろうが、実際の価格と属性という、遊ぶと面白そうなデータセットが得られる。データを得るにはPythonセッションから関数をコールする。

```
>>> reload(ebaypredict)
<module 'ebaypredict' from 'ebaypredict.py'>
>>> set1=ebaypredict.makeLaptopDataset()
...
```

それではさまざまな構成のマシンをK近傍法で推測してみよう。

```
>>> numpredict.knnestimate(set1,(512,1000,14,40,1000))
667.89999999999998
>>> numpredict.knnestimate(set1,(1024,1000,14,40,1000))
858.42599999999982
>>> numpredict.knnestimate(set1,(1024,1000,14,60,0))
482.02600000000001
>>> numpredict.knnestimate(set1,(1024,2000,14,60,1000))
1066.8
```

こうしてみると、RAM容量、プロセッサ速度、そしてフィードバックスコアの影響が見られることがわかる。いまやあなたはさまざまな変数を試し、データの縮尺を変え、確率分布をプロットしてみることができるのだ。

8.9　K近傍法はどこで使うべきか

K近傍法にはいくつも欠点がある。すべての点について距離を計算するため、予測器の構築は非常に計算集約的な作業となる。これに加え、多数の変数を含むデータセットでは、適切な重み付けや一部の変数の排除の可否などを定めにくい場合がある。こうした場面では最適化が助けになるが、大きなデータセットで良好な解を見つけるには非常に長い時間が掛かりうる。

とはいうものの、本章で見てきた通り、K近傍法には他の手法にない利点がいくつもある。予測器を

作るのが非常に計算集約的である反面、新しい観測値の追加には計算力をまったく必要としない。また、厳密に何が起きているかを解釈することが非常に容易だが、これは予測において重み付けした他の観測値を利用することが判っているためだ。

重みの決定はトリッキーなこともあるが、決定できた最良の重み値は、データセットの性質をよりよく理解するのに利用できる。さらに、データセットに未計測の変数が存在することが疑われるとき、確率関数を作ることができるのだ。

8.10 エクササイズ

1. 近傍群の個数の最適化

   シンプルなデータセットについて、理想の近傍アイテム数を定める最適化を実行したい。コスト関数を作れ。

2. "leave-one-out" クロス評価

   "leave-one-out（単控除法）"クロス評価は予測誤差を求める手法の一つで、データセットの行を1行ずつ取り出してテストセットとすることで（各回の取り出した以外の行がトレーニングセットとなる）、すべての行をテストセットとして扱うものだ。この手法を実施する関数を実装せよ。また、これを本章で紹介した手法と比較せよ。

3. 変数の排除

   恐らくは不要である変数が多数存在するとき、すぐに縮尺の最適化を行う代わりに、他の変数と比べて予測をひどく悪化させる変数を排除することをまず試みてもよいだろう。これを実施する方法を考えよ。

4. 確率のグラフ化でssを変えてみる

   probabilityguess関数のssは、確率グラフをどの程度スムース化するかを指定するパラメータだ。これが大きすぎたり小さすぎたりしたときに何が起きるか。また、グラフを見ずに良いss値を定める方法を考えよ。

5. ラップトップデータセット

   eBayから得たラップトップのデータセットに最適化を実行してみよ。どの変数が重要であろうか。次に確率密度をグラフ化する関数を実行してみよ。顕著なピークが存在するだろうか。

6. 他のアイテムタイプ

   eBayにあるアイテムで、こうした分析に適した数値属性を持つものが他にあるか。iPod、携帯電話、自動車といったものは、どれも興味深い情報を多数持っているはずだ。数値予測を行うためのデータセットを構築してみよ。

7. 属性検索

   eBay APIにはこの章で取り上げなかった機能が多数ある。GetSearchResultコールには多数のオプションがあり、その中には属性による絞り込みというものもある。関数を改造し、これをサポートするようにして、Core Duoのラップトップだけがヒットするようにせよ。

9章
高度な分類手法：
カーネルメソッドとSVM

　これまでの章では決定木、ベイジアン分類器、ニューラルネットワークのようないくつかの分類器について検討して来た。本章ではさらに高度なアプローチへの入り口として、線形分類器たちとカーネルメソッドについて紹介する。そして、現在さかんに研究が行われているサポートベクトルマシン（SVM）についても紹介する。

　本章の大部分で利用するデータセットはデートサイトでの人々のマッチングに関するものだ。二人の人間についての情報が与えられたとき、彼らがよい組み合わせであるかどうか予測できるかどうか考えてみよう。数値、非数値の多くの変数が存在し、多くの非線形な関係が存在するため、これは興味深い問題である。本章では、まず、このデータセットを利用して、これまで紹介してきた分類器のいくつかの弱点を提示する。そして、このデータセットをどういじればそれらのアルゴリズムたちでも、よりうまく動作するようになるのかについて説明する。本章で汲み取ってほしい重要なポイントは、複雑なデータセットをアルゴリズムに渡すだけで分類器が分類の仕方を正確に学習することはまれである、という点である。良い結果を得るためには正しいアルゴリズムを選択し、データを事前に適切に処理しておくことが必要である。データセットをいじるというプロセスを経験することで、将来的に他のデータをいじる際のアイデアを身につけることができるようになって欲しい。

　本章の最後に、人気のソーシャルネットワーキングサイトであるFacebookから、現実の人々のデータセットを作る方法について学ぶ。そして、特定の個性を持った人々が友人になれるかどうか予測を行うためにアルゴリズムを利用する。

9.1　matchmakerデータセット

　本章で利用するこのデータセットは架空のオンラインデートサイトを基にしている。多くのデートサイトはメンバーについての多くの興味深い情報を収集している。それらの中には人口統計学の情報、興味、行動なども含まれている。このサイトでは次の情報を集めていると仮定する。

- 年齢
- 喫煙するか？
- 子供が欲しい？
- 興味があるもの
- 住んでいる場所

さらにこのサイトでは二人がよい組み合わせであるかどうかの情報も集める。具体的には、彼らがこれまでにコンタクトをとったことがあるかどうか、そして実際に会おうと思ったかどうかなどである。この情報はmatchmakerデータセットを作るのに利用される。次の二つのファイルをダウンロードしよう。

> http://kiwitobes.com/matchmaker/agesonly.csv
> http://kiwitobes.com/matchmaker/matchmaker.csv

matchmaker.csvは次のようになっている。

```
39,yes,no,skiing:knitting:dancing,220 W 42nd St New York
 NY,43,no,yes,soccer:reading:scrabble,824 3rd Ave New York NY,0
23,no,no,football:fashion,102 1st Ave New York
 NY,30,no,no,snowboarding:knitting:computers:shopping:tv:travel,
 151 W 34th St New York NY,1
50,no,no,fashion:opera:tv:travel,686 Avenue of the Americas
 New York NY,49,yes,yes,soccer:fashion:photography:computers:
 camping:movies:tv,824 3rd Ave New York NY,0
```

それぞれの行は一組の男性と女性についての情報を持っている。最後の列は、彼らがよい組み合わせだと思われるかどうかを表す列で1、もしくは0が入っている（著者はこの仮定が安易であることは理解しているが、コンピュータによるモデルはリアルライフのように複雑にすることはできない）。たくさんのプロフィールを持っているサイトでは、このような情報を、ユーザがよい組み合わせになりそうな相手を捜すための手助けとなるような予測アルゴリズムを作り上げるために利用することがある。また、この情報はこのサイトにどのようなタイプの人々が不足しているか教えてくれるため、新たなメンバー獲得のための広報活動の戦略を立てる際に役に立つ。ファイルagesonly.csvは年齢のみを基にした組み合わせ情報を持っている。このデータは変数が二つだけであり、より可視化しやすいため、分類器の動作を描写する際にはこれを利用していく。

最初のステップとして、データセットを読み込む関数を作る。これは単にすべてのフィールドをリストの中に読み込むというだけの問題である。advancedclassify.pyという名前のファイルを作成し、matchrowクラスとloadmatch関数を付け加えよう。

```
class matchrow:
  def __init__(self,row,allnum=False):
    if allnum:
      self.data=[float(row[i]) for i in range(len(row)-1)]
    else:
      self.data=row[0:len(row)-1]
    self.match=int(row[len(row)-1])

def loadmatch(f,allnum=False):
  rows=[]
  for line in file(f):
    rows.append(matchrow(line.split(','),allnum))
  return rows
```

loadmatchはmatchrowクラスのリストを作成する。それぞれの要素は生のデータと、彼らがよい組み合わせであるかどうかという情報を含んでいる。年齢のみを含んだagesonlyのデータセットと、フルのmatchmakerのデータセットを読み込むためにこの関数を利用してみよう。

```
>>> import advancedclassify
>>> agesonly=advancedclassify.loadmatch('agesonly.csv',allnum=True)
>>> matchmaker=advancedclassify.loadmatch('matchmaker.csv')
```

9.2　このデータセットの難点

このデータセットの興味深い点として、非線形であるということと変数が相互に影響を与え合っているという2点が挙げられる。もしあなたが8章で利用したmatplotlib (http://matplotlib.sourceforge.net) をインストール済みであれば、advancedclassifyを利用して変数たちを可視化することができる（このステップは本章に取り組んで行く上で必須というわけではない）。Pythonのセッションで以下を試してみよう。

```
from pylab import *
def plotagematches(rows):
  xdm,ydm=[r.data[0] for r in rows if r.match==1],\
          [r.data[1] for r in rows if r.match==1]
  xdn,ydn=[r.data[0] for r in rows if r.match==0],\
          [r.data[1] for r in rows if r.match==0]
  plot(xdm,ydm,'go')
  plot(xdn,ydn,'r+')
  show()
```

このメソッドをPythonセッションから呼び出そう。

```
>>> reload(advancedclassify)
<module 'advancedclassify' from 'advancedclassify.py'>
>>> advancedclassify.plotagematches(agesonly)
```

　これは男性の年齢と女性の年齢の散布図を生成する。図9-1のような図である。人々がマッチするならばポイントは○として表示されており、そうでなければ+として表示されている。

　二人の人間がマッチするかどうかを決めるための要素は他にもたくさんあるというのは当然ではあるが、この図は年齢のみに単純化されたデータセットを基にしており、人々は自身の年齢層からそんなに外れるということはないということを示す境界線を示している。この境界線は湾曲して出現しており、人々の年齢とともに不明瞭になっていく。これは人々は年を取るとともに年の差に対して寛容になっていくということを示している。

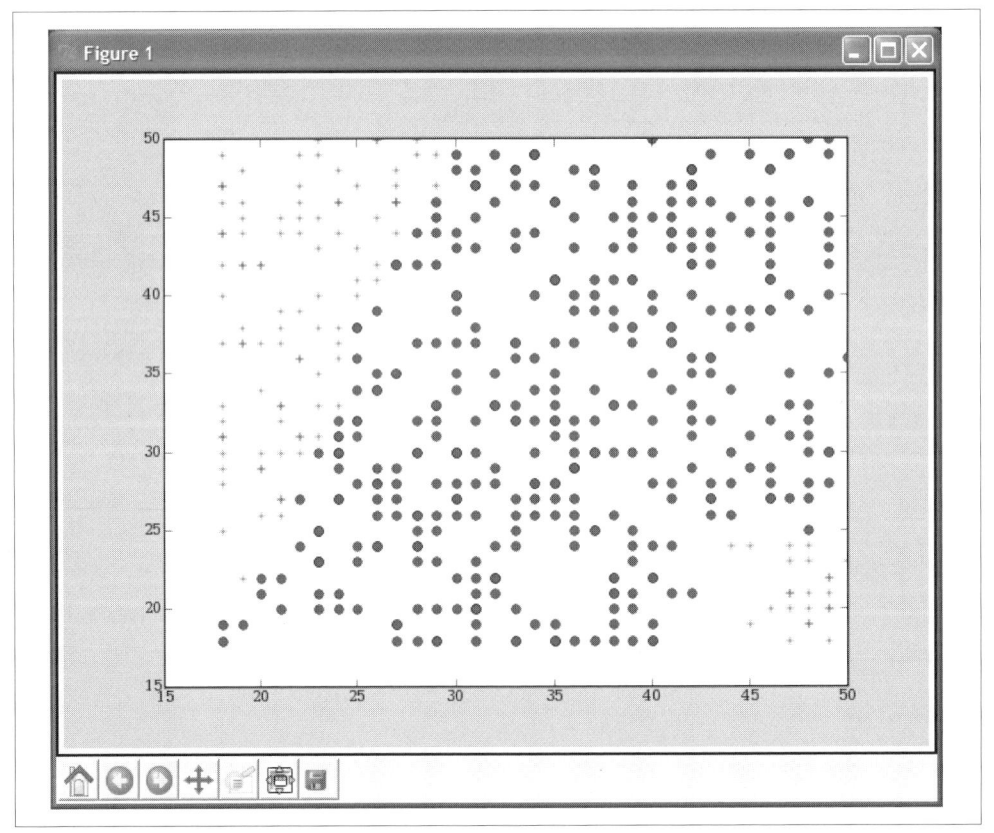

図9-1　生成された年齢×年齢の散布図

9.2.1 決定木による分類器

7章では、木を利用してデータを分類しようと試みる決定木による分類器について扱った。7章で紹介した決定木のアルゴリズムは、データを数的な境界たちを基に分割する。これは分割線を2変数の関数としてもっと正確に表現できる場合に問題が発生する。この場合、年齢の差というのは非常に予測しやすい変数である。データを基に決定木を直接トレーニングすると、図9-2のような結果になることは想像がつくだろう。

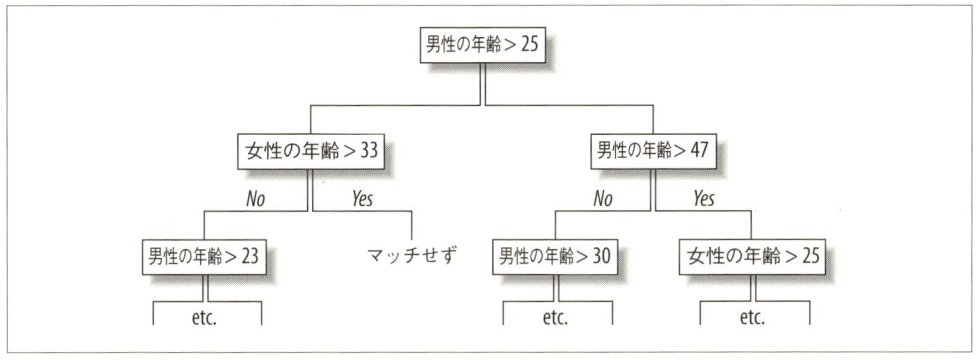

図9-2 湾曲した境界線の決定木

これはあきらかに理由を説明する役には立たない。自動的に分類できるかもしれないが、ごちゃごちゃしていて融通が利かない。もし、年齢だけではなく他の変数についても考慮しようとする際にはさらに混乱させるものになるだろう。決定木が何をしているかを理解するために、この散布図と、図9-3の上に示されている決定木によって作られた**決定境界**について考えてみよう。

決定境界とは直線の片側のすべてのポイントはあるカテゴリに割り当てられ、その反対側のすべてのポイントは別のカテゴリに割り当てられるような直線である。この図を見れば、決定木が持つ制約のせいで境界線は水平か垂直なものに限定されていることがはっきりと分かる。

ここでの重要なポイントは二つある。一つ目のポイントは、与えられたデータの意味を考えたり解釈しやすい形に変更することを検討せずにそのまま使うというのは、よい考えではないという点だ。散布図を作ることはデータがどのように分けられるかを知るための助けになる。二つ目のポイントは、7章で紹介した決定木は確かに強力ではあるが、この問題のように、シンプルな関係を示さないような複数の数字の入力をクラスに分けるには向いていないことが多いという点だ。

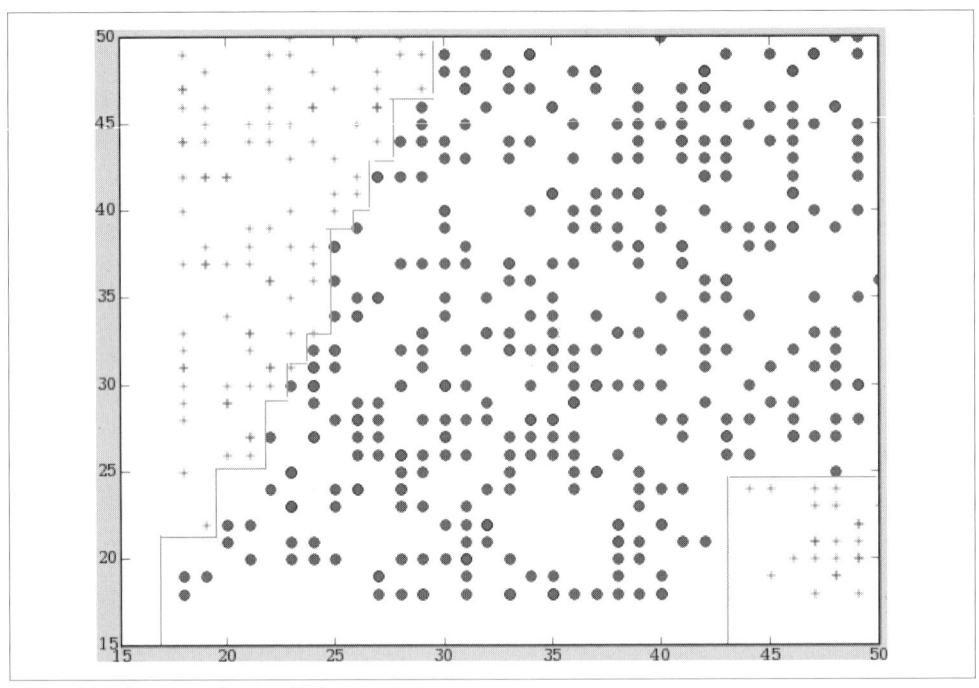

図9-3 決定木によって作られた境界

9.3 基礎的な線形分類

これはもっとも単純に作ることができる分類器の一つであり、これから掘り下げていくための基礎としてぴったりである。これは、それぞれのクラス中のすべてのデータの平均値を探し、そのクラスの中心を表現する点を作り上げる。新たなデータに対しては、どの中心点に近いかで分類を行う。

これを実現するには、まずはクラスたちの平均のポイントを計算する関数が必要である。この場合、クラスたちは単純に0と1である。advancedclassify.pyにlineartrainを付け加えよう。

```
def lineartrain(rows):
  averages={}
  counts={}

  for row in rows:
    # このポイントのクラスを取得
    cl = row.match

    averages.setdefault(cl,[0,0]*(len(row.data)))
    counts.setdefault(cl,0)
```

```
    # このポイントを averages に追加
    for i in range(len(row.data)):
      averages[cl][i]+=float(row.data[i])

    # それぞれのクラスにいくつのポイントがあるのかを記録
    counts[cl]+=1

  # 平均を得るため合計を counts で割る
  for cl,avg in averages.items():
    for i in range(len(avg)):
      avg[i]/=counts[cl]

  return averages
```

平均を得るためにPythonのセッションでこの関数を走らせることができる。

```
>>> reload(advancedclassify)
<module 'advancedclassify' from 'advancedclassify.pyc'>
>>> avgs=advancedclassify.lineartrain(agesonly)
```

これがなぜ役に立つのかについて確認するため、図9-4の散布図を見て年齢データについてもう一度検討していこう。

図の中の×たちはlineartrainによって計算された平均点たちを表している。データを分割している直線は二つの×の中間である。これは直線の左側のすべての点は"マッチせず"の平均点に近く、右側は"マッチ"に近いということを表している。新たな年齢の組があって、二人の人々がマッチするかどうかを推定したい場合には、このチャート上の点をイメージして、どちらの平均に近いかを確かめればよい。

新たな点の近さを決める方法はいくつか存在する。これまでの章ではユークリッド距離について学んだ。これはそれぞれのクラスの平均点からの距離を計算し、もっとも近いものを選択するというアプローチだった。このアプローチでもこの分類器に対して動作するが、後ほどこれを拡張するためには、ベクトルとドット積(内積)を使った別のアプローチをとっておく必要がある。

ベクトルは大きさと方向を持っており、そのため平面上に矢印として描かれたり、数字の組として表記されることが多い。図9-5がベクトルの例である。この図では、ある点から別の点へ引き算をすることで、どのようにそれらを結合するベクトルが与えられるかについても示している。

ドット積は最初のベクトルのそれぞれの値と二番目のベクトルの対応する値を掛け合わせ、それらをすべて足し合わせることによって得られる一つの数のことである。advancedclassify.pyにdotproductという新しい関数を作成しよう。

```
def dotproduct(v1,v2):
  return sum([v1[i]*v2[i] for i in range(len(v1))])
```

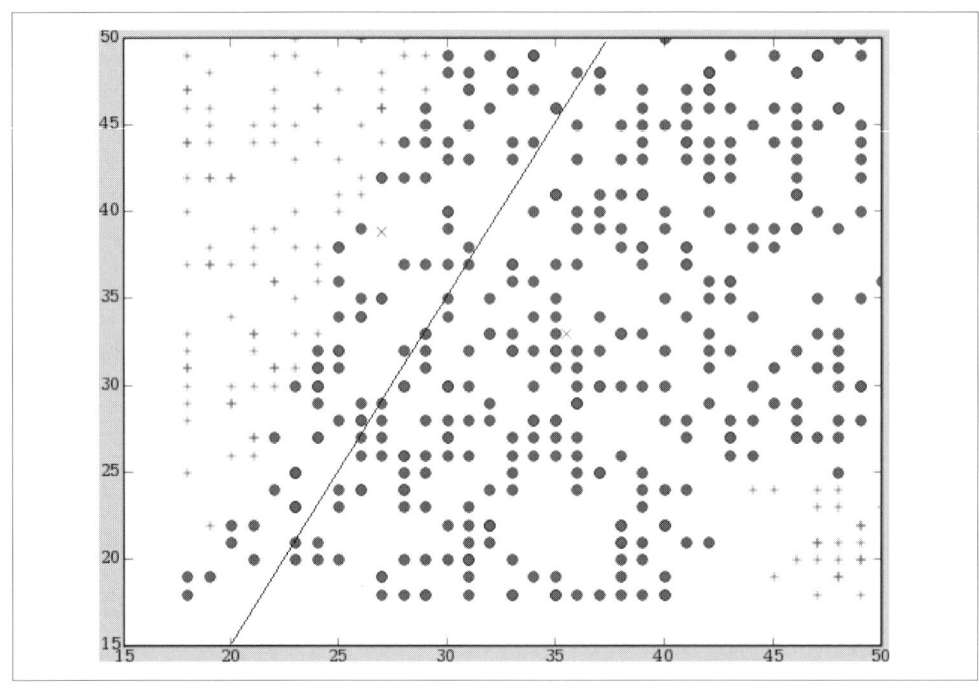

図9-4　平均を利用した線形分類

　また、ドット積は二つのベクトルの長さに二つの間の角のコサインを掛けたものに等しい。もっとも大事な事は角度が90度より大きければ、コサインは負になり、ドット積は負になることもあるということである。このことをどのように利用できるかについては、図9-6を見てみよう。

　この図には"マッチ"の平均の点（M_0）と"マッチせず"の平均の点（M_1）、そしてそれらの中間点であるCがある。この他に、分類される点の例としてX_1とX_2の2点もある。M_0からM_1へ引いたベクトルと、X_1、X_2からCへ引いたベクトルも提示されている。

　X_1はM_0に対する距離の方が近いため、マッチに分類されるべきである。X_1→CベクトルとM_0→M_1ベクトルの間の角度は45度である。これは90度より小さいため、X_1→CベクトルとM_0→M_1ベクトルのドット積は正の数になる。

　一方、X_2→CベクトルとM_0→M_1ベクトルは互いに反対側を向いているため、間の角度は度90以上になる。このためX_2→CベクトルとM_0→M_1ベクトルの内積は負になる。

　ドット積は角度が大きければ負になり、小さければ正となるため、新しい点が属するクラスを確認するには、ドット積の符号を確認しさえすればよい。

　CはM_0とM_1の平均であり$(M_0+M_1)/2$である。したがってクラスを探し出すための数式は次のようになる[†]。

[†]　訳注：sign()は符号によって-1、0、1のいずれかの数値を返す符号関数。

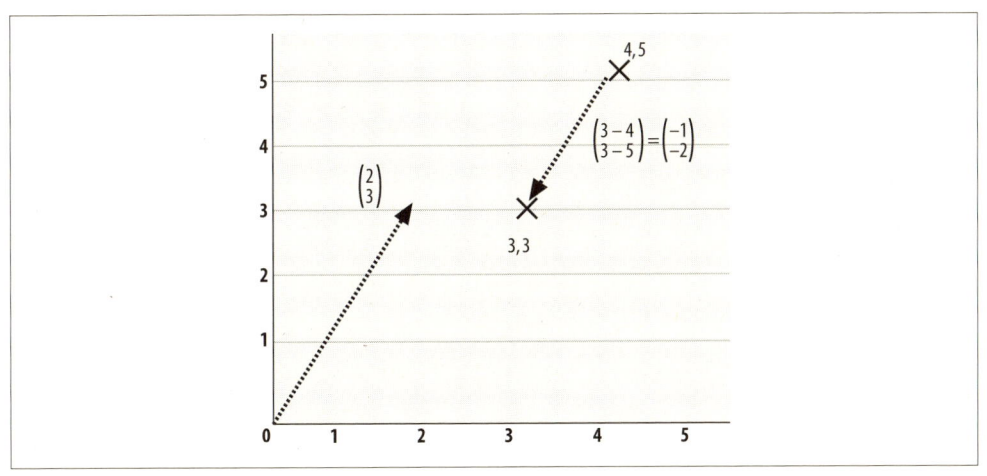

図9-5　ベクトルの例

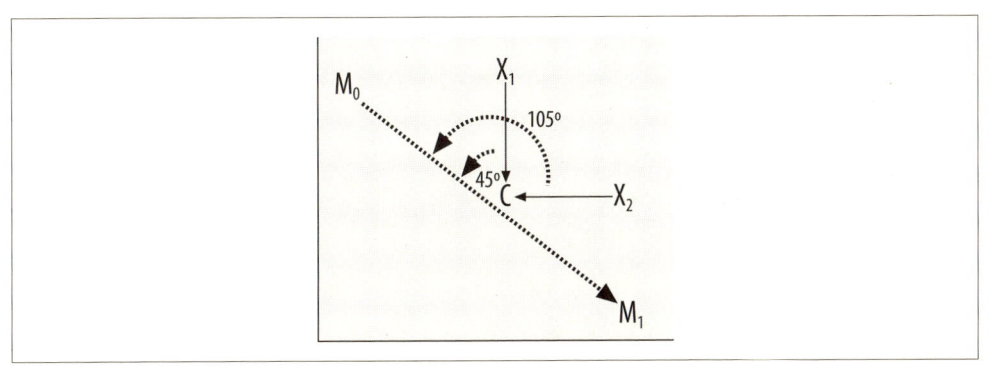

図9-6　距離を決定するためにドット積を利用する

```
class=sign((X-(M₀+M₁)/₂).(M₀-M₁))
```

これらを展開すると次のようになる。

```
class=sign(X.M₀-X.M₁+(M₀.M₀-M₁.M₁)/₂)
```

クラスを決めるためにこの数式を使う。dpclassifyという名前の関数をadvancedclassify.pyに付け加えよう。

```
def dpclassify(point,avgs):
  b=(dotproduct(avgs[1],avgs[1])-dotproduct(avgs[0],avgs[0]))/2
  y=dotproduct(point,avgs[0])-dotproduct(point,avgs[1])+b
```

```
        if y>0: return 0
        else: return 1
```

Pythonのセッションでこのデータに対する何らかの結果を得るためにこの分類器を試してみよう。

```
>>> reload(advancedclassify)
<module 'advancedclassify' from 'advancedclassify.py'>
>>> advancedclassify.dpclassify([30,30],avgs)
1
>>> advancedclassify.dpclassify([30,25],avgs)
1
>>> advancedclassify.dpclassify([25,40],avgs)
0
>>> advancedclassify.dpclassify([48,20],avgs)
1
```

これは線形分類器であり、分割線を探し出すだけのものだということを忘れてはならない。もしデータを分割する直線が存在しないか、この年齢の比較のように複数のセクションが存在する場合、この分類器は不正確な回答を返してしまう。この例では、48と20の年齢の比較は不適合であるべきなのだが、直線が一本しか存在せず、またこの点がその右側に位置するため、この関数はこれを適合と判定してしまう。本章の後半の「9.6 カーネルメソッドを理解する」のセクションでこの分類器が非線形の分類を行えるよう改良する方法について検討する。

9.4 カテゴリーデータな特徴たち

このmatchmakerのデータセットは数値データとカテゴリーデータを含んでいる。決定木のようないくつかの分類器では、特に前処理することなく両方のタイプを扱うことができるが、本章でこれから扱う分類器たちは数値でしか動作しない。このことに対応するため、データを数字に変換し、分類器で利用できるようにする必要がある。

9.4.1 Yes/Noクエスチョン

数字に変換するのがもっとも簡単なのがyes/noクエスチョンだ。yesは1に、noは-1にするだけでよい。存在しなかったり、曖昧なデータ（例：分かりません）は0にするとよい。この変換を行うためのyesno関数をadvancedclassify.pyに付け加えよう。

```
def yesno(v):
    if v=='yes': return 1
    elif v=='no': return -1
    else: return 0
```

9.4.2 「興味があるもの」リスト

データセット中の人々が興味を持っているものを記録する方法はいくつか存在する。もっともシンプルなのはすべてのありそうな「興味があるもの」を別々の数値変数として扱うやり方だ。もしある人が興味を持っていればその変数に0を割り当て、興味がなければ1を割り当てる。もし個々人について取り扱うのであれば、これがベストなアプローチである。しかし、今回のケースでは、人々の組について扱うため、共通する「興味があるもの」の数を変数として使うやり方の方がもっと直感的である。

次にmatchcountという名前の関数をadvancedclassify.pyに付け加えよう。これはリスト中の一致するアイテムたちの数をfloatとして返してくれる。

```
def matchcount(interest1,interest2):
  l1=interest1.split(':')
  l2=interest2.split(':')
  x=0
  for v in l1:
    if v in l2: x+=1
  return x
```

共通する「興味があるもの」の数というのは面白い変数ではあるが、これを利用すると実は役に立つかもしれない情報のいくつかを完全に取り去ってしまう。例えばスキーとスノーボードや、酒を飲むこととダンスのように、特定の興味の組み合わせは一緒にしてもうまくいくはずだが、元々のデータでトレーニングされていない分類器では、これらの組み合わせについて学習することは絶対にできない。

「興味があるもの」すべてについての新しい変数を作ると変数の数が非常に多くなり、分類器が非常に複雑になってしまう。これに対する代替案として、「興味のあるもの」を階層型に用意する方法がある。たとえば、男女それぞれがスキーとスノーボードについて興味を持っている組について考えてみる。両方ともスノースポーツの一例であり、スポーツのサブカテゴリである。このようにスノースポーツに両者とも興味があるが、まったく同じものに対して興味を持っているわけではないような組にはmatchcountでフルにポイントを付け加える代わりに0.8を付け加える。マッチを探すために階層の上に行けば行かなければならないほど、ポイントは低くなるようにする。このmatchmakerのデータセットではこのような階層構造は持っていないが、このようなやり方を検討してみてもよいだろう。

9.4.3　Yahoo! Mapsを使って距離を決定する

このデータセットの中でもっとも扱いが難しいのは、住んでいる場所に対する情報である（近くに住んでいる人同士がマッチしそうだという考え方自体に議論の余地はあるだろう）。与えられたデータファイル中の位置情報は住所と郵便番号がごちゃ混ぜになったものである。もっとも単純なやり方は「同じ郵便番号に住んでいる」という変数を利用することだが、これは非常に融通が効かない（隣同士のブロックに住んでいるのに、郵便番号が異なるということは非常によくある）。理想的なのは距離を基にした変数を作ることである。

もちろん、さらなる情報なしに、二つの住所の間の距離を発見するというのは無理である。幸運にもYahoo! MapsがGeocodingという名前のAPIサービスを提供してくれている。これはアメリカの住所を受け取り、その緯度と経度を返してくれる。これを二つの住所に適用することで、その住所間の大体の距離を計算することができる。

もし何らかの理由でYahoo! APIが利用できないのであれば、advancedclassify.pyにダミーのmilesdistance関数を付け加えておこう。

```
def milesdistance(a1,a2):
  return 0
```

Yahoo!アプリケーションキーを取得する

Yahoo! APIを利用するためには最初に、クエリ中であなたのアプリケーションを特定するために利用されるアプリケーションキーを取得する必要がある。これはhttp://api.search.yahoo.com/webservices/register_applicationでいくつかの質問に答えることで取得することができる。もしまだYahoo!アカウントを持っていなければ作る必要がある。メールのやり取りは特に必要なく、キーはすぐに手に入る。

Geocoding APIを使ってみる

Geocoding APIにはURL形式でリクエストする必要がある。これはhttp://api.local.yahoo.com/MapsService/V1/geocode?appid=appid&location=locationから行うことができる。

住所はフリーテキストの住所、郵便番号、もしくは市や州だけでもかまわない。結果はXMLファイルとして返される。次のような感じだ。

```
<ResultSet>
<Result precision="address">
<Latitude>37.417312</Latitude>
<Longitude>-122.026419</Longitude>
<Address>755 FIRST AVE</Address>
<City>SUNNYVALE</City>
<State>CA</State>
<Zip>94089-1019</Zip>
<Country>US</Country>
</Result>
</ResultSet>
```

あなたが興味があるフィールドは緯度と経度である。これをパースするには前の章で紹介したminidom APIを使う。advancedclassify.pyにgetlocationを付け加えよう。

```
yahookey="YOUR API KEY"
from xml.dom.minidom import parseString
from urllib import urlopen,quote_plus

loc_cache={}
def getlocation(address):
  if address in loc_cache: return loc_cache[address]
  data=urlopen('http://api.local.yahoo.com/MapsService/V1/'+\
               'geocode?appid=%s&location=%s' %
               (yahookey,quote_plus(address))).read()
  doc=parseString(data)
  lat=doc.getElementsByTagName('Latitude')[0].firstChild.nodeValue
  long=doc.getElementsByTagName('Longitude')[0].firstChild.nodeValue
  loc_cache[address]=(float(lat),float(long))
  return loc_cache[address]
```

この関数はあなたのアプリケーションキーと位置情報を付け加えたURLを作成し、緯度と経度を抽出して返す。距離を計測するのに必要な情報はこれだけであるが、Yahoo! Geocoding APIは、与えられた住所の郵便番号を探したり、郵便番号がどこを意味しているのかを探すなど、他の目的に利用することもできる。

距離を計算する

緯度と経度を基に二つの地点の距離（マイル）を正確に計算することは実は非常に難しい。しかし、この場合の距離は非常に小さいし、比較のためだけに算出しようとしているため、概算を使えばよい。この概算は、先の章で見たユークリッド距離に似ている。違うのは最初に緯度の間の距離には69.1を掛け合わせ、経度の間の距離には53を掛け合わせるという点だけである。

次のmilesdistance関数をadvancedclassify.pyに付け加えよう。

```
def milesdistance(a1,a2):
  lat1,long1=getlocation(a1)
  lat2,long2=getlocation(a2)
  latdif=69.1*(lat2-lat1)
  longdif=53.0*(long2-long1)
  return (latdif**2+longdif**2)**.5
```

この関数は先ほど定義したgetlocationを両方の住所に対して呼び出し、その住所間の距離を算出する。Pythonのセッションで試してみることができる。

```
>>> reload(advanceclassify)
<module 'advancedclassify' from 'advancedclassify.py'>
>>> advancedclassify.getlocation('1 alewife center, cambridge, ma')
(42.398662999999999, -71.140512999999999)
```

```
>>> advancedclassify.milesdistance('cambridge, ma','new york,ny')
191.77952424273104
```

この概算によって求められる距離はだいたい10%ほど短くなるが、このアプリケーションではこれで十分である。

9.4.4　新たなデータセットの作成

ここまでで分類器をトレーニングするためのデータセットを作り上げるために必要なパーツがそろった。次に必要なのは、これらを組み合わせるための関数だ。この関数はデータファイルからloadmatch関数を利用してデータセットを読み込み、列に適切な変換をかける。advancedclassify.pyにloadnumericalを付け加えよう。

```
def loadnumerical():
  oldrows=loadmatch('matchmaker.csv')
  newrows=[]
  for row in oldrows:
    d=row.data
    data=[float(d[0]),yesno(d[1]),yesno(d[2]),
          float(d[5]),yesno(d[6]),yesno(d[7]),
          matchcount(d[3],d[8]),
          milesdistance(d[4],d[9]),
          row.match]
    newrows.append(matchrow(data))
  return newrows
```

この関数はオリジナルのデータセットのすべての行に対し、新たなデータ行を生成する。これまでに定義した、距離の計算をする関数や、「興味があるもの」の重なり数を数える関数のような、データを数値に変換するすべての関数を呼び出す。

新しいデータセットを作るためにPythonのセッションからこの関数を呼び出してみよう。

```
>>> reload(advancedclassify)
>>> numericalset=advancedclassify.loadnumerical()
>>> numericalset[0].data
[39.0, 1, -1, 43.0, -1, 1, 0, 6.729579883484428]
```

あなたが興味を持っている列に限定してサブセットを作ることも簡単である。これはデータを可視化したり、分類器がさまざまな変数たちに対してどのように動作するかについて理解するために役立つだろう。

9.5 データのスケーリング

　人々の年齢だけを基に比較をしようとするなら、データを特にいじることなく、平均や距離を利用してもいいだろう。同じものを意味している変数を比較するというのは意味のあることだからだ。しかし、単純に年齢と比較できないような新しい変数もでてきた。たとえば子どもの数に対する意見が1と−1でその差が2であることは、6歳の年の差よりも現実的には重要な意味を持つ。しかし、データをそのまま使うとすると、6歳の年の差の方が3倍の意味を持ってしまう。

　この問題を解決するためには、すべてのデータを共通の尺度に変換してすべての変数の間で差を比較できるようにするとよい。これはすべての変数に対して最低値と最大値を決めて、データをその間に縮尺することで実現できる。まずは最低値は0、最大値は1にして、すべての値が0と1の間に来るようにする。

　advancedclassifier.pyに次のscaledataを加えよう。

```
def scaledata(rows):
  low=[999999999.0]*len(rows[0].data)
  high=[-999999999.0]*len(rows[0].data)
  # 最高と最低の値を探す
  for wor in rows:
    d=row.data
    for i in range(len(d)):
      if d[i]<low[i]: low[i]=d[i]
      if d[i]>high[i]: high[i]=d[i]

  # データを縮尺する関数
  def scaleinput(d):
    return [(d.data[i]-low[i])/(high[i]-low[i])
            for i in range(len(low))]

  # すべてのデータを縮尺する
  newrows=[matchrow(scaleinput(row.data)+[row.match])
          for row in rows]

  # 新しいデータと関数を返す
  return newrows,scaleinput
```

　この関数は内部関数としてscaleinputを定義する。これはまず、最低値を探し出し、すべての値から最低値を引いて値が0から始まるようにする。それから最低値と最大値の差で値を割ることで、すべての値を0から1の間に変換する。この関数はscaleinputをデータセットのすべての行に適用し、新たなデータセットを返すとともにこの関数も返す。返された関数を使ってあなたのクエリもスケールすることができる。

　これでもっと大きな変数のセットに対しても線形分類器を試すことができる。

```
>>> reload(advancedclassify)
<module 'advancedclassify' from 'advancedclassify.py'>
>>> scaledset,scalef=advancedclassify.scaledata(numericalset)
>>> avgs=advancedclassify.lineartrain(scaledset)
>>> numericalset[0].data
[39.0, 1, -1, 43.0, -1, 1, 0, 0.901110601059793416]
>>> numericalset[0].match
0
>>> advancedclassify.dpclassify(scalef(numericalset[0].data),avgs)
1
>>> numericalset[11].match
1
>>> advancedclassify.dpclassify(scalef(numericalset[11].data),avgs)
1
```

例題の数字を新たな空間に当てはめるには、まずは縮尺する必要があることに気を付けよう。分類器はいくつかの例について動作はするが、単純に分割線を探そうとすることの限界は、ここまででさらに明らかになっている。結果を改良するためには、線形分類を超える必要がある。

9.6 カーネルメソッドを理解する

図9-7のようなデータセットに対して線形分類器を使おうとするとどうなるか考えてみよう。

それぞれのクラスの平均点はどこになるだろうか？ 実は、両方ともまったく同じ場所になってしまう！ あなたと私にとっては円の内側が×であり、円の外側はすべて○であるということははっきりと分かるが、線形分類器はこの2つのクラスを判別することができない。

だが、すべてのxとyを最初に平方すると何が起こるかについて考えてみよう。(-1,2)にあった点は(1,4)になり、(0.5,1)にあった点は(0.25,1)になる。これを新たにプロットした図は図9-8のようになる。

すべての×は角の方に移動し、すべての○は角の外側に移動している。これで×と○を直線で分割することが非常に簡単になった。分類すべきデータが新たにある場合には、そのxとyを平方して、直線のどちら側に位置するか確認すればよい。

この例では、最初に点たちを変換することで、直線で分割することが容易な新しいデータセットを作り出せる可能性があることを紹介した。しかし、この例は変換が非常に容易なものをあえて選んでいる。実際の問題ではこのような変換は非常に複雑になりがちで、たくさんの次元が必要になることが多い。たとえば、xとy座標を基に、a=x^2、b=x*y、c=y^2のようにa, b, cの三つの座標のデータセットを作ることもあるかもしれない。データが次元の多い空間に当てはめられた場合、二つのクラスの分割線を探すことは容易になる。

9.6.1 カーネルトリック

このような新たな空間に、データを変換するコードを書くこともできるが、実際にそのようなことを

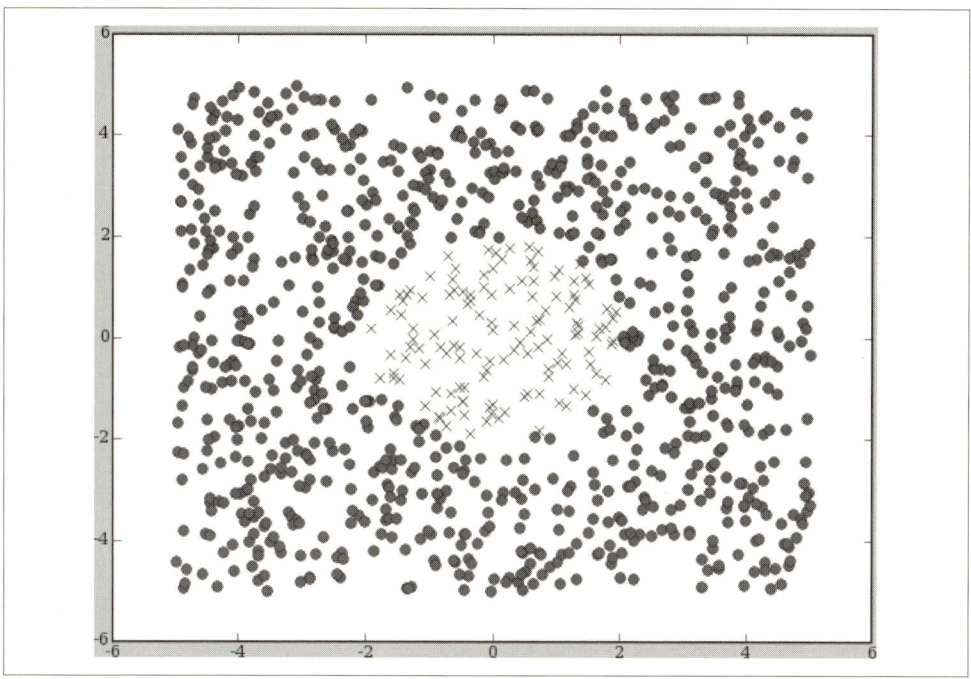

図9-7　別のクラスに囲まれているクラス

することは少ない。これは、実際のデータセットの分割線を探す際には、数百、数千の次元が必要になることもあり、実装が非常に難しいからだ。しかし、線形分類器のようにドット積を利用するアルゴリズムであればどれでも、カーネルトリックと呼ばれる技術を利用することができる。

カーネルトリックは、もしデータがあらかじめ何らかの写像関数を利用して高い次元に変換されている場合、それにドット積を適用した際に返される値を返す新しい関数でドット積関数を置き換えるようなことを行う。可能な変換の数に制限はないが、実際によく使われるものはそんなに多くはない。普通はradial-basis関数とよばれるものが推奨されている（ここでもこれを利用する）。

radial-basis関数は、ドット積がそうだったように二つのベクトルを受け取り一つの値を返す。ドット積とは異なり線形ではないため、もっと複雑な空間たちを写像することができる。advancedclassify.pyにrbfを付け加えよう。

```
def rbf(v1,v2,gamma=20):
    dv=[v1[i]-v2[i] for i in range(len(v1))]
    l=sum([p**2 for p in dv])
    return math.e**(-gamma*l)
```

この関数はganmaというパラメータをとる。これは与えられたデータセットに対するベストな線形分割を得るために調整することができる。

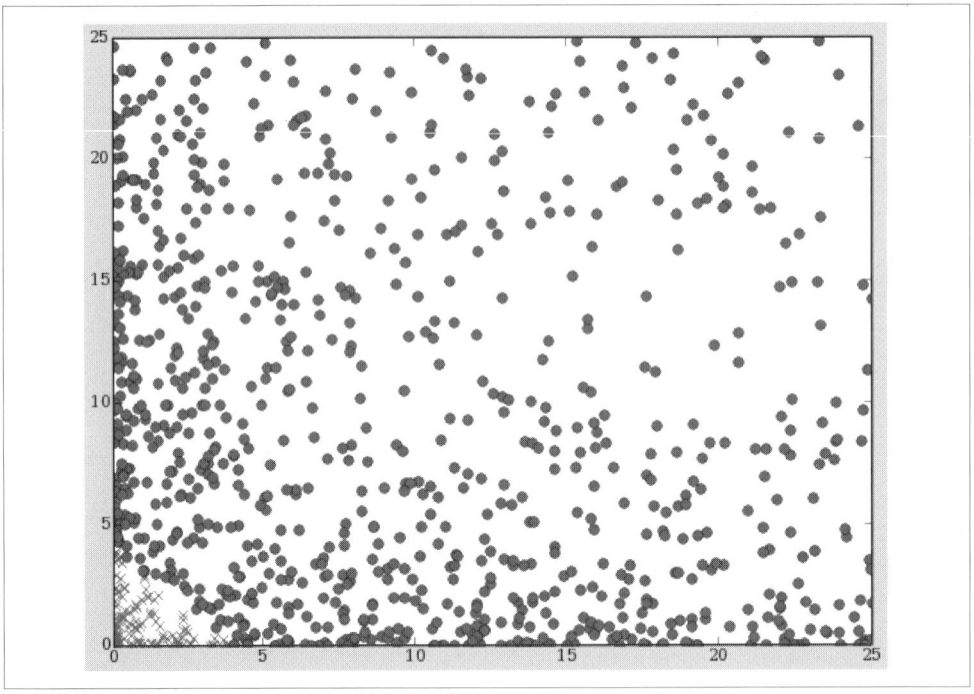

図9-8　別の空間に点たちを移動する

　変換された空間での平均点からの距離を算出する関数が新たに必要だ。ついていないことに、先ほどの平均たちは元々の空間で計算されていたため、それらをここで利用することはできない——実のところ、新しい空間での点の位置を実際には算出しないため、平均を求めることはまったくできない。ありがたいことに、ベクトルの集合を平均し、その平均とベクトルAのドット積を取れば、ベクトルAと集合中のすべてのベクトルとのドット積たちの平均と同じ結果を得ることができる。

　分類しようとしている点とクラスの平均点とのドット積を計算する代わりに、その点とクラス中のその他のすべての点の間のradial-basis関数を適用した値を計算し、それらの平均を出す。nlclassifyをadvancedclassify.pyに付け加えよう。

```
def nlclassify(point,rows,offset,gamma=10):
  sum0=0.0
  sum1=0.0
  count0=0
  count1=0

  for row in rows:
    if row.match==0:
      sum0+=rbf(point,row.data,gamma)
      count0+=1
```

```
    else:
      sum1+=rbf(point,row.data,gamma)
      count1+=1
  y=(1.0/count0)*sum0-(1.0/count1)*sum1+offset

  if y>0: return 0
  else: return 1

def getoffset(rows,gamma=10):
  l0=[]
  l1=[]
  for row in rows:
    if row.match==0: l0.append(row.data)
    else: l1.append(row.data)
  sum0=sum(sum([rbf(v1,v2,gamma) for v1 in l0]) for v2 in l0)
  sum1=sum(sum([rbf(v1,v2,gamma) for v1 in l1]) for v2 in l1)

  return (1.0/(len(l1)**2))*sum1-(1.0/(len(l0)**2))*sum0
```

このoffsetの値も変換先の空間では異なり、計算するには少し時間がかかる。このため、データセットのための値を一度計算して、それをnlclassifyに毎回渡す必要がある。

この新しい分類器を年齢のデータに適用し、先ほどの問題をクリアしているかどうか確認してみよう。

```
>>> offset=advancedclassify.getoffset(agesonly)
>>> advancedclassify.nlclassify([30,30],agesonly,offset)
1
>>> advancedclassify.nlclassify([30,25],agesonly,offset)
1
>>> advancedclassify.nlclassify([25,40],agesonly,offset)
0
>>> advancedclassify.nlclassify([48,20],agesonly,offset)
0
```

すばらしい！　この変換は近い年齢帯のところにマッチが多くあることを認識しており、その年齢帯の両側にはあまりないことを認識している。今は48と20がよいマッチではないことを認識している。他のデータでも試してみよう。

```
>>> ssoffset=advancedclassify.getoffset(scaledset)
>>> numericalset[0].match
0
>>> advancedclassify.nlclassify(scalef(numericalset[0].data),scaledset,ssoffset)
0
>>> numericalset[1].match
1
```

```
>>> advancedclassify.nlclassify(scalef(numericalset[1].data),scaledset,ssoffset)
1
>>> numericalset[2].match
0
>>> advancedclassify.nlclassify(scalef(numericalset[2].data),scaledset,ssoffset)
0
>>> newrow=[28.0,-1,-1,26.0,-1,1,2,0.8] # 男は子どもを望んでないが、女は望んでいる
>>> advancedclassify.nlclassify(scalef(newrow),scaledset,ssoffset)
0
>>> newrow=[28.0,-1,1,26.0,-1,1,2,0.8] # 両者ともに子どもが欲しい
>>> advancedclassify.nlclassify(scalef(newrow),scaledset,ssoffset)
1
```

分類器のパフォーマンスはかなり改善されている。上のセッションでは、男が子どもを欲しがらず、女が欲しがっている場合は、たとえ年齢が近くて、二つの共通する興味があったとしてもうまく行かないということが分かる。他の変数を変えてみて、出力がどのように変化するか試してみるとよい。

9.7 サポートベクトルマシン

ここで再び二つのクラスを分割する線を探す試みについて考えてみよう。図9-9はその一例である。図ではそれぞれのクラスの平均とそれによる分割線が表示されている。

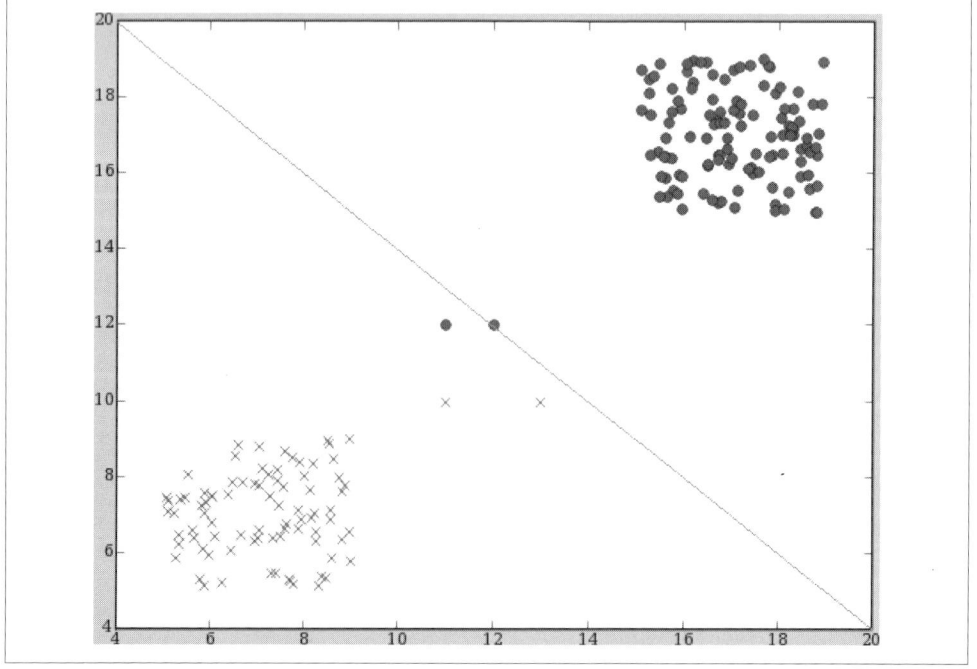

図9-9 平均を用いた線形分類器による分類の失敗

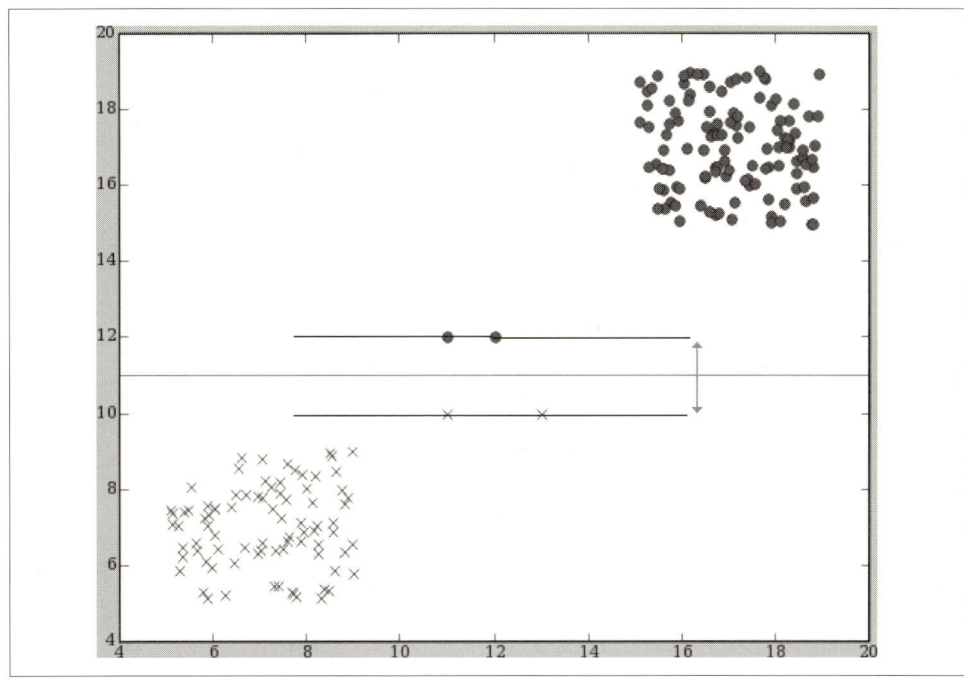

図9-10 最適な分割線を見つけ出す

　平均を用いて計算した分割線は二つの点を分類ミスしているところに注目しよう。これはこの2点が大多数のデータと比べると直線に非常に接近していることに原因がある。ほとんどのデータは直線から離れているため、分割線にデータが含まれることにはならない。

　サポートベクトルマシンはこの問題を解決できる分類器を作り出すための手法の集まりとしてよく知

サポートベクトルマシンの応用

サポートベクトルマシンは高次元のデータセットに対してうまく動作するため、データ集約的な科学の問題や非常に複雑なデータセットを扱うような問題に適用されることがもっとも多い。いくつかの例を挙げる。

- 顔の表情の分類
- 軍事データセットを使っての侵入の検知
- タンパク質の構造をそのシークエンスから予測する
- 手書き文字認識
- 地震による潜在的な被害を決定する

られている。サポートベクトルマシンは、それぞれのクラスからできるだけ離れている直線を探し出そうと試みることで、この問題の解決を試みる。この直線はマージンを最大にする超平面と呼ばれる。図9-10のようなものである。

この分割線は、それぞれのクラスからのアイテムに触れる平行線ができるだけ離れるようにして選ばれている。これで、新しいデータがどのクラスに属するかを単純にこの直線のどちら側に属するかで判断することができる。マージン上の点だけが分割直線の位置を決めるために必要とされているということに注意しよう。つまり、すべての他のデータを捨ててしまったとしても、直線は同じ場所に位置する。直線近くのこの点はサポートベクトルと呼ばれる。サポートベクトルを発見し、分割線を探し出すアルゴリズムをサポートベクトルマシンという。

あなたは既に、線形分類器が比較のためにドット積を利用していれば、カーネルトリックを使って非線形分類器に変換できるというやり方について見て来た。サポートベクトルマシンもドット積を利用しているため、カーネルを利用して非線形分類を行うことができる。

9.8　LIBSVMを使う

前のセクションでの説明はサポートベクトルマシンがどのようなものかということを理解するための助けになっただろう。しかし、サポートベクトルマシンをトレーニングするためのアルゴリズムは突っ込んだ数学の概念を含み、本章の範囲を超えてしまう。そのため、このセクションではLIBSVMというオープンソースのライブラリを紹介する。これはSVMモデルをトレーニングし、予測を行う。そしてデータセット中で予測をテストする。ビルトインでradial-basis関数やその他のカーネルメソッドまでもサポートしている。

9.8.1　LIBSVMの入手

LIBSVMはhttp://www.csie.ntu.edu.tw/~cjlin/libsvmからダウンロードできる。

LIBSVMはC++で書かれており、Javaで書かれたバージョンも存在する。ダウンロードできるパッケージはsvm.pyというPythonのラッパーも含んでいる。svm.pyを使うには、あなたのプラットフォームに合わせてコンパイルされたバージョンのLIBSVMが必要だ。もしWindowsを使っているならsvmc.dllというDLLが含まれている（Python 2.5はDLL拡張子のライブラリをインポートできないため、このファイルをsvmc.pydにリネームする必要がある）。LIBSVMのドキュメントでは他のプラットフォームでのコンパイル方法についての説明がされている。

9.8.2　セッション中での使用例

コンパイルされたバージョンのLIBSVMを入手したら、これをあなたのPythonパスか、作業するディレクトリに置こう。これでPythonのセッションでこのライブラリをインポートして、簡単な問題に試してみることができる。

```
>>> from svm import *
```

最初のステップとして、シンプルなデータセットを作ることから始める。LIBSVM は二つのリストを含んだタプルからデータを読み込む。最初のリストはクラスで、二番目のリストは入力データである。二つのクラスを含んだシンプルなデータセットを作ってみよう。

```
>>> prob = svm_problem([1,-1],[[1,0,1],[-1,0,-1]])
```

また、svm_parameter を作成し、どのカーネルを利用したいか特定する必要がある。

```
>> param = svm_parameter(kernel_type = LINEAR, C = 10)
```

これでモデルをトレーニングすることができる。

```
>>> m = svm_model(prob, param)
*
optimization finished, #iter = 1
nu = 0.025000
obj = -0.250000, rho = 0.000000
nSV = 2, nBSV = 0
Total nSV = 2
```

最後に、新しいクラスに対する予測を行うために利用してみよう。

```
>>> m.predict([1,1,1])
1.0
```

この例は、あなたがトレーニングデータからモデルを作り、それを予測するために必要になるであろう LIBSVM の機能をすべて紹介している。LIBSVM はあなたが作成してトレーニングしたデータを保存したり、読み込むこともできるなどすばらしい機能も持っている。

```
>>> m.save(test.model)
>>> m=svm_model(test.model)
```

9.8.3 SVM を matchmaker データセットに適用する

matchmaker データセットに LIVSVM を利用するには、svm_model が必要とするリストのタプルに変換する必要がある。これは scaledset から変換すると簡単である。Python のセッションでワンライナーで実行することができる。

```
>>> answers,inputs=[r.match for r in scaledset],[r.data for r in scaledset]
```

変数を過剰に重み付けしないよう、再びスケール済みのデータを使う。これはアルゴリズムのパフォーマンスを改善してくれる。新しいデータセットを生成し、radial-basis関数をカーネルとしたモデルを構築するためにこの新しい関数を使おう。

```
>>> param = svm_parameter(kernel_type = RBF)
>>> prob = svm_problem(answers,inputs)
>>> m=svm_model(prob,param)
*
optimization finished, #iter = 319
nu = 0.777538
obj = -289.477708, rho = -0.853058
nSV = 396, nBSV = 380
Total nSV = 396
```

これである属性のセットを持った人々がmatchするかどうかの予測を行うことができる。予測したいデータをscaleするためにscale関数を使う必要がある。そうすることで変数はモデルを作ったのと同じscaleになる。

```
>>> newrow=[28.0,-1,-1,26.0,-1,1,2,0.8] # 男は子どもを望んでいないが、女は望んでいる
>>> m.predict(scalef(newrow))
0.0
>>> newrow=[28.0,-1,1,26.0,-1,1,2,0.8] # 両者共に子どもが欲しい
>>> m.predict(scalef(newrow))
1.0
```

これはよい予測を行っているように見えるが、実際にどの程度いいのかを知ることができれば、あなたのbasis関数のためのベストなパラメータを選択するために役に立つ。LIBSVMはモデルをクロス評価（cross-validating）する機能も持っている。これがどのように動作するかについては8章で確認した――データベースは自動的にトレーニングセットとテストセットに分割される。トレーニングセットはモデルを作るために用いられ、テストセットはモデルがどの程度よい予測をしているかを確認するために利用される。

このcross-validation関数を使えばモデルのクオリティをテストすることができる。この関数はnというパラメータをとり、データセットをn個のサブセットに分割する。そしてそれぞれのサブセットをテストセットとして利用し、その他のすべてのサブセットでモデルをトレーニングする。この関数はオリジナルのリストと比較することができるような回答のリストを返す。

```
>>> guesses = cross_validation(prob, param, 4)
...
```

```
>>> guesses
[0.0, 0.0, 0.0, 0.0, 1.0, 0.0,...
 0.0, 0.0, 0.0, 0.0, 0.0, 0.0,...
 1.0, 1.0, 0.0, 0.0, 0.0, 0.0,...
 ...]
>>> sum([abs(answers[i]-guesses[i]) for i in range(len(guesses))])
116.0
```

正答と推測の差は116である。元のデータセットには500行あるため、このアルゴリズムは384個が正しかったということが分かる。LIBSVMのドキュメント中の他のカーネルや引数を試してみて、引数を変えることで、どの程度改良されるかについて確認することができる。

9.9 Facebookでのマッチ

Facebookとは非常に人気のあるソーシャルネットワークサイトで、元々は学生のためのサイトだったが、現在はたくさんの利用者に開かれている。他のソーシャルネットワークサイトと同様、ユーザはプロフィールを作り、彼ら自身の統計的な情報を入力し、サイトでの友人と繋がりを持つことができる。FacebookもAPIを持っており、これを利用して人々の情報を問い合わせたり、二人の人間が友人であるかどうかを調べることができる。そうすることにより、matchmakerデータセットに似たデータセットを実際の人々を利用して作ることができる。

執筆時現在、Facebookはプライバシーに対して敏感であり、あなたの友人である人々のプロフィールしか見ることができない。APIも同じルールを適用しているため、ログインしたユーザのみしか利用できない。そのため、残念ながらこのセクションはあなたがFacebookのアカウントを持っており、少なくとも20人とつながりを持っていなければ、動かしてみることは出来ない。

9.9.1 Developer Keyを取得する

もしあなたがFacebookのアカウントを持っていれば、http://developers.facebook.comにあるFacebook developer siteでdeveloper keyを取得することができる。

ここで二つの文字列を入手できる。APIキーと秘密カギである。APIキーはあなたを特定するために使い、秘密カギはあなたのリクエストをハッシュ関数で暗号化するのに利用される。このハッシュ関数については後ほど説明する。まずはfacebook.pyという名前のファイルを作成し、必要ないくつかのモジュールをインポートし、定数をいくつかセットアップしよう。

```
import urllib,md5,webbrowser,time
from xml.dom.minidom import parseString
apikey="Your API Key"
secret="Your Secret Key"
FacebookSecureURL = "https://api.facebook.com/restserver.php"
```

付け加えておくと便利なモジュールが二つある。名前の付けられたノード中の次の要素を取得するためのgetsinglevalueと、システム時間を基に数を返すcallidだ。

```
def getsinglevalue(node,tag):
  nl=node.getElementsByTagName(tag)
  if len(nl)>0:
    tagNode=nl[0]
    if tagNode.hasChildNodes():
      return tagNode.firstChild.nodeValue
  return ''

def callid():
  return str(int(time.time()*10))
```

Facebookのいくつかのコールはシーケンスナンバーを要求する。この数字は、前に送信した数字より大きければ何でもよい。システム時間を利用すれば、一貫して以前の数字より大きい数字を得ることが簡単にできる。

9.9.2 セッションを作成する

Facebookのセッションを作成する過程は、他の人々が自分たちのログイン情報を漏らすことなしに利用できるアプリケーションを作るためのものだ。これはいくつかのステップにより実現される。

1. FacebookのAPIを使って、トークンを要求する。
2. ユーザにFacebookのログインページのURLを、URLにトークンを埋め込んだ形で送る。
3. ユーザがログインするのを待つ。
4. トークンを利用してFacebookのAPIからセッションを要求する。

いくつかの変数はすべてのコールで使われるため、Facebookの機能はクラスにラップしておくとよい。facebook.pyにfbsessionという名前のクラスを作り、先ほどリストしたステップを実行する__init__メソッドを付け加えよう。

```
class fbsession:
  def __init__(self):
    self.session_secret=None
    self.session_key=None
    self.createtoken()
    webbrowser.open(self.getlogin())
    print "Press enter after logging in:",
    raw_input()
    self.getsession()
```

__init__が動作するためには、クラスに付け加えるべきメソッドがいくつかある。まずはFacebook APIにリクエストを送る方法が必要だ。次のsendrequestメソッドはFacebookへのコネクションを開き、引数を送信する。XMLファイルが返され、minidomパーサを用いてパースされる。次のメソッドをあなたのクラスに付け加えよう。

```
def sendrequest(self, args):
  args['api_key'] = apikey
  args['sig'] = self.makehash(args)
  post_data = urllib.urlencode(args)
  url = FacebookURL + "?" + post_data
  data=urllib.urlopen(url).read()
  return parseString(data)
```

　太字の行でリクエストのシグネチャを生成している。これはmakehashメソッドで実行される。makehashメソッドはすべての引数をつなぎ合わせ、1つの文字列にした後、秘密カギでハッシュ化する。セッションを得るたびに秘密カギは変わるため、このメソッドはあなたがすでに秘密カギを持っていないかどうかチェックする。あなたのクラスにmakehashを付け加えよう。

```
def makehash(self,args):
  hasher = md5.new(''.join([x + '=' + args[x] for x in sorted(args.keys())]))
  if self.session_secret: hasher.update(self.session_secret)
  else: hasher.update(secret)
  return hasher.hexdigest()
```

　これで実際にFacebook APIのコールを書く用意ができた。まずはログインページで使うためにトークンを生成し、保存するためのcreatetokenから始めよう。

```
def createtoken(self):
  res = self.sendrequest({'method':"facebook.auth.createToken"})
  self.token = getsinglevalue(res,'token')
```

　ユーザにログインページのURLを返すためのgetloginを付け加える。

```
def getlogin(self):
  return "http://api.facebook.com/login.php?api_key="+apikey+\
         "&auth_token=" + self.token
```

　ユーザがログインしたあとは、セッションキーと、将来のリクエストをハッシュするために使われる秘密カギを得るためにgetsessionを呼び出す必要がある。次のメソッドをクラスに付け加えよう。

```python
def getsession(self):
  doc=self.sendrequest({'method':'facebook.auth.getSession','auth_token':self.token})
  self.session_key=getsinglevalue(doc,'session_key')
  self.session_secret=getsinglevalue(doc,'secret')
```

　Facebookのセッションを作り上げるのは面倒ではあるが、この過程が終われば、次のコールは非常にシンプルである。本章では人々についての情報を得るということのみについて見て行くが、ドキュメントを読めば、写真やイベントをダウンロードするためのメソッドを呼び出すことも簡単であるということが分かるはずだ。

9.9.3　友人データをダウンロードする

　ここからは実際に役に立つメソッドを付け加え始める。getfriendsメソッドは最近ログインした友人のIDのリストをダウンロードし、リストとして返す。次のメソッドをfbsessionに付け加えよう。

```python
def getfriends(self):
  doc=self.sendrequest({'method':'facebook.friends.get',
                        'session_key':self.session_key,'call_id':callid()})
  results=[]
  for n in doc.getElementsByTagName('result_elt'):
    results.append(n.firstChild.nodeValue)
  return results
```

　getfriendsはIDだけを返すため、この人々についての情報を実際にダウンロードするための別のメソッドが必要だ。getinfoメソッドはFacebookのgetInfoをユーザIDのリストと共に呼び出す。これはいくつかの選ばれたフィールドをリクエストするが、フィールドを追加し、パースのコードを改造することで関連する情報を取得するように拡張することができる。フィールドの完全なリストはFacebookの開発者向け文書に載っている。

```python
def getinfo(self,users):
  ulist=','.join(users)

  fields='gender,current_location,relationship_status,'+\
         'affiliations,hometown_location'

  doc=self.sendrequest({'method':'facebook.users.getInfo',
  'session_key':self.session_key,'call_id':callid(),
  'users':ulist,'fields':fields})

  results={}
  for n,id in zip(doc.getElementsByTagName('result_elt'),users):
    # 場所を取得
    locnode=n.getElementsByTagName('hometown_location')[0]
    loc=getsinglevalue(locnode,'city')+', '+getsinglevalue(locnode,'state')
```

```
    # 学校を取得
    college=''
    gradyear='0'
    affiliations=n.getElementsByTagName('affiliations_elt')
    for aff in affiliations:
      # typeが1であれば大学
      if getsinglevalue(aff,'type')=='1':
        college=getsinglevalue(aff,'name')
        gradyear=getsinglevalue(aff,'year')

    results[id]={'gender':getsinglevalue(n,'gender'),
                 'status':getsinglevalue(n,'relationship_status'),
                 'location':loc,'college':college,'year':gradyear}
  return results
```

結果はユーザIDと情報のサブセットが対応しているディクショナリの形になる。これを利用して新たなmatchmakerデータセットを作ることができる。お望みならこのFacebookクラスをPythonのセッションで試してみることもできる。

```
>>> import facebook
>>> s=facebook.fbsession()
Press enter after logging in:
>>> friends=s.getfriends()
>>> friends[1]
u'iY5TTbS-Ofvs.'
>>> s.getinfo(friends[0:2])
{u'iA81OMUfhfsw.': {'gender': u'Female', 'location': u'Atlanta, '},
 u'iY5TTbS-Ofvs.': {'gender': u'Male', 'location': u'Boston, '}}
```

9.9.4 マッチのデータセットを作る

我々のエクササイズで最後に必要なFacebook APIのコールは、二人の人間が友人かどうかを判定するコールだ。これは我々の新しいデータセットで"正答"として利用される。このコールは、長さの同じIDのリストを二つ受け取り、それぞれの組への数字を返す——人々が友人であれば1を、そうでなければ0を返す。次のメソッドをクラスに付け加えよう。

```
def arefriends(self,idlist1,idlist2):
  id1=','.join(idlist1)
  id2=','.join(idlist2)
  doc=self.sendrequest({'method':'facebook.friends.areFriends',
                        'session_key':self.session_key,'call_id':callid(),
                        'id1':id1,'id2':id2})
  results=[]
  for n in doc.getElementsByTagName('result_elt'):
    results.append(int(n.firstChild.nodeValue))
```

```
    return results
```

そして最後にLIBSVMで動作するデータセットを作るためにこれらをまとめあげよう。これはすべてのログインした友人のリストを取得して、情報をダウンロードし、すべての組の行を作り上げる。そして、すべての組が友人であるかどうかチェックする。クラスにmakedetasetを付け加えよう。

```
def makedataset(self):
  from advancedclassify import milesdistance
  # 私の友人全員の情報を取得
  friends=self.getfriends()
  info=self.getinfo(friends)
  ids1,ids2=[],[]
  rows=[]

  # すべての友人の組を見るためのネストされたループ
  for i in range(len(friends)):
    f1=friends[i]
    data1=info[f1]

    # 重複しないようi+1からはじめよう
    for j in range(i+1,len(friends)):
      f2=friends[j]
      data2=info[f2]
      ids1.append(f1)
      ids2.append(f2)

      # データから何らかの数字を生成
      if data1['college']==data2['college']: sameschool=1
      else: sameschool=0
      male1=(data1['gender']=='Male') and 1 or 0
      male2=(data2['gender']=='Male') and 1 or 0

      row=[male1,int(data1['year']),male2,int(data2['year']),sameschool]
      rows.append(row)
  # すべての人々の組に対してarefriendsを呼び出す
  arefriends=[]
  for i in range(0,len(ids1),30):
    j=min(i+30,len(ids1))
    pa=self.arefriends(ids1[i:j],ids2[i:j])
    arefriends+=pa
  return arefriends,rows
```

このメソッドはLIBSVMで直接的に扱えるように、データセットの性別や状態を数字に変更する。最後のループではすべての組の友人の状態をブロック単位でリクエストしている。これはFacebookでは一つのリクエストの大きさが制限されているためである。

9.9.5　SVMモデルを構築する

あなたのデータのためのSVMを作ってみよう。クラスをリロードし、新しいセッションを作り、データセットを作り上げる。

```
>>> reload(facebook)
<module 'facebook' from 'facebook.pyc'>
>>> s=facebook.fbsession()
Press enter after logging in:
>>> answers,data=s.makedataset()
```

これにsvmメソッドを直接走らせることができる。

```
>>> param = svm_parameter(kernel_type = RBF)
>>> prob = svm_problem(answers,data)
>>> m=svm_model(prob,param)
>>> m.predict([1,2003,1,2003,1]) # 2人とも男で同じ学校の同学年
1.0
>>> m.predict([1,2003,1,1996,0]) # 異なる学校の異なる学年
0.0
```

もちろんあなたの結果はこれとは異なるだろう。しかし、このモデルは同じ大学に通っている人同士や、同じ町に住んでいる人たちは友人である傾向が高いと判定するようになるはずだ。

9.10　エクササイズ

1. ベイジアン分類器
   6章で作成したベイジアン分類器をmatchmakerに適用する方法を考えよ。何を特徴として用いればよいだろうか?
2. 分割直線の最適化
   単純に平均を用いるのではなく、5章で学んだ最適化の手法を利用して分割線を選ぶことはできるだろうか? どのようなコスト関数を使えばよいだろうか?
3. 最適なカーネルパラメータの選択
   ganmaの値を変更しながらループし、与えられたデータセットにもっともよい値を決定する関数を書け。
4. 「興味があるもの」の階層
   シンプルな「興味があるもの」の階層とそれを表現するデータ構造を設計せよ。マッチした場合、部分点を与えるため階層を利用するようにmatchcount関数を変更せよ。

5. LIBSVMの他のカーネル

LIBSVMのドキュメントを読み通して、他にどのようなカーネルが利用できるか確認せよ。そしてpolynomialカーネルを利用してみよ。予測の品質は改良されるだろうか？

6. Facebookの他の予測

Facebook APIを通じて利用できるすべてのフィールドを確認せよ。人々についてのどのようなデータセットを作ることができるだろうか？ ある人が通っている学校を基に、その人が映画をfavariteにしているかどうか予測するためのSVMモデルを作ってみよ。他にはどういったことが予測できるだろうか？

10章
特徴を発見する

　これまでの章では、教師なしの技術であるクラスタリングについて取り扱った3章を除いて基本的に教師ありの分類器たちについて扱ってきた。本章では、データセットに内在している重要な特徴たちを抽出する方法について見ていく。クラスタリングと同様、これらの手法は予測を行うようなものではなく、データの特徴を描き出し、興味深い何かを発見する手助けをしてくれるようなものである。

　3章のクラスタリングではデータセット中のすべての行は階層中のグループもしくは点に割り当てられていたことを思い出してほしい——それぞれのアイテムはグループ（そのメンバたちの平均を表す）にきっちりと割り当てられていた。特徴の抽出というものはこのアイデアをさらに一般化したものである。つまり、特徴の抽出とは組み合わせることで元のデータセットの行を再構築できるような新しい行たちを探しだそうと試みるものである。それぞれの行がいずれかのクラスタに属するというよりも、それぞれの行がこの特徴たちの組み合わせで作り上げられているといえる。

　独立した特徴を探し出す必要性を表している古典的な問題の一つとして、多くの人々が話している中で会話を聞き取る際に問題となる、カクテルパーティ問題というものがある。人間の聴覚システムの驚くべき特徴として、部屋の中でたくさんの人々が会話をしている場合、我々の耳にはさまざまな声が入り交じって届くにも関わらず一つの声に集中することができるという能力がある。我々の脳は聞こえてくる雑音を作り上げている個々の音を分割するという能力に長けている。部屋の中の複数の場所にマイクを設置して、音声を取得し、本章で説明されるようなアルゴリズムの入力として利用すれば、コンピュータに同様のこと——耳障りな音を受け取り、それらについて事前知識がまったくなしで分割すること——をさせることが可能である。

　その他にも特徴抽出についての興味深い使用例として、ドキュメントのコーパス中で繰り返される語の使用パターンを特定するというものがある。これによりさまざまな語の組み合わせで存在するテーマを特定することができる。本章では、さまざまなフィードからニュース記事をダウンロードし、記事の集団から現れてくるキーテーマたちを見分けるシステムを構築していく。あなたは記事は一つ以上のテーマを含んでおり、テーマは一つ以上の記事に当てはまるということについても気づくだろう。

　本章で扱う2番目の例では株式市場のデータについて取り扱う。このデータには複数の要因たちが潜んでおり、それらが結びつくことで結果につながると考えられる。このデータに本章のアルゴリズム

を適用すれば、この要因たちとそれぞれの要因による影響を探し出すことができる。

10.1 ニュースのコーパス

まずはこれから取り組んでいく対象となるニュース記事の集合が必要だ。異なる場所で議論されているテーマたちは区別することが楽なため、さまざまな情報源から取得するべきだ。幸運にもメジャーなニュースサービスやWebサイトはすべての記事か個々のカテゴリについてのRSSかAtomフィードを提供している。あなたはこれまでの章でブログのRSSやAtomフィードをパースするためにUniversal Feed Parserを利用してきた。ニュースをダウンロードする際にも同じパーサを利用することができる。もしまだこのパーサを持っていないのならhttp://feedparser.orgからダウンロードすることができる。

10.1.1 情報源の選択

「ニュース」と考えられるような情報源は、メジャーなニュースや新聞、政治的なブログまで数多く存在している。以下のようなものが挙げられる。

- Reuters
- The Associated Press
- The New York Times
- Google News
- Salon.com
- Fox News
- Forbes magazine
- CNN International

これらは一例に過ぎない。このアルゴリズムは重要な特徴を発見し、重要でない部分は無視できる必要があるため、このアルゴリズムをテストする際にはさまざまな政治的な視点からのものや、いろいろなライティングスタイルを使用しているものを組み合わせた方がよい。正しいデータが与えられれば、この特徴を抽出するアルゴリズムは、ストーリーの主題を表す特徴たちを特定しストーリーに割り当てることだけでなく、特定の政治的立場を持ったストーリーたちの中に存在する特徴を特定し、その特徴をストーリーに割り当てることもできる。

newsfeatures.pyという名前のファイルを作り、必要なライブラリたちをインポートするために次のコードを付け加え、情報源のリストを付け加えよう。

```
import feedparser
import re
feedlist=['http://feeds.reuters.com/reuters/topNews',
          'http://feeds.reuters.com/reuters/domesticNews',
          'http://feeds.reuters.com/reuters/worldNews',
          'http://hosted.ap.org/lineups/TOPHEADS.rss?SITES=AZPHG&SECTION=HOME',
          'http://hosted.ap.org/lineups/USHEADS.rss?SITES=AZPHG&SECTION=HOME',
          'http://hosted.ap.org/lineups/WORLDHEADS.rss?SITES=AZPHG&SECTION=HOME',
          'http://hosted.ap.org/lineups/POLITICSHEADS.rss?SITES=AZPHG&SECTION=HOME',
          'http://www.nytimes.com/services/xml/rss/nyt/HomePage.xml',
          'http://www.nytimes.com/services/xml/rss/nyt/International.xml',
          'http://news.google.com/?output=rss',
          'http://feeds.salon.com/salon/news',
          'http://www.foxnews.com/xmlfeed/rss/0,4313,0,00.rss',
          'http://www.foxnews.com/xmlfeed/rss/0,4313,80,00.rss',
          'http://www.foxnews.com/xmlfeed/rss/0,4313,81,00.rss',
          'http://rss.cnn.com/rss/edition.rss',
          'http://rss.cnn.com/rss/edition_world.rss',
          'http://rss.cnn.com/rss/edition_us.rss']
```

このフィードのリストはさまざまな情報源を含んでいる。多くはトップニュース、ワールドニュース、そしてU.S.ニュースのセクションのものだ。このフィードリストはあなたの好きなように変更することができるが、テーマがある程度重複するように心がける必要がある。もしすべての記事がまったく共通点のないものであればアルゴリズムで重要な特徴を抽出することが難しくなってしまい、結局は何の意味もない特徴しか抽出できないという結果に終わってしまう。

10.1.2　情報源をダウンロードする

特徴抽出のアルゴリズムはクラスタリングのアルゴリズムのように、非常に大きな数字の行列を利用する。それぞれの行はアイテムであり、列はプロパティを意味している。この例では、それぞれの記事が行になり、単語が列となる。行列中の数字は記事中に現れた単語の数を表している。次の行列で例を挙げて説明すると、記事Aには"hurricane"という単語が3回含まれており、記事Bには"democrats"が2回現れているということを意味している。

```
articles = ['A','B','C',...
words = ['hurricane','democrats','world',...
matrix = [[3,0,1,...]
          [1,2,0,...]
          [0,0,2,...]
                ...]
```

フィードからこのような行列を作るためには、これまでの章でも使ったのと同じようなメソッドがいくつか必要になる。まずは記事からイメージとHTMLを取り除くためのstripHTMLというメソッドをnewsfeatures.pyに付け加えよう。

```python
def stripHTML(h):
  p=''
  s=0
  for c in h:
    if c=='<': s=1
    elif c=='>':
      s=0
      p+=' '
    elif s==0: p+=c
  return p
```

これまでの章でも行ったように、テキスト中の単語を分割する手段が必要である。あなたがもしアルファベットと数字を用いた単純な正規表現よりも洗練された方法を作り上げてあるのであれば、その関数をここで再利用するとよい[†]。そうでなければ、次の関数をnewsfeatures.pyに付け加えよう。

```python
def separatewords(text):
  splitter=re.compile('\\W*')
  return [s.lower() for s in splitter.split(text) if len(s)>3]
```

次の関数はすべてのフィードをfeedparserでパースしHTMLを取り除く。そして先ほど定義した関数を利用して個々の単語を抽出する。これはそれぞれの単語が全体で何回利用されているかということと、それぞれの記事中で何回利用されているかを記録する。次の関数をnewsfeatures.pyに付け加えよう。

```python
def getarticlewords():
  allwords={}
  articlewords=[]
  articletitles=[]
  ec=0
  # すべてのフィードをループする
  for feed in feedlist:
    f=feedparser.parse(feed)
    
    # すべての記事をループする
    for e in f.entries:
      # 同一の記事は無視する
      if e.title in articletitles: continue
      
      # 単語を抽出する
      txt=e.title.encode('utf8')+stripHTML(e.description.encode('utf8'))
      words=separatewords(txt)
      articlewords.append({})
      articletitles.append(e.title)
```

[†] 訳注：日本語の場合は付録Cを利用するとよい。

```
    # allwordsとarticlewordsのこの単語のカウントを増やす
    for word in words:
      allwords.setdefault(word,0)
      allwords[word]+=1
      articlewords[ec].setdefault(word,0)
      articlewords[ec][word]+=1
    ec+=1
  return allwords,articlewords,articletitles
```

この関数は次の三つの変数を持っている。

- allwords：すべての記事の中でそれぞれの単語が利用された数を保持している。どの単語が特徴のパーツであると考えられるべきかを決めるのに使われる。
- articlewords：それぞれの記事中でのそれぞれの単語の出現回数。
- articletitles：記事のタイトルのリスト。

10.1.3　行列に変換する

　これであなたはすべての記事中での単語の数のディクショナリと、それぞれの記事中での単語の数のディクショナリを手にしていることになる。これらを先ほど説明した行列に変換する必要がある。最初のステップとして、行列の列として利用される単語のリストを作成する。行列のサイズを減らすため、極めて少ない数の記事中にしか出現しない単語と、多くの記事中に存在しすぎる単語を取り除くとよい（これらは特徴を探し出す際にほとんど役に立たない）。

　まずは3回以上出現し、かつ、全記事数の60％以下に出現する単語のみを利用するようにしてみる。次に、行列を作るためにリスト内包をネストする。wordvecをループし、wordvec中のそれぞれの単語がそれぞれの記事のディクショナリ中に存在するかチェックする。もし単語がその記事中に存在しない場合には0を付け加え、存在するならば記事内でのその単語の出現数を付け加える。

　次のmakematrix関数をnewsfeatures.pyに付け加えよう。

```
def makematrix(allw,articlew):
  wordvec=[]
  
  # 一般的だけど、一般的すぎない単語のみを利用する
  for w,c in allw.items():
    if c>3 and c<len(articlew)*0.6:
      wordvec.append(w)
  
  # 単語の行列を作る
  l1=[[(word in f and f[word] or 0) for word in wordvec] for f in articlew]
  return l1,wordvec
```

Pythonのセッションを起動し、newsfeaturesをインポートしよう。これでフィードをパースして行列を作ってみることができる。

```
$ python
>>> import newsfeatures
>>> allw,artw,artt= newsfeatures.getarticlewords()
>>> wordmatrix,wordvec= newsfeatures.makematrix(allw,artw)
>>> wordvec[0:10]
['increase', 'under', 'regan', 'rise', 'announced', 'force',
 'street', 'new', 'men', 'reported']
>>> artt[1]
u'Fatah, Hamas men abducted freed: sources'
>>> wordmatrix[1][0:10]
[0, 0, 0, 0, 0, 0, 0, 0, 1, 0]
```

この例では、単語ベクトルの最初の10個の単語が表示されている。次に2番目の記事のタイトルが表示されており、続いて単語行列中の2番目の記事の行の最初の10個の値が表示されている。この例から、この記事は"men"という単語を一度含みそれ以外の単語は最初の10個の値の中には含んでいないということが見て取れるだろう。

10.2 これまでのアプローチ

これまでの章でもテキストデータの単語のカウントを扱うさまざまなやり方たちについて見て来た。まずはそれらのやり方たちを試してみて結果を確認し、本章の特徴抽出による結果と比較してみるということはよい考えである。もしあなたがこれまでの章で書いたコードを持っているのであれば、それらのモジュールをインポートし、フィードに対して試してみるとよい。もしコードを持っていなくても心配することはない。このセクションではそれらの手法たちがこのサンプルデータに対してどのように動作するかについて説明して行く。

10.2.1 ベイジアン分類器

これまで見て来たようにベイジアン分類器は教師あり学習の手法の一つである。もしあなたが6章で作った分類器を試しに使ってみたいのであれば、まずは分類器をトレーニングするためにストーリーのいくつかをあなたが分類する必要がある。そうすれば分類器は、あなたが事前に定義したカテゴリにストーリーを分類することができるようになる。初期トレーニングをする必要があるという明らかなマイナス面に加え、このやり方では開発者がすべてのカテゴリを決めなければならないという限界に悩まされる。この種のデータセットを分類しようとする際には、決定木、サポートベクトルマシンのようなこれまでみてきた分類器たちでは、いずれもすべて同様の限界に直面してしまう。

もしあなたがこのデータセットに対してベイジアン分類器を試してみたいのであれば、6章で

作ったモジュールをあなたの作業用ディレクトリに置く必要がある。それぞれの記事の特徴としてarticlewordsディクショナリを使用することができる。

Pythonのセッションでこれを試してみよう。

```
>>> def wordmatrixfeatures(x):
...     return [wordvec[w] for w in range(len(x)) if x[w]>0]
...
>>> wordmatrixfeatures(wordmatrix[0])
['forces', 'said', 'security', 'attacks', 'iraq', 'its', 'pentagon',...]
>>> import docclass
>>> classifier=docclass.naivebayes(wordmatrixfeatures)
>>> classifier.setdb('newstest.db')
>>> artt[0]
u'Attacks in Iraq at record high: Pentagon'
>>> # イラクに関する記事としてトレーニング
>>> classifier.train(wordmatrix[0],'iraq')
>>> artt[1]
u'Bush signs U.S.-India nuclear deal'
>>> # インドに関する記事としてトレーニング
>>> classifier.train(wordmatrix[1],'india')
>>> artt[2]
u'Fatah, Hamas men abducted freed: sources'
>>> # この記事はどのように分類されるだろうか？
>>> classifier.classify(wordmatrix[1])
u'iraq'
```

この例では考えられるテーマが数多く存在するわりに、それぞれのテーマごとのストーリーの数が少ない。ベイジアン分類器はすべてのテーマについてテーマごとにいくつかの例でトレーニングする必要があるため、もっとカテゴリの数が少なく、それぞれのカテゴリ中の例が多いようなものに向いている。

10.2.2 クラスタリング

その他のこれまでにみてきた教師なしの手法としては、3章で紹介したクラスタリングがある。

3章でのデータは、先ほどあなたが作り上げた行列とまったく同じ構成だった。あなたがまだ3章でのコードをまだ持っていれば、Pythonのセッションでそれをインポートし、この行列に対してクラスタリングアルゴリズムを走らせることができる。

```
>>> import clusters
>>> clust=clusters.hcluster(wordmatrix)
>>> clusters.drawdendrogram(clust,artt,jpeg='news.jpg')
```

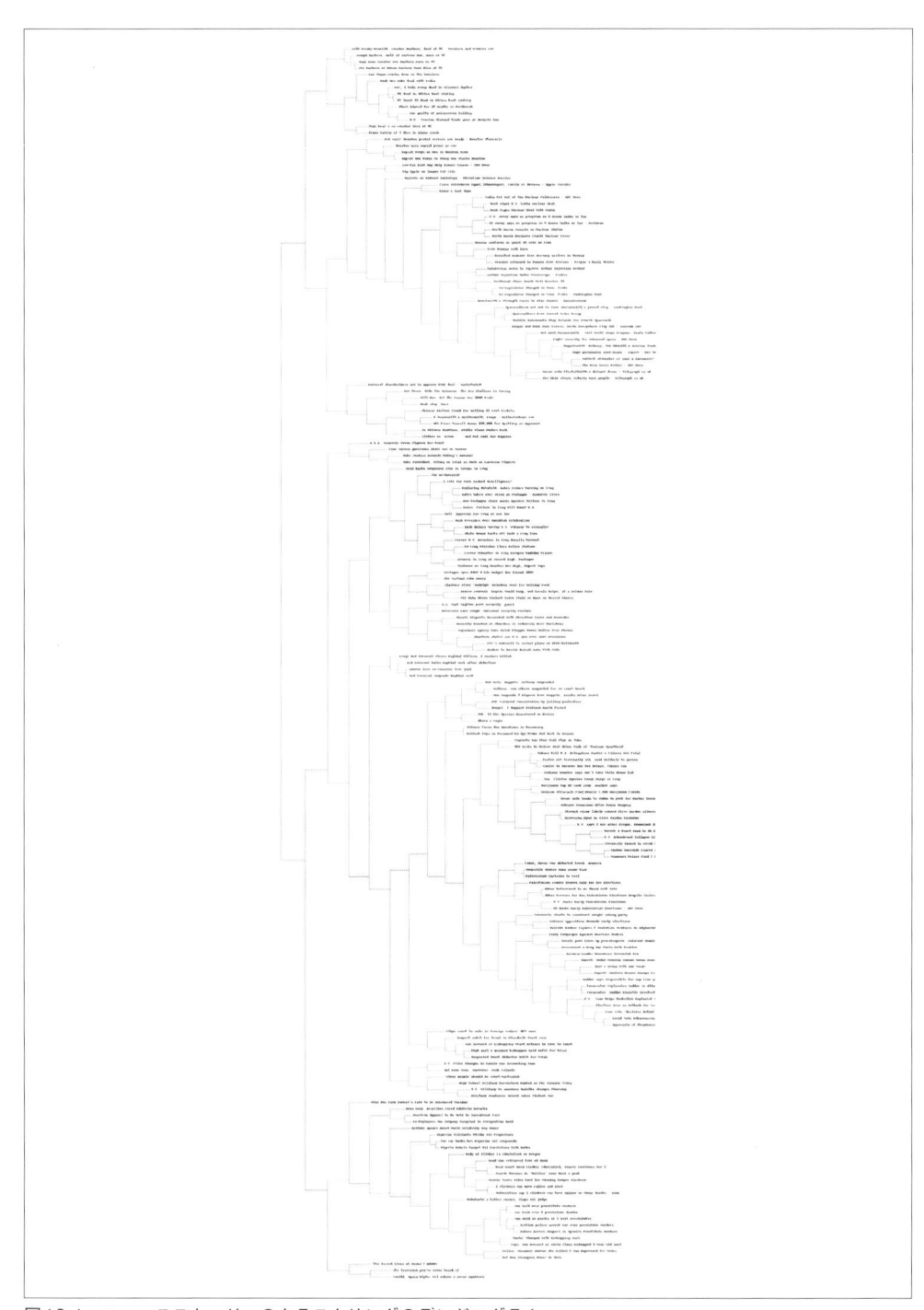

図10-1　ニュースストーリーのクラスタリングのデンドログラム

図10-1にクラスタリングの結果例を表示している。これは現在news.jpgという名前で保存されている。

期待通り、似ているストーリーがまとめられてグループ分けされている。3章でのブログでの例よりもうまく動作しているようにさえ見える。これは、出版物ではまったく同じストーリーに関しては似ている言葉を利用する傾向があるためである。しかし、図10-1中にはうまく分類されていないものもいくつか存在する。たとえば、"The Nose Knows Better"という健康に関する記事は、Suffolk Strangle（サフォークの絞殺魔）についての記事と一緒にグループ分けされている。このように人物についてのニュース記事は分類できないことが時々ある。これらはユニークなものとして分類される必要がある。

お望みであればストーリー中の単語がどのようにクラスタリングされているかをみるために行列を回転してみることもできる。この例では"station"、"solor"、"astronauts"が非常に近くに分けられている。

10.3　非負値行列因子分解

データの重要な特徴を抽出するための技術は非負値行列因子分解（NMF：non-negative matrix factorization）と呼ばれる。これは本書でカバーする技術の中ではもっとも洗練されたものの中の一つであり、他のものたちよりも多少説明を要し、線形代数の初歩的な知識も必要とする。知っておかなければならないことはすべてこのセクションでカバーしていく。

10.3.1　行列に関する数学の簡単な紹介

NMFが何をしているかということを理解するためには、まずあなたは行列の乗算について理解しておく必要がある。もしあなたが線形代数に十分に慣れ親しんでいるのであればこのセクションは飛ばしてしまっても問題ない。

行列の乗算の例を図10-2に示す。

$$\begin{bmatrix} 1 & 4 \\ 0 & 3 \end{bmatrix} \times \begin{bmatrix} 0 & 3 & 0 \\ 2 & 1 & 4 \end{bmatrix} = \begin{bmatrix} 1*0 + 4*2 & 1*3 + 4*1 & 1*0 + 4*4 \\ 0*0 + 3*2 & 0*3 + 3*1 & 0*0 + 3*4 \end{bmatrix} = \begin{bmatrix} 8 & 7 & 16 \\ 6 & 3 & 12 \end{bmatrix}$$

$\quad\quad$ A $\quad\quad\quad\quad$ B

図10-2　行列の乗算の例

この図は二つの行列がどのように掛け合わされるかということを示している。行列を乗算する際には最初の行列（図中の行列A）は2番目の行列（行列B）が持っている行と同じ数の列を持っている必要がある。この場合、行列Aは2列であり行列Bは2行である。結果の行列（行列C）は行列Aと同じ数の行を持ち、行列Bと同じ数の列を持つようになる。

行列Cのそれぞれのセルの値は、行列Aの該当する行の値と行列Bの該当する列の値を掛け合わせてすべての乗算結果を足し合わせたものである。行列Cの左上隅の値を見てみると、行列Aの最初の

行の値たちと、対応する行列Bの最初の列の値たちが掛け合わされていることが分かるだろう。最終的な値を得るためにこれらは足し合わされている。行列Cのその他のセルも同様の方法で計算されている。

他に知っておかなくてはならない行列の操作として転置がある。これは列が行になって行が列になることを意味している。これは図10-3のように、通常は"T"として表示される。

$$\begin{pmatrix} a & d \\ b & e \\ c & f \end{pmatrix}^T = \begin{pmatrix} a & b & c \\ d & e & f \end{pmatrix}$$

図10-3　行列の転置

これからのNMFの実装では、この転置と乗算の操作を利用していく。

10.3.2　これは記事の行列とどのような関わりがあるの？

ここまでであなたは単語の数を持つ記事の行列を用意できている。この行列を因子分解することが目的である。因子分解とは掛け合わせることで再びこの行列を構築できるような二つの小さな行列を探し出すということである。二つの小さな行列とは次のようなものである。

特徴の行列
　この行列では、行はそれぞれの特徴であり、列がそれぞれの単語を表している。値は単語が特徴に対してどれくらい重要であるかということを示している。それぞれの特徴は記事のセットから引き出したテーマを表している必要がある。そのため、新しいテレビ番組についての記事は"television"という単語に対して高い重みが付けられることを期待する。

重みの行列
　この行列は特徴たちを記事の行列にマップする。それぞれの行は記事であり、列は特徴である。値はそれぞれの特徴がそれぞれの記事にどの程度適合するかということを表している。

記事の行列と同様、特徴の行列もそれぞれの単語について一つずつ列を持っている。それぞれの行が特徴を表しているため、特徴は単語の重みのリストであると言える。図10-4に特徴の行列の一部分の例を示している。

それぞれの行は単語が組み合わされて構成されている特徴であるため、記事の行列を再構築するということは、特徴の行列の行をさまざまな量でどのように組み合わせるかという問題だということははっきり分かるはずだ。図10-5に提示しているような重みの行列で特徴を記事にマップする。この重みの行列では、それぞれの特徴にはそれぞれの列が対応し、それぞれの記事についてはそれぞれの行が対応している。

```
              hurricane  democrats  florida  elections
       特徴1 ⎛    2          0         3        0    ⎞
       特徴2 ⎜    0          2         0        1    ⎟
       特徴3 ⎝    0          0         1        1    ⎠
```

図10-4　特徴の行列の一部分

```
                              特徴1  特徴2  特徴3
         hurricane in Florida ⎛ 10    0     0  ⎞
     Democrats sweep elections⎜  0    8     1  ⎟
Democrats dispute Florida ballots⎝ 0   5     6  ⎠
```

図10-5　重みの行列の一部分

図10-6は重みの行列と特徴の行列を掛け合わせることで記事の行列が再構築される様子を説明している。

```
         特徴1 特徴2 特徴3         hurricane democrats florida elections      hurricane democrats florida elections
hurricane...⎛ 10   0    0 ⎞   特1 ⎛  2         0        3       0 ⎞       hurricane...⎛                        ⎞
 ...sweep...⎜  0   8    1 ⎟ X 特2 ⎜  0         2        0       1 ⎟ =      ...sweep...⎜                        ⎟
Florida ballots⎝ 0  5    6 ⎠  特3 ⎝  0         0        1       1 ⎠     Florida ballots⎝                        ⎠
```

図10-6　重みの行列と特徴の行列を掛け合わせる

　もし特徴の数が記事の数と同じであれば、もっともよい解はそれぞれの記事に完全に一致する一つの特徴を持つことである。しかし、ここで行列の因子分解を使う目的は、巨大な観測対象（この場合は「記事」）の集合を共通の特徴を捉えた小さな集合に減らすことである。理想としては、この小さな特徴の集合をさまざまな重みと組み合わせることで基のデータセットを完璧に再現できるとよいが、実際にはこれは難しいため、このアルゴリズムはできるだけ近似して再現することを目標とする。

　これが**非負値**行列因子分解と呼ばれる理由は、特徴と重みが非負の値で返されるからである。これはすべての特徴は負ではない値を持っていなくてはならないということを意味する。実際、我々の例でも記事の中の単語の数として負の値を持っているということはあり得ないので、これは成立している。また、このことは特徴で他の特徴の一部を取り除くこともできないということも意味している。つまり、NMFは特定の単語を明示的に除いた結果を探し出すことはできない。この制限のおかげでアルゴリズムは最良の因子分解を発見することをできなくしてしまうかもしれないが、結果は解釈しやすいものになる。

10.3.3　NumPyを使う

　Pythonは標準では行列の操作をする関数は持っていない。あなた自身の手でそのようなコードを書くことも可能だが、NumPyという名前のパッケージをインストールする方が賢い選択だ。NumPyは行列オブジェクトと、必要な行列の操作をすべて提供するだけでなく、商用の数値計算ソフトウェアと比肩するほどのパフォーマンスを持っている。NumPyはhttp://numpy.scipy.orgからダウンロードすることができる。

　NumPyのインストールについてのさらなる情報については付録Aを参照せよ。

　NumPyはネストされたリストで初期化できる行列オブジェクトを提供している。これはあなたが記事のために作成したものと非常によく似ている。この動作を確認するためには、Pythonセッションで NumPyをインポートし行列オブジェクトを作ってみるとよい。

```
>>> from numpy import *
>>> l1=[[1,2,3],[4,5,6]]
>>> l1
[[1, 2, 3], [4, 5, 6]]
>>> m1=matrix(l1)
>>> m1
matrix([[1, 2, 3],
        [4, 5, 6]])
```

　この行列オブジェクトは算術的な操作をサポートしており、標準的な演算子を使って乗算や加算をすることができる。行列の転置はtranspose関数を使って実行することができる。

```
>>> m2=matrix([[1,2],[3,4],[5,6]])
>>> m2
matrix([[1, 2],
        [3, 4],
        [5, 6]])
>>> m1*m2
matrix([[22, 28],
        [49, 64]])
```

　shape関数は行列の行と列の数を返す。これは行列のすべての要素をループする際に役に立つ。

```
>>> shape(m1)
(2, 3)
>>> shape(m2)
(3, 2)
```

10.3 非負値行列因子分解

NumPyは高速なarrayオブジェクトも提供している。これは行列と同様多次元なものである。行列とarrayは簡単に相互に変換することができる。arrayは乗算の際の動きが行列とは異なる。arrayは自身とまったく同じ形のものでなければ乗算することができない。そして、すべての値はもう一方のarrayの対応する値で掛け合わされる。以下に例を示す。

```
>>> a1=m1.A
>>> a1
array([[1, 2, 3],
       [4, 5, 6]])
>>> a2=array([[1,2,3],[1,2,3]])
>>> a1*a2
array([[ 1,  4,  9],
       [ 4, 10, 18]])
```

これから見て行くNMFのアルゴリズムでは多くの行列の操作を行うため、NumPyの高速なパフォーマンスは必要不可欠なものである。

10.3.4 アルゴリズム

これから紹介する行列を因子分解するためのアルゴリズムは1990年代後半に世に出て来た。これは本書でカバーしているアルゴリズムの中では最新のものである。その有効性は写真の集合中からさまざまな顔の特徴たちを自動的に決定する問題などで、非常にうまく動作することで示された。

このアルゴリズムは、できるだけ元の記事の行列に近い行列を再構築できるような特徴の行列と重みの行列を算出する。そのため計算した結果の行列が元の行列にどの程度近いかを計測する手段があると役に立つ。difcost関数は二つの同じサイズの行列のすべての値をループし、それらの差の二乗を合計する。

nmf.pyというファイルを作りdifcost関数を付け足そう。

```python
from numpy import *

def difcost(a,b):
  dif=0
  # 行列のすべての行と列をループする
  for i in range(shape(a)[0]):
    for j in range(shape(a)[1]):
      # 差を足し合わせる
      dif+=pow(a[i,j]-b[i,j],2)
  return dif
```

ここでこのコスト関数を小さくするために行列を徐々に更新する手段が必要である。あなたが5章を読んだのであれば、そこで利用した模擬アニーリング法などを利用して、よい解決策を見つけること

ができるということに気づくだろう。しかし、さらに効率的によい解を見つける手法として**乗法的更新ルール**というものがある。

このルールの詳細については本章の範囲を超えてしまうが、もし興味があり、もっと知りたいのであれば論文がhttp://hebb.mit.edu/people/seung/papers/nmfconverge.pdfにある。

このルールは四つの新たな更新行列たちを生成する。次の詳細では元の記事の行列は**データ行列**として表現されている。

hn
: 転置した重みの行列にデータ行列を掛け合わせたもの。

hd
: 転置した重みの行列に重みの行列を掛け合わせたものに特徴の行列を掛け合わせたもの。

wn
: データ行列に転置した特徴の行列を掛け合わせたもの。

wd
: 重みの行列に、特徴の行列を掛け合わせたものに転置した特徴の行列を掛け合わせたもの。

特徴と重みの行列を更新するために、これらのすべての行列はarrayに変換される。特徴の行列のすべての値は対応するhnの値と掛け合わされ、対応するhdの値で割られる。同様に、重みの行列のすべての値はwnの値と掛け合わされ、wdの値で割られる。

次のfactorize関数はこれらの計算を実行する。nmf.pyに付け加えよう。

```
def factorize(v,pc=10,iter=50):
  ic=shape(v)[0]
  fc=shape(v)[1]

  # 重みと特徴の行列をランダムな値で初期化
  w=matrix([[random.random() for j in range(pc)] for i in range(ic)])
  h=matrix([[random.random() for i in range(fc)] for i in range(pc)])

  # 最大でiterの回数だけ操作を繰り返す
  for i in range(iter):
    wh=w*h

    # 現在の差を計算
    cost=difcost(v,wh)

    if i%10==0: print cost

    # 行列が完全に因子分解されたら終了
    if cost==0: break
```

```
    # 特徴の行列を更新
    hn=(transpose(w)*v)
    hd=(transpose(w)*w*h)

    h=matrix(array(h)*array(hn)/array(hd))

    # 重みの行列を更新
    wn=(v*transpose(h))
    wd=(w*h*transpose(h))

    w=matrix(array(w)*array(wn)/array(wd))

  return w,h
```

この行列を因子分解するための関数では、探したい特徴の数をあなたが決めておく必要がある。時にはあなたは探し出したい特徴の数を知っていることもある（二人の声を録音している場合や、5つのその日の主要なニュースなど）が、この数を特定できない場合もあるだろう。適正な数字を自動的に決定する一般的な方法というものは存在しないが、適当な範囲を探すために試行錯誤してみるとよいだろう。

セッション中で、行列m1*m2に対してこれを走らせてみて、アルゴリズムが元の行列と似ているような結果を探し出せているかどうか確認してみよう。

```
>>> import nmf
>>> w,h= nmf.factorize(m1*m2,pc=3,iter=100)
7632.94395925
0.0364091326734
...
1.12810164789e-017
6.8747907867e-020
>>> w*h
matrix([[ 22.,  28.],
        [ 49.,  64.]])
>>> m1*m2
matrix([[22, 28],
        [49, 64]])
```

アルゴリズムは掛け合わせることで完全に元の行列と同じになるような重みと特徴の行列を探し出すことに成功している。これを記事の行列に試してみて、どれくらいうまく重要な特徴を抽出しているかを確認してみよう（これには少し時間がかかる）。

```
>>> v=matrix(wordmatrix)
>>> weights,feat=nmf.factorize(v,pc=20,iter=50)
1712024.47944
```

```
2478.13274637
2265.75996871
2229.07352131
2211.42204622
```

featという変数はニュース記事の特徴たちを保持している。そしてweighsはそれぞれの特徴がそれぞれの記事にどの程度当てはまるかということを示す値を保持している。これらの行列を眺めるだけでは何にもならない。この結果を確認し、解釈するための手段が必要である。

10.4 結果を表示する

結果をどうやって見るかというのは、少し複雑である。特徴の行列のそれぞれの特徴はその特徴にそれぞれの単語がどの程度の強さで当てはまるかということを示す重みを持っている。そのため、それぞれの特徴のトップ5かトップ10の単語を表示することでその特徴でもっとも重要な単語たちを確認することができる。重みの行列中の対応する列は、その特定の特徴がそれぞれの記事にどの程度当てはまるかということを教えてくれる。そのため、トップ3の記事たちを表示して、その特徴がどの程度当てはまるか確認してみることも面白い。

次のshowfeaturesをnewsfeatures.pyに付け加えよう。

```
from numpy import *
def showfeatures(w,h,titles,wordvec,out='features.txt'):
  outfile=file(out,'w')
  pc,wc=shape(h)
  toppatterns=[[] for i in range(len(titles))]
  patternnames=[]

  # すべての特徴をループする
  for i in range(pc):
    slist=[]
    # 単語とその重みのリストを作る
    for j in range(wc):
      slist.append((h[i,j],wordvec[j]))
    # 単語のリストを逆にソートする
    slist.sort()
    slist.reverse()

    # 最初の6つの要素を出力する
    n=[s[1] for s in slist[0:6]]
    outfile.write(str(n)+'\n')
    patternnames.append(n)

    # この特徴の記事のリストを作る
    flist=[]
```

```
    for j in range(len(titles)):
      # 記事をその重みとともに加える
      flist.append((w[j,i],titles[j]))
      toppatterns[j].append((w[j,i],i,titles[j]))

    # リストを逆にソートする
    flist.sort()
    flist.reverse()

    # 上位3つの記事を表示する
    for f in flist[0:3]:
      outfile.write(str(f)+'\n')
    outfile.write('\n')

  outfile.close()
  # 後々のためにパターンの名前を返す
  return toppatterns,patternnames
```

この関数はそれぞれの特徴をループして、すべての単語の重みと単語のダブルのリストを作成する。そして特徴のもっとも重みのある単語がリストの冒頭にくるようにリストをソートし、上位6つの単語を出力する。これにより、その特徴で表現されているテーマがどのようなものかを理解することができるだろう。関数は上位のパターンたちとパターンの名前を返すため、一度計算してしまえば、次のshowarticles関数などで再利用することができる。

特徴を出力した後、関数は記事のタイトルをループし、重み行列のその特徴の値を基にソートする。そして、その特徴ともっとも結びつきが強い三つの記事を、重みの行列の値とともに出力する。特徴はいくつかの記事について重要な場合もあるし、一つだけの記事に対して割り当てられている場合もあるということにあなたは気づくだろう。

特徴たちを確認するためにこの関数を呼び出すことができる。

```
>>> reload(newsfeatures)
<module 'newsfeatures' from 'newsfeatures.py'>
>>> topp,pn= newsfeatures.showfeatures(weights,feat,artt,wordvec)
```

この結果は非常に長いものになるため、このコードではテキストファイルに保存するようにしている。この関数は20個の異なる特徴を作るように指示されている。数百の記事の中には20個以上のテーマが存在するだろうということは明らかではあるが、しかし、その中でももっとも目立つものたちが発見されることを期待してこうしている。次の例について考えてみよう。

```
[u'palestinian', u'elections', u'abbas', u'fatah', u'monday', u'new']
(14.189453058041485, u'US Backs Early Palestinian Elections - ABC News')
(12.748863898714507, u'Abbas Presses for New Palestinian Elections Despite Violence')
(11.286669969240645, u'Abbas Determined to Go Ahead With Vote')
```

この特徴はパレスチナの選挙に関連する単語の集合と関連する記事の集合をはっきりと表示している。この結果は記事のタイトルだけでなく本体の部分からも導き出されているため、1番目と3番目の記事ではタイトルの語に共通するものがないにも関わらずこの特徴に関連付けられている。また、もっとも重要な単語たちは多くの記事に使われている単語たちから導き出されているため、"palestinian"と"elections"が最初に表示されている。

いくつかの特徴は、ここまではっきりと関連した記事の集合を持ってはいないが、それでも十分に面白い結果を見せてくれる。次の例を見てみよう。

```
[u'cancer', u'fat', u'low', u'breast', u'news', u'diet']
(29.808285029040864, u'Low-Fat Diet May Help Breast Cancer')
(2.3737882572527238, u'Big Apple no longer Fat City')
(2.3430261571622881, u'The Nose Knows Better')
```

この特徴は明らかに乳がんに関する記事に強く結びつけられている。しかし、最初の記事と共通の単語を持っている健康に関する記事たちとの弱い結びつきも持っている。

10.4.1 記事を表示する

データを表示する別の手段としては、それぞれの記事とそれに当てはまる上位三つの特徴を表示するやり方がある。これにより、記事が同じような強さの複数のテーマから構成されているのか、それとも一つの強い記事から構成されているのかを確認することができる。

次のshowarticlesという新たな関数をnewsfeatures.pyに付け加えよう。

```
def showarticles(titles,toppatterns,patternnames,out='articles.txt'):
  outfile=file(out,'w')

  # すべての記事をループする
  for j in range(len(titles)):
    outfile.write(titles[j].encode('utf8')+'\n')

    # この記事の特徴たちを取得しソートする
    toppatterns[j].sort()
    toppatterns[j].reverse()

    # 上位3パターンを出力する
    for i in range(3):
      outfile.write(str(toppatterns[j][i][0])+' '+
                    str(patternnames[toppatterns[j][i][1]])+'\n')
    outfile.write('\n')

  outfile.close()
```

それぞれの記事の上位に来る特徴たちはshowfeaturesで計算されているため、この関数は単純にすべての記事のタイトルをループしそれらを出力する。そしてそれぞれの記事の上位のパターンを出力する。

この関数を使うにはnewsfeatures.pyをリロードし、タイトルとshowfeaturesで得られた結果とともにコールすればよい。

```
>>> reload(newsfeatures)
<module 'newsfeatures' from 'newsfeatures.py'>
>>> newsfeatures.showarticles(artt,topp,pn)
```

これによりarticles.txtという名前のファイルが作り出される。この中には記事がもっとも関連のあるパターンたちとともに含まれている。以下に同程度の二つの特徴の一部を含んでいる記事の例を示す。

```
Attacks in Iraq at record high: Pentagon
5.4890098003 [u'monday', u'said', u'oil', u'iraq', u'attacks', u'two']
5.33447632219 [u'gates', u'iraq', u'pentagon', u'washington', u'over', u'report']
0.618495842404 [u'its', u'iraqi', u'baghdad', u'red', u'crescent', u'monday']
```

両方の特徴ともに明らかにイラクに関するものである。しかし、記事中では"oil"や"gates"については言及しておらず、この記事のみを特別に指しているものではない。特定の一つの記事のみに当てはまるようなものではなく組み合わせることで利用できるパターンを作り上げることで、このアルゴリズムは多くの記事をより少ないパターンでカバーすることを可能にしている。

次に、他の記事には当てはまらないような強い特徴を一つ持った記事の例を示す。

```
Yogi Bear Creator Joe Barbera Dies at 95
11.8474089735 [u'barbera', u'team', u'creator', u'hanna', u'dies', u'bear']
2.21373704749 [u'monday', u'said', u'oil', u'iraq', u'attacks', u'two']
0.421760994361 [u'man', u'was', u'year', u'his', u'old', u'kidnapping']
```

使用されたパターンの数が非常に小さいため、どのパターンとも似通っておらず、自身のパターンも持っていない**孤児状態**の記事もいくつか存在する。次のようなものである。

```
U.S. Files Charges in Fannie Mae Accounting Case
0.856087848533 [u'man', u'was', u'year', u'his', u'old', u'kidnapping']
0.784659717694 [u'climbers', u'hood', u'have', u'their', u'may', u'deaths']
0.562439763693 [u'will', u'smith', u'news', u'office', u'box', u'all']
```

この例では上位の特徴たちでも関連はしておらず、ほとんどランダムに見える。幸運なことにこのケースでは重みが非常に小さいため、この特徴たちは実際にはこの記事には当てはまらないということ

が簡単に分かる。

10.5 株式市場のデータを使用する

　NMFは単語のカウントのような名義データを扱えるだけでなく、数値データに対しても適している。このセクションではこのアルゴリズムがYahoo! Financeからダウンロードしたアメリカの株式市場の取引量のデータに対してどのように適用できるかについて検討していく。このデータにより重要な取引日のパターンが見えたり、複数の株が取引される要因が見えてくるかもしれない。

　株式市場にはものすごい数の人々が参加しており、各自がそれぞれの持っている独自の情報や偏りを基に行動し、価格や取引量のような少量の出力のセットを生み出している。これはまさに集合知の典型的な例である。将来の価格を予測することに関しては、個々人がこの集合知よりもよい予測をすることは非常に困難であることが証明されている。株式市場ではどのような個人よりも集団の人々の方が値を付けることにより成功することを示す学術的な調査結果もたくさん存在する。

10.5.1　取引量とは何か？

　特定の株に対しての取引量とは、与えられた期間内（通常は1日）に売られたり、買われた株券の数のことである。図10-7はYahoo!株のチャートであり、YHOOというティッカーを表示してある。上部の折れ線は**終値**であり、その日の取引の一番最後の値段を表している。棒グラフは取引量を表している。

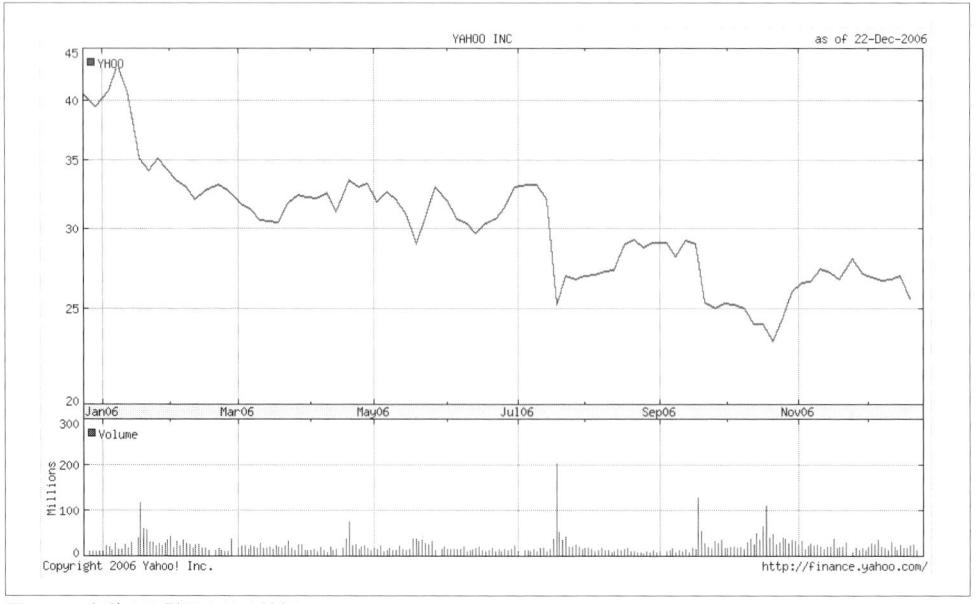

図10-7　価格と取引量を示す株価チャート

取引量は株価に大きな変化があった場合に多くなっている傾向がある。これは会社が重大な発表をしたり、決算報告をリリースする場合によく起こる。また、その会社もしくはその業界へのニュースが原因でも急激に増えることがある。外的なイベントがなければ、それぞれの株の取引量は通常は（必ずとはいえないが）一定の値を保つ。

本章では、いくつかの株の取引量を時系列で見ていく。これにより複数の株に即座に影響を与える取引量の変化のパターンや、他への影響が強く、それ自身が特徴となるようなイベントを調べることができる。ここで終値ではなく取引量を扱っている理由としては、NMFは互いに足し合わせられるような負ではない値の特徴を見つけ出そうとするが、価格の場合はイベントに反応して下がることもあり、そのような負の特徴たちはNMFでは見つけ出せないためである。しかし、取引量は外部からの影響に反応して増加しかしないため、モデル化が容易であり正の値の行列を作るのに適している。

10.5.2　Yahoo! Financeからデータをダウンロードする

Yahoo! Financeはすべての種類の財務データをダウンロードできるすばらしいリソースである。ここでダウンロードできるデータには株価、オプション、為替レート、社債利息のレートなどがある。また、過去からの株価と取引量のデータを、計算しやすいCSVフォーマットでダウンロードすることもできる。http://ichart.finance.yahoo.com/table.csv?s=YHOO&d=11&e=22&f=2006&g=d&a=3&b=12&c=1996&ignore=.csvにアクセスすることで、日々の株のデータをコンマで区切られたファイルとしてダウンロードできる。最初のいくつかの行を取り出してみると次のようになっている。

```
Date,Open,High,Low,Close,Volume,Adj. Close*
2006-12-22,25.67,25.88,25.45,25.55,14666100,25.55
2006-12-21,25.71,25.75,25.13,25.48,27050600,25.48
2006-12-20,26.24,26.31,25.54,25.59,24905600,25.59
2006-12-19,26.05,26.50,25.91,26.41,18973800,26.41
2006-12-18,26.89,26.97,26.07,26.30,19431200,26.30
```

それぞれの行は日付、初めと終わりの値段、取引量、調整後終値を含んでいる。調整後終値とは株が分割されたり配当金が支払われることも計算に入れて、もしあなたがこの株を1日保持していたらいくらのお金が稼げたのかを計算したものである。

この例では、いくつかの株の取引量のデータを使う。stockvolume.pyという名前のファイルを作り次のコードを書き込もう。これはティッカーのリストを基にCSV形式のデータをダウンロードし、ディクショナリに格納する。また、このコードはどのデータがもっとも少ない日数記録されているかを追跡する。これは観測データの行列の縦のサイズとして利用される。

```
import nmf
import urllib2
from numpy import *
```

```
tickers=['YHOO','AVP','BIIB','BP','CL','CVX',
        'DNA','EXPE','GOOG','PG','XOM','AMGN']

shortest=300
prices={}
dates=None

for t in tickers:
  # URL をオープン
  rows=urllib2.urlopen('http://ichart.finance.yahoo.com/table.csv?'+\
                      's=%s&d=11&e=26&f=2006&g=d&a=3&b=12&c=1996'%t +\
                      '&ignore=.csv').readlines()

  # 各行の取引量のフィールドを抽出
  prices[t]=[float(r.split(',')[5]) for r in rows[1:] if r.strip()!='']
  if len(prices[t])<shortest: shortest=len(prices[t])

  if not dates:
    dates=[r.split(',')[0] for r in rows[1:] if r.strip()!='']
```

このコードはそれぞれのティッカーシンボルのURLを開きデータをダウンロードする。そしてそれぞれの行をコンマで分割し、株式の取引量である5番目の浮動小数値をとり、リストを作る。

10.5.3　行列の準備

次のステップでは、これをNMF関数に入れ込むことができる形の観測データの行列に変形する。これはネストされたリストを作るだけの単純な問題だ。リストの内側のそれぞれのリストは、それぞれの日の株たちの取引量のリストになるようにする。たとえば、次の例で考えてみよう。

```
[[4453500.0, 842400.0, 1396100.0, 1883100.0, 1281900.0,...]
 [5000100.0, 1486900.0, 3317500.0, 2966700.0, 1941200.0,...
 [5222500.0, 1383100.0, 3421500.0, 2885300.0, 1994900.0,...
 [6028700.0, 1477000.0, 8178200.0, 2919600.0, 2061000.0,...]
 ...]
```

このリストは、もっとも最近の日付には、AMGNは4,453,500の株が売買され、AVPは842,400の株式が売買されたというようなことを表している。その前日にはAMGNは5,000,100、AVPは1,486,900取引されている。これをニュースの例と比較してみると、先ほどの記事の部分が日付に該当し、単語は株に該当し、単語の出現数が取引量に該当する。この行列はリスト内包を利用することで簡単に作成できる。内側のループはティッカーのリストをループし、外側のループは観測日のリストをループしている。このコードをstockvolume.pyの最後に付け加えよう。

```
l1=[[prices[tickers[i]][j]
    for i in range(len(tickers))]
    for j in range(shortest)]
```

10.5.5　NMFを走らせる

これで、あとは nmf モジュールの factorize 関数を呼び出すだけだ。探し出す特徴の数を決める必要があるが、株の数がそんなに多くないのであれば4か5程度がよいだろう。

次のコードを stockvolume.py の最後に付け加えよう。

```
w,h= nmf.factorize(matrix(l1),pc=5)

print h
print w
```

これをコマンドラインから呼び出して、動作を確認することができる。

```
$ python stockvolume.py
```

これで表示される行列たちは重みと特徴の行列である。特徴の行列中のそれぞれの行は特徴である。特徴は株の取引量の集合であり、他の特徴たちと足し合わせることでその日の取引量データを再構築できるようなものである。重みの行列中のそれぞれの行は特定の日を表しており、その値はそれぞれの特徴がどの程度その日に当てはまるかということを表している。

10.5.6　結果を表示する

この行列を直接解釈することは当然難しい。そのため、この特徴をもっと良いやり方で表示するためのコードが必要になってくる。あなたが見たいのはそれぞれの特徴のそれぞれの株に対する取引量の分布と、それらの特徴にもっとも強く関連のある日付たちである。

次のコードを stockvolume.py の最後に付け加えよう。

```
# すべての特徴たちをループする
for i in range(shape(h)[0]):
  print "Feature %d" %i

  # この特徴の上位の株たちを取得
  ol=[(h[i,j],tickers[j]) for j in range(shape(h)[1])]
  ol.sort()
  ol.reverse()
  for j in range(12):
    print ol[j]
  print
```

```
# この特徴の上位の日付を表示
porder=[(w[d,i],d) for d in range(300)]
porder.sort()
porder.reverse()
print [(p[0],dates[p[1]]) for p in porder[0:3]]
print
```

大量のテキストになるため出力はファイルへリダイレクトする方が賢明である。コマンドラインで次のように入力しよう。

```
$ python stockvolume.py > stockfeatures.txt
```

これでstockfeatures.txtには特徴のリストが書き込まれた。ある特徴に対してどの株たちがその特徴に強く当てはまるかということと、どの日付にその特徴がもっとも強く現れているかということがこのファイルには載っている。以下にこのファイルから選び出した特定の株、特定の日に強い重みを持つ例を挙げる。

```
Feature 4
(74524113.213559602, 'YHOO')
(6165711.6749675209, 'GOOG')
(5539688.0538382991, 'XOM')
(2537144.3952459987, 'CVX')
(1283794.0604679288, 'PG')
(1160743.3352889531, 'BP')
(1040776.8531969623, 'AVP')
(811575.28223116993, 'BIIB')
(679243.76923785623, 'DNA')
(377356.4897763988, 'CL')
(353682.37800343882, 'EXPE')
(0.31345784102699459, 'AMGN')
[(7.950090052903934, '19-Jul-06'),
 (4.7278341805021329, '19-Sep-06'),
 (4.6049947721971245, '18-Jan-06')]
```

この特徴はもっぱらYHOOのみに当てはまり、2006年7月19日に強く当てはまるということが見てとれるだろう。これはYahoo!が収益予想を発表した日で、非常に多くの取引がなされた日だった。

いくつかの会社に均等に当てはまるような特徴については次を見てみよう。

```
Feature 2
(46151801.813632453, 'GOOG')
(24298994.720555616, 'YHOO')
(10606419.91092159, 'PG')
(7711296.6887903402, 'CVX')
```

```
 (4711899.0067871698, 'BIIB')
 (4423180.7694432881, 'XOM')
 (3430492.5096612777, 'DNA')
 (2882726.8877627672, 'EXPE')
 (2232928.7181202639, 'CL')
 (2043732.4392455407, 'AVP')
 (1934010.2697886101, 'BP')
 (1801256.8664912341, 'AMGN')
[(2.9757765047938824, '20-Jan-06'),
 (2.8627791325829448, '28-Feb-06'),
 (2.356157903021133, '31-Mar-06'),
```

この特徴はGoogleの取引量が非常に大きかった日を表している。上位3つはニュースイベントのせいである。もっとも関連の強い日である1月20日はGoogleが検索エンジンの使用についての情報を政府には渡さないことをアナウンスした日である。この特徴で面白いのは、このイベント自体はYahoo!にはほとんど関係のないことであるにも関わらず、Googleの取引量だけでなくYahoo!の取引量にも大きな影響が出ているという点である。リストの2番目の日付はGoogleの最高財務責任者が成長が鈍くなっていると発表した時にあった取引量の急激な山である。チャートによるとこの日Yahoo!の取引量も増加している。これは多分、この情報がYahoo!に影響を与えると考えた人々による影響であろう。

ここで今あなたが見ている手法と、二つの取引量の相関を単純に探し出すというやり方の違いを認識しておくことは大事なことである。先ほど見せた二つの特徴は、GoogleとYahoo!は時には同じような取引量のパターンになることもあれば、それぞれがまったく別々に動くこともあるということを示している。相関だけを見ていては、これらの関係はすべて平均化されてしまい、Yahoo!が大きな影響を与えるようなアナウンスをした日はほんの数日しかない、という事実なども消え去ってしまう。

この例では単純に説明するために株を少数選んで利用して来たが、もっと多くの株を利用して、探すパターンの数も増やすことでさらに複雑な相互関係が明らかになるだろう。

10.6 エクササイズ

1. ニュースソースを変更する

    本章での例では純粋なニュースをソースに用いた。これに人気のある政治ブログを付け加えてみよう（ブログを探すにはhttp://technorati.comが便利である）。結果にはどのような影響があるだろうか？ 政治的なコメントに強く当てはまるような特徴はあるだろうか？ ニュース記事に関するコメントたちは簡単にグループ化できるだろうか？

2. K-meansクラスタリング

    記事の行列には階層型のクラスタリングが使用されていたが、K-meansクラスタリングを使ってみるとどうなるだろうか？ それぞれの記事をうまく分離するにはクラスタはいくつ必要になるだろうか？ これはすべてのテーマを抽出するのに必要な特徴の数と比べるとどうだろうか？

3. 因子分解の最適化

   行列を因子分解するために、あなたが5章で作った最適化のコードが利用できないだろうか？ これにより、早くなる？ 遅くなる？ どうすれば結果を比較できるだろうか？

4. 停止の基準

   本章のNMFアルゴリズムはコストが0になるか、繰り返しの回数が最大値に達すると停止する。ときどき最適な解に達していなくても、改善がほとんど停止する場合がある。コストが1パーセント以上改善されなくなるとコードを停止するように改造せよ。

5. 表示のやり方を考える

   本章での結果を表示するための関数はシンプルであり重要な特徴たちを表示してくれるが、たくさんの前後関係を失ってしまう。結果を表示する他の方法を考えてみよう。オリジナルのテキストと一緒に記事を表示し、それぞれの特徴のキーワードをハイライトする関数や、重要な日付がはっきりと読み取れるような取引量のチャートを描く関数を書いてみよう。

11章
進化する知性

本書を通じ、ここまでさまざまな問題について見て来た。そしてそれぞれに対し、特定の問題を解決するのに適しているアルゴリズムを適用して来た。いくつかの例ではパラメータをいじったり、最適化の技術を使用してよいパラメータを探す必要があった。本章では問題を解決するためにちょっと変わった方法をとる。ある問題に対し得て最適なアルゴリズムを選ぶ代わりに、問題を解決するのに最適なプログラムを自動的に作り上げようと試みるプログラムを作っていく。つまり！ あなたは本章でアルゴリズムを作り上げるアルゴリズムを作って行くのだ！

そのためには**遺伝的プログラミング**という技術を利用する。本章はあなたがまったく新しいタイプのアルゴリズムを学ぶ最後の章であるため、新しくて興奮させてくれる、そして現在活発に研究が進められているトピックとしてこれを選んだ。本章では他の章とは異なり、オープンAPIや公共のデータセットなどは用いない。プログラム自身が多くの人々との相互作用を基に自身を改造して行くことができるというのは非常に面白く、これまでとは別の種類の集合知であるといえる。遺伝的プログラミングというのはこれまでに数多くの書籍が書かれているような非常に広大なトピックであるため、ここではあなたは入り口に触れる程度しかできないだろう。しかしそれでもその可能性はあなたを十分に興奮させ、自分でさらに調査したり実験したいと思わせることだろう。

本章では二つの問題について取り扱う。与えられたデータセットを基に数学的な関数を再構築するという問題と、人口知能（AI：Artificial Intelligence）による単純なボードゲームのプレーヤーを自動的に作り上げるという問題だ。これは遺伝的プログラミングの可能性のほんの一例に過ぎない——解決のために遺伝的プログラミングを適用できるような問題では、制約となるのはコンピュータのパワーだけである。

11.1 遺伝的プログラミングとは？

遺伝的プログラミングとは生命の進化にインスパイアされた機械学習の技術である。通常は大量のプログラムの集合（**集団**と呼ばれる）からスタートする。このプログラムたちはランダムに生成されるか、手作業で作られたほどほどよい解決法たちである。そしてプログラムたちはユーザが定義したタスクを

解くために競争する。これはプログラム同士が直接互いに競い合うようなゲームでもいいし、どのプログラムがよい結果を残すかという個々のテストでもよい。この競争が終了したら、ベストからワーストまで、プログラムの順位が決定される。

次に——そしてここが進化の部分である——もっともよいプログラムたちは2種類のやり方で複製、改造される。シンプルな方のやり方を**突然変異**という。このやり方では、プログラムの特定のパーツの性能がよくなることを期待されながら、ほんの少しずつランダムに変更される。もう一つのやり方を**交叉**という（**交配**と呼ばれることもある）。これはもっともよいプログラムたちの中のどれかから、その一部を取り出し、他のよいプログラムたちどれかの一部と入れ替える。この複製や変更の過程により、もっともよいプログラムたちを基にした（しかし異なる）たくさんの新たなプログラムたちが作られる。

それぞれの段階で、プログラムの品質は**適合度関数**を利用して計測される。集団のサイズは一定であるため、悪いプログラムの多くは新たなプログラムのスペースを確保するために集団から淘汰されていく。新しい集団は「次世代」と呼ばれる。そしてすべての過程がまた繰り返される。もっともよいプログラムたちはそのままか、改造された状態で残るため、世代が新しくなるたびにどんどんよくなっていくことが期待される。これはティーンエイジャーが彼らの両親よりも賢いことがあるのによく似ている。

終了条件に達するまで新たな世代は作られ続ける。この条件をどのようなものにするかは、対象としている問題にもよるが、次のようなものが考えられる。

- 完全な解決法が発見されたとき
- 十分によい解決法が発見されたとき
- 何世代かにわたり改善が見られなかったとき
- 世代の数が特定の上限値に達したとき

特定の問題、たとえば入力の集合を正確に出力する数学的な関数を探すような問題であれば完全な解決法を探すことも可能である。しかし、ボードゲームのような問題では解決法の品質というのは競争相手の戦略によるので、完全な解決法というのは存在しない。

遺伝プログラミングのプロセスを図11-1のフローチャートに示す。

11.1.2　遺伝的プログラミング VS 遺伝アルゴリズム

5章では関連のあるアルゴリズムである**遺伝アルゴリズム**を紹介した。遺伝アルゴリズムは進化的なプレッシャーを利用して最適な解を求める最適化のテクニックである。どのような形の最適化でも、アルゴリズムか尺度基準を選択したら、後は単純に最適なパラメータを探し出そうと試みていく。

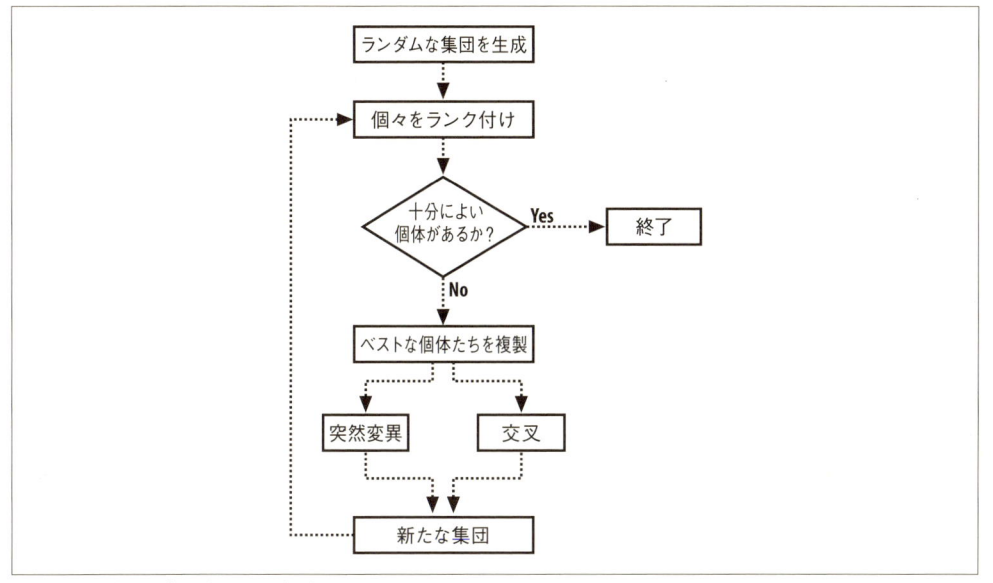

図11-1　遺伝的プログラミングの概要

遺伝的プログラミングの成功

　遺伝的プログラミングは1980年ごろから世に出てきたが、コンピュータのパワーを要したため当時利用可能だったコンピュータのパワーでは単純な問題にしか適用することができなかった。しかし、コンピュータが高速になるにつれ、人々は遺伝的プログラミングをもっと洗練された問題に適用できるようになった。遺伝的プログラミングを用いて、過去に特許を取った発明が数多く再発見されたり、改良されてきた。そして最近では新たに特許を取れそうな発明がコンピュータによりなされている。

　遺伝的プログラミングの技術はNASAのアンテナをデザインするのに利用されていたり、フォトニック結晶、光学、量子コンピュータシステムやその他の科学的な発明に利用されている。また、チェスやバックギャモンのような、さまざまなゲームをプレイするプログラムを開発するのにも利用されている。1998年にはカーネギーメロン大学のロボットチームが、すべてを遺伝的プログラミングで行ったロボットでRoboCupサッカーコンテストに参戦して、真中程度の成績を収めている。

最適化の時と同様、遺伝的プログラミングは解決法がどの程度よいものかを計る方法を必要とする。しかし、最適化とは異なり、ここでいう解決法とは与えられたアルゴリズムに当てはまるような単なるパラメータ集合ではない。むしろアルゴリズム自身であり、そのすべてのパラメータは進化的なプレッシャーにより自動的に設計される。

11.2　ツリー構造のプログラム

テストをおこなったり、突然変異したり、生殖されることが可能なプログラムを作るためには、それらをPythonコードで表現し、動作させる手段が必要である。この表現は簡単に変更できる必要があり、何より重要なのは実際のプログラムであることが保証されている必要がある――ランダムな文字列を生成しそれをPythonのコードとして利用しようとしても動作はしない。研究者たちは遺伝的プログラミングのプログラムを表現するためのさまざまな方法を考え出して来た。もっとも一般的に利用されているのはツリーによる表現である。

ほとんどのプログラミング言語では、コンパイルされたり、インタープリタで読まれる際に、まずは**解析木**の形にされる。この解析木はこれからここで見ていくものによく似ている（Lispとその派生の言語たちでは解析木を直接入力する）。解析木の例を図11-2に示す。

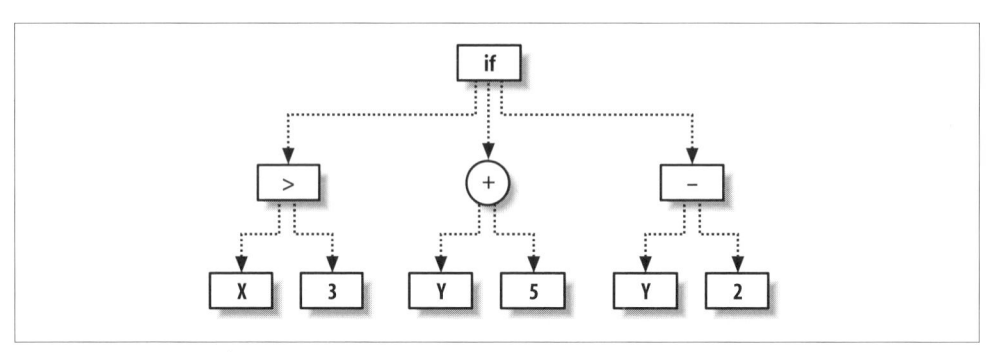

図11-2　ツリー構造のプログラムの例

それぞれのノードは子ノードへの操作か、値を持つ変数などのような終端を表現している。たとえば円で表記されているノードはその2つの枝を足し合わせる操作であり、この場合Yと5を足し合わせる。このポイントは評価された後、上位のノードに渡され、上位ノードはその枝たちに対して処理を行う。また、ノードの1つが"if"であることに注目して欲しい。これは一番左の枝が真であれば、中心の枝を返す。もし真でなければ一番右側の枝を返す。

このツリーに対応するPythonの関数は次のようになる。

```
def func(x,y):
  if x>3:
```

```
      return y + 5
   else:
      return y - 2
```

　最初はこのツリーは非常に単純な関数を作るのにしか使えないと思うだろう。考えてほしい点が2点ある。一つ目は、ツリーを構築しているノードはガウス関数などのような非常に複雑な関数にもなりうるという点である。二つ目は、ツリー中の上位のノードを参照することでツリーを再帰的にできるという点である。このようなツリーを作ることでループを行ったり、もっと複雑な制御構造が可能になる。

11.2.1　Pythonでツリーを表現する

　ここまででツリープログラムをPythonで作る用意ができた。ツリーはいくつかの子ノードを持つノードからできている。この子ノードの数はそのノードに関連づけられている機能によって変わる。あるノードはプログラムに渡されたパラメータを返し、またあるノードは定数を返す。そして子ノードに対する操作を返すような非常に興味深いノードも存在する。
　gp.pyという名前のファイルを作り、fwrapper、node、paramnode、constnodeの4つのクラスを作ろう。

```
from random import random,randint,choice
from copy import deepcopy
from math import log

class fwrapper:
   def __init__(self,function,childcount,name):
      self.function=function
      self.childcount=childcount
      self.name=name

class node:
   def __init__(self,fw,children):
      self.function=fw.function
      self.name=fw.name
      self.children=children

   def evaluate(self,inp):
      results=[n.evaluate(inp) for n in self.children]
      return self.function(results)

class paramnode:
   def __init__(self,idx):
      self.idx=idx

   def evaluate(self,inp):
      return inp[self.idx]
```

```
class constnode:
  def __init__(self,v):
    self.v=v
  def evaluate(self,inp):
    return self.v
```

これらのクラスは次のようなものである。

fwrapper
: 関数ノードで利用される関数のラッパー。メンバ変数は関数の名前、関数自身、それが受け取るパラメータの数である。

node
: 関数ノード（子を持っているノード）のクラス。fwrapperによって初期化される。evaluateが呼び出されると、子ノードを評価し、関数をその結果に適用する。

paramnode
: プログラムに渡されたパラメータたちの一つを返すだけのノードのクラス。evaluateメソッドはidxで指定されたパラメータを返す。

constnode
: 定数を返すノード。evaluateメソッドは単純に初期化された時の値を返す。

次にこのノードたちに適用する関数を定義してみよう。そのためには関数を作った後、fwrapperを使ってそれに名前を付け、パラメータの数を付与する必要がある。次の関数のリストをgp.pyに付け加えよう。

```
addw=fwrapper(lambda l:l[0]+l[1],2,'add')
subw=fwrapper(lambda l:l[0]-l[1],2,'subtract')
mulw=fwrapper(lambda l:l[0]*l[1],2,'multiply')

def iffunc(l):
  if l[0]>0: return l[1]
  else: return l[2]
ifw=fwrapper(iffunc,3,'if')

def isgreater(l):
  if l[0]>l[1]: return 1
  else: return 0
gtw=fwrapper(isgreater,2,'isgreater')
flist=[addw,mulw,ifw,gtw,subw]
```

addとsubstractのような単純な関数はlambdaを使ってインラインで定義できる。それ以外のものは別のブロックで定義する必要がある。どちらの場合でもそれらは名前と必要とするパラメータの数が

fwrapperでラップされる。最後の行ではこれらを後で無作為に選べるように、すべての関数のリストを作っている。

11.2.2　ツリーの構築と評価

これで今作ったnodeクラスを使って図11-2のようなツリーを作ることができる。gp.pyにツリーを作るためのexampletree関数を付け加えよう。

```
def exampletree():
  return node(ifw,[
                node(gtw,[paramnode(0),constnode(3)]),
                node(addw,[paramnode(1),constnode(5)]),
                node(subw,[paramnode(1),constnode(2)]),
                ]
              )
```

Pythonのセッションを起動してあなたの作ったプログラムをテストしよう。

```
>>> import gp
>>> exampletree=gp.exampletree()
>>> exampletree.evaluate([2,3])
1
>>> exampletree.evaluate([5,3])
8
```

このプログラムは同等のコードブロックと同じ関数としてうまく動作する。つまり、あなたはPython中に小さなツリーベースの言語とインタープリタを構築したということになる。この言語はノードタイプを追加することで簡単に拡張することができる。これは本章の遺伝的プログラミングを理解する基本として役立ってくれるだろう。これがどのように動作するのかを確実に理解するために、いくつかのプログラムツリーを自分で作って試してみるとよい。

11.2.3　プログラムを表示する

遺伝的プログラミングではプログラムツリーを自動的に作っていくため、その構造がどのようなものかあなたは分からない。それを簡単に解釈できるように表示する手段を持っておくということは重要である。幸運にもnodeクラスはすべてのノードが関数の名前の文字列を持つよう設計されているため、表示のための関数は単純にこの文字列と子ノードの表示用の文字列を返せばよい。読みやすくするため、表示の際は子ノードをインデントしておけばツリー内の親子関係がビジュアル的に特定できる。

nodeクラスにツリーの文字列表現を表示するdisplayというメソッドを新たに付け加えよう。

```
def display(self,indent=0):
  print (' '*indent)+self.name
  for c in self.children:
    c.display(indent+1)
```

paramnodeクラスのためのdisplayメソッドを付け加える必要もある。これは単純にそれが返すパラメータのインデックスを表示する。

```
def display(self,indent=0):
  print '%sp%d' % (' '*indent,self.idx)
```

最後にconstnodeクラスにも同じく付け加えよう。

```
def display(self,indent=0):
  print '%s%d' % (' '*indent,self.v)
```

ツリーを表示するためにこれらのメソッドを使ってみよう。

```
>>> reload(gp)
<module 'gp' from 'gp.py'>
>>> exampletree=gp.exampletree()
>>> exampletree.display()
if
 isgreater
  p0
  3
 add
  p1
  5
 subtract
  p1
  2
```

もしあなたが7章を読み終えているなら、これは決定木を表示する方法と似ていることに気づくだろう。7章ではツリーをもっとグラフィカルにきれいで読みやすく表示する方法についても紹介した。やりたければ、同じアイデアを用いてツリープログラムをグラフィカルに表示してみてもよいだろう。

11.3　最初の集団を作る

遺伝的プログラミングでは最初のプログラムたちを手作業で作ることもできるが、たいていの場合はランダムなプログラムの集合で作ることが多い。このやり方であれば、問題を解くためのプログラムを

わざわざ作る必要がないため、始めるのがより容易である。また、これにより初期の集団により多くの**多様性**が産まれる——あるプログラムによってデザインされた特定の問題を解決するためのプログラムは似たようなものになる傾向がある。そういったプログラムは正答に近いような回答を返すが、これは理想的ではない。多様性がどれほど大事であるかということについてはこの後すぐ学んでいく。

ランダムなプログラムを作るということは、ランダムな関数に関連付けられたルートノードを作り、必要な数のランダムな子ノードを作ることである。子ノードは、さらに自身のランダムな子ノードを持つ。ツリーで動作する多くの関数と同様、これは再帰的に定義することができる。新たにmakerandomtree関数を新たにgp.pyに付け加えよう。

```
def makerandomtree(pc,maxdepth=4,fpr=0.5,ppr=0.6):
  if random()<fpr and maxdepth>0:
    f=choice(flist)
    children=[makerandomtree(pc,maxdepth-1,fpr,ppr)
              for i in range(f.childcount)]
    return node(f,children)
  elif random()<ppr:
    return paramnode(randint(0,pc-1))
  else:
    return constnode(randint(0,10))
```

この関数はランダムな関数でノードを一つ作り、その関数がいくつの子ノードを必要とするかを確認し、すべての子ノードのために自身を呼び出して新たなノードを作る。ツリー全体はこのようにして構築され、関数が子ノードを必要としない場合（つまり関数が定数か入力変数を返すまで）に枝は終了する。本章を通じて利用されるpcというパラメータは、ツリーが入力として受け取るパラメータの数である。fprというパラメータは新たに作られるノードが関数ノードである確率を表し、pprはノードが関数ノードでない場合にparamnodeである確率を表している。

Pythonのセッションで新たなプログラムをいくつか作るためにこの関数を試してみよう。変数を変えるとどのような結果が得られるか確認してみよう。

```
>>> random1=gp.makerandomtree(2)
>>> random1.evaluate([7,1])
7
>>> random1.evaluate([2,4])
2
>>> random2=gp.makerandomtree(2)
>>> random2.evaluate([5,3])
1
>>> random2.evaluate([5,20])
0
```

もしプログラムのすべての終端ノードが定数であれば、プログラムは入力パラメータをまったく参照していないことになり、どのような入力を渡しても結果は同じとなる。ランダムに生成したツリーを表示するためには、前のセクションで定義した関数を利用することができる。

```
>>> random1.display()
p0
>>> random2.display()
subtract
 7
 multiply
  isgreater
   p0
   p1
  if
   multiply
    p1
    p1
   p0
   2
```

それぞれの枝は子を持たないノードになるまで成長を続けるため、ノードのいくつかは非常に深くなるだろう。これが深さの最大値の定数を含めておくことが大事である理由である。そうでなければ、ツリーはスタックをオーバーフローするぐらい大きくなる可能性もある。

11.4　解決法をテストする

これであなたはプログラムを自動的に作り上げるために必要なものをすべてを持っているということになる。正しいプログラムが生成されるまで、ランダムにプログラムを生成することもできるが、このやり方は明らかに馬鹿げている。組み合わせは無限にあり、時間をかけたところで、正答にたどり着くことはありそうにない。解決法が正答であるかどうか調べ、正当でない場合でもそれがどの程度正答に近いかを決める方法について検討しておく必要がある。

11.4.1　単純な数学的テスト

遺伝プログラミングのテストの方法の中でもっとも簡単なのは、単純な数学的関数を再構築するテストだ。たとえば、表11-1のような入力と出力が与えられた場合について考えていく。

XとYから何らかの結果を導きだす関数があり、それが何なのかあなたには知らされていない。統計家であればこれを見て、回帰分析を試みるだろう。しかし、それを行うには最初に数式の構造を推測する必要がある。別のやり方としては8章で行ったように、K近傍法を用いて予測モデルを作り上げるというやり方があるが、そのためにはすべてのデータを保持する必要がある。

11.4 解決法をテストする | 281

表11-1 未知の関数に対するデータと結果

x	y	結果
26	35	829
8	24	141
20	1	467
33	11	1215
37	16	1517

もったいぶってきたが、いよいよこの関数を紹介する。次のhiddenfunctionをgp.pyに付け加えよう。

```
def hiddenfunction(x,y):
  return x**2+2*y+3*x+5
```

あなたが生成したプログラムをテストするデータセットを作るため、この関数を使う。このデータセットを作るためのbuildhiddensetという関数を付け加えよう。

```
def buildhiddenset():
  rows=[]
  for i in range(200):
    x=randint(0,40)
    y=randint(0,40)
    rows.append([x,y,hiddenfunction(x,y)])
  return rows
```

Pythonのセッションでデータセットを作り上げるためにこれを使ってみよう。

```
>>> reload(gp)
<module 'gp' from 'gp.py'>
>>> hiddenset=gp.buildhiddenset()
```

もちろん、あなたはこのデータセットを生成するために利用された関数を知っているが、実際のテストではこの関数を知らない状態で遺伝的アルゴリズムがこれを再構築できるかどうかテストする。

11.4.2 成功の度合いを計測する

最適化のときのように、解決法がどの程度よいものであるかを計測する手段を考える必要がある。この場合、あなたは数字を出力するプログラムをテストしていくため、簡単なやり方としてはデータセットがどれくらい正答に近いかを確認するとよい。scorefunctionをgp.pyに付け加えよう。

```
def scorefunction(tree,s):
  dif=0
  for data in s:
    v=tree.evaluate([data[0],data[1]])
    dif+=abs(v-data[2])
  return dif
```

この関数はデータセット中のすべての行を関数に渡して関数からの出力を計算し、実際の結果と比較することでチェックを行う。すべての差を足し合わせ、より低い値であれば、よりよいプログラムであると見なす——返される値が0であれば、すべて正答だったということになる。Pythonのセッションであなたが生成したプログラムをテストしてみよう。

```
>>> reload(gp)
<module 'gp' from 'gp.py'>
>>> gp.scorefunction(random2,hiddenset)
137646
>>> gp.scorefunction(random1,hiddenset)
125489
```

あなたはまだ少数のプログラムしか生成しておらず、しかもまったくランダムに生成しているため、そのうちの一つが正答であるという確率はあり得ないほど小さい（もしあなたのプログラムの一つが正しい関数であったならば、今すぐ本書を閉じて、宝くじを買いに行くことをお勧めする）。しかし、これであなたは数学的関数の予測に対してプログラムがどの程度うまくやれているかを調べる手段を手にしたことになる。これは次の世代のプログラムを選ぶために非常に重要である。

11.5　プログラムの突然変異

　最適なプログラムたちが選ばれた後、それらは次の世代のために複製され、改造される必要がある。先ほど触れたように突然変異とは一つのプログラムを受け取り、それをほんの少し変更するということである。このツリープログラムは、ノードの関数を変更したり、その枝を変更するなど、さまざまなやり方で変更することができる。例えば必要な子ノードの数を変える関数は、図11-3のように枝を消したり、新たな枝を付け加えたりする。

　突然変異の別のやりかたとしては図11-4のようにサブツリーをまるごと新しいものに変更するやり方がある。

　突然変異は実行しすぎてはいけない。たとえばツリーの大多数のノードを突然変異させてはいけない。そうならないようにノードが変わる確率を比較的小さく設定するとよい。ツリーのトップから始めていき、ランダムに選んだ数字がその確率より小さい場合にノードを先ほど紹介した方法のどれかに従って変更する。小さくない場合にはその子ノードたちに対してテストを実行していく。

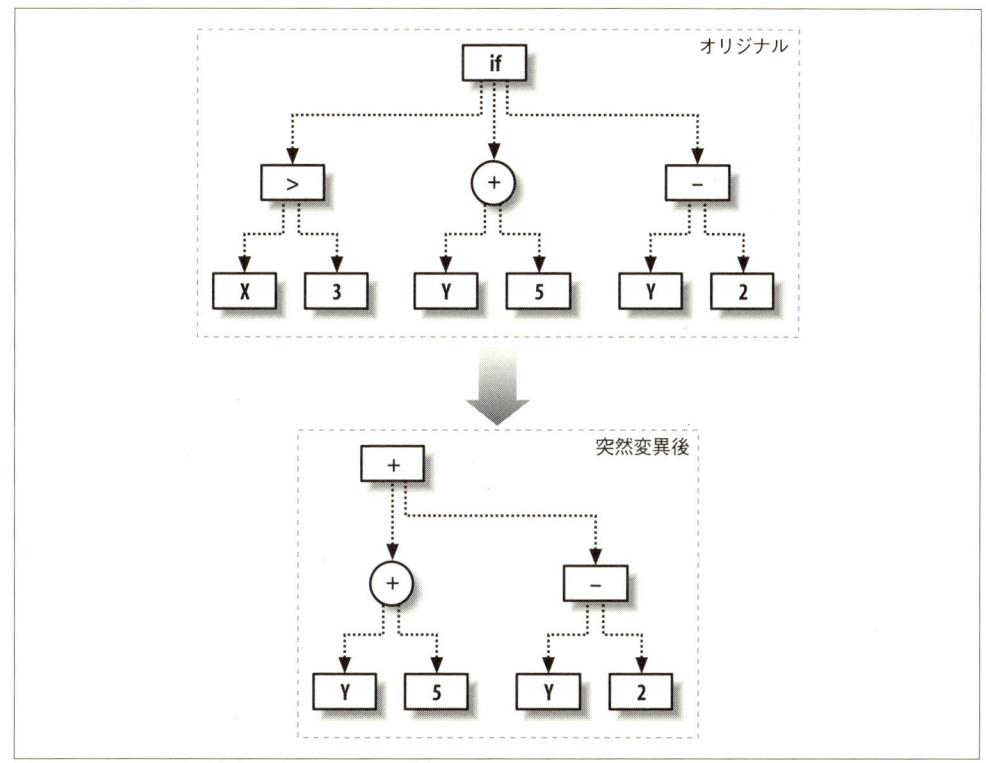

図11-3　ノードの関数を変更することによる突然変更

物事をシンプルに保つために、ここで紹介するコードは2番目のやり方でのみ突然変異を行う。この操作を行うmutateという名前の関数を新たに作ろう。

```
def mutate(t,pc,probchange=0.1):
  if random()<probchange:
    return makerandomtree(pc)
  else:
    result=deepcopy(t)
    if hasattr(t,"children"):
      result.children=[mutate(c,pc,probchange) for c in t.children]
    return result
```

この関数はツリーのトップから順番に、そのノードが変更されるべきかどうかチェックする。もしそのノードを変更すべきでなければmutateをツリーの子ノードに対して呼び出す。ツリー全体が突然変異する可能性もあるし、ツリーがまったく変更されない可能性もある。

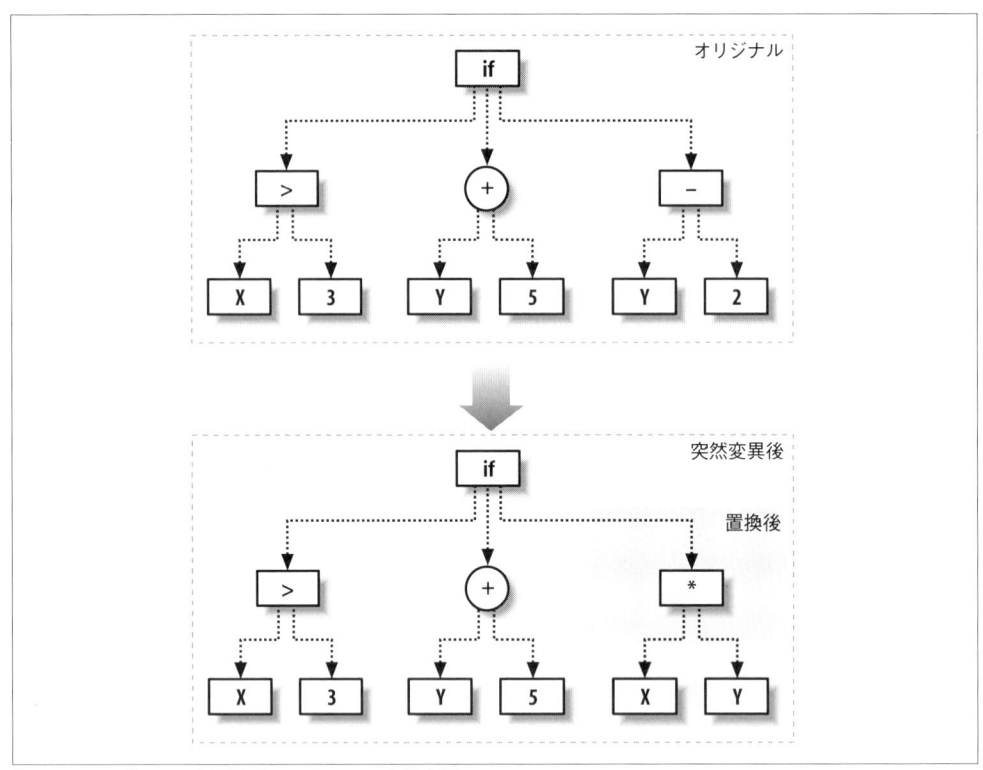

図11-4 サブツリーを置換することによる突然変異

```
>>> random2.display()
subtract
 7
 multiply
  isgreater
   p0
   p1
  if
   multiply
    p1
    p1
   p0
   2
>>> muttree=gp.mutate(random2,2)
>>> muttree.display()
subtract
 7
 multiply
  isgreater
   p0
   p1
```

```
if
 multiply
  p1
  p1
 p0
 p1
```

ツリーを変異させた後、scorefunctionの結果が、よい方向、悪い方向のいずれかに大きく変化しているか見てみよう。

```
>>> gp.scorefunction(random2,hiddenset)
125489
>>> gp.scorefunction(muttree,hiddenset)
125479
```

突然変異はランダムに発生するもので、必ずしも直接解決法を改善するものではないということを覚えておこう。単にどれかの結果が改善されることを期待して行われている。この変更は何世代かにわたって続けられ、結局はベストな解決策が発見される。

11.6　交叉 (Crossover)

プログラムを変更する他のタイプのやり方として、交叉や交配がある。これは二つの成功しているプログラムを受け取って、それらを組み合わせて新しいプログラムを作るやり方であり、通常は互いの枝を交換することで実現する。図11-5に動作例を示している。

交叉を実行する関数は二つのツリーを入力として受け取り、両者を横断して下っていく。ランダムに選ばれたしきい値に達すると、関数は、一番目のツリーの一部分を二番目のツリーの枝で置き換えたツリーを返す。両方のツリーを一度に横断して調べることにより、交叉はそれぞれのツリーに対して同じレベルで実行される。次のcrossover関数をgp.pyに付け加えよう。

```
def crossover(t1,t2,probswap=0.7,top=1):
  if random()<probswap and not top:
    return deepcopy(t2)
  else:
    result=deepcopy(t1)
    if hasattr(t1,'children') and hasattr(t2,'children'):
      result.children=[crossover(c,choice(t2.children),probswap,0)
                       for c in t1.children]
```

ランダムに生成したプログラムに対して交叉を実行してみて、交叉後はどのようになっているか見てみよう。そして、二つのベストなプログラムたちに対して交叉を行った結果、よりよいプログラムが生成できているかどうか確認してみよう。

11章　進化する知性

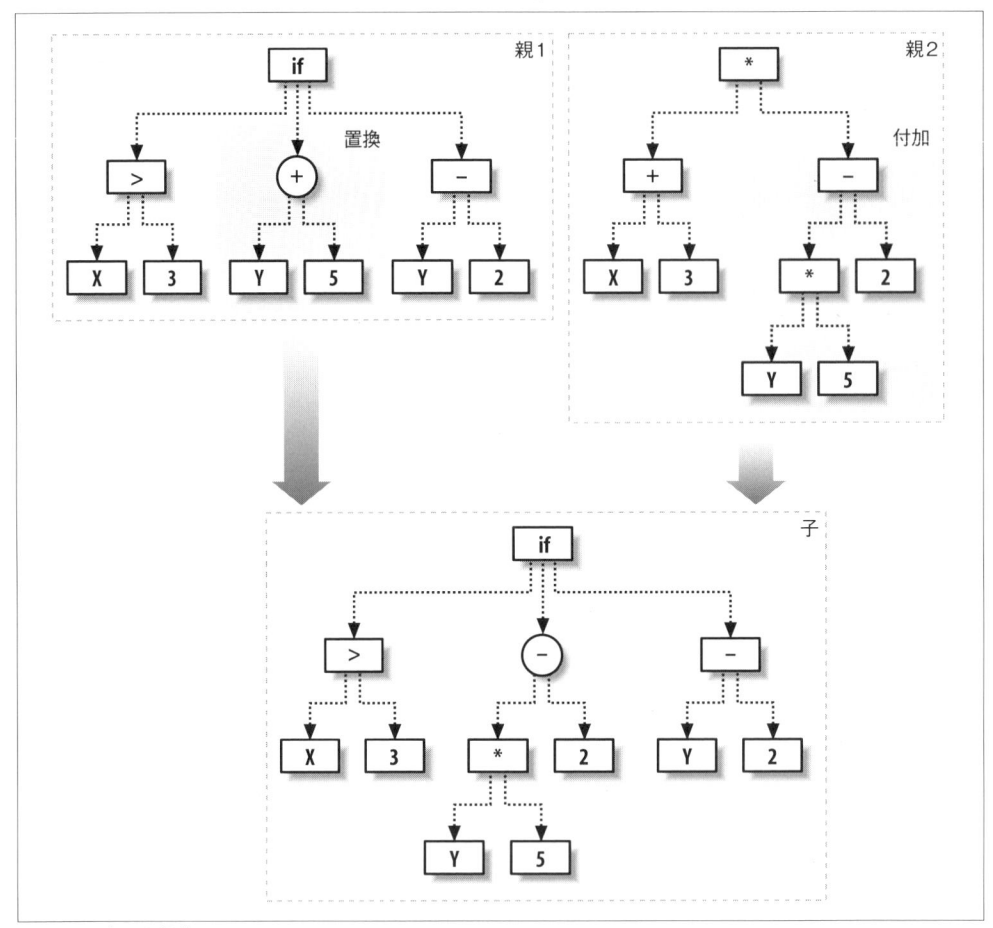

図11-5　交叉を操作

```
>>> random1=gp.makerandomtree(2)
>>> random1.display()
multiply
 subtract
  p0
  8
 isgreater
  p0
  isgreater
   p1
   5
>>> random2=gp.makerandomtree(2)
>>> random2.display()
if
 8
```

```
 p1
 2
>>> cross=gp.crossover(random1,random2,top=0)
>>> cross.display()
multiply
 subtract
  p0
  8
  2
```

枝の交換により、プログラムの結果が極端に変わることもあることに多分気づくことだろう。また、プログラムは正答に非常に近くなることもあることにも気づくかもしれない。合成することにより、どちらの先祖ともまったく異なる結果が生み出される。交叉は解決法が改善されることと、それが後の世代でもほぼ保たれることが期待されて行われる。

11.7　環境を作り上げる

　成功の度合いも測定可能だし、上位のプログラムたちを変更する方法も二つ身に付けた。これでプログラムが進化するような競争的な環境をセットアップする準備ができたといえる。このステップについては図11-1のフローチャートに示してある。流れとしては、プログラムの集合をランダムに作り上げ、その中から複製や変更をするためによいものたちを選択する。このプロセスを停止条件に達するまで繰り返す。

　この過程を実行するためのevolveという関数を新たに作ろう。

```
def evolve(pc,popsize,rankfunction,maxgen=500,
           mutationrate=0.1,breedingrate=0.4,pexp=0.7,pnew=0.05):
    # ランダムな低い数値を返す。pexpが低ければ低いほど得られる数値は小さくなる
    def selectindex():
        return int(log(random())/log(pexp))

    # 初期集団をランダムに作り上げる
    population=[makerandomtree(pc) for i in range(popsize)]
    for i in range(maxgen):
        scores=rankfunction(population)
        print scores[0][0]
        if scores[0][0]==0: break

        # 上位2つは無条件に採用
        newpop=[scores[0][1],scores[1][1]]

        # 次世代を作る
        while len(newpop)<popsize:
            if random()>pnew:
```

```
              newpop.append(mutate(
                     crossover(scores[selectindex()][1],
                              scores[selectindex()][1],
                         probswap=breedingrate),
                       pc,probchange=mutationrate))
         else:
         # ランダムなノードを混ぜる
           newpop.append(makerandomtree(pc))

    population=newpop
  scores[0][1].display()
  return scores[0][1]
```

この関数は初期の集団をランダムに作る。そしてmaxgenの回数ループを行い、ループのたびにrankfunctionを呼び出し、プログラムをベストからワーストの順にランク付けする。もっともよいプログラムは自動的に次の世代へ渡される。これはエリート主義と呼ばれることがある。残りの次の世代のものは、ランキングのトップに近いプログラムたちをランダムに選び、交配や突然変異を行って構築する。この過程はプログラムが0という完璧なスコアを持つか、maxgenの回数に達するまで繰り返される。

この関数は、環境のさまざまな面をコントロールするために用いられるパラメータをいくつか持っている。次のようなものである。

rankfunction
　プログラムのリストに対して用いられ、ベストからワーストの順にランク付けする関数。
mutationrate
　突然変異を起こす確率。mutateに渡される。
breedingrate
　交叉を行う確率。crossoverに渡される。
popsize
　初期集団のサイズ。
probexp
　ランクの低いプログラムが選ばれない確率。値が高ければ高いほど、選択は厳格なものとなり、ランクの高いもののみが複製のために選ばれるようになる。
probnew
　新たな集団を作るとき、完全に新しいランダムなプログラムが作られる確率。probexpとprobnewについては次の「11.7.1　多様性の大事さ」でさらに検討していく。

プログラムの進化を始める前にscorefunctionの結果を基にプログラムをランク付けする手段が必要である。gp.pyの中に与えられたデータセットのランキングを行う関数を返すgetrankfunctionを付け加えよう。

```
def getrankfunction(dataset):
  def rankfunction(population):
    scores=[(scorefunction(t,dataset),t) for t in population]
    scores.sort()
    return scores
  return rankfunction
```

これで数学的なデータセットの数式を表現するプログラムを自動的に作る準備ができた。Pythonのセッションで試してみよう。

```
>>> reload(gp)
>>> rf=gp.getrankfunction(gp.buildhiddenset())
>>> gp.evolve(2,500,rf,mutationrate=0.2,breedingrate=0.1,pexp=0.7,pnew=0.1)
16749
10674
5429
3090
491
151
151
0
add
 multiply
  p0
  add
   2
   p0
 add
  add
   p0
   4
  add
   p1
   add
    p1
    isgreater
     10
     5
```

数値の変化はゆるやかだが、最終的には0に達するまで減少して行っている。面白いことに、ここで表示されている解決法はすべて正解ではあるが、データセットを構築する際に使った関数よりも少し複雑である（あなたが生成した解決法も、あるべきものより多少複雑になっているだろう）。しかし、ちょっとした代数を用いると、これらの関数はまったく同じものであるということはわかる——p0がXでp1がYであることを思い出してほしい。以下の最初の行に表示している数式がこのツリーによって表現された関数である。

```
  (X*(2+X))+X+4+Y+Y+(10>5)
= 2*X+X*X+X+4+Y+Y+1
= X**2 + 3*X + 2*Y + 5
```

このことは遺伝的プログラミングのある重要な核心をついている。つまり、解決法は正解であったり、非常によいものであるかもしれないが、それらが作られる方法のおかげで、人間のプログラマーが設計できるようなものより、遥かに複雑になるということである。ツリーの中には、まったく何もしないプログラムや、毎回同じ値を返すだけの、非常に複雑な数式の部分が数多く存在する。先ほどの例には10<5というノードがあるが、これは単に1を妙な感じで表現しているだけのものである。

プログラムを無理矢理シンプルに保つこともできるが、多くの場合、よい解決法を発見する妨げとなってしまう。この問題への対策としては、プログラムを進化させてよい解決法を発見した後にツリーの不要な部分を取り除いてシンプルにするやり方がある。これは手動でやることもできるし、枝刈アルゴリズムを用いて自動的に行うこともできるだろう。

11.7.1 多様性の大事さ

evolve関数の一部はプログラムをベストからワーストの順でランク付けするため、プログラムのトップの二つか三つだけを対象に新しい集団のために複製をしたり、変更をしたいという誘惑にかられるだろう。結局の所、もっともよいものだけを利用するということをしない理由は何だろうか？

ここでの問題は、上位のいくつかの解決策だけを手早く選んでしまうと、集団が非常に均一なものになってしまい、すべての解決策は中々よいものではあるが、交叉による変化が小さいので、大きく変化しないものになってしまうというものだ。この問題は**局所最大に達する**とよばれる。この状態では、変化が小さく結果の改善が小さくなってしまうので、なかなかよいところまでは行くが、十分よい状態にまでは達しなくなってしまう。

もっともよい解決法たちと、非常に多くのほどほどによい解決法を保持していると、よりよい結果を導きだすということが分かっている。このためにevolve関数は、選択の過程で多様性の量をチューニングするためのパラメータをいくつか持っている。probexpの値を小さくすることで、プロセスを「もっとも適合したものを生存させる」から「もっとも適合したものとラッキーなものを生き残らせる」に変更することになり、弱い解決法が最終的な結果になるのをより許すことになる。probnewの値を増やすことで、時々はまったく新しいプログラムを付け加えることを許すことになる。この両方の値は進化の過程での多様性の量を増やすことにはなるが、もっとも悪いプログラムたちは結局は常に淘汰されるので、邪魔しすぎるということはない。

11.8 シンプルなゲーム

遺伝的プログラミングの扱える問題のうち、さらに興味深いものとして、ゲームのAIを作るというものがある。プログラム同士競争をさせたり、人間と競争させて、勝ったものを基に次の世代を作るこ

11.8 シンプルなゲーム | 291

とで強制的にプログラムを進化させることができる。このセクションでは図11-6に図示しているGrid Warという名前のシンプルなゲームのシミュレータを作っていく。

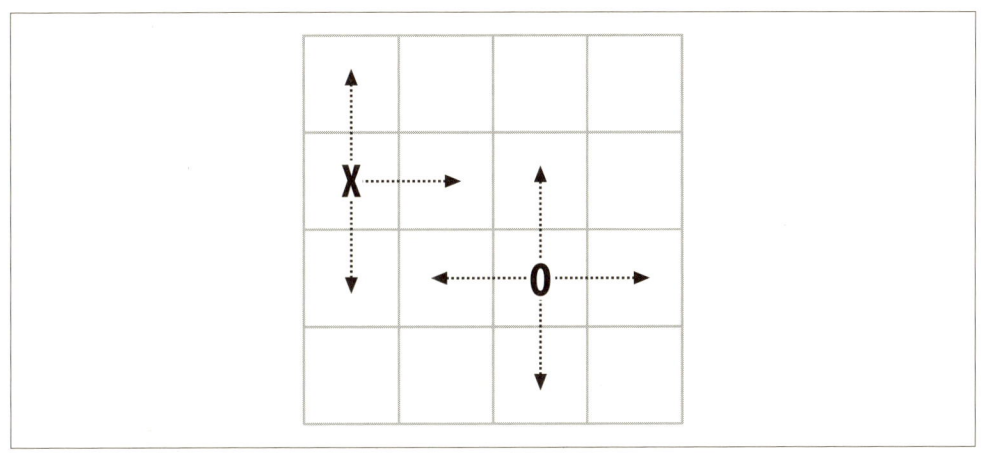

図11-6　Grid Warの例

このゲームには交互に格子の上を動く二人のプレイヤーが存在する。それぞれのプレイヤーは四つの方向のうちの一つに向かって移動することができる。ボードには限りがあり、プレイヤーがはみ出た場所へ移動しようとするとそのターンは没収される。ゲームの目的は、あなたのターン時に相手のプレイヤーと同じ升目に移動して、相手を捕捉することである。その他の制限事項は、行の同じ方向に二度進もうと試みると自動的に負けになってしまうというものだけである。このゲームは単純ではあるが、二人のプレイヤーを互いに競争させるものであるため、あなたは進化における競争的な側面について体験することができる。

まずは二人のプレイヤーを利用して彼らのゲームのシミュレートを行う関数を作る。この関数はプレイヤーと相手の位置をそれぞれのプログラムに、直前の動きとともに交互に渡し、プログラムから返された値を「移動」として受け取る。

この「移動」は、四つの移動可能な方向の一つを意味する0から3の間の数である必要があるが、プログラムはランダムに生成されるため、返される整数の範囲には制限がない。そのため、この関数は0から3の範囲以外の数についても扱える必要がある。このためには結果に4の剰余を適用する。ランダムなプログラムは円を描くように移動するプレイヤーを作ってしまうこともよくあるため、移動の回数は50回に制限し、それを超えると引き分けとする。

次のgridgameをgp.pyに付け加えよう。

```python
def gridgame(p):
    # ボードのサイズ
    max=(3,3)
```

```python
# それぞれのプレイヤーの最後の動きを記憶
lastmove=[-1,-1]

# プレイヤーの位置を記憶
location=[[randint(0,max[0]),randint(0,max[1])]]

# 2番目のプレイヤーと最初のプレイヤーの距離を十分に取る
location.append([(location[0][0]+2)%4,(location[0][1]+2)%4])

# 50回動いたら引き分け
for o in range(50):

  # それぞれのプレイヤーの分繰り返す
  for i in range(2):
    locs=location[i][:]+location[1-i][:]
    locs.append(lastmove[i])
    move=p[i].evaluate(locs)%4

    # 行内の同じ方向へ2回移動すると負け
    if lastmove[i]==move: return 1-i
    lastmove[i]=move
    if move==0:
      location[i][0]-=1
      # ボードの制限
      if location[i][0]<0: location[i][0]=0
    if move==1:
      location[i][0]+=1
      if location[i][0]>max[0]: location[i][0]=max[0]
    if move==2:
      location[i][1]-=1
      if location[i][1]<0: location[i][1]=0
    if move==3:
      location[i][1]+=1
      if location[i][1]>max[1]: location[i][1]=max[1]

    # 他のプレイヤーを捕まえたら勝利
    if location[i]==location[1-i]: return i
return -1
```

このプログラムはプレイヤー1が勝った場合には0を返し、プレイヤー2が勝った場合は1を返す。そして引き分けの場合には-1を返す。ランダムなプログラムをいくつか生成し、それらに競わせることができる。

```
>>> reload(gp)
<module 'gp' from 'gp.py'>
>>> p1=gp.makerandomtree(5)
>>> p2=gp.makerandomtree(5)
>>> gp.gridgame([p1,p2])
1
```

このプログラムたちはまったく進化していないため、多分、行内の同じ方向に二度移動してしまい負けていると思われる。理想どおりに進化したプログラムであればそのようなことはしないはずだ。

11.8.1 ラウンドロビントーナメント

集合知という観点から、あなたはプログラムを実際の人と対戦させることで適合度をテストして進化させたいと思うだろう。これは数千の人々の動きを捉え、それをインテリジェントなプログラムへ発展させるために利用するためのすばらしいやり方である。しかし、巨大な集団や多くの世代を使った場合には、進化するまでには数万ゲームが必要となってしまうため、ほとんどのゲームは非常に弱い相手との対戦になってしまう。これは我々の目的を考えると現実的ではないため、最初はプログラム同士をトーナメント形式でお互いに競争させて進化させよう。

次のtournament関数はプレイヤーたちのリストを入力として受け取り、それぞれをすべてのプレイヤーと競い合わせ、それぞれのプログラムがゲームに何度負けたかを記録する。プログラムはゲームに負けると2点が加算され、引き分けであれば1点が加算される。このtournamentをgp.pyに付け加えよう。

```python
def tournament(pl):
  # 負けの回数
  losses=[0 for p in pl]

  # すべてのプレイヤーは自分以外のすべてのプレイヤーと対戦
  for i in range(len(pl)):
    for j in range(len(pl)):
      if i==j: continue

      # 勝者は誰？
      winner=gridgame([pl[i],pl[j]])

      # 負けは2ポイント、引き分けは1ポイント
      if winner==0:
        losses[j]+=2
      elif winner==1:
        losses[i]+=2
      elif winner==-1:
        losses[i]+=1
        losses[j]+=1
        pass

  # 結果をソートして返す
  z=zip(losses,pl)
  z.sort()
  return z
```

この関数の最後では、もっとも負けの少なかったプログラムがトップにくるようにソートされてリターンされる。これはプログラムを評価するためのevolveで必要としていた戻り型であるため、これでプログラムにゲームをプレイさせて進化させることができる。Pythonセッションで試してみよう（これは多少時間がかかる）。

```
>>> reload(gp)
<module 'gp' from 'gp.py'>
>>> winner=gp.evolve(5,100,gp.tournament,maxgen=50)
```

プログラムの進化の過程で、この負けの数は数学的な関数の時のようにはっきりと減っていくものではないということに注目しよう。このことについては少しじっくりと考えてほしい――結局はベストなプレーヤーは常に次の世代に行くことが許される。次世代は完全に新しく進化したプログラムたちで構成されているため、ある世代でベストだったプログラムが次世代では非常に悪いプログラムとなることがある。

11.8.2　実際の人間とプレイしてみる

ロボットの競争相手に対してうまく動作するようプログラムが進化した後は、いよいよあなた自身で戦ってみる時だ。そのためにはボードをユーザに対して表示し、どこに移動するか尋ねて評価するメソッドを持ったクラスを作る必要がある。次のhumanplayerクラスをgp.pyに付け加えよう。

```
class humanplayer:
  def evaluate(selof,board):

    # 自分の位置と相手の位置を取得
    me=tuple(board[0:2])
    others=[tuple(board[x:x+2]) for x in range(2,len(board)-1,2)]

    # ボードの表示
    for i in range(4):
      for j in range(4):
        if (i,j)==me:
          print 'O',
        elif (i,j) in others:
          print 'X',
        else:
          print '.',
      print

    # 参照用に移動を表示
    print 'あなたの先ほどの移動は%dでした' % board[len(board)-1]
    print ' 0'
    print '2 3'
```

```
        print ' 1'
        print '移動先を入力: ',

        # ユーザの入力を返す
        move=int(raw_input())
        return move
```

Pythonのセッション中で自分が作ったプログラムと勝負してみることができる。

```
>>> reload(gp)
<module 'gp' from 'gp.py'>
>>> gp.gridgame([winner,gp.humanplayer()])
. O . .
. . . .
. . . .
. . . X
あなたの先ほどの移動は-1でした
 0
2 3
 1
移動先を入力:
```

あなたのプログラムがどの程度うまく進化したかによって、プログラムに勝つのが難しかったり、簡単だったりする。あなたのプログラムは、同じ行に二度進むと即死してしまうので、これをやってはいけないということについてはほぼ確実に学習していることだとは思うが、他の戦略についてどの程度学習しているかについては、evolveを走らせるたびに毎回異なる。

11.9 さらなる可能性

　本章は非常に広大で急速に進化し続けている分野である遺伝的プログラミングについての紹介に過ぎない。あなたは数日ではなく、数分でプログラムが書けるようなシンプルな問題に対してアプローチするために遺伝プログラミングを利用してきたが、この原理はもっとはるかに複雑な問題に対して拡張することもできる。今回の集団中のプログラムの数は複雑なプログラムで使用されるものに比べると非常に小さい——数千から数万というのが一般的である。プログラムの実行には数時間から数日かかるかもしれないが、あなた自身でもっと複雑な問題を考えて、大きな集団サイズで挑戦してみることをおすすめする。

　以下のセクションでは、この単純な遺伝プログラミングのモデルを、さまざまなアプリケーションのために拡張するためのいくつかの方法について概要を述べる。

11.9.1 数学的な関数を増やす

これまで、プログラムを作り上げるために非常に限られた関数の集合のみを使って来た。このことはプログラムができることの範囲を制限している——もっと複雑な問題にとっては、ツリーを作るのに利用できる関数の数を大幅に増やす必要がある。以下に付け加えられそうな関数をいくつか挙げる。

- サイン、コサイン、タンジェントのような三角関数
- 累乗、平方根、絶対値のようなその他の数学的な関数
- ガウス分布のような統計的分布
- ユークリッド距離やTanimoto距離のような距離の尺度
- 三つの引数を受け取り、最初の引数が2番目と3番目の引数の間の値であれば1を返すような関数
- 三つの引数を取り、最初の二つの引数の差が3番目の引数より小さければ1を返すような関数

これらは好きなだけ複雑なものにしてよく、しばしば特定の問題にはおあつらえ向きなことがある。たとえば、三角関数はシグナルプロセッシングの分野では必要なものである。しかし本章であなたが作り上げたようなゲームでは、あまり使われるものではない。

11.9.2 メモリ

本章でのプログラムはほとんど完全に反応的なものであった。つまり、結果は完全に入力を基にして出力されていた。これは数学的な関数を解決するためには正しいやり方といえるが、これではプログラムが長期的な戦略を持つことができない。この追っかけゲームは、プログラムにそれらの直前の移動を渡す——そのため多くの場合、プログラムたちは行の同じ方向に二度動いては行けないことを学習する——しかし、これは単にプログラムの出力であり、彼らが自分たちに設定した何かではない。

長期的な戦略を持ったプログラムを開発するためには、次のラウンドで利用するために情報を保存する手段が必要である。単純なやり方の一つとして、事前に定義したスロットに値を保存したり、引き出したりできるような新しいノードを作るというやり方がある。**保存**ノードは一つの子とメモリスロットのインデックスを持つ。子から結果を取得し、メモリスロットに保存し、それを親に渡す。**再現**ノードは子を持たず、単に適切なスロットの中の値を返す。保存ノードがツリーのトップであれば、その最終的な結果は、適切な再現ノードを持っているツリーであれば、どの部分ででも利用できる。

個々のメモリに加え、すべての異なるプログラムたちの間で読み書きできるような共有のメモリを持つということも考えられる。これはすべてのプログラムが読み書きできるスロットを複数持つ、という点以外では個々のメモリと似ている。これにより、もっと高いレベルでの協調や競争の可能性を生み出されることになる。

11.9.3 さまざまなデータタイプ

本章で紹介したフレームワークは整数をパラメータとして受け取り、結果も整数で返すようなプログラムのためのものだった。これを浮動小数点で動作するように変更するのは簡単である。演算は何も変わらない。単純にmakerandomtreeの定数のノードを、ランダムな整数ではなく、ランダムな浮動小数点に変更するだけでよい。

それ以外の種類のデータを扱うようにプログラムを作るには、大幅な改造が必要となる。その多くは、ノードの関数の変更である。この基本的なフレームワークでも例えば次のような型を扱えるように変更することが可能である。

Strings
 これらはconcatenate、split、インデクシング、サブストリングのような演算を持つ。
Lists
 これらはstringsと同じような演算を持っている。
Dictionaries
 これらは置換や追加のような演算を持つ。
Objects
 どのようなカスタムオブジェクトでも、ノードの関数がオブジェクトに対してのメソッドコールでありさえすれば、ツリーの入力として利用することができる。

これらの例に対して発生する重要なポイントは、多くの場合、ツリー中のノードに一つ以上の型の返り値を生成させる必要が出てくるという点だ。たとえばサブストリングの演算であれば、一つの文字列と二つの整数が必要になる。これは子の一つは文字列を返し、他の二つの子は整数を返す必要があるということを意味している。

これに対する単純なアプローチとしては、ツリーの生成、突然変異、交配を行い、データタイプのミスマッチがあったものは取り除くとよい。しかし、このやり方は計算機的に無駄が多い。あなたは既にツリーが作られる方法に対して制限をかける方法について見て来た——整数のツリーは、子がいくつ必要か知っている。このやり方を、子のタイプと返り値の型にも同じように拡張することができる。たとえば、fwrapperクラスを次のように再定義してもよい。paramsはそれぞれの引数で利用されるデータタイプを定義する文字列のリストである。

```
class fwrapper:
  def __init__(self,function,params,name):
    self.function=function
    self.childcount=param
    self.name=name
```

また、flistを返される型のディクショナリとして定義してもよい。

flist={'str':[substringw,concatw],'int':[indexw,addw,subw]}

そうすればmakerandomtreeを次のように変えることができる。

```
def makerandomtree(pc,datatype,maxdepth=4,fpr=0.5,ppr=0.5):
  if random()<fpr and maxdepth>0:
    f=choice(flist[datatype])
    # fのすべてのパラメータ型とともにmakerandomtreeを呼び出す
    children=[makerandomtree(pc,type,maxdepth-1,fpr,ppr)
              for type in f.params]
    return node(f,children)
etc...
```

crossover関数もまた、交換されるノードが同じ戻り型を持つことを保証するように変更する必要がある。

このセクションで紹介した遺伝的プログラミングの概要がきっかけで、あなたがここで紹介したシンプルなモデルから改良のためのアイデアを得て、もっと複雑な問題のためにプログラムを自動的に生成するように試したいと感じてくれれば幸いである。プログラムの生成には時間はかかるが、いったんよいプログラムを発見することができれば、それを繰り返し使っていくことができる。

11.10 エクササイズ

1. さらなる関数のタイプ
   我々は非常に少ない数の関数から始めた。他にはどのような関数が考えられるだろうか？　四つの引数を持つユークリッド距離のノードを実装せよ。
2. 突然変異を置き換える
   ツリーのノードをランダムに選び、それを変更する突然変異を実装せよ。この関数は関数、定数、パラメータのノードを確実に扱えるようにせよ。枝の置換の代わりにこの関数を利用すると、進化にどのような影響が出てくるだろうか？
3. ランダムな交叉
   現在のcrossover関数は同じレベルの二つのツリーから枝を選んだ。ランダムに二つの枝から交叉を行うcrossover関数を書け。これは進化にどのような影響を与えるだろうか？
4. 進化の停止
   もっともよいスコアがX世代改善されなかった場合にはプロセスを停止してもっともよいスコアを返すように、進化の停止条件を付け加えよ。
5. hiddenfunctionの変更

プログラムに推測させる数学的な関数を別のものにして試してみよ。どのようなタイプの関数が簡単に発見されるか？ また、発見がもっとも難しいのはどのようなものか？

6. Grid Warのプレーヤー

    Grid Warでうまく戦えるようなツリーを手作業で設計してみよ。これが簡単にできたなら、まったく違うものをもう一つ書いてみよう。初期の集団を完全にランダムに作るのではなく、ランダムなものの中に、あなたが設計したこれらのプログラムを混ぜ込んでみよう。そしてランダムなプログラムと比べてみよう。これらは進化を改善するだろうか？

7. 三目並べ

    三目並べのシミュレータを作ってみよ。そしてGrid Warと同様にトーナメントを設定してみよ。プログラムはどの程度うまく動作するか？ 完璧にプレイできるように学習するか？

8. データタイプが混在するノード

    データタイプが混ざり合ったノードを作るためのアイデアのいくつかは本章で紹介した。これを実装し、プログラムが文字列の2、3、6、7番目の文字列を返せるように（たとえば"genetic"なら"enic"となる）学習できるかどうか確認してみよ。

12章
アルゴリズムのまとめ

　本書ではさまざまなアルゴリズムを紹介して来た。もしあなたが例題たちに取り組んできていれば、それらの多くを実装したPythonのコードを手にしていることだろう。これまでの章では、それぞれの章で紹介されるアルゴリズムとその亜種に、例題を通じて取り組む構成となっていた。本章はそれらのアルゴリズムたちに対するリファレンスである。そのため、もしあなたが新しいデータセットに対してデータマイニングや機械学習を行いたいときには、この章のアルゴリズムを確認し、どれが適切であるかを判断すれば、既にあなたが書いたコードを使ってデータを分析することができる。

　アルゴリズムの詳細を知るために本書をさかのぼるという手間から開放するため、それぞれのアルゴリズムについての詳細、その原理についての高レベルの概観、適用できるデータセットのタイプ、そしてあなたが書いたコードをどのように走らせればよいかについて説明する。また、それぞれのアルゴリズムの強みと弱み（アイデアをあなたのボスに売り込む方法も）についても述べる。いくつかのケースではアルゴリズムの詳細を説明する手助けとして例題を用いる。それらの例題は非常に単純化してある。それらの多くはあなたがデータセットを見るだけで問題を解決できるくらい単純化してあるが、概要をつかむためには非常に役立つだろう。

　まずは教師あり学習の手法たちについて説明していく。教師あり学習の手法ではトレーニングした例を基に、分類や値の予測を行う。

12.1　ベイジアン分類器

　ベイジアン分類器は6章でカバーされている。6章ではドキュメント分類システムの作り方について見てきた。このシステムはスパムフィルタリングや、あいまいなキーワード検索を基にドキュメントの集合を分割するのに利用されていた。

　すべての例題はドキュメントについて取り扱っているが、6章で紹介したベイジアン分類器は、特徴のリストに変換できるようなデータセットであれば、どのようなものに対してでも動作する。特徴とは、与えられたアイテムの中に存在するか否か単純に判断できる何かである。ドキュメントのケースでいうと、特徴とはドキュメント中の単語である。しかし、これらは正体不明のオブジェクトの特色であって

もよい。例えば病気の兆候のように、存在するか否かを判断できるものであれば何でもよい。

12.1.1 トレーニング

すべての教師ありの手法と同様に、ベイジアン分類器も例を通じてトレーニングされる。それぞれの例はアイテムの特徴とそのアイテムの分類のリストである。もしあなたが"python"という単語を含んだドキュメントがプログラミング言語についてのものなのか、それとも蛇についてのものであるのかを分類できるように分類器をトレーニングしたいとする。トレーニングセットのサンプルとしては表12-1のようなものになる。

表12-1　ドキュメント集合の特徴と分類

特徴	分類
Pythons are constrictors that feed on birds and mammals	蛇
Python was originally developed as a scripting language	言語
A 49-ft.-long python was found in Indonesia	蛇
Python has a dynamic type system	言語
Python with vivid scales	蛇
Open source project	言語

この分類器はそれまでに出会ったすべての特徴を、特徴が特定の分類に関連付けられている確率の数字と共に保持する。分類器は次々と例を受け取ることでトレーニングされる。それぞれの例を受け取った後、分類器はその特徴の確率と、例で用いている分類器を更新し、特定のカテゴリについてのドキュメントが与えられた単語を含んでいる確率を生成する。たとえば、表12-1のようなドキュメントの集合でトレーニングされる場合には、最終的には表12-2のような確率の集合になる。

表12-2　与えられたカテゴリの単語の確率

特徴	言語	蛇
dynamic	0.6	0.1
constrictor	0.0	0.6
long	0.1	0.2
source	0.3	0.1
and	0.95	0.95

このテーブルはトレーニングの後、特徴たちはさまざまなカテゴリにさらに強く関連するようになることを示している。"constrictor"という単語は蛇に対して高い確率を持っており、"dynamic"という単語はプログラミング言語に対して高い確率を持っている。"and"のように曖昧な単語は両方のカテゴリに対して同じような確率を持っている("and"という単語はカテゴリによらず、ほぼすべてのドキュメントに出現する)。トレーニングされた分類器とは、特徴たちとその関連する確率たちのリスト以上の何

者でもない。他の分類の手法とは異なり、トレーニングに使用された後、元のデータを保存しておく必要は特に存在しない。

12.1.2 分類

ベイジアン分類器はトレーニングされた後であれば、自動的に新しいアイテムを分類することができる。たとえばこれから分類される新しいドキュメントが"long"、"dynamic"、"source"のような特徴を持っているとする。表12-2はそれぞれの確率の値を示しているが、これは単に個々の単語たちの確率である。もしすべての単語が特定のカテゴリに対して高い確率を持っていれば、答えは明確である。しかし、この場合"dynamic"は言語のカテゴリの確率の方が高く、"long"は蛇のカテゴリに対しての確率の方が高い。実際にドキュメントを分類するためには、特徴の確率たちをアイテム全体の1つの確率としてまとめるやり方が必要である。

6章で紹介したように、これを行うやり方の一つとして単純ベイズ分類器というものがある。これは確率たちを次の数式でまとめる。

$$Pr(カテゴリ \mid ドキュメント) = Pr(ドキュメント \mid カテゴリ) * Pr(カテゴリ)$$

これは次のようになる。

$$Pr(ドキュメント \mid カテゴリ) = Pr(単語1 \mid カテゴリ) * Pr(単語2 \mid カテゴリ) * ...$$

$Pr(単語 \mid カテゴリ)$の数値を先ほどの表の例で説明すると、たとえば$Pr(dynamic \mid 言語)=0.6$となる。$Pr(カテゴリ)$の値は全体の中でのそのカテゴリの頻度である。"言語"は半分に出現しているので、$Pr(言語)$の値は0.5となる。$Pr(カテゴリ \mid ドキュメント)$のスコアが高いカテゴリが予測されたカテゴリである。

12.1.3 ベイジアン分類器のコードの使用

6章で作ったベイジアン分類器をデータセットに使うには、トレーニングや分類に用いるデータを特徴のリストに変換するための特徴抽出の関数を用意しさえすればよい。6章ではドキュメントに対して取り組んでいるため、特徴抽出の関数は文字列を分割するものになっているが、オブジェクトを受け取ってリストを返すような関数であればどのようなものでも使うことができる。

```
>>> docclass.getwords('python is a dynamic language')
{'python': 1, 'dynamic': 1, 'language': 1}
```

この関数は新しい分類器を作るために使うことができる。そして分類器は文字列を基にトレーニングされる。

```
>>> cl=docclass.naivebayes(docclass.getwords)
>>> cl.setdb('test.db')
>>> cl.train('pythons are constrictors','snake')
```

次に分類を行う。

```
>>> cl.classify('dynamic programming')
u'language'
>>> cl.classify('boa constrictors')
u'snake'
```

利用できるカテゴリの数に限界はないが、分類器がうまく動作するためには、それぞれのカテゴリに対して十分な数の例を用意しておく必要がある。

12.1.4 強みと弱み

　単純ベイジアン分類器が他の手法と比べてもっとも優れている点は、トレーニングの速度と、巨大なデータセットに対する問い合わせの速度である。たとえ巨大なトレーニングセットがあったとしても、たいていの場合、それぞれのアイテムの特徴の数は比較的少ない。そして、トレーニングとアイテムの分類とは、単にそれらの確率を数学的に操作することに過ぎない。

　これは特にデータが増加していくような際に効果を発揮する。新しいトレーニングデータを利用して確率を更新する際に、過去のトレーニングデータを必要としない（決定木やサポートベクトルマシンのような他の手法では、トレーニングの際にデータセット全体が必要だが、ベイジアン分類器ではトレーニングの際には一つのアイテムさえあればいい）。スパムフィルタリングのようなアプリケーションでは、コンスタントに新たなメールでトレーニングされ、素早く更新される必要があり、これまで受信したメールすべてにアクセスすることはできない。このようなアプリケーションでは増加していくトレーニングデータに対応できるということは非常に大事なことである。

　この他、単純ベイジアン分類器が他に優れている点として、分類器が実際に何を学習しているかということを比較的単純に解釈することができるという点がある。それぞれの特徴の確率は保存されるため、スパムとそうでないメッセージを分類したり、プログラミング言語と蛇を分類するのにどの特徴がもっとも役に立っているかを、自分のデータベースを参照することでいつでも確認することができる。この情報は見ているだけでも面白いし、他のアプリケーションで利用したり、他のアプリケーションの初期値として利用できる可能性を秘めている。

　単純ベイジアン分類器の最大の弱点は、特徴の組み合わせを基に出力を変更することができないという点である。たとえば次のような状況について考えてみよう。あなたはスパムとそうでないメールを分類しようと試みている。そしてあなたの仕事はWebアプリケーションを作ることだとする。そのため、"online"という単語はあなたの仕事に関連するメールの中でよく出てくる単語である。また、あなたの親友は薬剤関係の仕事をしていて、あなたに職場で起こった面白い出来事についてのメールを送

ることが好きである。また、メールアドレスをガードしていない多くの人々と同様、あなたも "online pharmacy" という単語を含んだスパムメールを時々受け取る。

多分、すでにあなたはここで説明しようとしているジレンマに気づいているだろう——分類器は何度も "online" と "pharmacy" はスパムではないメールに存在していることを何度も教えられることによって、これらの単語を含んだメッセージに対する非スパムの確率が高くなってしまうのだ。一方、あなたが "online pharmacy" という単語を含んだメールはスパムであると教えれば、これらの単語はスパムである方向により調整されるため、この確率は継続的に揺れ動く。特徴たちの確率はすべて別々に付与されるため、この組み合わせについて分類器が学習することはいつまでもできない。ドキュメントの分類においてはこれはたいした問題にはならない。なぜなら "online pharmacy" という単語を含んでいるメールメッセージは、多分、他にもスパムであることを指し示す特徴を含んでいるからだ。しかし、他の分野に応用しようとすると、特徴の組み合わせを理解するということは非常に重要になってくる。

12.2　決定木による分類器

7章では、ユーザーの行動モデルをサーバーログから構築する方法として決定木を紹介した。決定木は理解したり解釈したりが極めて容易なのが特徴だ。決定木の例を図12-1に示す。

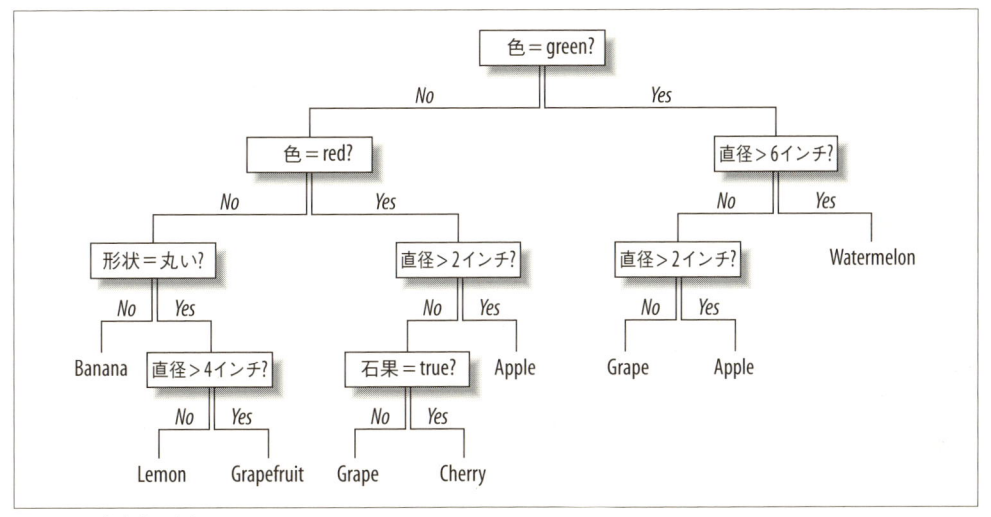

図12-1　決定木の例

新しいアイテムを分類するというタスクで決定木が何をするかは、図を見れば明らかであろう。ツリーのトップにあるノードから、ノードの条件とアイテムを比較していき、アイテムが条件にマッチすればYesの枝を、マッチしなければNoの枝をたどるのだ。これを繰り返してたどり着いた終点が予測カテゴリである。

12.2.1　トレーニング

決定木による分類は非常にシンプルだが、トレーニングはトリッキーだ。7章で紹介したアルゴリズムは、それぞれのステップでデータを最もよく分割する属性を選ぶことで、ツリーをトップから構築していくというものだった。これを表12-3の果物データセットで考えてみよう。表12-3を初期集合とする。

表12-3　果物データ

直径	色	果物
4	Red	Apple
4	Green	Apple
1	Red	Cherry
1	Green	Grape
5	Red	Apple

データを分割しうる変数は二つ存在する。直径と色、このどちらを使っても、ツリーのトップノードを作ることができる。最初のステップでは、どちらの変数がデータをより良く分割するか決定するため、両方とも個別に試してみる。まずは色によりデータセットを分割すると、表12-4のような結果になる。

表12-4　果物データを色で分割する

Red	Green
Apple	Apple
Cherry	Grape
Apple	

このデータはかなり混合したままの状態だ。ところが同じデータセットを直径で分割してやると（4インチ未満のものと以上のものに分ける）、結果はずっとクリアなものになる。こちらの分割は表12-5に示す（左側をサブセット1、右側をサブセット2とする）。

表12-5　直径で分割した果物データ

直径＜4インチ	直径≧4インチ
Cherry	Apple
Grape	Apple

こちらの結果の方が良いことは明らかだ。サブセット1に、初期集合に存在したAppleの項がすべて入っているからだ。さて、この例ではベターな変数が明らかであるのに対し、大きなデータセットでは常にこのようにきれいな分割が得られるとは限らない。7章では分割の良さを測るために、エントロピー（集合中の無秩序の量）の概念を導入した。

- *p(i) = 頻度（帰結）= 度数（帰結）/ 度数（すべての行）*
- *エントロピー = すべての帰結の p(i) * log(p(i)) の合計*

ある集合内のエントロピーが低ければ、その集合がかなり均一であるということだし、0という値は、その集合が1種類のアイテムのみで構成されているということを意味する。表4のサブセット1（直径≧4）のエントロピーは0だ。各集合のこうしたエントロピーは、情報ゲインの計算をするために使う。情報ゲインとは次のように定義されるものだ。

- *重み1 = サブセット1の大きさ / 初期集合の大きさ*
- *重み2 = サブセット2の大きさ / 初期集合の大きさ*
- *ゲイン = エントロピー（初期）− 重み1*エントロピー（サブセット1）− 重み2*エントロピー（サブセット2）*

可能な分割のそれぞれについて情報ゲインを算出し、これにより分割変数を決定するわけだ。図12-2に示すように、分割変数が選べれば最初のノードが生成できる。

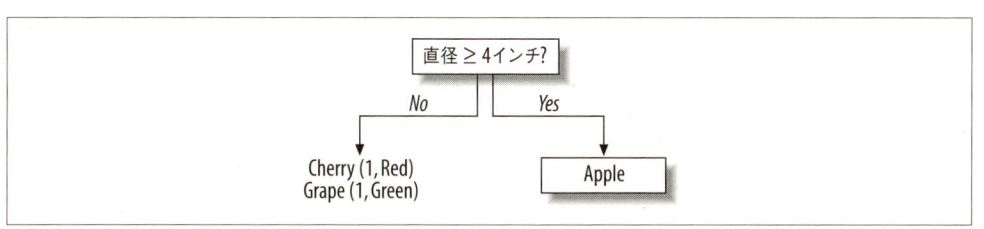

図12-2　果物の決定木のルートノード

条件がノードに示されたので、条件に合格しないデータはNoの枝に、条件に合致、あるいは合格するデータはYesの枝に進められる。Yesの枝には可能な帰結が1つしか存在しないため、これが終点となる。Noの枝はまだ混合した状態なので、上のトップノードとまったく同じ方法で、さらに分割することができる。今度のケースでは、データをもっともよく分割する変数は色である。このプロセスを、与えられた枝のデータを分割しても情報ゲインがない状態になるまで繰り返す。

12.2.2　決定木分類器の利用

7章で書いた決定木コードでは、学習にリストのリストを使う。内部リストにはそれぞれ一揃いの値が入っており、最後の値はカテゴリーになっている。上記のシンプルな果物データセットについては、以下のように生成できる。

```
>>> fruit=[[4,'red','apple'],
... [4,'green','apple'],
... [1,'red','cherry'],
```

```
...  [1,'green','grape'],
...  [5,'red','apple']]
```

これで決定木の学習を行い、他のアイテムを分類することができる。

```
>>> import treepredict
>>> tree=treepredict.buildtree(fruit)
>>> treepredict.classify([2,'red'],tree)
{'cherry': 1}
>>> treepredict.classify([5,'red'],tree)
{'apple': 3}
>>> treepredict.classify([1,'green'],tree)
{'grape': 1}
>>> treepredict.classify([120,'red'],tree)
{'apple': 3}
```

直径3メートルもあって色は紫、などというものがあればそれがリンゴでないことは明らかだが、決定木とはそれがそれまでに見てきたものにより制限を受けるものなのである。さて最後に、このツリーを可視化して意思決定プロセスを理解することができる。

```
>>> treepredict.printtree(tree)
0:4?
T-> {'apple': 3}
F-> 1:green?
   T-> {'grape': 1}
   F-> {'cherry': 1}
```

12.2.3 強みと弱み

　決定木の強烈な利点は、学習済のモデルの解釈が実に容易であること、重要な要素をツリーのトップに持ってくるのが非常に上手いことだ。このことは、決定木が分類のみならず、解釈において有用であるということを意味する。ベイジアン分類器と同じで、中を覗いてどんな仕組みで動いているか理解することができるため、分類プロセスの外での意思決定に役立つのだ。たとえば7章のモデルは、どのユーザーが有料顧客になるであろうかということを予測するものだったが、このようにデータをもっともきれいに分割する最良の変数を示してくれる決定木は、広告戦略のプランニングや、他にどのようなデータを収集すべきか決める役に立つ。

　決定木は情報ゲインが最大になる分割ラインを見つけるようになっているため、入力に数値データを使用することもできる。分類的なデータと数値的なデータをミックスできるため、回帰などの伝統的な統計手法がうまく使えない多種多様な問題クラスに便利なのだ。この一方で決定木は、帰結が数値的に与えられる場合の予測はそれほどうまく行えない。分散が最小になるような中間値によりデータを分割することは可能だが、データが複雑になると、正確性の高い決定を行えるようなツリーが非常に巨大

なものとなる。

　ベイジアン分類器に対する決定木の大きな強みは、変数間の相互作用に容易に対応できることにある。決定木で作ったスパムフィルタは、"online"と"pharmacy（薬屋）"が別々にある場合は大丈夫だが、一緒にあればスパムを意味する、ということを簡単に検出する。

　残念ながら、7章のアルゴリズムをそのままスパムフィルタに使うことは現実的でない。これは累積的な学習をサポートしていない、という単純な理由によるものだ（累積学習をサポートした決定木を作るアルゴリズムはアクティブな研究分野となっている）。巨大な文書集合を取ってスパムフィルタリングのための決定木を構築することは可能だが、emailメッセージが届くたびに学習するようにはできない——毎回最初からやらねばならぬということだ。数万ものemailメッセージを受け取る人がざらであることを考えると、これを毎回実行するのは非現実的だ。またこの場合、可能なノード数が非常に多いため（各要素について存在する・しない）、ツリーは極めて巨大かつ複雑に、分類の実行は低速になるだろう。

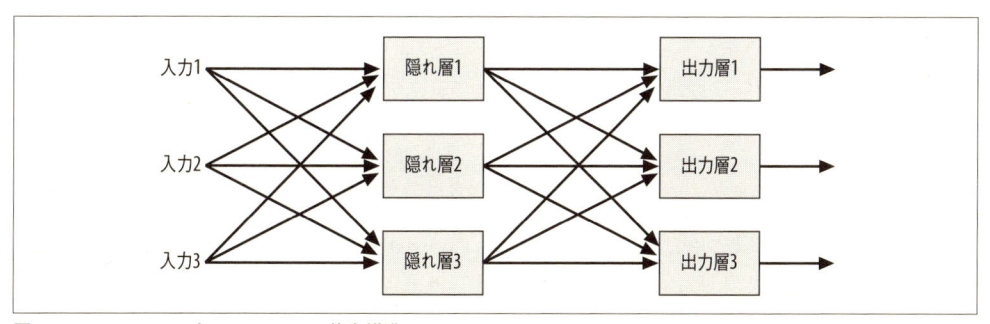

12.3　ニューラルネットワーク

　4章では、ユーザが過去にどのリンクをクリックしたかという情報を基に検索結果のランキングを変更する単純なニューラルネットワークの構築の仕方について説明した。このニューラルネットワークは、特定のクエリに対してどの単語の組み合わせが重要でありどの単語が重要でないかということを学習することができた。ニューラルネットワークは分類器としても利用できるし、数値を予測する問題について適用することもできる。

　4章ではニューラルネットワークは分類器として利用されていた。すべてのリンクに数値を与え、もっとも高い数値のリンクがユーザがクリックするであろうリンクだと予測を行っていた。すべてのリンクに対して数値を付与するため、この数値を利用して検索結果のランキングを変更することができた。

　ニューラルネットワークには他にもさまざまな種類のものがある。本書でカバーしたものは多層パーセプトロンネットワークとして知られている。この名前は、このニューラルネットワークが、1つ以上の隠れニューロンの層に入力を行う入力ニューロンの層を持っていることに由来する。基本的な構造は図12-3のようになっている。

図12-3　ニューラルネットワークの基本構造

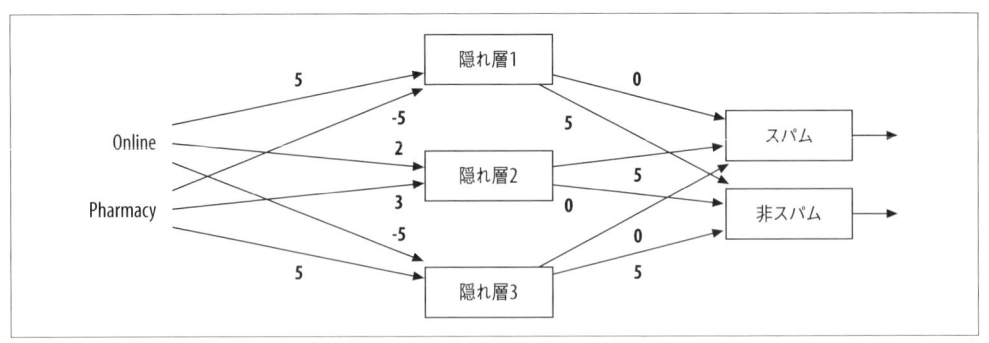

図12-4　スパム分類のニューラルネットワーク

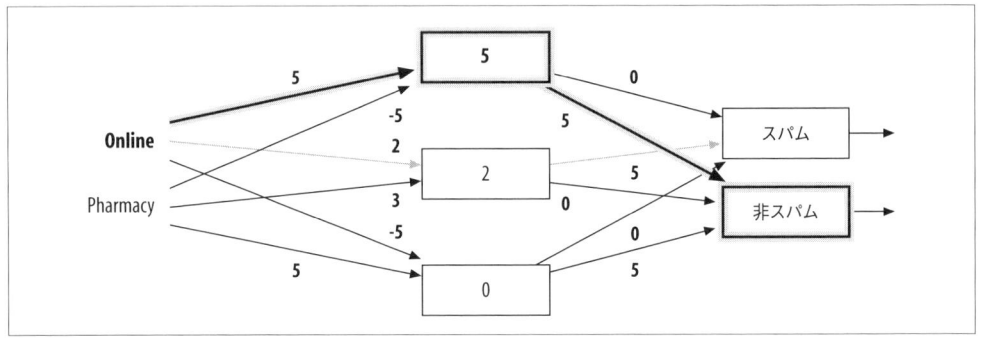

図12-5　単語"online"に対するネットワークの反応

　このネットワークは2つのニューロンの層を持っている。ニューロンの層たちは重みを持ったシナプスで相互につなぎ合わされている。1つのニューロンの集合からの出力はシナプスを通じて次の層に伝えられる。あるニューロンから次のニューロンへのシナプスの重みが高くなるにつれ、ニューロンの出力への影響は強くなっていく。

　単純な例として、ベイジアン分類器のセクションで取り上げたスパムフィルタリングの問題について再び考えてみよう。単純化した我々の世界では、メールには"online"という単語か"pharmacy"という単語、もしくはその両方が含まれている。これらのメッセージのうち、どれがスパムなのかを判定するためには、図12-4のようなニューラルネットワークが考えられる。

　この図では、シナプスには既に問題を解決するための重みがセットされている（これらがどのようにセットされたかは次のセクションで説明する）。最初の層のニューロンは、入力として用いられる単語に反応する——メール中に単語が存在すれば、その単語と強く結びついているニューロンたちが発火する。2番目の層は、最初の層が入力となるため、単語の組み合わせに反応する。

　最後にニューロンは結果を出力に送る。特定の組み合わせは結果を強くしたり、弱くしたりと影響を与える。最終的な決定はどちらの出力が強いかで判断される。図12-5は"online"という単語のみを含んでいて"pharmacy"を含んでいない場合に対して、ネットワークがどのように反応するかについて示

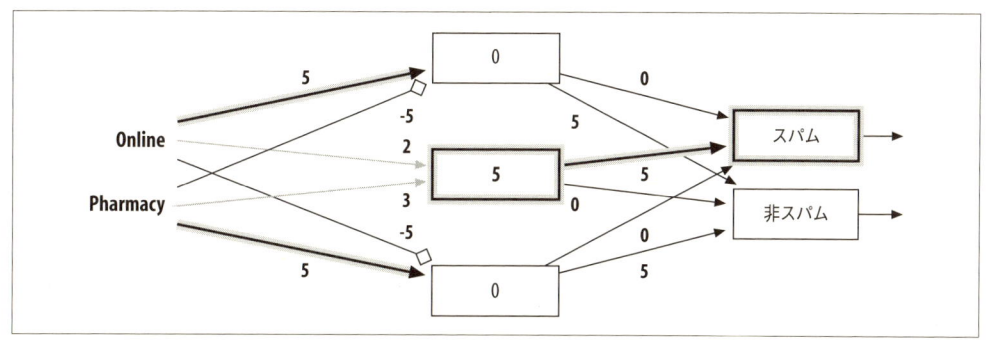

図12-6 "online pharmacy"に対するニューラルネットワークの反応

している。

最初の層のニューロンの一つは"onlilne"に反応し、出力を次の層に送り出す。そこではニューロンの1つは"online"という単語だけを含むメッセージを認識するよう学習されている。このニューロンはスパムよりも非スパムへのシナプスの重みの方が遥かに高いため、メッセージは非スパムに分類される。図12-6は"online"と"pharmacy"という単語を両方一緒にネットワークに送り込んだ際に何が起こるかについて示している。

12.3.1 ニューラルネットワークのトレーニング

上記の例では、ニューラルネットワークはすべてのシナプスに対してあらかじめ適切な重みを持っていた。ニューラルネットワークが本当に優れている点は、ランダムな重みから始めても、例からのトレーニングを通じて学習することができるという点である。4章で紹介したような多層パーセプトロンネットワークをトレーニングするもっとも一般的な方法は、バックプロパゲーションと呼ばれている。

バックプロパゲーションでネットワークをトレーニングするためには、単純な例から見ていこう。"online"という単語のみを含み、それが実際には非スパムであるという例について考えてみる。この例をニューラルネットワークに送り込み、現在の推測がどのようなものなのか見ていく。

初期にはこのネットワークは非スパムではなくスパムだと判定してしまうこともあるかもしれないが、これは間違いである。これを正すため、スパムは0に近く、非スパムは1に近いということをネットワークに教える。スパムへ繋がるシナプスの重みは、それぞれの分布の量に比例してわずかに低く調整され、非スパムへ繋がる重みはわずかに高く調整される。入力と隠れ層の間のシナプスの重みも、出力層の重要なノードにどの程度寄与しているかに基づいて調整される。

これらの調整についての実際の数式たちについては4章で説明している。ノイズや不定なデータによるネットワークの学習のし過ぎを防ぐため、トレーニングはゆっくりとなされる。そのため、特定の例に出会う回数が多くなればなるほど、その例をより正確に分類できるようになっていく。

12.3.2　ニューラルネットワークのコードの利用

4章で作成したコードをこの問題に容易に適用することができる。ちょっと工夫しなくてはいけない点としては、このコードは単語を直接受け取らず、すべてにおいて番号のIDを利用するため、考えられる入力に対して番号を割り当てる必要がある。また、トレーニングデータを保存するためにはデータベースを用いる。データベースをファイル名で開き、トレーニングを始めるとよい。

```
>>> import nn
>>> online,pharmacy=1,2
>>> spam,notspam=1,2
>>> possible=[spam,notspam]
>>> neuralnet=nn.searchnet('nntest.db')
>>> neuralnet.maketables()
>>> neuralnet.trainquery([online],possible,notspam)
>>> neuralnet.trainquery([online,pharmacy],possible,spam)
>>> neuralnet.trainquery([pharmacy],possible,notspam)
>>> neuralnet.getresult([online,pharmacy],possible)
[0.7763, 0.2890]
>>> neuralnet.getresult([online],possible)
[0.4351, 0.1826]
>>> neuralnet.trainquery([online],possible,notspam)
>>> neuralnet.getresult([online],possible)
[0.3219, 0.5329]
>>> neuralnet.trainquery([online],possible,notspam)
>>> neuralnet.getresult([online],possible)
[0.2206, 0.6453]
```

ネットワークがトレーニングを重ねるにつれ、結果が正確になってきていることが確認できるだろう。このアルゴリズムは不正解なデータにときおり出くわしたとしても対応可能であり、よい予測を行い続けることができる。

12.3.3　強みと弱み

ニューラルネットワークの主な強みとしては、複雑な非線形関数を扱うことができ、さまざまな入力間の依存関係を発見することができるという点である。この例では1か0（存在するかどうか）の数字による入力についてのみ示したが、入力としてはどのような数字でも利用でき、ネットワークは出力として数字を予測する。

ニューラルネットワークも、増加し続けるトレーニングデータに対応することができる。また、トレーニングしたモデルはシナプスの重みを表す数字のリストに過ぎないので、保存する際にもたいしたスペースは必要としない。トレーニングを重ねる際には元々のデータを必要としないため、ニューラルネットワークはトレーニングデータが継続的に流れてくるようなアプリケーションに利用することもできる。

ニューラルネットワークの主な欠点としては、ブラックボックスであるという点が挙げられる。ここで紹介したネットワークの例では動きを楽に理解できるように工夫してあるが、実際にはネットワークは数百から数千のシナプスを持つため、回答がどのようにネットワーク中で決定されて来たのかを追跡することは困難である。アプリケーションによってはこのように納得できるような過程を理解することができないということが致命的なケースも存在する。

　他の欠点としては、特定の問題に対してのトレーニング率とネットワークのサイズを決めるための確固たるルールが存在しないことである。通常、これを決めるには十分な経験が必要である。トレーニング率を高く設定しすぎれば、ネットワークはノイズデータも一般化し過ぎしてしまうし、低すぎればいつまでたってもあなたが与えたデータに対して学習を行わないようになってしまう。

12.4　サポートベクトルマシン

　9章で紹介したサポートベクトルマシン（SVM）は、多分、本書でカバーする手法の中でもっとも洗練されたものだろう。SVMは数字のデータセットを入力として受け取り、それらが属するカテゴリを予測しようと試みる。たとえば、あなたは人々の身長と足の速さのリストを基に、バスケットボールチームのポジションを決めたいとする。簡単にするため、二つだけのポジションについて考える――身長の高いプレイヤーが必要なフロントコートのポジションと、素早い動きを必要とするバックコートのポジションである。

　SVMは二つのカテゴリを分割する直線を探し出すことで予測モデルを構築する。身長×スピードにそれぞれの人間のベストポジションをプロットすると図12-7のようなグラフになる。フロントコートプレイヤーは×として表示されており、バックコートプレイヤーはOとして表示されている。また、グラ

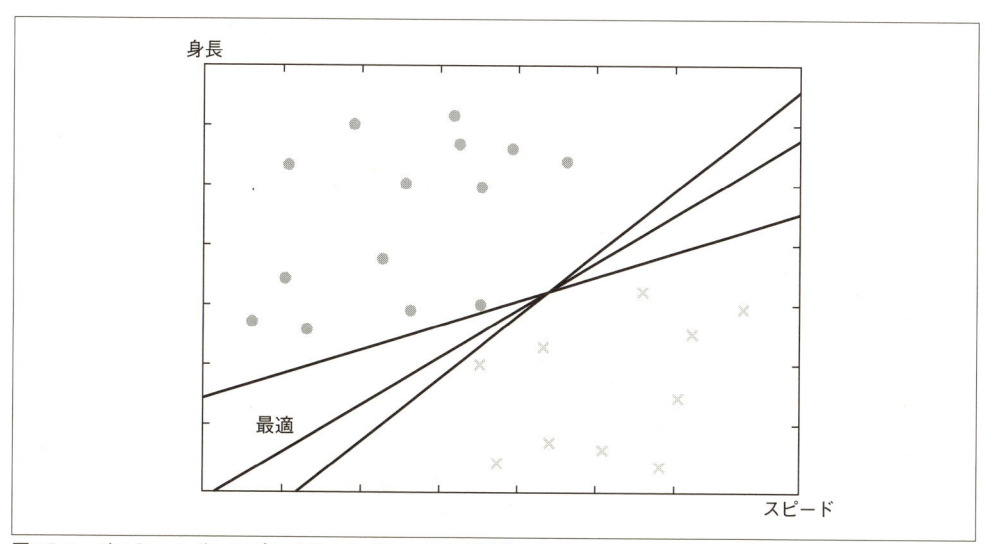

図12-7　バスケットボールプレイヤーのプロットと分割線

フには二つのカテゴリにデータを分割する直線をいくつか引いてある。

サポートベクトルマシンはデータをもっとも明確に分割する直線を探し出す。これは、分割線に近いポイントからの距離が最大になるようなものを意味する。図12-7では、すべての直線がデータを分割はしているが、もっとも明確に分割しているのは"Best"と表記されている直線である。直線をどこに置くべきなのかを決めるのに必要なポイントは、直線にもっとも近いポイントたちだけである。これらはサポートベクトルと呼ばれる。

分割線を見つけた後、新たなアイテムを分類するというのは、単にそれらをグラフにプロットし、線のどちら側に属するか確認するという問題に過ぎない。一度分割線を引きさえすれば、新しいポイントを分類する際にはトレーニングデータを確認する必要はない。そのため、分類は非常に高速に行える。

12.4.1　カーネルトリック

サポートベクトルマシンは他のドット積（内積）を使う線形分類器と同様、カーネルトリックという技術を利用する。これを理解するため、ポジションの予測の問題ではなく、ポジションが頻繁に変更されるアマチュアチームのプレイヤーを選択する問題について考えてみよう。これは分割が線形ではないので、さきほどの例よりも興味深い。あなたは身長が高すぎたり、動きが速すぎるプレイヤーは欲しくない。これらのプレイヤーのせいで他のユーザにとってゲームが難しくなってしまうからである。同様の理由で身長が低すぎたり遅すぎるプレイヤーも欲しくない。図12-8にこの図がどのようになるか示している。○がチームに適しているプレイヤーで×がそうでないプレイヤーを指し示している。

これでは直線の分割線を引くことはできないため、データをどうにか変更しない限り、分割するために線形関数を用いることはできない。これを実行するやり方の一つがデータを別の空間（たいてい2次元以上の空間になる）に変換するやり方だ。軸変数に別の関数を適用することで行われる。この場合、

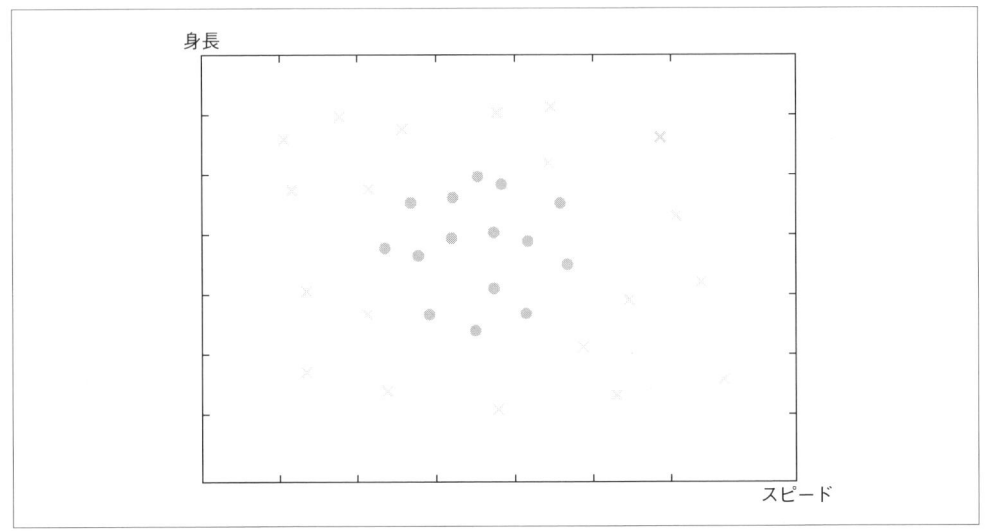

図12-8　アマチュアチームのバスケットボールプレイヤーのプロット

高さと速度の平均を引き、その高さと速度の値を2乗したものを用いて新たな空間を作る。これは図12-9のようになる。

これは多項式変換と呼ばれ、データを別の軸に変換する。これで、線形分類器によって引かれるチームに当てはまる人とそうでない人の間の分割線が容易に見えるようになった。新たなポイントを分類するということは、この空間にそのポイントを変換して、線のどちら側に属するかを確認する、という問題に過ぎない。

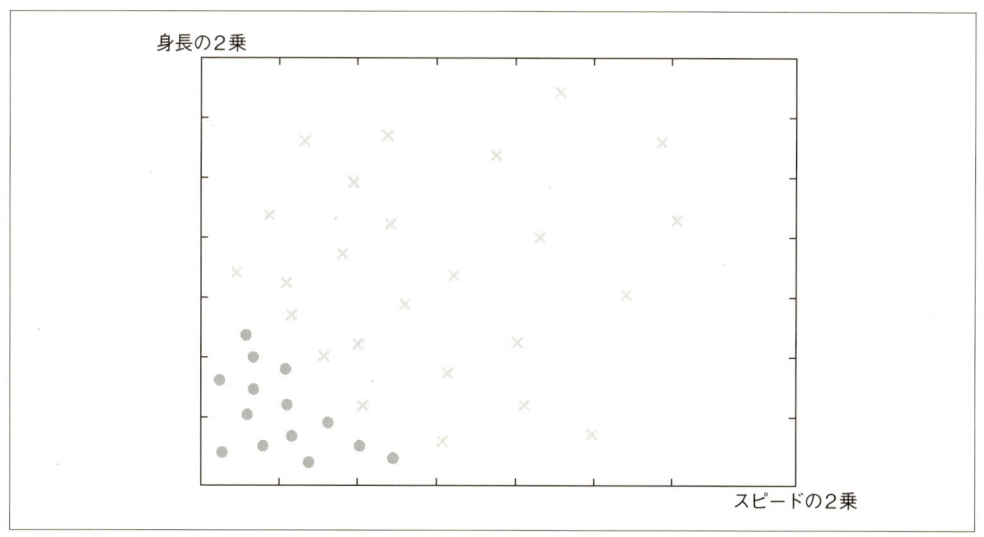

図12-9　多項式空間でのバスケットボールプレイヤー

この例では、この変換がうまくいったが、多くの例では、分割線を引くためにはもっと複雑な空間への変換が必要になる。それは時には数千、もしくは無限の次元にまで達することもあるため、このような変換を実際に行うというのは実用的ではない。ここでカーネルトリックの登場である——空間を変換する代わりに、データを別の空間に変換したデータにドット積を適用した時に返される値を返すように、ドット積の関数を変更する。たとえば、先ほどの多項式変換の代わりに次のように変更するとよい。

```
dotproduct(A,B)
```

上記の部分を次のように変更する。

```
dotproduct(A,B)**2
```

9章では、あなたはグループの平均を使う単純な線形分類器を作った。そしてそのドット積関数を、別のベクトルを結合する関数たちで置きかえることで、非線形な問題を解決できるように変更する方法

について見てきた。

12.4.2 LIBSVMの利用

9章ではLIBSVMというライブラリを紹介した。これを使ってデータセットをトレーニングし（変換された空間中の分割線を探すために）、新たな観測値を分類することができる。

```
>>> from random import randint
>>> # ポイントをランダムに200個作る
>>> d1=[[randint(-20,20),randint(-20,20)] for i in range(200)]
>>> # 円の中にあれば1、そうでなければ0に分類
>>> result=[(x**2+y**2)<144 and 1 or 0 for (x,y) in d1]
>>> from svm import *
>>> prob=svm_problem(result,d1)
>>> param=svm_parameter(kernel_type=RBF)
>>> m=svm_model(prob,param)
>>> m.predict([2,2])
1.0
>>> m.predict([14,13])
0.0
>>> m.predict([-18,0])
0.0
```

LIBSVMは数多くのカーネル関数をサポートしている。それらを与えられたデータセットに対して、さまざまなパラメータで試してみて、どのようなパラメータがベストであるか見てみることも容易である。モデルがどの程度うまく動作しているのかをテストするためには、cross_validation関数を試してみるとよい。これはパラメータとnを受け取り、データセットをn個のサブセットに分割する。そして、それぞれのサブセットをテストセットとして用い、その他のサブセットすべてでモデルをトレーニングする。これは元々のリストと比較できるような回答のリストを返す。

```
>>> guesses=cross_validation(prob,param,4)
>>> sum([abs(guesses[i]-result[i]) for i in range(len(guesses))])
28.0
```

新しい問題にアプローチする際には、さまざまなカーネル関数にさまざまなパラメータを与えて、どれが最もよい結果を返すか試すとよい。どれがベストなのかはデータセットによって異なる。決定した後は、それを新たな観測値を分類するために利用されるモデルを作るために使うことができる。実用の際には、ループをネストさせてさまざまな値を試してみて、どれがベストなのか把握するようにするとよい。

12.4.3 強みと弱み

サポートベクトルマシンは非常にパワフルな分類器である。もし正しいパラメータを得ることができれば、本書でカバーしている他の分類の手法たちと同程度、もしくは一番うまく動作するだろう。さらに、この場合分類とは、単にポイントが分割直線のどちら側に来るか確認するだけのことなので、トレーニングが終われば、新たな観測値を非常に高速に分類することができる。カテゴリの入力を数字に変換することで、カテゴリと数字のデータの混成に対しても動作させることができる。

欠点の一つとしては、ベストなカーネル変換関数とその関数のパラメータは、それぞれのデータセットで微妙に異なるため、あなたは毎回それを探さなければならないという点である。可能性のある値をループすることでこの問題は軽減することはできるが、そのためには信頼できるクロス検証を行える程度の巨大なデータセットが必要である。SVMは一般的には巨大なデータセットが利用できるような問題に非常に有効である。一方、決定木のような他の手法たちは、非常に小さなデータセットに対しても興味深い情報を生み出してくれる。

ニューラルネットワーク同様、SVMはブラックボックスな技術である——データは高次元に変換されるため、実際にSVMがどうやって分類しているのかを解釈することは難しい。SVMはすばらしい解答を与えてくれはするが、その理由についてあなたは知ることはできないだろう。

12.5　K近傍法

8章では、K近傍法（kNN：k-nearest neighbors）というアルゴリズムを使った数値的予測のことを取り上げ、さまざまな例について価格予測モデルを構築する方法を示すのに利用した。誰かがある映画またはリンクをどれほど気に入るか予測するアルゴリズムとして2章で推奨したのもK近傍法の簡略化版だ。

K近傍法の動作は、数値的予測を立てたいアイテムを新たに取ってきて、既に値を持つアイテム群と比較するというものだ。問題のアイテムに近いアイテム群を見つけてその平均を取ることで、問題のアイテムの予測値を得るのである。表12-6はデジタルカメラのリストで、解像度（メガピクセル）、ズーム倍率、価格を示したものだ。

6メガピクセル（600万画素）で6倍ズームという新型カメラの価格を予測したいとしよう。まず必要なのは、ある二つのアイテムがどの程度似ているかということを測る尺度だ。8章ではユークリッド距離を使ったし、他の章でもピアソン相関やTanimotoスコアなど、多くの距離尺度を紹介した。この例についてユークリッド距離を使うと、表中でもっとも近傍にあるのはC3であることがわかる。このことを可視化すべく、メガピクセル数をX軸に、ズーム倍率をY軸に取ったチャートに各アイテムをプロットしよう。この図12-10ではアイテムを価格で示してある。

解答として$349という価格を採用してもよいが（これが最近傍マッチだし）、それではこの価格が単なる異常値だったときに判らない。だからアイテムを最近傍から2個以上取り、その平均を得る方が良い。K近傍法のKは平均を得るのに何個のトップマッチアイテムを取るかを示す。たとえばベスト3を

表12-6 デジタルカメラとその価格

カメラ	メガピクセル	ズーム	価格
C1	7.1	3.8x	$399
C2	5.0	2.4x	$299
C3	6.0	4.0x	$349
C4	6.0	12.0x	$399
C5	10.0	3x	$449

取って平均値を得るのであれば、それはk=3のK近傍法となる。

　平均を得る部分への拡張として、近傍アイテムがどれほど離れているかに基づく加重平均を利用する方法がある。かなり近いアイテムを、はるかに離れたアイテムより重視するということだ。重みは総距離に対する割合だ。8章ではこの重みを決定するさまざまな関数を取り上げた。この例では、$349にもっとも大きな重み付けをし、価格$399の2つの重みはそれより小さくするものとしよう。このようになる。

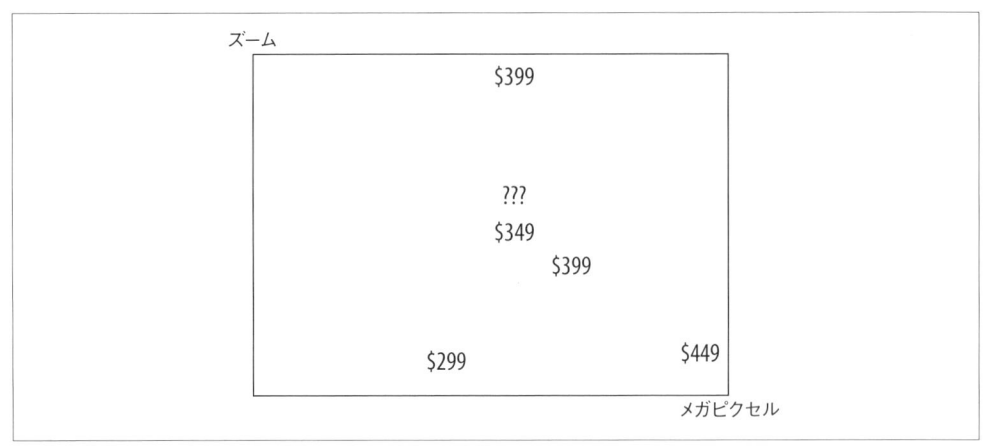

```
price = 0.5 * 349 + 0.25 * 399 + 0.25 * 399 = 374
```

図12-10　ズーム‑メガピクセル空間におけるカメラ価格

12.5.1　スケーリングと過剰変数

　ここまで書いてきたK近傍法アルゴリズムには、すべての変数間の距離を計算してしまう、という大きな問題がある。これは、各変数の計測対象が異なり、ある変数が他の変数よりずっと大きな値を取る傾向がある場合に、この変数が「近さ」に対して非常に大きな影響を及ぼす、ということを意味する。上のデータセットで解像度の単位がメガピクセルでなくピクセルであった場合を考えてみるとよい──

ズームが10倍違うことは10ピクセル多いことよりずっとずっと重要なのに、両者は等しく扱われてしまうのだ。また、データセットには予測を行う際にまったく役に立たない変数が入っていることがあるが、これらも距離に影響を及ぼす。

この問題は距離計算の前にデータに縮尺を掛けること（スケーリング）で解決する。8章では縮尺をかけるためのメソッドを作ったが、これはある変数群を拡大し、他の変数群を縮小するものだった。まったく無用の変数には0を掛けて結果に影響を及ぼさないようにすることもできる。有用だが範囲がまったく異なる変数については比較しやすいように縮尺をかければよい——2000ピクセルをズームの1倍と等価であるとするようなことだ。

データの適切な縮尺量は用途によって異なるが、ある縮尺係数セットがどの程度良いものかは、予測アルゴリズムをクロス評価することで検証可能だ。クロス評価とは、データセットからいくつかアイテムを外し、残ったデータから外したアイテムをどれほどうまく推測できるか見るものだ。図12-11にこの動作を示す。

多数の異なる縮尺係数をクロス評価すれば、各アイテムについて誤差率（エラーレート）が得られる。新規アイテムの予測に用いるべき縮尺係数は、これを使って決めればよい。

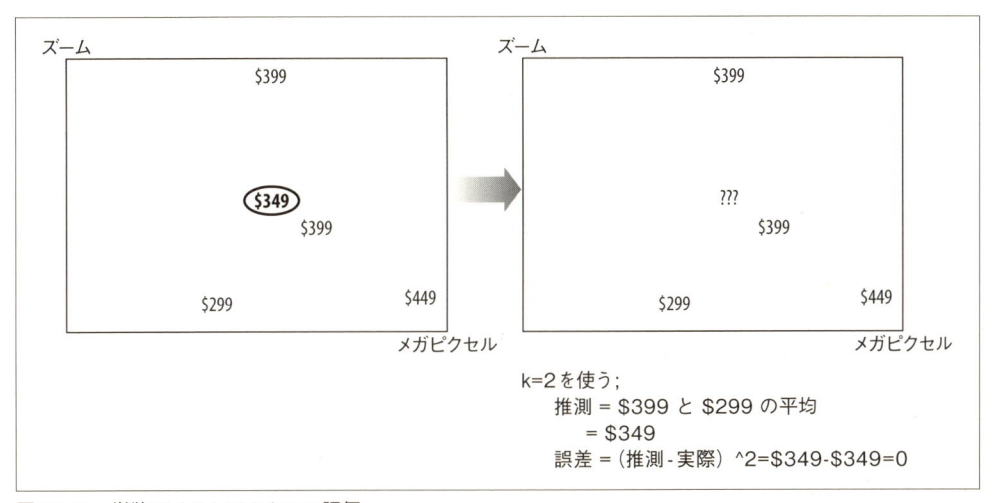

図12-11　単独アイテムでのクロス評価

12.5.2　K近傍法コードの利用

8章ではK近傍法および重み付けK近傍法の関数を書いた。これらを表12-6にあるサンプルデータセットに対して実行するのは簡単だ。

```
>>> cameras=[{'input':(7.1,3.8),'result':399},
... {'input':(5.0,2.4),'result':299},
... {'input':(6.0,4.0),'result':349},
```

```
... {'input':(6.0,12.0),'result':399},
... {'input':(10.0,3.0),'result':449}]
>>> import numpredict
>>> numpredict(cameras,(6.0,6.0),k=2)
374.0
>>> numpredict.weightedknn(cameras,(6.0,6.0),k=3)
351.52666892719458
```

データの縮尺を変えることによる改善も可能である。これはリスケール関数により行う。

```
>>> scc=numpredict.rescale(cameras,(1,2))
>>> scc
[{'input': [7.1, 7.6], 'result': 399}, {'input': [5.0, 4.8], 'result': 299},
{'input': [6.0, 8.0], 'result': 349}, {'input': [6.0, 24.0], 'result': 399},
{'input': [10.0, 6.0], 'result': 449}]
```

さらにクロス評価関数により、最良の縮尺係数を定めることができる。

```
>>> numpredict.crossvalidate(knn1,cameras,test=0.3,trials=2)
3750.0
>>> numpredict.crossvalidate(knn1,scc,test=0.3,trials=2)
2500.0
```

データセットの変数が多くなると、可能な縮尺係数を当てずっぽうに試すのも非常に面倒になるので、最良解を見つけるべくすべての値の組み合わせを使ってループしていくか、あるいは8章で示したように、最適化アルゴリズムのどれかを利用すればよい。

12.5.3　強みと弱み

　K近傍法は、混み入った関数群により数値的な予測を立てるものでありながら解釈が容易である、という希有なアルゴリズムだ。推論過程は楽に理解できるし、コードに簡単な変更を加えれば、計算でどの近傍アイテムが使われたか厳密にわかるようになる。ニューラルネットワークも混み入った関数群により数値的予測を立てることができるが、推論過程を理解しやすくする類似群の提示などまずしない。

　これに加え、データの正しい縮尺を決定するプロセスが、予測を改善してくれるのみならず、どの変数が予測上重要であるかも教えてくれる。0にスケールダウンされてしまうようなデータは捨ててよい。こうしたデータには収集が困難あるいは高価なものがあるので、不要ということが判れば将来の時間やお金が節約できる。

　K近傍法はオンラインテクニックである、つまりデータが変われば再トレーニングが必要なサポートベクターマシンなどとは異なり、いつでも新しいデータが追加可能である。これに加え、データを追加しても計算がまったく必要ない。データは集合にシンプルに追加されるのだ。

K近傍法の大きな弱点は、予測を立てるのにすべてのトレーニングデータが必要とされることだ。参考データが数百万などというデータセットでは、これは単なるスペースの問題ではなく実行時間の問題にもなる。予測を立てようとする一つひとつのアイテムを他のすべてのアイテムと比較し、最も近傍となるものはどれか、調べねばならないからだ。

もう一つの欠点は、正しい縮尺係数を求めるのに長いことかかる場合があるということだ。さらなる自動化の手段もあるとはいえ、可能な数千もの縮尺係数についてクロス評価とスコアリングを行う作業は、大きなデータセットでは非常に計算集約的なものとなる。トライすべき変数の数が多ければ、数百万もの縮尺係数を試さなければ正しい係数が得られないかもしれない。

12.6 クラスタリング

階層的クラスタリングとK平均法（K-means）クラスタリングは教師なし学習の技術である。これは、これらは予測を試みるような手法ではなく、トレーニングデータとなる例を必要としないということを意味する。3章ではトップブロガーたちのリストを受け取り、それらが似たようなサブジェクトや、似たような単語のグループに自然に分かれるよう自動的にクラスタリングする方法について見てきた。

12.6.1 階層的クラスタリング

クラスタリングは1つ以上の数字の特性を持っているようなアイテムの集団であれば、どのようなものに対してでも動作する。3章の例では、それぞれのブログの単語のカウントを用いたが、クラスタリングにはどのような数字の集合でも利用できる。階層的クラスタリングのアルゴリズムの動作を説明するために、単純なアイテム（アルファベットの文字）と数字のテーブルについて考える（表12-7）。

図12-12はこれらのアイテムをクラスタリングする過程について示している。最初のフレームでは、アイテムはP1をx軸、P2をy軸とした2次元にプロットされている。階層的クラスタリングは互いに近くにある二つのアイテムを探し出し、それらを一つのクラスタにマージすることで動作する。2番目のフレームではAとBというもっとも近い二つのアイテムがグループ化されていることが分かるだろう。このクラスタの"位置"は二つのアイテムの平均となる。次のフレームでは、もっとも近いアイテムはCと、この新たなA-Bクラスタであることが分かる。この過程は、最後のフレームのように、すべてが一つの大きなクラスタに含まれるようになるまで続く。

表12-7　クラスタリングのシンプルなアイテムたち

アイテム	P1	P2
A	1	8
B	3	8
C	2	6
D	1.5	1
E	4	2

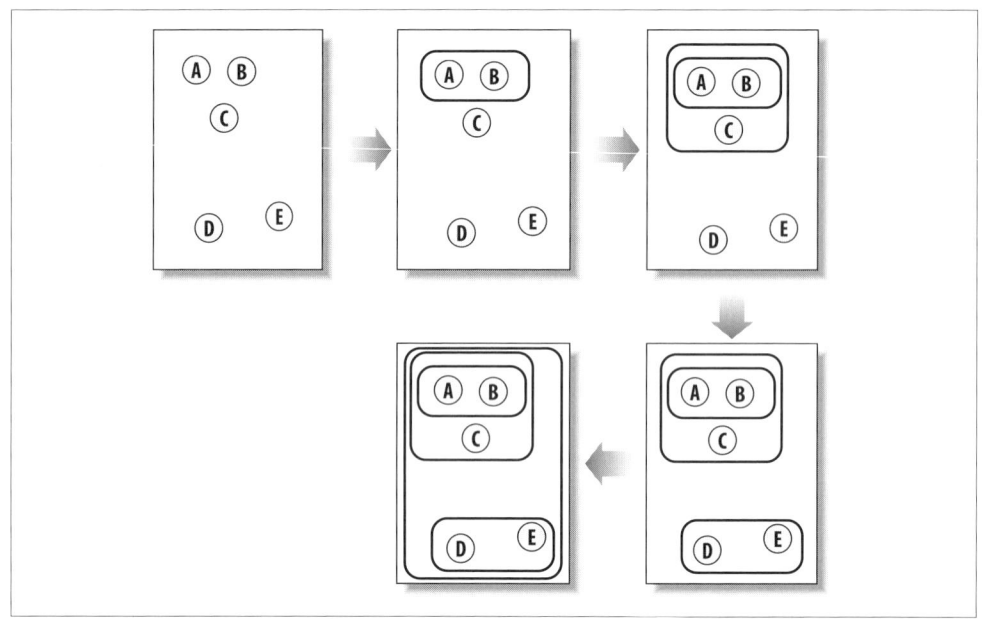

図12-12　階層的クラスタリングのプロセス

このプロセスにより階層が作られる。この階層はデンドログラムによって描写することができる。デンドログラムとは、どのアイテムとグループが近いかを示すことのできるツリー上の構造である。例のデータセットのデンドログラムを図12-13のようになる。

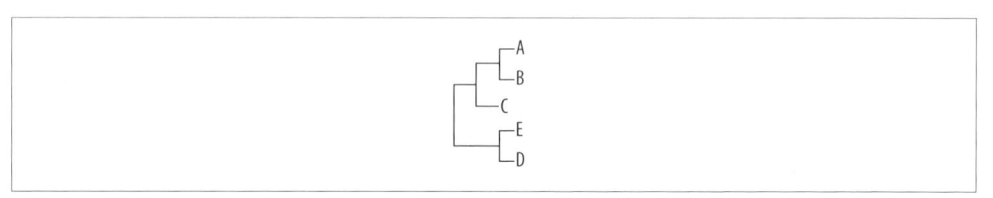

図12-13　クラスタされた文字のデンドログラム

もっとも近いアイテム同士であるAとBは終端で結合されている。CはAとBの組み合わせに結合されている。デンドログラムから、適当な枝を拾いだして面白いグループかどうか確認することができる。3章ではほとんどすべてが政治的なブログで構成されている枝もあれば、技術的なブログだけの枝も存在していた。

12.6.2　K平均法クラスタリング

データをクラスタリングする別のやり方としてK平均法クラスタリングというものがある。階層的クラスタリングはアイテムのツリーを作り上げたが、K平均法クラスタリングはデータを独立したグループに実際に分別する。アルゴリズムを走らせる前に、あなたがグループの数を決めておく必要がある。

図12-14は、階層的クラスタリングの時とは少し異なったデータセットを用いて、実際にK平均法クラスタリングで二つのグループを作る際の例を示している。

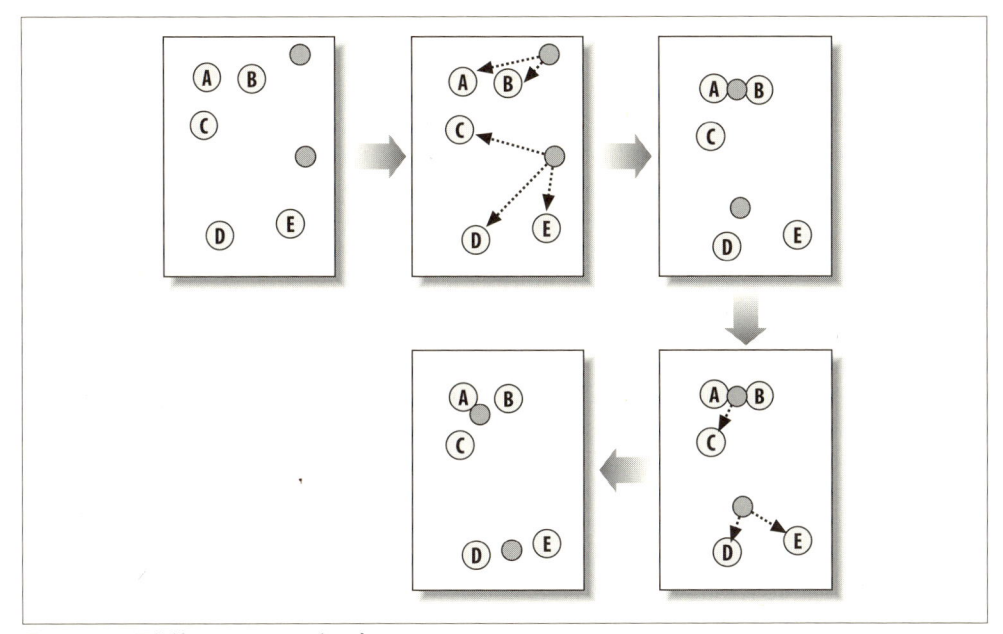

図12-14 K平均法クラスタリングのプロセス

最初のフレームでは、2つの重心（黒い円で表示している）がランダムに配置されている。フレーム2では、それぞれのアイテムがもっとも近い重心に割り当てられている。この場合、AとBは上部の重心に割り当てられており、C、D、Eは下部の重心に割り当てられている。3番目のフレームでは、重心はそれぞれに割り当てられたアイテムの平均の位置に移動している。そして割当の計算が再度なされると、DとEは下部の重心に近いままだが、Cは今回は上部の重心の方が近くなっていることが判明する。そのため、最終的な結果はA、B、Cが一つのクラスタとなり、D、Eが別のクラスタとなっている。

12.6.3 クラスタリングコードの利用

3章で作成したコードを利用してクラスタリングを行うためには、データセットと距離を表す評価尺度が必要である。データセットはそれぞれが変数を表すような数字のリストで構成されている。3章では、ピアソン相関とTanimocoスコアが距離の評価尺度として用いられたが、ユークリッド距離のような、それ以外の評価尺度を用いることも容易である。

```
>>> data=[[1.0,8.0],[3.0,8.0],[2.0,7.0],[1.5,1.0],[4.0,2.0]]
>>> labels=['A','B','C','D','E']
>>> def euclidean(v1,v2): return sum([(v1[i]-v2[i])**2 for i in range(len(v1))])
>>> import clusters
```

```
>>> hcl=clusters.hcluster(data,distance=euclidean)
>>> kcl=clusters.kcluster(data,distance=euclidean,k=2)
Iteration 0
Iteration 1
```

K平均法クラスタリングでは、どのアイテムが二つのクラスタのそれぞれに配置されたかという結果を、簡単に表示することができる。

```
>>> kcl
[[0, 1, 2], [3, 4]]
>>> for c in kcl: print [labels[l] for l in c]
...
['A', 'B', 'C']
['D', 'E']
```

階層的クラスタリングはそれだけではうまく表示できないが、3章で書いたコードの中には階層的クラスタリングのデンドログラムを描くための関数も含まれていた。

```
>>> clusters.drawdendrogram(hcl,labels,jpeg='hcl.jpg')
```

どちらのアルゴリズムを利用するかという選択は、あなたが何をしたいかによって異なる。K平均法クラスタリングのようにデータを別々のグループに分けることは、表示したり、グループの特徴を明らかにすることが非常に簡単なため、役に立つ場合もある。一方、いくつのグループが存在するかまったく分からないような、完全に新しいデータセットに対しては、どのグループが互いに似ているかについて知りたいような場合もあるだろう。このような場合には階層的クラスタリングがよい選択である。

また、両方の手法を併用することも可能である。最初はK平均法クラスタリングでグループの集合を作り、それからこれらのグループに対して、重心間の距離を利用して階層的にクラスタリングをしてみる。これにより、ツリー状に配置された同一のレベルのさまざまなグループを得ることができ、グループ間の関係を確認することができる。

12.7　多次元尺度構成法

3章でカバーされ、ブログに対して用いられた手法の一つとして多次元尺度構成法がある。これはクラスタリングと同様、教師なし学習の技術であり、予測を行うのではなく、さまざまなアイテムがどのように関係しているかを理解する手助けをしてくれる。これは元のデータセットでのアイテム間の距離とできるだけ近い低次元の表現を作り上げる。通常これは、画面や紙に表示するために多次元を2次元に縮小することを意味する。

たとえば、あなたは表12-8のような4次元のデータセット（すべてのアイテムは4つの関連する値を

持っている)を持っているとする。

表12-8　シンプルな4次元のアイテムたち

A	0.5	0.0	0.3	0.1
B	0.4	0.15	0.2	0.1
C	0.2	0.4	0.7	0.8
D	1.0	0.3	0.6	0.0

　ユークリッド距離の数式を使い、すべてのアイテムのペアの距離の値を得ることができる。たとえばAとBの距離は$sqrt(0.1^2+0.15^2+0.1^2+0.0^2)$ = 0.2となる。すべてのペアの距離の行列は表12-9のようになる。

表12-9　距離の行列の例

	A	B	C	D
A	0.0	0.2	0.9	0.8
B	0.2	0.0	0.9	0.7
C	0.9	0.9	0.0	1.1
D	0.8	0.7	1.1	0.0

　ここでの目標は2次元チャート上に、すべてのアイテムの距離が4次元での距離とできるだけ近くなるように描くことである。すべてのアイテムはチャート上にランダムに配置され、図12-15のように現在の距離が計算される。

　すべてのアイテムの組に対し、現在の距離と目標となる距離が比較され、誤差が計算される。すべてのアイテムは二つのアイテム間の誤差に比例して少し近づけられたり遠ざけられたりする。図12-16はアイテムAに対する力の動きを示している。チャートでのAとBの距離は0.5だが、目標とする距離は0.2であるため、AはBにより近く移動される必要がある。同様にAはCとDに対して近すぎるため、それらから遠ざけられる。

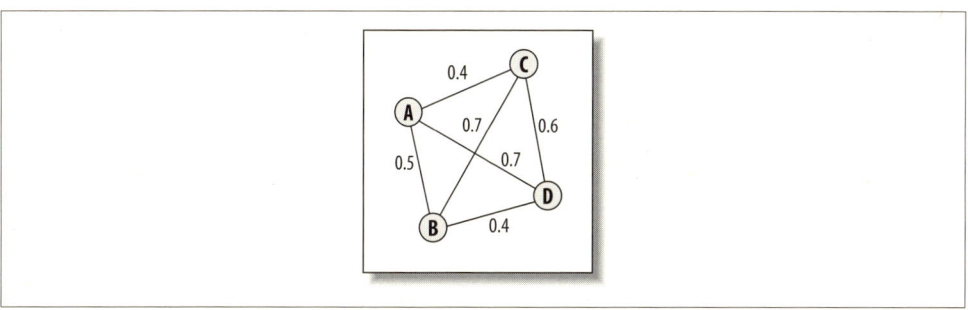

図12-15　アイテム間の距離

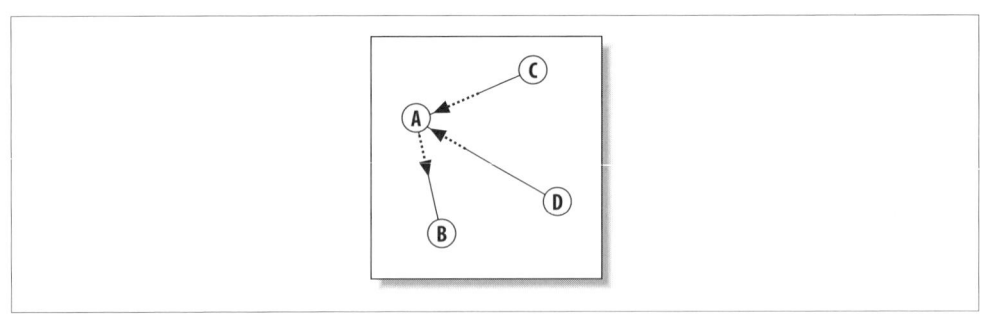

図12-16 アイテムAに動作する力

すべてのノードは自分以外のノードたちの組み合わせによって、引き寄せられたり押されたりして移動する。これが実行される度に現在の距離と目標とする距離の差が少しずつ小さくなっていく。この過程は、移動をしても誤差の合計が減らなくなるまで繰り返される。

12.7.1　多次元尺度構成法のコードの利用

3章では、あなたは多次元尺度構成法の二つの関数を作った。一つはこのアルゴリズムを実際に走らせるもので、もう一つは結果を表示するためのものだ。前者の関数であるscaledownは多次元のアイテムの値のリストを受け取り、同じ順序で2次元に縮小したリストを返す。

```
>>> labels=['A','B','C','D']
>>> scaleset=[[0.5,0.0,0.3,0.1],
...  [0.4,0.15,0.2,0.1],
...  [0.2,0.4,0.7,0.8],
...  [1.0,0.3,0.6,0.0]]
>>> twod=clusters.scaledown(scaleset,distance=euclidean)
>>> twod
[[0.45, 0.54],
 [0.40, 0.54],
 [-0.30, 1.02],
 [0.92, 0.59]]
```

もう一方の関数であるdraw2dはこの縮小されたリストを受け取り画像を作る。

```
>>> clusters.draw2d(twod,labels,jpeg='abcd.jpg')
```

これは結果を含んだabcd.jpgという名前のファイルを作る。また、scaledownによって生成されたリストを受け取って、スプレッドシートのような別のプログラムで使用するなど、別のやり方で可視化することもできるだろう。

12.8　非負値行列因子分解

10章では非負値行列因子分解（NMF：non-negative matrix factorization）と呼ばれる高度なテクニックについてカバーした。これは数字の集合をその成分のパーツに分解するものである。この手法を用いて、ニュース記事が別々のテーマたちをどのように組み合わせて構成されているかということと、さまざまな株の取引量を、個々の株や複数の株に影響を与えるイベントに分割する方法について見てきた。これは、カテゴリや値に対しての何らかの予測を行うものではなく、データの特性を明らかにするようなものであるため、教師なしのアルゴリズムである。

NMFの動きについて理解するために、表12-10の値の集合について考えてみよう。

表12-10　NMFのシンプルなテーブル

観測対象ID	A	B
1	29	29
2	43	33
3	15	25
4	40	28
5	24	11
6	29	29
7	37	23
8	21	6

AとBは二つの数字の組の組み合わせ（特徴）から構成されているとする。しかし、あなたはこれらの組が何なのか、そしてそれぞれの観測対象を作るためにどの程度それぞれの組が使われているのか（重み）を知らないとする。NMFはこの特徴と重みの候補を探しだすことができる。10章でニュース記事に取り組んでいた際には、観測対象はニュース記事で、列は記事中の単語だった。株の取引量の例では、観測対象は日付で、列はさまざまな株のティッカーだった。それぞれのケースで、アルゴリズムはさまざまな割合で足し合わせることでこれらの観測対象を再構築できるような小さなパーツを探し出そうと試みる。

表のデータの解答候補の一つを挙げるなら(3,5)と(7,2)が挙げられる。

この組を使い、組をさまざまな量つなぎ合わせて観測対象を再構築する例を以下に示す。

　　　　5*(3, 5) + 2*(7, 2) = (29, 29)
　　　　5*(3, 5) + 4*(7, 2) = (43, 33)

これは図12-17のような行列の乗算として確認することもできる。

$$\begin{pmatrix} 5 & 2 \\ 5 & 4 \\ 5 & 0 \\ 4 & 4 \\ 1 & 3 \\ 5 & 2 \\ 3 & 4 \\ 0 & 3 \end{pmatrix} \times \begin{pmatrix} 3 & 5 \\ 7 & 2 \end{pmatrix} = \begin{pmatrix} 29 & 29 \\ 43 & 33 \\ 15 & 25 \\ 40 & 28 \\ 24 & 11 \\ 29 & 29 \\ 37 & 23 \\ 21 & 6 \end{pmatrix}$$

　　　　　重み　　　特徴　　　　データセット

図12-17　データセットを重みと特徴に因子分解する

　NMFの目標は重みと特徴の行列を自動的に探し出すことである。これを実現するために、まずはランダムな値の行列からスタートし、更新ルールに従って値を更新していく。このルールは四つの新たな行列を生成する。以下の詳細では、元の行列はデータ行列と表記している。

hn
　　転置した重みの行列にデータ行列を掛け合わせたもの
hd
　　転置した重みの行列に重みの行列を掛け合わせたものに特徴の行列を掛け合わせたもの
wn
　　データ行列に転置した特徴の行列を掛け合わせたもの
wd
　　重みの行列に、特徴の行列を掛け合わせたものに転置した特徴の行列を掛け合わせたもの

　重みの行列と特徴の行列を更新するためには、これらのすべての行列をarrayに変換する。特徴行列のすべての値はhnの対応する値で掛け合わされ、hdの対応する値で除算される。同様に重みの行列のすべての値は対応するwnの値と掛け合わされ、wdの値で除算される。重みの行列と特徴の行列の乗算結果が元のデータ行列と十分に近くなるまでこれが繰りかえされる。特徴の行列から、組み合わせることで元のデータセットを作り上げるような潜在的な原因を見つけることができる。この原因とは、例えばニュースのさまざまなテーマであったり、株式市場でのイベントだったりする。

12.8.1　NMFコードの利用

　作成したNMFのコードを利用するには、単純にfactorize関数に観測値のリストと探し出したい特徴の数を渡して呼び出すだけでよい。

```
>>> from numpy import *
>>> import nmf
>>> data=matrix([[ 29.,   29.],
...  [ 43.,   33.],
```

```
...  [ 15.,   25.],
...  [ 40.,   28.],
...  [ 24.,   11.],
...  [ 29.,   29.],
...  [ 37.,   23.],
...  [ 21.,    6.]])
>>> weights,features=nmf.factorize(data,pc=2)
>>> weights
matrix([[ 0.64897525,  0.75470755],
        [ 0.98192453,  0.80792914],
        [ 0.31602596,  0.70148596],
        [ 0.91871934,  0.66763194],
        [ 0.56262912,  0.22012957],
        [ 0.64897525,  0.75470755],
        [ 0.85551414,  0.52733475],
        [ 0.49942392,  0.07983238]])
>>> features
matrix([[ 41.62815416,   6.80725866],
        [  2.62930778,  32.57189835]])
```

特徴と重みが返されている。観測値のセットが小さい場合、有効な特徴は複数存在することもあるため、これは毎回同じ結果になるわけではないこともある。観測値が大きくなればなるほど、特徴は異なった順番で返されるかもしれないが、結果は一貫したものになるだろう。

12.9 最適化

5章で取り上げた最適化は、他の手法と比べると少し変わっている。データセットに対して動作するのではなく、コスト関数の出力を最小化する値を選択しようとするのだ。5章ではコスト関数の例をいくつか挙げた。旅費および空港での待ち時間を使ってグループ旅行の計画を立てるもの、もっとも適切な部屋に学生を割り当てるもの、さらには簡単な図表のレイアウトの最適化である。コスト関数さえデザインできれば、これら3種の異なる問題に同じアルゴリズムが適用できる。アルゴリズムは2種類取り上げた。模擬アニーリングと遺伝アルゴリズムだ。

12.9.1 コスト関数

コスト関数とは、推測解を引数に取り、劣った解には高い値を、優れた解には低い値を返すあらゆる関数のことを言う。最適化アルゴリズムはこの関数を解のテストに用いて、可能な解の中から最良解を見出そうとする。最適化に使うコスト関数は考慮すべき変数を多数持っていることが多く、どれを変えることで結果が改善できるかは必ずしも明らかでないことが多い。しかし今は解説のため、変数が一つだけの関数を考える。以下のように定義しよう。

```
y = 1/x * sin(x)
```

図12-18にこの関数のグラフを示す。

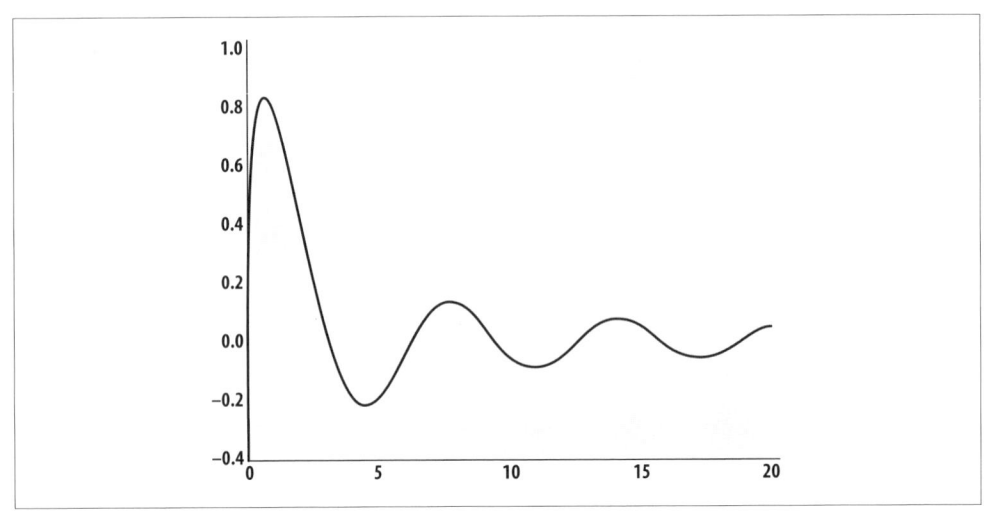

図12-18 1/x * sin xのグラフ

　この関数には変数が一つしか存在しないので、極小値を取るポイントをグラフから読み取ることは容易だ。これを使うことにより最適化の動作が容易に見て取れるというわけだ。現実には、多くの変数を伴う複雑な関数を単純にグラフ化し、極小値を取るポイントを見出すことはできない。

　この関数が面白いのは、局地最小をいくつも持っていることだ。これは取り巻くすべてのポイントより低いが、全体から見た最小値（極小値）を取るとは限らないポイントだ。これが意味するところは、局所最小にはまり込んで大域最小を発見できないことがあるために、無作為な解を選んで坂を下っていくだけでは問題は解けないかもしれない、ということだ。

12.9.2　模擬アニーリング

　模擬アニーリングは物理学における合金の冷却に触発されたアルゴリズムで、ランダムに推測した解からスタートする。この解からランダムな方向・小さな距離にある類似解のコストを決定していくことで、解を改善しようと試みるのだ。こうした類似解の方がコストが低ければ、これが新しい解となる。コストが高い場合でも、現在の「温度」に依存した一定の確率で、類似解は新しい解となる。温度は当初高く、ゆっくりと低くなるので、アルゴリズム実行の初期段階では、局所最小にはまり込むのを避けるために悪い解を受け入れる確率がずっと高い。

　温度が0に達すると、アルゴリズムはそのときの解を返す。

12.9.3　遺伝アルゴリズム

　遺伝アルゴリズムとは、進化理論に触発されたアルゴリズム群のことだ。本書で取り上げた遺伝アルゴリズムは、個体群と呼ばれる複数の無作為解からスタートする。個体群中の強力なメンバー——最小のコストを持ついくつか——が選択され、微妙な変更（突然変異）や形質の組み合わせ交叉（組み換え）により改変を受ける。こうして新しい個体群が作られて次の世代となり、世代を重ねることで解が改善される。

　このプロセスが停止するのは、ある種の閾値に達したときで、それは数世代にわたって個体群が改善されなかったときや、世代数が最大値に達したときだ。アルゴリズムは全世代から最良の解を返す。

12.9.4　最適化コードの利用

　いずれのアルゴリズムにしても、コスト関数の定義と解の領域（domain）の決定が必要だ。領域とは各変数の取りうる範囲のことである。このシンプルな例では[(0,20)]が使える。これは0から20の値を取る単一の変数が存在するということだ。そして領域とコスト関数を引数に、どちらかの最適化メソッドをコールすればよい[†]。

```
>>> import math
>>> def costf(x): return (1.0/(x[0]+0.1))*math.sin(x[0])
>>> domain=[(0,20)]
>>> optimization.annealingoptimize(domain,costf)
[5]
```

　最適化は、おそらくどんな問題に対しても何度も実行する必要がある。パラメータ調整、および、実行時間と解の品質のバランスを取るためだ。類似の問題セット——たとえば旅行プランニングで、目標は同じだが中の細部（飛行時間やチケット代）が違うもの——に対するオプティマイザを構築する際には、各パラメータについて一度ずつ実験し、その問題セットに対してうまくいくセッティングを決め、その時点で固定してしまうというやり方が可能だ。

　機械学習、オープンなAPI、そして誰でも自由に参加ができるということの組み合わせには多くの可能性が存在する。将来的にアルゴリズムが洗練され、APIの開放が進みアクティブなオンライン参加者の数が増えることで、その可能性は増大していく。あなたがたくさんの新しい機会を見つけるためのツールとインスピレーションを、この本が与えることを祈る！

[†]　訳注：geneticoptimizeは変数が一個だと組み換えができずエラーになる。引数にmutprob=1.0を追加すると交叉を行わない。

付録A
サードパーティによる
ライブラリたち

本書ではデータを収集、蓄積、分析するためにたくさんのサードパーティによるライブラリを紹介してきた。ここではそれらのダウンロード、インストールの方法と使用例について紹介する。

A.1　Universal Feed Parser

Universal Feed ParserはMark Pilgrimによって書かれたRSSとAtomフィードをパースするためのPythonのライブラリである。このライブラリは本書を通じてブログの投稿やオンラインのニュース記事のダウンロードを簡単にするために用いられている。ライブラリのホームページはhttp://feedparser.orgである。

A.1.1　さまざまなプラットフォームへのインストール

ライブラリのダウンロードページはhttp://code.google.com/p/feedparser/downloads/listである。feedparser-X.Y.zipという名前の最新のバージョンのファイルをダウンロードしよう。

zipファイルの中身を空のディレクトリに抽出したあと、コマンドプロンプトで次のように入力しよう。

```
c:\download\feedparser>python setup.py install
```

これによりあなたのPythonのインストール場所を見つけ出し、そこにライブラリをインストールする。インストール後はPythonのプロンプトで`import feedparser`と入力することで使い始めることができる。

ライブラリの使用例についてはhttp://feedparser.org/で確認することができる。

A.2 Python Imaging Library

Python Imaging Library（PIL）はPythonで画像の生成と処理を行うためのオープンソースのライブラリである。さまざまな描画の操作とファイルフォーマットを幅広くサポートしている。ライブラリのホームページはhttp://www.pythonware.com/products/pilである。

A.2.1 Windowsへのインストール

PILにはWindowsのインストーラが用意されている。ライブラリのホームページ上のダウンロードセクションへ移動したあと、あなたのPythonのバージョンにあったWindowsの実行ファイルをダウンロードし、スクリーン上の指示に従いインストールしよう。

A.2.2 その他のプラットフォームへのインストール

Windows以外のプラットフォームへインストールするには、ソースからライブラリをビルドする必要がある。ソースはライブラリのホームページからダウンロード可能であり、最新バージョンのPythonで動作する。

最新バージョンのソースをダウンロードし、インストールのためにコマンドプロンプトで次のように入力するとよい。1.1.6の部分はダウンロードしたバージョンで置き換えよう。

```
$ gunzip Imaging-1.1.6.tar.gz
$ tar xvf Imaging-1.1.6.tar
$ cd Imaging-1.1.6
$ python setup.py install
```

これにより拡張機能たちがコンパイルされ、ライブラリがあなたのPythonディレクトリにインストールされる。

A.2.3 使用例

以下の例は小さな画像を生成し、いくつか線を引き、メッセージを描く。それから画像をJPEGファイルとして保存する。

```
>>> from PIL import Image,ImageDraw
>>> img=Image.new('RGB',(200,200),(255,255,255)) # 200×200の白い背景
>>> draw=ImageDraw.Draw(img)
>>> draw.line((20,50,150,80),fill=(255,0,0)) # 赤い直線
>>> draw.line((150,150,20,200),fill=(0,255,0)) # 緑の直線
>>> draw.text((40,80),'Hello!',(0,0,0)) # 黒いテキスト
>>> img.save('test.jpg','JPEG') # test.jpgとして保存
```

幅広い範囲に渡るさまざまな使用例をhttp://www.pythonware.com/library/pil/handbook/introduction.htmで確認できる。

A.3 Beautiful Soup

Beautiful SoupはPython製のHTMLとXMLドキュメントのパーサである。不完全に記述されているWebページに対しても動作するように設計されている。本書ではAPIを持っていないWebサイトからデータを取得し、データセットを作ったり、インデキシングのためのテキストをページから探し出すために用いている。このライブラリのホームページはhttp://www.crummy.com/software/BeautifulSoupにある。

A.3.1 すべてのプラットフォームへのインストール

Beautiful Soupは単独のファイルとして提供されている。ホームページの下の部分にBeautiful Soup.pyをダウンロードするためのリンクが存在する。これをダウンロードし、あなたの作業ディレクトリかPython/Libディレクトリに配置するだけでよい。

A.3.2 単純な使用例

この例ではGoogleのホームページのHTMLをパースし、DOMからエレメントを抽出しリンクたちを探す方法について示している。

```
>>> from BeautifulSoup import BeautifulSoup
>>> from urllib import urlopen
>>> soup=BeautifulSoup(urlopen('http://google.com'))
>>> soup.head.title
<title>Google</title>
>>> links=soup('a')
>>> len(links)
21
>>> links[0]
<a href="http://www.google.com/ig?hl=en">iGoogle</a>
>>> links[0].contents[0]
u'iGoogle'
```

もっと詳しい事例集はhttp://www.crummy.com/software/BeautifulSoup/documentation.htmlで見ることができる。

A.4 pysqlite

pysqliteは埋め込みデータベースSQLiteへのPythonのインタフェースである[†]。埋め込み型のデータベースは伝統的なデータベースとは異なり、別のサーバプロセスで動作するわけではないため、インストールと設定が非常に簡単である。また、SQLiteはデータベース丸ごとを一つのファイルに保存する。本書では集めたデータを保存する方法を説明するためにいくつかの例でpysqliteを利用している。

pysqliteのホームページはhttp://www.initd.org/tracker/pysqlite/wiki/pysqliteである。

A.4.1 Windowsへのインストール

ホームページにWindowsのインストーラのバイナリへのリンクがある。このファイルをダウンロードして走らせるだけでよい。あなたのPythonのインストール場所を質問したあと、そこへ自動的にインストールされる。

A.4.2 その他のプラットフォームへのインストール

Windows以外のプラットフォームにはソースからインストールする。ソースはpysqliteのホームページからtarボールとして取得することができる。最新バージョンのものをダウンロードし、コマンドプロンプトで次のように入力してみよう。以下で2.3.3と記述されている部分はダウンロードしたファイルのバージョンに合わせよう。

```
$ gunzip pysqlite-2.3.3.tar.gz
$ tar xvf pysqlite-2.3.3.tar.gz
$ cd pysqlite-2.3.3
$ python setup.py build
$ python setup.py install
```

A.4.3 単純な使用例

次の例は新しいテーブルを作成し行を付け加えたあと変更をコミットする。それからテーブルに問い合わせを行っている。

```
>>> from pysqlite2 import dbapi2 as sqlite
>>> con=sqlite.connect('test1.db')
>>> con.execute('create table people (name,phone,city)')
<pysqlite2.dbapi2.Cursor object at 0x00ABE770>
>>> con.execute('insert into people values ("toby","555-1212","Boston")')
<pysqlite2.dbapi2.Cursor object at 0x00AC8A10>
>>> con.commit()
>>> cur=con.execute('select * from people')
>>> cur.next()
```

[†] 訳注：Pythonのバージョンが2.5以降であればsqlite3という名前で標準モジュールと共にインストールされている。

```
(u'toby', u'555-1212', u'Boston')
```

SQLiteではフィールド型はオプションであることに注意せよ。このSQLをもっと伝統的なデータベースでも動作するようにするには、テーブルを作成する際のSQL文にフィールド型を付け加える必要がある。

A.5 NumPy

NumPyはPythonの数学関数ライブラリであり、arrayオブジェクト、線形代数の関数とフーリエ変換を提供している。Pythonで科学計算を行うための手段として非常に人気があり、その人気は増しつつある。いくつかのケースではMATLABのような専用ツールに取って代わるほどである。NumPyは10章のNMFアルゴリズムを実装する際に使われている。NumPyのホームページはhttp://numpy.scipy.orgである。

A.5.1 Windowsへのインストール

Windowsへのインストールに関しては、インストーラがhttp://sourceforge.net/project/showfiles.php?group_id=1369&package_id=175103からダウンロードできる。

あなたのPythonのバージョンに合うexeファイルをダウンロードし実行するとよい。Pythonのインストールディレクトリをあなたに確認したあと、そこへインストールされる。

A.5.2 その他のプラットフォームへのインストール

その他のプラットフォームへインストールするにはソースからインストールする必要がある。ソースはhttp://sourceforge.net/project/showfiles.php?group_id=1369&package_id=175103からダウンロードできる。

あなたのPythonのバージョンにあったtar.gzファイルをダウンロードし、次のように入力しよう。1.0.2の部分はあなたがダウンロードしたバージョンに置き換えるとよい。

```
$ gunzip numpy-1.0.2.tar.gz
$ tar xvf numpy-1.0.2.tar.gz
$ cd numpy-1.0.2
$ python setup.py install
```

A.5.3 シンプルな使用例

この例では行列を二つ作って掛け合わせた後、転置しフラットにする操作を行っている。

```
>>> from numpy import *
>>> a=matrix([[1,2,3],[4,5,6]])
>>> b=matrix([[1,2],[3,4],[5,6]])
```

```
>>> a*b
matrix([[22, 28],
        [49, 64]])
>>> a.transpose()
matrix([[1, 4],
        [2, 5],
        [3, 6]])
>>> a.flatten()
matrix([[1, 2, 3, 4, 5, 6]])
```

A.6 matplotlib

matplotlibはPythonのための2次元画像ライブラリであり、数学的なグラフの作成に関しては Python Imaging Libraryよりはるかに優れている。matplotlibによって生成された図形は出版にも耐えるクオリティを持っている。

A.6.1 インストール

matplotlibをインストールするには、事前にNumPyをインストールしておく必要がある。 matplotlibはWindows、Mac OS X、RPMをベースとしたLinuxディストリビューション、Debian ベースのディストリビューションのようなメジャーなプラットフォーム用のバイナリビルドが用意されている。matplotlibのインストールについてのインストラクションはhttp://matplotlib.sourceforge.net/installing.htmlで確認することができる。

A.6.2 シンプルな使用例

この例では(1,1)、(2,4)、(3,9)、(4,16)の4つの点をプロットするために、オレンジの円を利用している。出力をファイルとして保存し、スクリーン上のウインドウに表示する。

```
>>> from pylab import *
>>> plot([1,2,3,4], [1,4,9,16], 'ro')
[<matplotlib.lines.Line2D instance at 0x01878990>]
>>> savefig('test1.png')
>>> show()
```

http://matplotlib.sourceforge.net/tutorial.htmlにてたくさんの使用例を確認することができる。

A.7 pydelicious

pydeliciousはソーシャルブックマークサイトのdel.icio.usからデータを取得するためのライブラリである。del.icio.usは公式のAPIを備え付けているが、pydeliciousはそれにいくつかの機能を付け加え

てある。2章では我々はそれを利用して推薦エンジンを構築した。pydeliciousは現在Google Codeでホスティングされており http://code.google.com/p/pydelicious/source からダウンロードすることができる。

A.7.2　すべてのプラットフォームへのインストール

もしバージョンコントロールソフトsubversionをインストール済みであれば、最新のpydeliciousを取得するのは簡単である。コマンドプロンプトで次のように入力するだけでよい。

```
svn checkout http://pydelicious.googlecode.com/svn/trunk/pydelicious.py
```

Subversionをインストールしていないなら、http://pydelicious.googlecode.com/svn/trunk からダウンロードすることができる。

ファイルを入手した後、ダウンロードしたディレクトリで `python setup.py install` を走らせればよい。これでpydeliciousがあなたのpythonディレクトリにインストールされる。

A.7.3　シンプルな使用例

pydeliciousは人気のブックマークや特定のユーザのブックマークを取得するための関数をたくさん持っている。また、あなたのアカウントに新しいブックマークを追加することもできる。

```
>> import pydelicious
>> pydelicious.get_popular(tag='programming')
[{'count': '', 'extended': '', 'hash': '',
  'description': u'How To Write Unmaintainable Code',
  'tags': '', 'href': u'http://thc.segfault.net/root/phun/unmaintain.html',
  'user': u'dorsia', 'dt': u'2006-08-19T09:48:56Z'},
{'count': '', 'extended': '', 'hash': '',
  'description': u'Threading in C#', 'tags': '',
  'href':u'http://www.albahari.com/threading/', etc...
>> pydelicious.get_userposts('dorsia')
[{'count': '', 'extended': '', 'hash': '',
  'description': u'How To Write Unmaintainable Code',
  'tags': '', 'href': u'http://thc.segfault.net/root/phun/unmaintain.html',
  'user': u'dorsia', 'dt': u'2006-08-19T09:48:56Z'}, etc...
>>> a = pydelicious.apiNew(user, passwd)
>>> a.posts_add(url="http://my.com/", desciption="my.com",
  extended="the url is my.moc", tags="my com")
True
```

付録B
数式

本書を通じてたくさんの数学的な概念を紹介してきた。この付録ではそれらのいくつかについて詳細を説明し、関連する数式やそれぞれのコードを説明する。

B.1 ユークリッド距離

ユークリッド距離は多次元空間中での2点間の距離を探し出す。これはあなたが定規で計れるような距離である。2点が(p1,p2,p3,p4, …)と(q1,q2,q3,q4, …)と書かれている場合、ユークリッド距離の数式は方程式B-1のように表現される。

$$\sqrt{(p_1-q_1)^2 + (p_2-q_2)^2 + ... + (p_n-q_n)^2} = \sqrt{\sum_{i=1}^{n}(p_i-q_i)^2}$$

式B-1　ユークリッド距離

この方程式の明快な実装を以下に示す。

```
def euclidean(p,q):
  sumSq=0.0
  # 差の平方を足し合わせる
  for i in range(len(p)):
    sumSq+=(p[i]-q[i])**2

  # 平方根を取る
  return (sumSq**0.5)
```

ユークリッド距離は本書のいくつかの章で、二つのアイテムの類似度を計るために利用されている。

B.2 ピアソン相関係数

ピアソン相関係数は、二つの変数にどの程度相関があるのかを計るための指標である。1と-1の間の値を取り、完全に相関する場合は1となり、相関がない場合には0になる。そして逆相関の場合には-1となる。

方程式B-2はピアソン相関係数を示している。

$$r = \frac{\sum XY - \frac{\sum X \sum Y}{N}}{\sqrt{\left(\sum X^2 - \frac{(\sum X)^2}{N}\right)\left(\sum Y^2 - \frac{(\sum Y)^2}{N}\right)}}$$

式B-2 ピアソン相関係数

これは次のようなコードで実装できる。

```
def pearson(x,y):
  n=len(x)
  vals=range(n)

  # 単純な合計
  sumx=sum([float(x[i]) for i in vals])
  sumy=sum([float(y[i]) for i in vals])

  # 平方の合計
  sumxSq=sum([x[i]**2.0 for i in vals])
  sumySq=sum([y[i]**2.0 for i in vals])

  # 積の合計
  pSum=sum([x[i]*y[i] for i in vals])

  # ピアソンスコアを算出
  num=pSum-(sumx*sumy/n)
  den=((sumxSq-pow(sumx,2)/n)*(sumySq-pow(sumy,2)/n))**.5
  if den==0: return 0

  r=num/den

  return r
```

2章では、ピアソン相関係数を人々の間の嗜好の類似レベルを算出するために利用した。

B.3　加重平均

加重平均（重み付け平均）は、各観測値について重み付けを行って取る平均である。本書では、類似度スコアに基づく数値予測を行う際に用いている。加重平均を求める式を式B-3に示す。x1...xnが観測値、w1...wnが重みである。

$$\bar{x} = \frac{w_1 x_1 + w_2 x_2 + \ldots + w_n x_n}{w_1 + w_2 + \ldots + w_n}$$

式B-3　加重平均

単純な実装を次に示す。これは値と重みのリストを取るものだ。

```
def weightedmean(x,w):
  num=sum([x[i]*w[i] for i in range(len(w))])
  den=sum([w[i] for i in range(len(w))])
```

2章では、映画がどの程度楽しめるものか予測するのに加重平均を使用した。これは他の人たちの評価（レーティング）の加重平均によるもので、重みはその人たちの好みがあなたの好みとどれほど近いかである。8章では価格の予測に加重平均を使用した。

B.4　Tanimoto係数

Tanimoto係数は二つの集合の類似度を計る指標である。本書ではプロパティのリストたちを基に、二つのアイテムの類似度を算出するために利用した。AとBのような二つの集合がある場合について考えてみよう。

　　A = [shirt, shoes, pants, socks]
　　B = [shirt, skirt, shoes]

この場合、共通集合（重なる集合）Cは[shirt, shoes]となる。Tanimoto係数の方程式はB-4に示す。NaはAのアイテムの数、NbはBのアイテムの数、そしてNcは共通集合であるCのアイテムの数を示している。この場合Tanimoto係数は2/(4+3-2)=2/5なので0.4となる。

$$T = \frac{N_c}{(N_a + N_b - N_c)}$$

式B-4　Tanimoto係数

以下に2つのリストを受け取り、Tanimoto係数を計算するシンプルな関数を紹介する。

```
def tanimoto(a,b):
  c=[v for v in a if v in b]
  return float(len(c))/(len(a)+len(b)-len(c))
```

Tanimoto係数は3章で、クラスタリングされた人々の類似度を算出するために使われた。

B.5　条件付き確率

確率とは何かが起こりそうな度合いのことである。通常は$Pr(A)$=xのような形（Aはイベント）で記述される。例えば、「今日は20%の確率で雨が降りそうだ」という場合であれば$Pr(雨) = 0.2$と書くことができる。

もし我々が、既に曇っていることに気づいている場合、その日の雨の確率はもっと高いはずである。これは条件付き確率と呼ばれ、Bを知っている状態でのAの確率である。$Pr(A \mid B)$のように書くことができ、このケースだと$Pr(雨 \mid 曇り)$と書かれる。

条件付き確率の数式は、両方のイベントが起こる確率を与えられた条件の確率で割ったものであり、方程式B-5のようになる。

$$Pr(A|B) = \frac{Pr(A \cap B)}{Pr(B)}$$

式B-5　条件付き確率

つまり、午前中が曇りでその後雨になる確率が10%で、午前中が曇りの確率が25%であれば、$Pr(雨 \mid 曇り) = 0.1/0.25$であり、0.4となる。

これは単純な割り算であるため、関数はここでは例示しない。条件付き確率は6章でドキュメントフィルタリングを行うために利用されている。

B.6　ジニ不純度

ジニ不純度（Gini Impurity）は集合の不純さの尺度である。アイテムの集合、たとえば[A,A,B,B,B,C]があるとき、この中からアイテムを一つ取り、無作為にそのラベルを当ててみようとしたとき、それが誤りである確率がジニ不純度となる。集合のアイテムがすべてAであれば、常にAと予測して誤ることがなく、このとき集合は完全に純粋であることになる。

式B-6にジニ不純度の式を示す。

$$I_G(i) = 1 - \sum_{j=1}^{m} f(i,j)^2 = \sum_{j \neq k} f(i,j)f(i,k)$$

式B-6　ジニ不純度

以下の関数はリストを取り、そのジニ不純度を計算するものだ。

```
def giniimpurity(l):
  total=len(l)
  counts={}
  for item in l:
    counts.setdefault(item,0)
    counts[item]+=1

  imp=0
  for j in l:
    f1=float(counts[j])/total
    for k in l:
      if j==k: continue
      f2=float(counts[k])/total
      imp+=f1*f2
  return imp
```

7章では、決定木によるモデリングを行う際、集合を分割することで純度が増すかどうかを決定するためにジニ不純度を使用した。

B.7　エントロピー

エントロピーは、集合の混合度を見るもう一つの方法だ。これは情報理論由来のもので、集合内の無秩序の量の尺度だ。いいかげんに定義すると、エントロピーとは集合から無作為に選んだアイテムにどのくらい驚かされるか、のことである。集合がすべてAから成っていれば、Aを見て驚くことはなく、エントロピーは0となる。計算式を式B-7に示す。

$$H(X) = \sum_{i=1}^{n} p(x_i) \log_2 \left(\frac{1}{p(x_i)}\right) = -\sum_{i=1}^{n} p(x_i) \log_2 p(x_i)$$

式B-7　エントロピー

以下の関数はリストを取ってそのエントロピーを計算するものだ。

```
def entropy(l):
  from math import log
  log2=lambda x:log(x)/log(2)

  total=len(l)
  counts={}
  for item in l:
    counts.setdefault(item,0)
    counts[item]+=1

  ent=0
  for i in counts:
    p=float(counts[i])/total
    ent-=p*log2(p)
  return ent
```

7章では、決定木によるモデリングを行う際に、集合を分割することで無秩序の量が減少するかを決定するためにエントロピーを使用した。

B.8 分散

分散とは、一連の数字がその平均値からどの程度逸脱するかを測るものだ。統計学では、数字の集合中にある差違の大きさを測るのによく使われる。式B-8に示すように、各数字と平均値の差を二乗し、それらの平均を取ることで計算する。

$$\sigma^2 = \frac{1}{N} \sum_{i=1}^{N} (x_i - \bar{x})^2$$

式B-8　分散

以下はこれを単純に実装した関数だ。

```
def variance(vals):
  mean=float(sum(vals))/len(vals)
  s=sum([(v-mean)**2 for v in vals])
  return s/len(vals)
```

7章では回帰木モデリングを行う際に、分割後のサブセットがもっともタイトな分布になるよう分割する方法を決定するために分散を使用した。

B.9 ガウス関数

ガウス関数は正規分布における確率密度を示す関数である。本書では重み付けK近傍法の重み付け関数に使っているが、これはこの関数が高い値から始まって急速に値を減じ、しかも0になることがないからである。

分散をσと置いた時のガウス関数を式B-9に示す。

$$\frac{1}{\sigma\sqrt{2\pi}}\exp\left(-\frac{(x-\mu)^2}{2\sigma^2}\right)$$

式B-9　ガウス関数

この式は2行の関数に直訳で実装できる。

```
import math
def gaussian(dist,sigma=10.0):
  exp=math.e**(-dist**2/(2*sigma**2))
  return (1/(sigma*(2*math.pi)**.5))*exp
```

8章では、数値予測器構築の際の重み付け関数の一つとしてガウス関数を示した。

B.10 ドット積

ドット積（内積）とは二つのベクトルを掛け合わせる方法である。a=(a1,a2,a3,…)とb=(b1,b2,b3,…)という二つのベクトルがある場合、ドット積は方程式B-10のように定義できる。

$$\mathbf{a}\bullet\mathbf{b} = \sum_{i=1}^{n} a_i b_i = a_1 b_1 + a_2 b_2 + \ldots + a_n b_n$$

式B-10　要素のドット積

ドット積は次の関数で簡単に実装できる。

```
def dotproduct(a,b):
  return sum([a[i]*b[i] for i in range(len(a))])
```

二つのベクトルの間の角度がθである場合、ドット積は方程式B-11のように定義できる。

$$\mathbf{a} \bullet \mathbf{b} = |\mathbf{a}||\mathbf{b}|\cos\theta$$

式B-11　ドット積と角度

これは二つのベクトルの間の角度を計算するためにドット積を利用することができることを意味する。

```python
from math import acos

# ベクトルのサイズを算出する
def veclength(a):
  return sum([a[i] for i in range(len(a))])**.5

# 2つのベクトルの間の角度を計算する
def angle(a,b):
  dp=dotproduct(a,b)
  la=veclength(a)
  lb=veclength(b)
  costheta=dp/(la*lb)
  return acos(costheta)
```

ドット積は9章で、分類するアイテムたちのベクトルの角度を計算するのに利用した。

付録C
日本語のテキスト処理

英語のように単語と単語の境目に空白が入っているような言語では、空白をデリミタにした正規表現を利用することでテキストから単語を抽出することができる。しかし、日本語のように単語間の区切りが明確ではない言語の場合、文から単語を抽出する際には工夫をする必要がある。ここでは本書中にたびたび登場する、テキストを処理するコードの部分で、日本語を利用するためのサンプルコードを紹介する。

C.1 形態素解析ツール

日本語を単語に分割する際には、語をその最小の単位である形態素に分割する形態素解析ツールを用いるとよい。形態素解析ツールには有償／無償のものを含めさまざまなものがあるが、ここでは無償で利用が可能であるYahoo!の日本語形態素解析Webサービスを利用して形態素解析を行う[†]。

C.2 Yahoo!日本語形態素解析Webサービス

Yahoo!日本語形態素解析とはYahoo! Japanが提供しているWebサービスを利用して形態素解析を行うことのできるAPIである。文章をこのAPIに渡すと形態素解析された結果がXML形式で返される。ホームページはhttp://developer.yahoo.co.jp/jlp/MAService/V1/parse.htmlである。このウェブサイトではこのAPIで利用できるさまざまなパラメータの一覧と、リクエストとレスポンスのサンプルを確認することができる。利用の際にはアプリケーションIDを取得する必要がある。

C.2.1 Pythonで日本語形態素Webサービスを利用する

サービスを利用して形態素解析をおこなうためのコード例を以下に示す。次のコードをyahoo

[†] 注：今回利用するYahoo! 日本語形態素解析サービスは高い性能を持っている。しかしWebサービスを利用して処理を行うため、実行には少し時間がかかる。速度が必要な場合はMecab (http://mecab.sourceforge.net)や茶筌 (http://chasen-legacy.sourseforge.net)の利用を検討するとよい。

splitter.pyという名前でPythonのパスが通っている場所に保存しよう。

```
from urllib import urlopen, quote_plus
from BeautifulSoup import BeautifulSoup

appid='your_app_id_here'  # あなたのApp IDを記述
pageurl='http://api.jlp.yahoo.co.jp/MAService/V1/parse'

# 形態素解析した結果をリストで返す
def split(sentence,appid=appid,results='ma',filter='1|2|4|5|9|10'):
    ret=[]
    sentence=quote_plus(sentence.encode('utf-8'))  # 文章をURLエンコード
    query="%s?appid=%s&results=%s&uniq_filter=%s&sentence=%s" % \
          (pageurl,appid,results,filter,sentence)
    soup = BeautifulSoup(urlopen(query))
    try: return [l.surface.string for l in soup.ma_result.word_list]
    except: return[]
```

このコードはYahoo!日本語形態素解析Webサービスに文章を渡す。そしてXMLで返される結果をBeautifulSoupを利用してパースしている（BeautifulSoupについての詳細は付録Aを参照）。

引数のfilterを指定することで品詞を指定することができる。上記のコードでは結果の品詞を一部に限定して結果を取得している。

表C-1　Yahoo!形態素解析サービスで指定できる品詞一覧

＃1	形容詞		＃8	接尾辞
＃2	形容動詞		＃9	名詞
＃3	感動詞		＃10	動詞
＃4	副詞		＃11	助詞
＃5	連体詞		＃12	助動詞
＃6	接続詞		＃13	特殊（句読点、カッコ、記号など）
＃7	接頭辞			

C.2.2　各章でのコード使用例

本書の中で日本語のテキスト処理を行う必要がある章のコードを日本語を対象に利用できるように書き換えた例を以下に載せておく。

yahoosplitterを利用するコードが書かれているファイルの冒頭に次の行を追加しておこう。

```
import yahoosplitter as splitter
```

3章

getwords関数を次のように書き換えるとよい。

```
def getwords(html):
  # すべてのHTMLタグを取り除く
  txt = re.compile(r'<[^>]+>').sub('',html)
  return [word.lower() for word in splitter.split(txt) if word!='']
```

4章

separatewords関数を次のように書き換えるとよい。

```
def separatewords(self,text):
  return [s.lower() for s in splitter.split(text) if s!='']
```

6章

getwords(doc)を次のように書き換えるとよい。これはテキストを引数として受け取って、タプルのリスト([(単語1,1),(単語2,1)])を返す。

```
def getwords(doc):
  words=[s.lower() for s in splitter.split(doc) if len(s)>2 and len(s)<20]
  # ユニークな単語の集合を返す
  return dict([(w,1) for w in words])
```

10章

separatewords関数を次のように書き換えるとよい。

```
def separatewords(text):
  return [s.lower() for s in splitter.split(text) if len(s)>2]
```

また、entryfeatures関数の最初の行のsplitterを削る必要がある。

索引

記号

[ ] ix
{ } ix

A

advancedclassify.py 214
 dotproduct 関数 219
 dpclassify 関数 221
 getlocation 関数 224
 lineartrain 関数 218
 loadmatch 関数 215
 loadnumerical 関数 226
 matchcount 関数 223
 matchlow クラス 215
 milesdistance 関数 224
 nlcrassify 関数 230
 rbf 関数 229
 scaledata 関数 227
 yesno 関数 222
agesonly.csv 214
Akismet xi, 150
akismettest.py 151
Amazon 4, 7
 アイテムの推薦 18
API xi
 Akismet xi

del.icio.us xi, 20
eBay xi, 204
Facebook 237
Hot or Not xi, 176
Kayak xi, 110
Yahoo! Maps 224
Zillow 173

B

Beautiful Soup 49, 62, 335

C

CART 158
clusters.py 37
 bicluster クラス 38
 drawdendrogram 関数 43
 drawnode 関数 43
 getdepth 関数 42
 getheight 関数 42
 hcluster 関数 39
 kcluster 関数 47
 printclust 関数 40
 scaledown 関数 54

D

del.icio.us xi
 API 20

リンクを推薦する······20-24
deliciousrec.py······21
 fillItems 関数······22
 getRecommendations 関数······23
docclass.py
 classifier クラス······130
 classify 関数······137, 142
 docprob 関数······135
 fisherclassifier クラス······139
 fisherprob 関数······140
 fplob 関数······132
 getwords 関数······128
 invchi2 関数······141
 naivebayes クラス······135
 prob 関数······136
 sampletrain 関数······132
 setdb 関数······144
 train 関数······131
 weightedprob 関数······133
DOM インターフェイス······111
dorm.py······116
 printsolution 関数······118
downloadzebodata.py······50
 tanimoto 関数······51

E

eBay······xi, 204-212
ebaypredict.py
 dosearch 関数······207
 getcategory 関数······208
 getHeaders 関数······205
 getItem 関数······209
 getSingleValue 関数······206
 makeLaptopDataset 関数······210
 sendrequest 関数······206
eHarmony······5
entryfeatures.py······149

F

Facebook······237-243
facebook.py······237
 __init__ 関数······238
 createtoken 関数······239
 getfriend 関数······240
 getlogin 関数······239
 getsession 関数······240
 makehash 関数······239
 sendrequest 関数······239
feedfilter.py······146
Fisher, R.A······138

G

generatefeedvector.py······33
 getwordcounts 関数······33
 getwords 関数······33
Geocoding······224
Goldberg, David······8
Google······1, 2, 59
 PageRank······3, 77-81
gp.py······275
 buildhiddenset 関数······281
 constnode クラス······275
 crossover 関数······285
 display 関数······277
 evolve 関数······287
 exampletree 関数······277
 fwrapper クラス······275
 getrankfunction 関数······289
 gridwar 関数······291
 hiddenfunction 関数······281
 humanplayer 関数······294
 iffunc 関数······276
 node クラス······275
 paramnode クラス······275
 scorefunction 関数······281

tournament 関数	293
usgreater 関数	276
Grid War	291

H

Holand, John	109
Hollywood Stock Exchange	5
Hot or Not	xi, 176
"hotness"	176
hotornot.py	
getpeopledata 関数	176
getrandomratings 関数	176
httplob	205

I

if-then 文	157

K

Kayak	xi, 110
createschedule 関数	115
flightsearchresults 関数	113
flightsearch 関数	113
getkayaksession 関数	112
K近傍法	183, 211, 317–321
近傍群の数	183
スケーリングと過剰変数	318
強みと弱み	320
K平均法	46–49
K平均法クラスタリング	322

L

Last.fm	5
LIBSVM	234–237, 316

M

mass-and-spring	121
matchmaker.csv	214
matchmaker データセット	213
matploblob	200, 215, 338
minidom	111, 174, 224, 295
MovieLens	27

N

Netflix	1, 4
newsfeatures.py	246
getarticlewords	248
makematrix 関数	249
separatewords 関数	248
stripHTML 関数	248
nmf.py	257
difcost 関数	257
facotrize 関数	258
showarticles 関数	262
showfeatures 関数	260
nn.py	
backPropagate 関数	90
dtanh 関数	89
generationhiddennode 関数	85
getallhiddenids 関数	86
getresult 関数	88
getstrength 関数	84
searchnet クラス	84
setstrength 関数	85
setupnetwork 関数	87
trainquery 関数	91
updatedatabase 関数	91
numericalpredictor.py	
createhiddendataset 関数	198
numpredict.py	
createcostfunction 関数	197
crossvalidate 関数	192
dividedata 関数	191
euclidean 関数	185
gaussian 関数	189
geneticoptimize 関数	198
getdistance 関数	185

imverseweight 関数 ... 187
knnestimate 関数 ... 186
probabilitygraph 関数 ... 203
probabilityguess 関数 ... 201
probguess 関数 ... 199
rescale 関数 ... 195
testalgorithm 関数 ... 191
weightedknn 関数 ... 190
wineprice 関数 ... 182
wineset1 関数 ... 182
NumPy ... 256, 337

O

optimization.py ... 96
　annealingoptimize 関数 ... 105
　geneticoptimize 関数 ... 107
　getminutes 関数 ... 97
　hillclimb 関数 ... 102
　printschedule 関数 ... 97
　randomoptimize 関数 ... 101
　schedulecost 関数 ... 99

P

Page, Larry ... 78
PageRank ... 59, 77–81
Pandora ... 5
PIL (Python Image Library)
　... 42, 56, 123, 166, 334
ProgrammableWeb ... xii
pydelicious ... 338
pysqlite ... 64, 143, 336
Python ... vii
　インデント ... x
　角括弧 ... ix
　空白文字 ... x
　使う理由 ... viii
　ディクショナリ ... viii, 9
　波括弧 ... ix

リスト ... viii
リスト内包 ... xi

R

recommendations.py ... 8
　calculateSimilarItems 関数 ... 24
　getRecommendations 関数 ... 16
　getRecommendedItems 関数 ... 26
　loadMovieLens 関数 ... 28
　sim_distance 関数 ... 11
　sim_pearson 関数 ... 13
　topMathes 関数 ... 15
　transformPrefs 関数 ... 18
reddit.com ... 7
RSS フィード ... 33, 145–148, 246

S

searchengine.py ... 60
　addlinkref 関数 ... 68
　addtoindex 関数 ... 67
　calculatepagerank 関数 ... 79
　crawler クラス ... 60
　crawl 関数 ... 62
　createindextables 関数 ... 65
　distancescore 関数 ... 76
　frequencyscore 関数 ... 73
　getentryid 関数 ... 68
　getmatchrows 関数 ... 70
　getscoredlist 関数 ... 72
　gettextonly 関数 ... 66
　isindexed 関数 ... 68
　linktextscore 関数 ... 81
　locationscore 関数 ... 74
　nnscore 関数 ... 93
　pagerankscore 関数 ... 80
　separatewords 関数 ... 66
socialnetwork.py ... 121
　crosscouunt 関数 ... 122

drawnetwork 関数 ·· 123
SpamBayes ·· 138
splitter.py ·· 350
SQLite ·· 60, 64, 143
Stemmer, Porter ·· 67
stockvolume.py ··· 265
SVM ································ →サポートベクトルマシンを参照
svm.py ··· 234
　cross-validation 関数 ··························· 236
　radial-basis 関数 ·· 236
　scale 関数 ·· 236

T

Tanimoto 係数 ·· 51, 343
Tapestry ·· 8
treepredict.py ··· 156
　buildtree 関数 ··· 163
　classify 関数 ··· 168
　decisionnode クラス ······························· 157
　drawnode 関数 ·· 166
　entropy 関数 ·· 161
　giniimpurity ··· 160
　mdclassify 関数 ·· 171
　printtree 関数 ·· 164
　prune 関数 ··· 169
　uniquecounts 関数 ······································· 160
　variance 関数 ··· 172

U

Universal Feed Parser ············ 33, 145, 246, 333
urllib2 ·· 62

W

Web API ·· →APIを参照
Web ページのテキストを抽出 ···························· 66
Wikipedia ··· 2, 61
WordPress ·· 150

X

XML ·· 111, 205

Y

Yahoo! Finance ··· 264
Yahoo! Maps ··· 223
Yahoo! 日本語形態素解析 Web サービス ········ 349
Yes/No クエスチョン ··································· 222

Z

Zebo ··· 49
Zillow ·· 173
zillow.py
　getaddressdata 関数 ······························ 174
　getpricelist 関数 ·································· 175

あ行

アイテム
　～間の類似度のデータセットを作る ·············· 24
　～の推薦 ·· 15
　～ベースの協調フィルタリング ······················· 24
　～を分類する ·· 141
アルゴリズム ·· 3
位置情報 ··· 223
遺伝アルゴリズム ································ 106, 272
　エリート主義 ·· 106
　組み替え ·· 107
　交配 ·· 107
　個体群 ·· 106
　世代 ·· 106
　突然変異 ·· 107
遺伝的プログラミング ······················· 271-299
　mutate 関数 ·· 283
　解決法のテスト ·· 280
　局所最大に達する ···································· 290
　交叉 ·· 272, 285
　交配 ·· 272, 285

集団 271
　　多様性 279, 290
　　適合度関数 272
　　突然変異 272, 272
緯度／経度 224
インデクサ 61
インデックス 59
　　追加 67
　　作成 64
インバウンドリンク 76
映画 14, 27
エリート主義 106
エントロピー 161, 345
大文字と小文字の区別 148
重み 75
重み付き確率 133
重み付きスコア 15
重み付け近傍法 186
　　重み付けK近傍法 190
　　ガウス関数 188
　　減法関数 188
　　反比例関数 187
重み付け平均 190
オンラインブックマーク 20

か行

カーネルトリック 228, 314
カーネルメソッド 213
カイ2乗分布 141
解析木 274
階層的クラスタリング 36
解の表現 97
ガウス関数 188, 347
価格予想モデル 181-212
学習 128
学生寮 116
確率
　　〜を計算する 132

　　〜を統合する 140
　　グラフ化 200
　　重み付き確率 133
　　仮の確率 133
　　累積確率 201
確率分布 200
確率密度の推測 199
確率論的最適化 95
隠れ層 83, 86
加重平均 190, 343
過適応 169
カテゴリーデータ 222
株式市場 6
　　取引量 264
刈り込み 169
機械学習 3
　　限界 4
教師あり学習 32
教師なし学習 32
協調フィルタリング 7
行列
　　〜の因子分解 254, 257
　　〜乗算 253
　　〜転置 254
　　データ行列 258
局所最小 103
　　〜に達する 290
距離を計算 224
組み替え 107
クラスタリング 31-58, 251, 321-324
　　K平均法 46-49
　　rotatematrix関数 44
　　階層的クラスタリング 36, 321
　　嗜好 49-53
　　タイトネス 37
　　列の〜 44
クレジット詐欺 5
クローラ 61

クローリング	59
クロス関数	191
形態素解析ツール	349
ゲームAI	290
決定木	155-180, 217, 305-309
欠落データへの対処	171
強みと弱み	308
トレーニング	306
表示	164
利点	179
決定境界	217
検索	59-94
複数の単語	71
検索エンジン	59
減法関数	188
交叉	107, 272
交差確認法	191
交配	107, 272
コーパス	246
国防	6
コスト関数	98, 118, 258, 329
個体群	106

さ行

最適化	95-126, 197, 329-331
遺伝アルゴリズム	331
コスト関数	329
模擬アニーリング	330
財務データ	265
サインアップの予測	155
サプライチェーン	6
サポートベクトルマシン	232-243, 313-317
LIBSVM	234-237
応用	233
強みと弱み	317
シグモイド関数	86
次元のリスケール	195
嗜好	
〜のクラスタリング	49-53
〜の収集	8
〜の最適化	116
嗜好空間	10
自己組織化マップ	32
市場	2
自然対数	140
ジニ不純度	160, 344
集合知	vii, 2
住宅価格	173
集団	271
条件付き確率	344
情報ゲイン	162
乗法的更新ルール	258
人工知能	3
推薦システム	1, 7
数式	
Tanimoto係数	343
エントロピー	345
ガウス関数	347
加重平均	343
ジニ不純度	344
条件付き確率	344
ドット積	347
ピアソン相関係数	342
分散	346
ユークリッド距離	341
スケーリング	227
スコアリングの測定基準	71
単語間の距離	71
ドキュメント中の位置	71
ステミングアルゴリズム	67
スパイダリング	61
スパム	127
スパムフィルタ	3, 127-143
正規化関数	73
世代	106
線形分類器	213-228

た行

- 大域最小 ... 103
- 多次元尺度構成法 ... 53, 324-326
- 多層パーセプトロンネットワーク ... 82, 309
- 多様性 ... 279, 290
- 単語 ... 128
  - 〜の出現数のリスト ... 35
  - 〜を分割 ... 248
- 単語ベクトル ... 32
- 単純ベイズ分類器 ... 134
- 超平面 ... 234
- ツリー
  - 〜の刈り込み ... 169
  - 〜表示 ... 277
- ツリー構造 ... 274
- デートサイト ... 213
- 適合度関数 ... 272
- テストセット ... 191
- デモグラフィーデータ ... 176
- デンドログラム ... 36, 41-44, 322
- ドキュメント ... 128
- ドキュメントフィルタリング ... 127-153
- 特徴 ... 128, 139, 245-270
  - 〜の検出 ... 148
  - 特徴抽出 ... 245
- 突然変異 ... 107, 272, 282
- ドット積 ... 219, 347
- トレーニングセット ... 191

な行

- 内積 ... →ドット積を参照
- 似ている製品 ... 18
- 似ているユーザ ... 9
- 日本語処理 ... 349
- ニュース ... 246
- ニューラルネットワーク ... 60, 82, 309-313
  - 隠れ層 ... 83
  - 検索エンジンとつなげる ... 92
  - 多層パーセプトロンネットワーク ... 82
  - 強みと弱み ... 312
  - トレーニング ... 311
  - 〜のテスト ... 92
  - ノード ... 82-93
  - ハイパボリックタンジェント関数 ... 86
  - バックプロパゲーション ... 83, 89, 311
  - フィードフォワード ... 86
- ネットワークの可視化 ... 120

は行

- バイオテクノロジー ... 5
- ハイパボリックタンジェント関数 ... 86, 89
- バックプロパゲーション ... 83, 89, 311
- ピアソン相関 ... 10-14
- ピアソン相関係数 ... 38, 342
- 非負値行列因子分解 ... 32, 253, 327-329
- ヒルクライム ... 102
- フィードフォワード ... 86
- フィッシャー法 ... 138
- ブログ ... 145
  - クラスタリング ... 32
  - フィードのフィルタリング ... 145
  - スパムコメント ... 150
- 分散 ... 172, 346
- 分類器
  - トレーニング ... 129
  - トレーニング済みの分類器を保存 ... 143
  - 単純ベイズ分類器 ... 134
  - ベイジアン分割器 ... 250, 301-305
  - 強みと弱み ... 304
  - トレーニング ... 302
- ベイズの定理 ... 135
- ベクトル ... 219
- ペナルティ ... 125

ま行

マーケティング ····································· 6
マシンビジョン ····································· 5
無作為再出発ヒルクライム ················· 104
模擬アニーリング ······························· 104

や行

ユークリッド距離 ···················· 9–11, 185, 341
ユーザからのフィードバック ················· 82
ユーザベースの協調フィルタリング ······· 24
郵便番号 ··· 223
世論調査 ··· 2

ら行

ランダムサーチ ································· 100
旅行のプランニング ····························· 96
リンクの検索結果のランク付け ············· 81
類似性スコア ······································· 9
類似性を計算する
  Jaccard 係数 ································ 14
  ピアソン相関 ···························· 10–14
  マンハッタン距離 ······················· 14
  ユークリッド距離 ····················· 9–11

わ行

ワインの価格 ··································· 182

●著者紹介

Toby Segaran（トビー・セガラン）
コンピュータを利用した生命工学企業、Genstructのソフトウェア開発責任者。アルゴリズムの設計や薬品の作用を研究するためにデータマイニング技術の適用を行っている。彼はまた他の企業やオープンソースプロジェクトと共同のデータセットの分析を行い、tasktoy、Lazebaseなどをはじめとしたいくつかのよく知られているフリーなウェブアプリケーションも開発している。趣味はスノーボーディングとワインのテイスティング。ブログはblog.kiwitobes.com。サンフランシスコ在住。

●訳者紹介

當山 仁健（とうやま よしたけ）　1〜4、6、9〜12章、付録A〜Cを担当
1977年沖縄生まれの沖縄育ち。英語教師を志ざし教育学部に入学するも、インターネット（と恩師）との出会いをきっかけに興味の方向が変わる。私大職員として働く傍ら情報工学で琉球大学の修士課程を修了。職場である図書館では話言葉で検索でき、利用者によって検索結果が変わるOPACを構築した。現在は博士課程で集合知、情報検索について研究中。メールアドレスはtoyama@neo.ie.u-ryukyu.ac.jp。久しぶりにバンドを結成したが、なかなか上達しないのが悩み。愛器はES-347。共訳書に『Pythonクックブック』（オライリー・ジャパン）。

鴨澤 眞夫（かもさわ まさお）　5、7〜8章を担当
昭和44年生まれ。大家族の下から2番目として多摩川の河川敷で勝手に育つ。航空高専の航空機体工学科に入った頃から一人暮らしを始める。高専を中退して琉球大学の生物学部に入学。素潜り三昧。研究室ではコンピュータと留学生のお守りと料理に精を出す。進化生物学者を目指しRedqueen hypotesisまわりの研究をしていたが、DX2-66MHzの超高速マシンを手に入れてLinuxや*BSDやOS/2で遊ぶうち、英語力がお金に換わるようになって、なんとなく人生が狂い始める。大学院を中退後も沖縄に居着き、気楽に暮らしている。日本野人の会名誉CEO。趣味闇鍋。jcd00743@nifty.ne.jp。訳書に『Pythonチュートリアル』、『Core Memory —ヴィンテージコンピュータの美』など。共訳書に『Pythonクックブック』（いずれもオライリー・ジャパン）

カバーの説明

『集合知プログラミング』の表紙の動物はオウサマペンギン（またはキングペンギン。*Aptenodytes patagonics*）である。パタゴニア地域にちなむ名を持つこのペンギンだが、南米ではもはや繁殖していない。南米最後の繁殖地が19世紀のアザラシ猟師らにより破壊されたためである。現在このペンギンが確認されるのは、プリンスエドワード諸島、クロゼ諸島、マクォーリー島、フォークランド諸島といった亜南極の島嶼地域で、海岸や海近くの平坦な氷原に生息する。オウサマペンギンは極めて群居性の強い鳥類であり、10,000羽ものコロニーで繁殖し、幼鳥はクレーシュ（共同保育場）で成長する。体高80cm程度、体重が最大15kgほどに達するオウサマペンギンは最大級のペンギンであり、これより大きなものは近縁のコウテイペンギンしか居ない。大きさ以外の両者の判別点としては、オウサマペンギンの頭部から胸部の白銀の羽毛にかけて伸びる明るいオレンジの模様がある。またオウサマペンギンはすらりとした体格で地上を走ることができ、コウテイペンギンのように跳ねることはしない。海によく適応しており、魚類やイカ類を常食、水深200m程度まで潜ることができるが、これは他のほとんどのペンギンよりはるかに深い。雌雄で大きさや外見に差が見られないため、両者の区別は繁殖ダンスなどの行動学的な手がかりを基に行う。

オウサマペンギンは巣を作らない。1個の卵を腹の下にしまい込んで足の上に載せるのだ。繁殖は3年につき2度、雛は1羽であり、これより長い繁殖サイクルを持つ鳥類は存在しない。丸々とした雛は茶色でふわふわの羽毛に覆われているため、初期の探検家たちはこれをまったく別種のペンギンと考え、"wooly penguins（ワタゲペンギン）"と呼んでいた。世界中で合計200万の繁殖ペアが存在するオウサマペンギンは絶滅危惧種ではなく、世界自然保護連合でもこの種を軽度懸念種のカテゴリーに分類している。

集合知プログラミング

| 2008年7月23日 | 初版第1刷発行 |
| 2013年6月4日 | 初版第9刷発行 |

著　　者	Toby Segaran（トビー・セガラン）
訳　　者	當山 仁健（とうやま よしたけ）
	鴨澤 眞夫（かもさわ まさお）
発 行 人	ティム・オライリー
制　　作	矢部 政人
印　　刷	株式会社平河工業社
発 行 所	株式会社オライリー・ジャパン
	〒160-0002　東京都新宿区坂町26番地27　インテリジェントプラザビル1F
	Tel　（03）3356-5227
	Fax　（03）3356-5263
	電子メール　japan@oreilly.co.jp
発 売 元	株式会社オーム社
	〒101-8460　東京都千代田区神田錦町3-1
	Tel　（03）3233-0641（代表）
	Fax　（03）3233-3440

Printed in Japan (ISBN978-4-87311-364-7)
乱丁本、落丁本はお取り替え致します。

本書は著作権上の保護を受けています。本書の一部あるいは全部について、株式会社オライリー・ジャパンから文書による許諾を得ずに、いかなる方法においても無断で複写、複製することは禁じられています。